W0262757

Michael Höhne

Tourismus und Naturerleben

Eine empirische Untersuchung in Hawai´i und im Englischen Garten

 Springer VS

Michael Höhne
München, Deutschland

Zgl. Dissertation, eingereicht am 9. Oktober 2013 an der Ludwig-Maximilians-Universität München; Betreuer: Prof. Dr. Armin Nassehi.

ISBN 978-3-658-08422-6   ISBN 978-3-658-08423-3 (eBook)
DOI 10.1007/978-3-658-08423-3

Die Deutsche Nationalbibliothek verzeichnet diese Publikation in der Deutschen Nationalbibliografie; detaillierte bibliografische Daten sind im Internet über http://dnb.d-nb.de abrufbar.

Springer VS

Gedruckt auf säurefreiem und chlorfrei gebleichtem Papier

Springer Fachmedien Wiesbaden ist Teil der Fachverlagsgruppe Springer Science+Business Media
(www.springer.com)

Danksagung

Ich danke Armin Nassehi für seine Betreuung und die erheiternden Gespräche während der Zeit der Promotion.

Friedrich Krautzberger, der mich – nicht nur während dieser Arbeit – mit Verstand und Neugier stets begleitend in allen Lagen unterstützte. Ihm bin ich lebenslang als Umzugsdiener verpflichtet.

Dank gilt auch Manuela Avallone, die mir aufrichtigen Rat spendete und Mut im Umgang mit der Empirie zusprach.

Sebastian Schwanke, der mich durch sein aufgewecktes, oft verkaufsorientiertes Wesen motivierte, Gedanken neu zu fassen und bei Bedarf umzuformulieren.

David Schneider, der mir in zahlreichen Gesprächen half, Gedankengänge zu gliedern.

Ohne Tanja Tahmassebis Aufmerksamkeit und Genauigkeit wäre die Arbeit so nicht zu Papier gebracht worden.

Weiter ist meiner Großmutter zu danken, ohne sie wäre das Vorhaben letztlich nie durchführbar gewesen, sie hielt mir den Rücken frei - liebsten Dank, Serena Fogy.

Zu guter Letzt will ich dem Ruf der Ferne und seinen Austragungsorten, der Südsee, den Bergen und dem Englischen Garten danken. Ohne diese Orte wäre die Idee zu dieser Arbeit nie geboren worden. Diesem Ruf stehe ich seither ambivalent gegenüber, lernte ihn so nur neu zu verstehen.

Inhalt

1 Das Problem mit der Natur

Nachdem wir aus ihr vertrieben worden sind, sie geteilt haben, sind wir nun verdammt sie aufzusuchen. Nun lockt sie, mehr und mehr, an jeder Ecke, mit Gesundheit, ihrer Schönheit, ihrer Mannigfaltigkeit, ihrer verborgenen Kraft. Ob in Joghurts, auf Reklametafeln, im Internet, der Kunst und der Technik. Wir kommen ihr nicht aus und wollen auch gar nicht.

Was einst eins, nicht uneins, gar nicht als Differenz gedacht war, ist nun geteilt. Durch die Teilung, der Konstruktion des Außen verdankt und entfaltet sich die Erfahrung der modernen Natur, die als Gegensatz zur Kultur Einheit stiftet. Der Reiz der Natur und von Natürlichkeit haftet vielen Situationen im Alltag an. Das Begehren oder die Sehnsucht nach Erholung und den in der Natur möglichen Einheitserfahrungen.

Sie steht für das Verlorene und gilt somit als das zu Bewahrende. Sie steht dem Menschen gegenüber, obwohl er Teil (und auch Nicht-Teil) von ihr ist. Sie lässt jede Perspektive auf sich zu – wird durch das Verhältnis vom Menschen beschrieben. Der Mensch ist gleichsam bemüht die Trennung zu unterlaufen und aufrechtzuerhalten.

Die Natur erscheint je nach Praxis als etwas Verschiedenes. Sie nährt sich von der Sehnsucht nach ihr. Sie kann für das Wahre, das Ursprüngliche und das Gute stehen.

Meist im Gegensatz zur Kultur oder den zivilisatorischen Errungenschaften – kommt *der Natur* eine immer größer werdende Bedeutung zu. Natur gilt als authentisch und als Symbol des verlorenen Paradieses. Der vormalige Protektionismus hat sich umgekehrt: Was man früher vor der „natürlichen Invasion" durch Stadtmauern oder ähnliche Grenzen versucht hatte zu schützen, steht nun auf Seiten der (in die Natur) einfallenden Kolonialisten. Diese treten gleichzeitig als Bewahrer auf und können die Schranken in diesem Prozess nur aus sich heraus konstatieren.

Auf der anderen Seite kennt die Welt, medial in Szene gesetzt, Schreckensmeldungen von Hochwassern, Wirbelstürmen, Tierseuchen, Erdrutschen und Hitzeepidemien, die auf den Klimawandel oder die Erderwärmung zurück zuführen seien. Die Verkettung von Ursache und Wirkung wird dabei ganz unterschiedlich dargestellt. Von der „Rache der Natur" oder „unintendierten Nebenwirkungen" sprechen die einen, wo andere „normale" zyklische oder „natürliche" Phänomene ausmachen wollen.

Das Bild von der Natur, in der wir leben, ist folglich ambivalent. Die Frage nach der Stellung und der Verantwortung des Menschen (in ihr) wird von Wissenschaftlern, Politikern und in der Öffentlichkeit diskutiert. Die jeweiligen Beurteilungen und Gutachten streuen von Kongruenz bis Dissens. Seit den siebziger Jahren wird die Soziologie nicht müde, ihr schwieriges Verhältnis zur Natur zu bekunden (Kaldewey, 2008).

So wohnt der Natur der Wissenschaft ebenso ein natürliches Einheitsbestreben inne: getrennte Denktraditionen, gerade in puncto Naturauffassung/ -Verständnis, sollen wieder vereinigt werden. Eine Reihe von Ansätzen will sich zwischen den großen Polen des epistemologischen Realismus und Relativismus positionieren, hierzu werden Konstrukte wie „Cyborgs", „Netzwerk" oder „Sowohl-als-Auch" Semantiken postuliert, die die Trennung durch ihre oszillierende inkorporierte Verwendung weiterleben lassen.

Laut der *modernen* „Weltrisikogesellschaft" (Beck) kann sich die Soziologie nicht mehr mit dem Dualismus von Natur und Gesellschaft begnügen. Die Entzauberung der Natur durch die Wissenschaft wirft in der Phase der „reflexiven Verwissenschaftlichung" (Beck, 1986, S. 254) nicht nur die „ökologische Frage" auf und führt den Menschen zu neuer Verantwortung, sondern führt durch die fortwährende Antizipation der nicht intendierten Folgen (Beck) hinweg von einem strikten Dualismus – der Trennung von Kultur und Natur – der ausschließlich Soziales mit Sozialem erklärt werden kann.

Es wird sich zeigen, inwiefern die Semantik einer getrennten Natur, permanent unterlaufen wird bzw. welche alltäglichen Semantiken im Umgang mit Natur bezogen auf Erholung zu finden sind.

1.1   Problemstellung: Wie erholt Natur?

Natur wird oft als anziehend und schön empfunden. Vielerorts findet man „naive Natursemantiken", die unhinterfragt, idiosynkratrisch und handlungsweisend sind und ideologischen Charakter haben können. Was einst einmal abschreckend und öde, einsam oder bedrohlich war, steht heute als Sinnbild paradiesischer Vollkommenheit und garantiert größtmenschenmögliche Erholung, assoziativ *gepaart* mit Gedanken von Freiheit oder dem Schwelgen in ästhetischer Kontemplation. Gerade auch im Urlaub oder auf Ausflügen hat Natur eine erfahrbarere Bedeutung erhalten als andernorts.

Die Sehnsucht[1] nach (unberührter) Natur und Erholung in der Natur ist heutzutage so groß wie nie zu vor, gerade wenn man die Vielzahl neuartiger Zeitschriften betrachtet. – Natürlich gibt es eine unberührte Natur nicht mehr wie sie Ritter (1974) als Paradigma der ästhetischen Naturwahrnehmung konstatierte. Sie existiert nur in der Vorstellung des Beobachters und muss praktisch erzeugt werden.

Natur kann, so wird sich im Laufe dieser Arbeit zeigen, Vieles sein. Offensichtliche zivilisatorische Artefakte können, wenn sie in bestimmten Kontexten oder aus verschiedenen Praxen hervortreten, oder in Unterscheidung zu anderen bedrohlicheren, zivilisatorischen Produkten stehen, also in einem Anpassungs- oder Konkurrenzverhältnis auftauchen, „natürlich" oder als „Natur" erscheinen, auch wenn sie zuvor noch als „unnatürlich" oder „kulturelles Artefakt" bezeichnet worden sind. – Die Gesichter der Natur, oder genauer, die menschlichen Naturverhältnisse, sind so mannigfaltig, wie man es von ihr verlangt.

So sind es sicher noch paradiesische Strände, von denen Menschen träumen, aber auch neue, nahe Paradiese, wie die Alpen, die Isarauen oder der Englische Garten, verbuchen einen Nutzungsboom, offerieren sie doch in Kombination mit dem richtigen Equipment mannigfaltige Möglichkeiten zur Erholung und Naturerfahrung.

Neben der subtilen *Naturalisierung der Alltagswelt* (zum Beispiel in der Form, dass ungefilterte Biere oder Apfelsäfte mehr und mehr Einzug in die Regale der Supermärkte halten), kommt der Natur immer noch im Urlaub oder der Naherholung, also in der Freizeit, größte Bedeutung zu – bei vielen Europäern gilt Natur als das Symbol der Erholung, steht für das Authentische schlechthin.

Die Vorstellung von einer zerstörerischen, rauen Natur über die Erfindung des Strandes (Corbin, 1994, S. 319 ff.) bis hin *dem* „Traumstrand" als Postkartenmotiv illustriert diesen Wandel besonders deutlich (vgl. Hennig, 1999, S. 100). Die *Sehnsucht nach unberührter Natur und Exotik* oder das Verlangen nach (*mehr*) Authentizität[2] haben in den vergangenen Jahren zusätzlich das Fernweh vieler komplementiert.[3]

---

[1] Auch die Sehnsucht ist etwas, dass sich nur in Ergänzung zu etwas anderem bestimmen kann. Sehnsucht kann psychologisch wie eine Sucht begriffen werden und, ähnlich Simmels Begriff des Fremden, ihre Identität allein aus der Unbeständigkeit und dem Sehnen nach *etwas Anderem, Neuem* oder *Fremden* speisen und somit im Weiterziehen Erfüllung findet.

[2] Ich komme später auf den Ausdruck ausführlicher zurück.

[3] Die spezifische Bedeutung der Natur in der Freizeit wird anderer Stelle erörtert.

1.2 Erläuterung des Forschungsvorhabens

Die zentralen Fragen in dieser Arbeit lauten: Wie sieht Erholung in der Natur aus? Und wie wird Natur praktisch erzeugt und kommunikativ verarbeitet?

Dazu wird anhand von zwei Beispielen, dem Englischen Garten (sowie entlang der Isar in München) und Hawai'i[4], der Reiz der Naturerfahrung und -wahrnehmung analysiert.

Ferner leiten mich folgende Fragen: Welche Anziehung und Erwartungen gehen von einer fernen Natur im Vergleich zu der heimischen Natur[5] aus? Wie gelingt die kommunikative Aktivierbarkeit und praktische Erzeugung von Naturerlebnissen in verschiedenen Gruppen bzw. Kontexten? Mit der Aufklärung und spätestens mit der Romantik wurden Natursemantiken freigegeben, die ihre Verwendung in der Suche nach Erholung – laut Selbstbeschreibung – im Erleben finden. Diese Semantiken sollen empirische herausgearbeitet und in ihrer kommunikativen Verwendung klassifiziert werden.

Es wird dahingehend wichtig sein Natur, je nach Praxis als einen Teil der Natur zu definieren. So soll die Bedeutung und die Attraktion einer „exotischen Natur", die etwa dem Leben fern der „normalen" Zivilisation in abgelegenen Naturschutztälern auf Kaua'i vorausgeht, im Vergleich zum Erleben der heimischen Natur betrachtet werden.

Der Aufbau der Arbeit gestaltet sich wie folgt: Zuerst wird der Naturbegriff theoretisch erörtert (Kapitel 2). Dabei werden drei unterschiedliche Naturvorstellungen erarbeitet (2.1), u.a. verschiedene Perspektiven innerhalb der Soziologie (2.2) skizziert sowie das Verhältnis von Systemtheorie und Natur genauer betrachtet (2.2.2). Kapitel 2.2.3 illustriert Natur dabei aus der Perspektive der Gesellschaft der Gegenwarten.

In Kapitel 3 wird des Verhältnis von Kunst und Natur bzw. der Einfluss der Bilder (3.1) betrachtet. Durch einen Exkurs in die Ästhetik (3.2) soll die Anziehung des Naturschönen bzw. der Begriff (3.3.) operationalisiert werden. Weiter wird auf den Wandel der Naturwahrnehmung bzw. auf Inszenierung von Natur eingegangen (3.4). Konkret wird die semantische Veränderung in Bezug auf Landschaft, Alpen und Strand (3.5) dargestellt werden. Der Paradiesbegriff und die Semantik des edlen Wilden werden in Kapitel 3.6 erörtert.

Im Anschluss analysiert Kapitel 4 basale theoretische tourismusbezogene Begrifflichkeiten und die Bedeutung von Natur beim Reisen. Zum einen werden

---

[4] In der vorliegenden Arbeit wird Hawai'i als Insel- bzw. Bundesstaat und nicht als Insel genannt. Die Insel Hawai'i wird, wie vor Ort üblich, als Big Island bezeichnet.

[5] Der Begriff der heimischen Natur beschränkt sich in dem Fall auf die Gruppe Individuen, die hier in München über „ihre" Natur sprechen. Es muss angenommen werden, dass im Ruhrpott oder in Garmisch Partenkirchen wiederum andere Vorstellungen kursieren.

14

elementare Begriffe der Tourismusforschung erläutert (4.1), zum anderen die Entwicklung soziologischer Tourismusforschung skizziert (4.2). In Kapitel 4.3 sollen die bis dahin erörterten Theorien exemplarisch angewandt und anschließend resümiert (4.4) werden.

Im folgenden Kapitel soll zuerst Grundlegendes zur Semantik der Natur theoretisch erörtert und im Anschluss das Verhältnis der Soziologie zur Natur beleuchtet bzw. drei Denktraditionen vorgestellt und zusammengefasst werden.

Kapitel 5 befasst sich mit dem methodischen Vorgehen, der Datenverarbeitung und der Auswertungsperspektive.

Die empirischen Ergebnisse und ein Forschungsausblick werden in Kapitel 6 ausführlich beschrieben. Dazu wird in Kapitel 6.1 und 6.2 noch exkursorisch auf die touristische Geschichte Hawai´is und die Entstehung des Englischen Gartens eingegangen werden. In Kapitel 6.3. wird dann touristische Praxis in Hawai´i anhand dreier Formen der Institutionalisierung von Gegenalltäglichkeit analysiert. In Kapitel 6.4 wird Naturkommunikation anhand von drei konstitutiven Grunddifferenzen auf allgemeiner Ebene entfaltet. In Kapitel 6.5 werden die beiden Erhebungsorte mit ihren „spezifischen" Besonderheiten expliziert. In Kapitel 6.6 wird die „Wirkung" von Natur betrachtet. In Kapitel 7. werden die verschiedenen Naturvorstellungen zusammengefasst und ein Ausblick auf mögliche semantische Differenzierungen bzw. weitere Forschungsmöglichkeiten gegeben.

2 Zur Kultur der Natur

Wie bereits eingangs erwähnt, basiert das ganze Problem, man könnte auch sagen das Chaos[6] mit der Natur, auf neuen Unterscheidungen, die einst nicht getroffen worden waren. Die Erfindung der Natur, wie wir sie heute kennen und lebensweltlich schätzen, ist eine „moderne" Erfindung. „Einen Begriff der Natur, kann es nicht geben – aber es gibt ihn" (Picht, 1990, S. 3). Der Begriff zerfällt in Begriffe.

Ein mannigfaltiges Angebot an Sinnzuschreibung ist mit der Natursemantik verbunden: Von der kosmischen Ordnung, einem allumfassenden Naturbegriff, kann zwischen der wahren, unberührten biologischen Natur, der utilitaristischen Funktionsnatur, die in der Bereitstellung wichtiger Ressourcen u.a. wirtschaftlich genutzt wird, um einige Semantiken zu nennen.

Es wird sich in diesem Kapitel zeigen, inwiefern Sozialstruktur der Gesellschaft und Semantik des Naturbegriffs gerade durch die funktionale Differenzierung eine wahrliche Metamorphose durchlaufen haben.

2.1 Theoretische Grundlagen: Dreierlei Natur

Bei den Griechen steht die Natur für all das, „was entsteht und vergeht" (Picht, 1990, S. 55). Die Physis beinhaltete die Bedeutung des Wesens und der Beschaffenheit, weiter fand sie ihre Bedeutung im Werden (vgl. Hori, 2007, S. 14). Die ursprüngliche Verwendung des Begriffs war somit, aus dem heutigen Verständnis betrachtet nicht nur auf die Natur bezogen, sondern umfasste alles, was wächst.

Im Lateinischen wird natura von nasci „entstehen", „geboren werden" gebildet und entspricht dem Griechischen φύσις, der Physis (Picht, 1990, S. 54 siehe auch Graeser, 1989, S. 13). Wachsen oder geboren werden, ist „kein quantitati-

---

[6] Wobei im antiken Denken Chaos einer Ordnung nicht zuwiderlief ihr wohnten beide Seite inne: „Aber die Idee des Chaos, ist vor allem eine energetische Idee: Sie führt ein Sprudeln, Flammen, Turbulenzen mit sich. Chaos ist eine Idee, welche der Distinktion, der Trennung und der Opposition vorangeht, eine Idee deshalb, der Nichtunterscheidung (d´istinction), der Konfusion zwischen zerstörerischer Macht, Ordnung und Unordnung, Desintegration und Organisation, *Hybris* und *Dike*" (Morin, 2010, S. 78).

ver Begriff, sondern bezeichnet das Ans-Licht-treten was sich im Wachsen enthüllt" (Picht, 1990, S. 56). Somit steht der Begriff nahe zum christlich-jüdischen Schöpfungsbegriff auch wenn dieser „das Hervortreten als Hervorgebracht werden" (ebd.) betrachtet. In der Physis war das anders, die Zeit fungierte hier als alleiniger Schöpfer.

Natur wird klassisch begriffen, als ein Prozess zwischen Perfektion und Korruption oder als ein Prinzip der Ordnung. Dabei liegt es in der Natur der Sache, die Ordnung durch Unordnung zu kennzeichnen (vgl. Baecker, 2008). Allerdings stellt sich eine menschliche Ordnung als konträr dar, schließlich galt das Gesetz als das Menschengemachte, wenngleich: „Das Thema einer gesetzmäßigen Natur, die von einem Schöpfergott gesetzmäßig gemacht wird, ist allerdings unabhängig vom Auftreten des Begriffs »Naturgesetz« bereits in Platons Timaios gegenwärtig. Denn dort verwandelt der Gott ungeordnete Bewegung in geordnete. Der hierbei ins Spiel kommende Ordnungsbegriff dürfte etwas bezeichnen, was zumindest einen »Vorläufergedanken« zur modernen Naturgesetzlichkeit darstellt" (Hampe, 2007, S. 55).

Die Genese der Naturbegrifflichkeit ist durch das Verhältnis zum Menschen, der Abbildung der Welt, der Wissenschaft sowie der Technik und Kunst gezeichnet.

In der vorliegenden Arbeit wird, wenn von Natur die Rede ist, eine Semantik verstanden, die eine scheinbare Ontologie evozieren kann, und der durch ihre zugrunde liegende Differenz von *Natur | Nichtnatur* die Kraft verliehen wird, Ontologien zu de-/-konstruieren. Natur kann aus dieser theoretischen Perspektive alles sein. Um sich dem Alltagsverständnis von Natur anzunähern, beschränkt sich der Begriff in seinem lebensweltlichen Gebrauch auf eine Definition von Seel, wonach eine „dynamische Eigenmächtigkeit", „sinnliche Wahrnehmbarkeit" und „lebensweltliche Anwesenheit" subsummiert wird (Seel, 1991, S. 20).[7]

Die gesellschaftlichen Naturverhältnisse wohnen der Semantik der Natur – ganz gleich in welcher Sinnzuschreibung – immer in Bezug auf das menschliche Sein inne und sind dabei durch drei Idealtypen charakterisiert, die heute, so wird sich zeigen, in ihrer alltäglichen Verwendung zu einem Konglomerat von situativ wechselnden Aktivierbarkeiten verschmolzen sind.

Eine Möglichkeit, das semantische Wirrwarr zu ordnen, ist es nach Zurechnungsebenen zu differenzieren bzw. ihre historisch, diskursive Herstellung zu betrachten.

In der Denktradition der Antike wurde Natur nicht als objektivierbar, sondern als „Werden" und „Wesen" bestimmt. Erst mit der Neuzeit entwickelte sich die „Vorrangstellung humanen Wissens" (Hori, 2007, S. 15), und die Natur wurde

---

[7] Die Definition von Martin Seel werde ich in Kapitel 3.3 genauer ausführen.

18

über das Wissen beschreibbar – „ist die »Natur zu verstehen« zur Aufgabe der Vernunft geworden" (ebd.).

In der Regel werden drei Natursemantiken in der europäischen Denktradition unterschieden: das antike Prinzip einer allumfassenden Ordnung, das in der Neuzeit durch Wissenschaft und Technik geprägte funktionale Verhältnis einer beschreibbaren Natur, und das mit der zunehmenden Technisierung aufkommende Prinzip der Sehnsucht (vgl. u.a. Hampe, 2007, Böhme, 1989 oder Ritter, 1974).

Gill (2003) unterscheidet analog zwischen Natursemantiken, die im Umgang mit Natur auf Identität, Utilität und Alterität gerichtet sind. Wobei die erste Unterscheidung einer aristotelischen allumfassenden Vorstellung, der „Ordnung in der Natur" (ebd. S.54) gleichkommt und dem Einheitsdenken von Natur, Gesellschaft bzw. einer moralisch positiven Aufladung der eigenen Wesensart entspricht. Die beiden letztgenannten Semantiken werde ich gleich vorstellen, sie entstanden mit der Neuzeit und stehen diskursiv zueinander.

„Der Idealtyp einer identitätsorientierten Kosmologie leitet sich von vormodernen Weltbildern her, die von einer alles durchwaltenden Schöpfungsordnung ausgehen. In ihr hat jede Person und jedes Ding seinen vorgesehenen Platz, an dem sie und es sich gemäß seiner natürlichen Gaben entfalten kann und soll. Ob man diese Ordnung, aus der sich die Identität der Individuen und Kollektive ergibt, in »Gott«, »der Tradition«, »der Natur« repräsentiert bzw. verkörpert sieht, ist dabei ziemlich gleichgültig. [...] »Natur« stellt in dieser Kosmologie die Welt und die sie leitenden Prinzipien dar und umfasst sofern die in den beiden genuin modernen Kosmologien als solche auftauchenden Gegenbegriffe wie »Gesellschaft«, »Kunst« und »Technik« – alles ist von und durch Natur." (Gill, 2003, S. 64)

Die griechische Tradition begriff Natur vor allem als normatives, zielgerichtetes Konzept menschenbezogener Ordnung, zwischen Perfektion und Korruption gedacht, das dem Wesenskonzepts des Seins gleichkam.[8] Der Natur kam in der Gesellschaft Alteuropas eine normative, strukturierende Funktion zu (und diente später auch der Stabilisierung des Adels).

„Im aristotelischen Kontext wurde Natur als eine auf ein Ende (télos) gerichtete Bewegung verstanden, die aber nicht ohne Weiteres sicherstellte, dass dies Ende auch erreicht werde" (Luhmann, 1997a, S. 171 f.). Natur verhielt sich dabei in der Entwicklung immer vom Imperfekten zum Perfekten. Technik stand dem Naturbegriff dialektisch im griechischen Denken insoweit entgegen, als eine bestimmte Anwendung von Technik, einer Verletzung der natürlichen Ordnung gleichkam und somit abzulehnen war (vgl. ebd., S. 519 und Gill, 2003, S. 62).[9]

„Der Naturbegriff deckt alles ab, was nicht hergestellt ist: auch den Menschen, auch die soziale Ordnung. Er enthält [...] Naturdinge, die ihre eigene Na-

---

[8] Und enthielt folglich alles, auch die Polis.

[9] Verhältnis von Techne und Physis nach Aristoteles wird in verschiedenen Quellen unterschiedlich interpretiert. Das Dreigestirn Physis, Techne und Ars werden dabei teils substituierend, teils ausschließend begriffen (vgl. Gill, 2003, S. 61).

tur kennen – eben Menschen und andere höhere Wesen" (Luhmann, 1997a, S. 908).

Mit der Neuzeit hatte sich die „Trennung von Naturwissenschaft und Philosophie konkretisiert" (Hori, 2007, S. 15). Unter anderem waren die „induktiv-experimentellen" (ebd.) Forschungsmethoden von Galilei und Bacon für „einen Auftrieb der neuzeitlich-empirischen Naturwissenschaft" verantwortlich.

Mit der Aufklärung waren die Vorstellungen einer früher „durch die Natur garantierten Übereinstimmung" (Luhmann, 1997c, S. 124), nicht mehr haltbar. Die Zukunft wurde eine Frage von Entscheidungen und im Zuge dieser Erkenntnis setzte sich das einst natürlich geglaubte in den Lehren des Rechts. Mit der Naturrechtskonstruktion wurde Konsensfähigkeit und Gestaltbarkeit formal geschaffen.

Mit der Trennung von Materie (res extensa) und Geist (res cogitans) manifestierte Descartes die Trennung von Mensch und Natur. Mit der Erfindung des Selbst, wird die ontologisierende Funktion der Natur abgeschwächt, was weitreichende Implikationen auf die Sozialstruktur zur Folge hatte:

> „Das Individuum aus dem sozialen Kollektiv und kulturellen Traditionsbeständen herausgefallen, erschafft sich in seiner kulturellen Wendung selbst heraus: Nicht Gottes Ratschluss, sondern aus der eigenen Kognition (res cognitans). Man hat dies vielfach als Akt der radikalen Subjektivität gedeutet, und in der Tat, der Mensch befreit sich hier aus der Schöpfungs- und Ständeordnung und stellt sich ganz auf sich selbst. Die metaphysischen Gründe für Ungleichheit und Unterordnung sind aufgehoben." (Gill, 2003, S. 73)

Der damit einhergehende Verlust der Bedeutung der Kirche im voranschreitenden Prozess funktionaler Differenzierung trug einem Bedeutungszuwachs des Politischen (Kaisers) zu und frei nach Francis Bacons Sentenz „Wissen ist Macht" wuchsen die Kollektivkörper der Universitäten in die Städte hinein.

„Die schöne Welt ist nicht mehr nur Gegenstand religiöser Bewunderung mit Problemen des praktischen Sichzurechtfindens" (Luhmann, 1997a, S. 520). Als Konsequenz in der Sozialstruktur verzeichnete sich durch wissenschaftliche Experimente eine zunehmende Erforschung der Natur. Was zur ansteigenden Bedeutung des Wissenssystems führte und die Schwächung der Moral und die Abwertung des Adels bedingte (vgl. Luhmann, 1987, S. 450).

Identität war mit der Notwendigkeit der Selbstbeschreibung somit nicht mehr „natürlich" gegeben.[10]

Die utilitätsorientierte (vgl. Gill, 2003) moderne Vorstellung von der Welt impliziert die Befreiung von der Natur bzw. deren Domestizierung durch Wissenschaft und Technik (vgl. Becker, 2003, S.52 f.). Das teleologische Naturverständnis, welches der Natur ein von selbst auf ein Ziel gerichtetes Wesen attes-

---

[10] Goethe und Schelling sowie Romantiker versuchten eine entgegengesetzte Naturauffassung zu begründen, „die Natur als ganzheitlich, dynamisch und organisch denkt" (Hori 2007, S. 18).

tierte, stellte auf ein kausales Ursache-Wirkungs-Prinzip um; allerdings ist die Befreiung, die mit der Rationalisierung und Nutzbarmachung der Welt einhergeht, gleichbedeutend mit der existentiellen Verknüpfung, die neue soziale Ordnung produziert und einer Kosmologie gleichkommt, die über der Materialität ihres Zieles wuchert „gleichgültig wie sehr sie [Utilitarismus und Rationalität] sich in ihrem Verständnis nach gegen Weltanschauung und Religion richten mögen" (Gill, 2003, S. 73).

Somit scheinbar frei von Naturdetermination wurde die plötzliche Gestaltbarkeit des Sozialen im kantschen Sinne von Kausalität und Notwendigkeit funktional der Heteronomie der Natur entgegengestellt: Es wurde ein Platz geschaffen, der Raum für den autonomen Willen und zur Selbstbestimmung lässt. Kant hatte dabei in seiner „Kritik der reinen Vernunft" (1982) den erkenntnistheoretischen Dualismus für uns gegründet[11] und darf als Vorbote für das heutige Konstruktivismus-Realismus-Problem gesehen werden. Kant positionierte auf der einen Seite eine „Natur-für-uns" (Phainomenon), der wir unsere Erkenntnisse unterstellen und der „Natur-an-sich" (Noumenon) auf der anderen Seite, über die wir keine Aussagen treffen können. Die Natur war somit mit dem menschlichen Denken, dessen Zeit- und Raumstrukturen sowie dem Ursache-Wirkung-Prinzip, verbunden. Andererseits war Erkenntnis an Wahrnehmung und die „Dinge-an" gebunden (vgl. auch Becker, 2003, S. 182).

War der Naturbegriff der Herrschaft der Kirche entrissen, die ihre Macht bekanntlich durch eine Nähe zum Schöpfer legitimierte, und weiter politisch (Naturrechtskonstruktion) sowie wissenschaftlich (Natur als unbeseeltes mechanisch funktionierende Ressource) instrumentell dienlich gemacht, verzeichnete sich ab Rousseau die Semantik (gemäß Gill: eine alterierende), die gerade durch Empfindsamkeit dem Prinzip des Nutzens entgegenlief und vor allem auf „Glückssteigerung" gerichtet war:

„Es geht nicht um die Glückssteigerung im Sinne von Nutzenmaximierung, sondern – eingedenk der Erkenntnis, dass man Genuss nicht beliebig steigern kann – um Erlebnis und Erfahrungssuche, die aber nicht auf äußere Bereiche ausschweift, sondern auch zugleich in selbstreflexiver Manier die rezeptiven Einstellungen des Subjekts variiert[12]." (Gill, 2003, S. 75 [13])

Hiermit wurde der Grundstein touristischer bzw. allgemeiner *erholender* Naturwahrnehmung gelegt.[14] Die in der Romantik noch vorherrschenden Vorstellun-

---

[11] Es bleibt freilich schwer einen Fixpunkt auszumachen, da die Überlegungen immer in einer geschichtlichen Tradition zu denken sind. Wie erwähnt fanden sich schon Überlegungen bei den Vorsokratikern, Platon und Aristoteles etc. wieder.

[12] Der Begriff der Variation wird in dieser Arbeit zentral, gerade im Hinblick auf seiner Funktion auf das Reisen zu betrachten sein (vgl. Kapitel 4.2.5).

[13] Kursive Schrift wurde wie im weiteren aus dem Original übernommen.

[14] In Kapitel 0 dazu ausführlicher.

gen einer naturbedingten Einheitserfahrung durch die Idealnatur dienten vor allem der Transzendentierung des Subjekts.

Die Einheitserfahrung mit der Welt ist bekanntlich durch die systematische Trennung von ihr nicht ganz einfach und so folgert Luhmann:

> „Gegen Ende des 18. Jahrhunderts wird der Mensch im strengen Sinne als Subjekt gedacht und damit aus der Natur ausgegliedert. Man mag dies ideengeschichtlich als Folge der kantischen Unterscheidung eines Reichs der Kausalität und eines Reichs der Freiheit ansehen, der Unterscheidung also von empirischen und transzendentalen Begriffen. Oder als Konsequenz der fichteschen [sic!] Einsicht, dass alle Wissenschaft mit dem sich zunächst selbst setzenden Ich zu beginnen habe. Im transzendentalen Sinne garantiert Subjektheit Einheit, im empirischen Sinne Vielheit und Verschiedenheit. Die Unterscheidung transzendental/empirisch ermöglicht also die Vorstellung, dass dasselbe Denken »nur empirisch« verschieden ausfällt." (Luhmann, 1997b, S. 1023)

Im 18. Jahrhundert wird die Natur entdeckt „als authentische Ursprungsnatur - als Raum der Freiheit: als Begründungsraum der bürgerlichen Individualität und damit als Gegenraum zum feudal-absolutistisch besetzten Gesellschaftsraum" (Großklaus, 1993, S. 8). Mit dem 19. Jahrhundert und der fortwährenden Instrumentalisierung und Technisierung sowie Domestizierung der Natur kommt es zur „emotionalen und ästhetischen Wiederaneignung der Natur" (ebd., S. 7) bzw. avanciert Natur als Medium der „Wiedergewinnung des alten Zustands verlorener Lebenseinheit etc." (ebd., S 8).

Einheitserfahrungen mit der Welt unterscheiden sich folglich empirisch durch Differenzerfahrungen des Individuums. Gill sieht so die alteritätsorientierten Natursemantik im empirischen Vollzug daher auch wie folgt:

> „Alteritätsorientiert ist hier also nicht das vielfach proklamierte Ziel des Verschmelzens und Aufgehen in einer Ganzheit, sofern es denn erfolgreich wäre – das wäre die Selbstaufgabe des Subjekts. Alteritätsorientiert ist vielmehr die drangvolle Suche, die Hingabe des Subjekts an eine fremde Welt – die, wenn sie nach einiger Zeit unvermeidlicherweise »gewöhnlich, bekannt und endlich« erscheint, entweder gewechselt oder erneut entrückt und verfremdet werden muss." (Gill, 2003, S. 76)

Die wahrgenommene Differenz zwischen Subjekt und Objekt mundet in dem mundanen Bestreben nach Einheitserfahrung in Differenzerfahrung, welche dann weiter differenziert werden muss.

Es soll vorab kurz zusammengefasst werden, welche Implikationen sich aus dem deutschen Idealismus und der Romantik für das Naturerleben heutzutage ergeben: Wurde die Semantik der Natur von den Naturwissenschaften quasi für Philosophie und Kunst frei gegeben, wurde der Natur in der Alltagswelt (neben dem wissenschaftlichen und philosophischen Diskursen) neuer Sinn gegeben und ihrer bedrohlichen Vorstellung entkleidet.

Die romantische Vorstellung der allumfassenden Einheit und der gefühlsmäßigen Wahrnehmung von Einheit, des spürbaren Erfahren des Selbst, gipfelt heute im *Sinne* einer körperlichen Evidenzbeschaffung geradezu in freizeitlichen extremen Naturerleben gemäß dem Motto: „schneller, weiter, höher" oder dem Erkunden fremder[15] Landschaften (vgl. Großklaus, 1993, S. 81ff.).

Die Betonung struktureller Koppelung bspw. zwischen Körper und Geist, durch Adrenalinausschüttungen, und anderen auf Grenzerfahrung gerichteten Erleben ist folglich, von der Vorstellung von Einheitserfahrung getrieben und inspiriert. So wird die Wirksamkeit des Egos in der Welt in Form von Kontrolle (in Form von kontrolliertem Kontrollverlust) erlebet. Über das Subjekt wurde so Raum geschaffen für die Bedeutung der Welt in der Welt und der erscheinenden Welt selbst (vgl. Seel, 1991, S. 60).

Die romantische Natursemantik folgt dem Altruismus-Prinzip, dabei aber nicht nur auf das sinnliche Erleben des Subjekts, sondern auch durch das subjektiv sinnliche Erleben des Objekts (der Natur) bezeichnet.

Einheitserfahrungen entstehen für Großklaus u.a. durch unberührte oder fremde Natur, die Grenzen hierfür verlaufen „innen" wie „außen" (Großklaus, 1993, S. 83). Mittlerweile sind die Grenzen auf beiden Seiten verschoben und wirken nahezu aufgelöst:

„Noch in Mitte des 18. Jahrhunderts gab es inmitten Europas Bereiche unberührter, fremder und »wilder« Natur: die Gipfel- und Gletscherzonen der Alpen. Inzwischen scheint die pazifizierende Aneignung des Natur-Fremden auf der Erde abgeschlossen." (Großklaus, 1993, S. 83)

Großklaus sieht die Tilgung von Fremdheit als Kennzeichen des Übergangs in die Moderne:

„Den Übergang zur Moderne (den Fouccault auf den Zeitraum von 1775 bis 1825 datiert) kann jedoch beschrieben werden als Prozess beschleunigter Tilgung und Löschung von »Fremdheit« in jeglicher Gestalt: als Fremd-Kultur, als Fremd-Natur; alles unterliegt in beschleunigtem Rhythmus von Entgrenzung und Eingrenzung der umstandslosen globalen Aneignung, Unterwerfung, Überführung – der Überführung in »eigenes«." (Großklaus, 1993, S. 95)

Gerade die in der Aufklärung vorherrschende Aneignung der Natur und deren Beherrschung, führen in der Romantik zu der Tendenz der „neuzeitliche[n] Entfremdung" (Walz, 2007, S. 38) entgegenzuwirken, „die überlieferte Tradition des holistischen Denkens in Anschlag zu bringen und so die entstandenen Risse zu kitten.

Die Emotionalität und Spiritualität der Einheitserfahrung, die die Romantik gegen den kausalmechanistischen Reduktionismus und Rationalismus der Aufklärung hervorkehrt, legt jedoch die gefährliche Subsumtion des Einzelnen unter das Ganze nahe, andererseits wird damit der Tod und das v.a. durch ihn hervorgerufene Leid überspült, wie die fragliche Denkfigur eines natürlichen »Ur-Sub-

---

[15] Gerade zu Beginn des 19. Jahrhunderts tendierten Reisende, das Fremde als Vorfahren, aus Blick der „Erben" zu betrachten (vgl. Corbin, 1994, S. 276 ff.). Es wird an späterer Stelle diskutiert, inwiefern von einer semantischen Verschiebung innerhalb der Einheit der Differenz von Fremdheit und Vertrautheit die Rede sein kann.

strats«, vor der alle Variation als Dekadenz erscheint, bemüht." (Walz, 2007, S. 38).

Für die Soziologie ergaben sich drei Tendenzen, den zunehmend als problematisch verstandenen Umgang mit der Natur zu analysieren. Die in der Moderne vorherrschende Multiperspektivität lassen die einstige Kritik der menschlichen Aneignung der Natur und der Forderung, die Natur als Wertmaßstab im Sinne einer „Moral" als Handlungsinduzierend zu begreifen zunehmend unglaubwürdig werden – der entsprechenden Position einer epistemologisch realistischen Perspektive steht eine relative, sowie eine sich dazwischen positionierende, vermittlungstheoretische Perspektive entgegen bzw. ergänzen das Dreigespann.[16]

Es wird im Folgenden ein Überblick über die verschiedenen Auffassungen der „Gesellschaftlichen Naturverhältnisse" aus soziologischer Perspektive dargestellt.

2.2 Die Soziologie der Natur

Die Soziologie musste, so die gängige Argumentation, zu ihrer Gründungszeit die Natur, um ihrer selbst Willen, der Naturwissenschaft überlassen. Schließlich galt es als neue wissenschaftliche Disziplin den Gründungsanspruch durch einen eigenen Forschungsgegenstand zu behaupten. Seit Mitte der 70er Jahre entbrannte eine öffentliche Diskussion „über die Zusammenhänge zwischen dem Gesellschaftssystem und seiner Umwelt" (Luhmann, 2008, S. 9). Ohne es zu wissen, befasste sich die Soziologie aber immer schon mit Natur, nur eben in der Tradition, nur eine Seite der Medaille zu betrachten (vgl. Baecker, 2008, S.193 f.).

Tatsächlich kommt die Soziologie nicht auch ohne ein gewisses Naturverständnis aus. Dieses schwingt meist implizit zwischen den Zeilen oder großen Begriffen (vgl. „Industriegesellschaft" oder „traditionelle Gesellschaft" oder Giddens: „Ende der Natur" 1996) soziologischer Konzeptionen mit.

Dieser Dualismus, der auf der Unterscheidung von Natur und Gesellschaft „sui generis" beruht, wird seit den 60er Jahren und den fortwährenden Krisen wie dem Ausbruch von BSE, dem Ozonloch oder anderen Katastrophen von größeren Teilen der Gesellschaft in Frage gestellt (vgl. auch Kropp, 2002, S. 30ff.). Hierunter fällt auch die dominierende Haltung des Menschen, die natürlichen Ressourcen bis auf das Äußerste schrankenlos auszunutzen, also auch die agrarische Unterwerfung von Boden und (Nutz-)Tieren.

---

[16] Als Dreigespann bezeichne ich konstruktivistische, positivistische und vermittlungstheoretische Denktraditionen der Soziologie, es wird im Folgenden darauf genauer eingegangen.

Es soll im Folgenden kurz skizziert werden welche Perspektiven die Soziologie auf die Natur einnehmen kann.

2.2.1 Natur aus positivistischer, konstruktivistischer und vermittlungstheoretischer Perspektive

Es ist freilich viel darüber gestritten worden, wie der Natur soziologisch beizukommen ist. Kropp (2002) befasst sich ausgiebig mit den verschiedenen Ansätzen, sie unterscheidet dabei zwischen „naturrealistischen Ansätzen", „naturrealtivistischen Ansätzen" und „vermittlungstheoretischen Ansätzen", synonym lassen sie sich als positivistisch, konstruktivistisch bezeichnen. Die beiden Pole auf bzw. zwischen denen sich die Ansätze positionieren lassen, stellen folglich Positivismus und Konstruktivismus dar. Die Ansätze sollen im Folgenden nur grob skizziert werden, da letztlich die systemtheoretische Perspektive für den Umgang mit Natur als Analyseinstrument in dieser Arbeit gewählt worden ist, und dem „Beikommen" der Natur in verschiedenen theoretischen Ausprägungen an dieser Stelle kein zusätzlicher Erkenntnisgewinn zutut.

Naturalistische Ansätze gehen von einer objektiv bestimmbaren Natur aus. Sie beharren darauf, die Naturkategorie beizubehalten und diese ist dann zum Ausgangspunkt für gesellschaftspolitische Überlegungen zu machen (Catton & Dunlap, 1980) siehe auch „New Ecological Paradigm"[17] in der Humanökologie; Folglich gibt es für naturalistische Ansätze auch eine Trennung zwischen Natur und Gesellschaft, diese lässt sich eindeutig (gemäß der naturalistischen Erkenntnisapparate) bestimmen und bemessen. Dieser epistemologische Realismus wird in naturalistischen Ansätzen normativ gewendet und fordert Soll-Aussagen.

Kropp (2002) verweist dabei auf die zwei Kernannahmen naturalistischer Denktraditionen: Zum einen kann Natur „adäquat" beschrieben werden („erkenntnistheoretischer Realismus"). Zum anderen lässt sich aus dieser Beschreibung bestimmen welche „Modi im Umgang mit der Natur angemessen" sind („naturalistischer Imperativ").

Die Tatsache, dass naturwissenschaftliche Erkenntnis möglich ist, wird a priori vorausgesetzt, jedoch als unproblematisch gedacht. Diese Annahme lässt jeg-

---

[17] Durch den Paradigmenwechsel zum „New Economy Paradigm", sollte die defizitäre Naturberücksichtigung der Soziologie korrigiert und so eine Theorie ermöglicht werden, die menschliche Gesellschaften als eine biologische Lebensgemeinschaft unter anderen in natürlichen Zusammenhängen konzeptualisiert (vgl. Glaeser, 2002). Die Wurzeln des Menschen in der Natur lassen sich somit nicht mit technischem Fortschritt überwinden. Gerade auch das vernünftige zweckgerichtete Handeln könnte demnach auf Grund der komplizierten Verschränkung interdependenter Zusammenhänge unerwünschte Konsequenzen mit sich führen.

liche Grenzwertdiskussionen bzw. Expertendissens („Ab wann ist Smog schlecht?" „Wann ist Feinstaub gefährlich?" oder auch der Klimadiskurs etc.) praktisch außen vor und wendet sich somit von der wissenssoziologisch heraus gearbeiteten „Krise der Repräsentation" (vgl. Welsch W., 1996 und Ritsert J., 1996) ab. Aus konstruktivistischer Perspektive relativiert der fehlende direkte Zugang zur Welt, oder der „Wirklichkeit an sich", den jeweils von Kultur, Kontext, Interessen und historisch geprägten Annahmen zu einem verzerrten Zugang zur Welt und macht Beschreibungen der zu in einer „Wirklichkeit-unter-einer-Beschreibung".

Karl Popper (1964) hat demnach mit seinem Nachweis der Theorieabhängigkeit von Beobachtungen und ihren Daten propagiert, dass es keine Aussicht gibt, zwischen konkurrierenden Erklärungsansätzen auf der Basis einer gleichsam neutralen (theorieunabhängigen) Beobachtungssprache zu unterscheiden.

Die objektive Beschreibung „eines Problems" ist dann zweifelsohne und in einer pluralistischen Gesellschaft nicht haltbar (vgl. Beck „kultureller Gefahrenrelativismus", Beck, 1988, S. 118). Das wird vor allem klar, wenn von einer funktional differenzierten Gesellschaft ausgegangen wird, die unter der Annahme von Gleichzeitigkeit der Ungleichzeitigkeit gerade ihr größtes Problem in der Erhaltung von (situativer) Anschlussfähigkeit bezieht (vgl. hierzu Nassehi, 2006, S. 266).

Die Reaktion auf (nicht intendierte) Nebenfolgen im Umgang mit der Natur ist folglich variabel und kann gar nicht „adäquat" erfolgen. Auch gingen die Ansätze von Dunlap und Catton nicht auf die Besonderheiten der kulturell vermittelten gesellschaftlichen Naturverhältnisse ein (naturalistischer Reduktionismus): Die Vermischung von Kultur und Natur (bzw. die Rückwirkung von Natur auf Gesellschaft) wird in den naturalistischen Ansätzen vornehmlich durch die Naturwissenschaften im Sinne von Energiebilanzen erfasst und bildet für die Soziologie somit eine Blackbox.

Die gesellschaftspolitischen Konsequenzen der „ökologischen Krise" (Beck, 1991 & 1996) lassen sich als „politische Ökologie" (vgl. Kropp, 2002) subsumieren. Aus verschiedenen Richtungen (Literatur (Enzensberger), Pädagogik (Illich) etc.) leitete sich hier ein normatives Verständnis ab, das die „Grenzen des Wachstums" betreffend, den richtigen Umgang mit entsprechenden gesellschaftlichen Institutionen zum Vorsatz hatte.

Konstruktivistische Ansätze beschreiben die gesellschaftliche Konstruktion von Natur und ihre jeweiligen Bedingungen. Sie kritisieren den soeben von den naturalistischen Ansätzen beschriebenen „ökologischen Fehlschluss", „Natur als Maßstab gegen ihre Zerstörung" (Beck, 1988, S. 62 ff.) herzunehmen und so Handlungsimperative ableiten zu können. Im Vordergrund der konstruktivistischen Betrachtungen stehen immer die jeweiligen Prozesse, in denen die Menschen der so genannten Natur oder Umwelt Bedeutung geben oder über diese streiten.[18]

Gemäß Berger & Luckmann ist das Alltagsleben durch gemeinsame bzw. geteilte soziale Konstruktion definiert. Gemäß der vorhin skizzierten Krise der Repräsentation gestehen diese Ansätze den Naturwissenschaften nur einen bedingten „verzerrten" Zugang zu den Phänomenen ein. Die Gegenstandsbeschreibungen der Naturwissenschaften sind laut sozialkonstruktivistischen Ansätzen immer nur das Resultat von Kenntnisstand, kultureller Voreingenommenheit und Methodik, die eine soziale und nicht naturale Darstellung der Naturphänomene evozierten.

Weitere Ansätze, die Dualismus von Natur und Kultur zu überwinden glauben[19] und die Betonung der Wechselseitigkeit und konstitutiven Verwiesenheit beider Bereiche in den Vordergrund stellen, lassen sich als prozessbezogen oder vermittlungstheoretisch bezeichnen.

Dieser vermittlungstheoretische Ansatz sieht die Gesellschaft als etwas, was von natürlichen Elementen durchdrungen ist und Natur als etwas, das durch gesellschaftliche Tätigkeit überformt ist. So werden gleichzeitig die Verschiedenheit von Natur und Kultur und ihre konstitutive Bezogenheit aufeinander konzeptualisiert.

Es geht also nicht zu sehr um den Gegensatz oder die Unterscheidung „Natur" und "Gesellschaft", vielmehr geht es um „Objektivierungen", die für die Rekonfiguration der Grenzen von Objekt und Subjekt verantwortlich sind.

„Der Mensch ist biologisch bestimmt, eine Welt zu konstruieren und mit anderen zu bewohnen. Diese Welt wird ihm zur dominierenden und definitiven Wirklichkeit. Ihre Grenzen sind von Natur gesetzt. Hat es sie jedoch erst einmal konstruiert, so wirkt sie zurück zur Natur. In der Dialektik zwischen Natur und gesellschaftlich konstruierter Welt wird noch der menschliche Organismus umgemodelt. In dieser Dialektik produziert der Mensch Wirklichkeit – und sich selbst." (Berger & Luckmann, 1980, S. 195)

So bleibt ‚Natur' dem Menschen zwar ein Gegenüber, sie steht ihm mit der Materialität und durch die Konstruktionsleistung seines Geistes im prozesshaften Wandel nicht nur Gegenüber, sondern formt ihn, wie er sie formt.

---

[18] Ein ähnlicher Zusammenhang von Sozialstruktur und Bewusstsein findet sich auch in den Theorien von Giddens, Durkheim, Bourdieu oder Hradil.

[19] Ein Grundproblem dabei ist freilich, wie eine Positionierung „zwischen" Polen möglich sein kann, wenn man von diesen wegkommen will. Die weltprägende Unterscheidung soll ja gerade vermieden werden, um die ‚Denkblockade' in der Soziologie und den epistemologischen Dualismus von Natur und Kultur aufzuheben. Die Beschreibung der überwunden geglaubten Differenz von Kultur und Natur ist somit wenngleich etwas „verwässert" in die Ansätze eingeschrieben, wenn der Anspruch der Theoriefindung die Überwindung der Dichotomie ist. Gemäß Watzlawicks Schild-Beispiel „ignore this sign" bleibt die Differenz als Referenz und somit als Unterscheidung paradox erhalten.

Wie an dieser Stelle kurz gezeigt werden soll, versprechen anstelle des dialektischen *Hin und Her* methodisch leitende Unterscheidungen wie „Fraktalität" (Latour)[20], „Situiertheit" (Harraway)[21] bzw. semantische Sukzession und die System/Umwelt-Differenz samt der strukturellen Koppelung (Luhmann), folglich einen größeren Erkenntnisgewinn auch in Hinblick auf bereits erwähnte gesellschaftliche Unsicherheiten.[22] Latour macht den vordergründigen Erfolg der Semantik und Struktur modernen Gesellschaften, im wissenschaftlichen und technischen Handeln gerade im Unterlaufen aller Grenzziehungen aus (vgl. Latour, 2001).

Auf vielen Gebieten bleibt der Einflussbereich der getrennten Entitäten Natur und Kultur unbestritten: So werden Wahlergebnisse bei schlechtem oder schönem Wetter mit anderer Beteiligung oder einem anderen Wahlausgang statistisch erwartet und differenziert. Selbstmordzahlen werden gemeinhin (im Sinne eines *common sense*) als klimaempfindlich beschrieben.

Denn gerade klassische Modernisierungstheorien sehen „moderne Gesellschaften" im Wesentlichen dadurch charakterisiert, dass sie sich durch die zu-

---

[20] Bruno Latour (1987) wird mit seiner zusammen mit Callon und Law formulierten Theorie, die man mit dem Konzept der Akteur Netzwerk Theorie zusammenfasst, etwas konkreter.

Die Abhängigkeit von hochkomplexen, aber für selbstverständlich gehaltenen technischen Systemen und die damit zusammenhängende Umstellung der Gesellschaft auf ‚Risikokommunikation' (Beck, 1986, Luhmann 2003) im Bereich von Wissenschaft und Technik führen zu einem Problembewusstsein gegenüber neuen Technologien. Eben aus diesem Problembewusstsein, der Veränderung der Beziehung von Individuum und Technik, entwickelte sich die Akteur - Netzwerk -Theorie.

Die zentrale methodologische Forderung der ANT ist es „sämtliche Entitäten – Menschen wie technische Apparate – als soziale Akteure zu behandeln" (Belliger & Krieger, 2006, S. 15). Die Sozialforschung sollte dadurch von den tradierten Unterscheidungen Handlung-Struktur, Mikro-Makro oder Kontext-Inhalt befreit werden, um eine unverstellte Sicht auf die stets relationale und performative Konstruktion der Wirklichkeit zu erhalten (Latour, 1987). Wissenschaftliche Tatsachen sind für Latour nicht Sätze, die der Wirklichkeit entsprechen, sondern Transformations- und Substitutionsketten und Reihen von Vermittlungen, durch die man sich vorwärts und rückwärts bewegen kann.

[21] Für Haraway entsteht Natur in einem symbolisch-materiellen Konstruktionsprozess, der nicht nur auf gesellschaftliches Handeln zwischen Menschen zurückzuführen ist. Konstruktionsprozesse können zwischen heterogenen, positionierten „Akteurinnen", wie Menschen (performative „Wissensobjekte") und technischen Geräten entstehen. Natur wird somit zur Welt der „Verkörperungen" (Haraway, 1995), die eine eigene Aktivität besitzt und eine gemeinsame Konstruktionsleistung vieler organischer wie technischer Akteurinnen ist. Natur ist für Haraway keineswegs von unserem Wissen unabhängig, da sie ja erst im Konstruktionsprozess aus verschiedenen Entitäten entsteht, Natur wird somit aber etwas Aktives, Eigenständiges, etwas Unberechenbares, was seine Grenzen erst in der sozialen Interaktion materialisiert.

[22] Die Systemtheorie würde klassischer Weise als konstruktivistische Theorie verortet werden. Da gerade im Hinblick auf ihre Reformulierung (Kapitel 2.1.3), in Form der Gesellschaft der Gegenwarten, ist von einer „praxisorientierten" Theorie auszugehen, mittels der durch sukzessive Sinnzuschreibung Natur, beschrieben werden kann, ohne permanent auf quasiontologische Unterscheidungen (Natur | Kultur) rückgreifen zu müssen, wird sie von mir als prozessorientiert klassifiziert.

nehmende Naturbeherrschung zunehmend von den Bedrohungen und Beschränkungen der äußeren Natur emanzipieren und über diese herrschen. So scheint gerade die postmoderne sozialwissenschaftliche Sicht, Natur als ein *tabula rasa* für mannigfaltige Konstruktionsleistungen zu verstehen.

Die Kritik an jenen anthropozentrischen Ansätzen in der Soziologie wurde u.a. durch die Verbreitung von Ulrich Becks „Risikogesellschaft" (Beck, 1986) lauter und öffnete eine soziologische Diskussion in der breiteren Öffentlichkeit.

Es bleibt freilich schwierig, eine Perspektive zu finden, die nicht auf dem Dualismus beruht, oder anders formuliert:

„Wie soll man das Natur Gesellschaft Verständnis ansprechen und zum Untersuchungsgegenstand machen, ohne dass bereits begrifflich inkorporierte, dualistische Verständnis zu reproduzieren?" (Kropp, 2002, S. 37 (bezieht sich auf Nassehi, 2000))

Es sei nun auch erwähnt, dass ein konsequenter ontologischer Dualismus von Natur und Mensch als etwas grundsätzlich Verschiedenes in der soziologischen Theoriebildung sich nicht finden lässt. Gemäß der holistischen Annahme, dass das Ganze mehr als die Summe seiner Teile ist, ziehen die meisten soziologischen Theorien daher auch nicht die Grenze zwischen Individuum und Natur, sondern zwischen Gesellschaft (dem „Sozialen") und Natur.

2.2.2 *Natur in der Systemtheorie (Niklas Luhmann)*

Im Folgenden soll erst ein basales Verständnis der Systemtheorie von Niklas Luhmann vorgestellt werden, dann auf die Wahrnehmung von Umweltproblemen eingegangen und am Ende dieses Kapitel die Vorteile im Vergleich zu den anderen bisher dargestellten Ansätzen durchleuchtet werden.

Natur wird in der Systemtheorie nicht als Entität aufgefasst, sie erscheint jeweils spezifisch, immer abhängig vom Funktionssystem, das gerade seine Umwelt beobachtet. Die wissenschaftliche und religiöse bzw. politische Vorstellung von dem, was Natur alles war oder nicht war, wird von Luhmann (Luhmann, 1997b, S. 917) in der Funktion eines ethisch-politischen Zusammenhangs dargestellt:

„Der Naturbegriff verdeckt auf diese Weise, dass das Problem der Einheit des Vielen und Verschiedenen ebenso wie das Problem der Verwendung bestimmter und nicht anderer Unterscheidungen nicht gelöst, ja nicht einmal gestellt, sondern in gegebener Form hingenommen wird."

Darüber hinaus nimmt in der modernen Gesellschaft das Selbstgefährdungspotenzial, die unbeabsichtigten Einwirkungen auf die Umwelt zu, ohne die Kosten hierfür schätzen oder die Effekte internalisieren zu können.

Im Gegensatz zu den bisherig erwähnten Ansätzen, bietet die Systemtheorie den Vorteil, die empirisch unterlaufene Bifurkation und die somit theoretisch bedingten Probleme operationalisierbar zu machen: Das Problem der Beschreibung von Natur, wird folglich nur dann zum Problem, wenn eine Norm mit dem Preis einer zugrundeliegenden Unterscheidung gefordert wird. Die Systemtheorie eröffnet aber eine umgekehrte Perspektive: Sie kann die Wahrscheinlichkeit der Kontingenzreduktion durch Einheit der Differenz darstellen. Weiter ist sie somit nicht auf eine dinglich materielle Unterscheidung angewiesen, die jeweiligen Praxen statten sich mit ihren materiellen Grundlagen quasi selbst aus. Die Frage, welche in naturrealistischer Manier oft im Expertendissenz endet, oder als lebens- oder milieuspezifisch in kulturrelativistischer Manier eruiert werden müsste und dann um Situation xy angepasst werden zu können, ist aus dieser Sicht viel leichter, nämlich „praktisch" zu beurteilen – durch Fragen wie: Wann wird die natürliche Unangepasstheit von Systemen oder Menschen zum Problem? Wann und wie stabilisieren sich bestimmte Natursemantiken?

Der systemtheoretischen Perspektive wohnt somit ein vermittlungstheoretisches oder praxeologisches Element inne. Sie beobachtet die Welt zwar in sozialkonstruktivistischer Manier, aber durch die strukturellen Koppelungen und der Einheit der Differenz, basieren Unterscheidungen nicht allein auf Sinn, sondern gestalten sich immer auch an einem „Realitätsunterbau" (vgl. Kaldewey, 2008, S. 2832).

2.2.2.1 Soziale Systeme

Luhmanns Theorie sozialer Systeme versteht sich als eine Theorie, die Gesellschaft als Gesamtheit der Kommunikation begreift und unterscheidet sich somit von einem normativen Theoriekonstrukt, das so nicht auf Steuerungsfragen gerichtet ist. Die Perspektive der Systemtheorie ist somit als eine beobachtungsabhängige gesellschaftliche Selbstbeschreibung innerhalb der Gesellschaft konzipiert.

Der Begriff der Beobachtung als Bezeichnung anhand von Differenzen, die keine ontologischen Differenzen, sondern eben nur perspektivenabhängige Differenzen sind, ist somit zentral für die Theorie sozialer Systeme.

„Der Begriff wird hochabstrakt und unabhängig von dem materiellen Substrat, der Infrastruktur oder der spezifischen Operationsweise benutzt, die das Durchführen von Beobachtungen ermöglicht. Beobachten heißt (und so werden wir den Begriff im Folgenden durchweg verwenden): Unterscheiden und Bezeichnen" (Luhmann, 1997a, S. 69).

Bezeichnung und Unterscheidung sind somit untrennbar als Operation der Beobachtung miteinander verwoben. Durch die Operation der Beobachtung entsteht eine Bifurkation, in der die nichtausgewählte Seite der Unterscheidung als blinder Fleck bzw. als Parasit der Entscheidung eingeschrieben wird und der Beobachter als „ausgeschlossener Dritte" (ebd., S. 69) für sich selbst unsichtbar bleibt. Axiomatisch wird in der Systemtheorie somit von Operationen ausgegangen, die als elementares Geschehen von Gesellschaft, also als Kommunikation konstitutiv sind.

„Gesellschaft ist daher ein vollständig und ausschließlich durch sich selbst bestimmtes System. Alles, was als Kommunikation bestimmt wird, muss durch Kommunikation bestimmt werden. Alles was als Realität erfahren wird, ergibt sich aus dem Widerstand von Kommunikation gegen Kommunikation." (Luhmann, 1997a, S. 95)

Luhmanns Kernannahme der Systemtheorie ist das Vorhandensein sozialer Systeme. Bei der Beschreibung der Systeme werden die Systeme stets in selbstreferentieller Manier, den soeben beschriebenen Grundannahmen folgend, anhand der konstitutiven Differenzen beschrieben: Ein System bildet immer eine (zweifache)[23] System-Umwelt-Differenz. Die Systemtheorie stellt somit gleichsam eine selbstreferentielle Methode und Theorie dar, die gemäß ihren zugrundeliegenden Theoremen operiert.[24]

Es scheint an dieser Stelle sinnvoll, den Umwelt-Begriff etwas auszuführen, da in der alltäglichen Verwendung unter der vorliegenden Themenstellung ggf. Verwechslungen auftreten könnten:

Luhmann unterscheidet vier Arten von Systemen: mechanische, organismische, psychische und soziale Systeme. Die sozialen Systeme lassen sich in das Abstraktionsschema Interaktion, Organisation und Gesellschaften aufteilen (siehe auch Luhmann, 1987, S. 16f.).

Gesellschaften bestehen folglich dem Prinzip der Autopoiesis folgend aus selbstreferentiellen Operationen in Form von Kommunikation. Im Vergleich zu den früheren Gesellschaftsformen, den segmentären und stratifikatorischen Gesellschaften, entwickelten sich ab der Renaissance mit der funktional differenzierten Gesellschaft autonome Subsysteme, die als gleichwertig und nicht substituierbar, im Sinne keiner hierarchischen Positionierung zu gelten haben. Die einzelnen Systeme (Wirtschaft, Recht, Politik, Erziehung, Kunst etc.) leisten keine gesamtgesellschaftliche Steuerung oder Integration. Die autonomen Sys-

---

[23] „Einmal (als) *durch* das System *produzierter* Unterschied und als *im* System *beobachteter* Unterschied" (Luhmann, 1997a, S. 45).

[24] Görg (1999, S. 37) bemerkt, dass Luhmanns Beschreibungen als „Naturalismus zweiter Ordnung" interpretiert werden können, da das von Maturana und Varela (1984) entliehene Konzept der „operationalen Geschlossenheit" (bzw. das Autopoesiskonzept) der Biologie entliehen ist, und sich somit eine ironische gesellschaftliche Selbstbeschreibung mittels einer Fremdbeschreibung vollzieht. Man kann natürlich hier entgegenhalten, dass – um in der Semantik des Autopoiesis- Begriffs selbst zu argumentieren – es sich hierbei um ein systemspezifisches „invariantes Prinzip" handelt, welches der Erzeugung „systeminterner Unbestimmtheit" (Luhmann, 1997a, S. 66f.) dient. Eine immanente Strukturerzeugung ohne vorhergesehene Gestalt. Das Prinzip der kommunikativen Autopoiesis ist also nicht so sehr an die Biologie, als an das spezifische Medium Sinn gekoppelt.

31

teme selektieren Kommunikation gemäß ihrer spezifischen Zuständigkeit an Hand eines binären Codes. Sie sind dabei operativ geschlossen und unterliegen dem Prinzip der Autopoiesis – d.h. der Selbstschaffung; sie erhalten nur Beziehungen zu ihrer Umwelt, gemäß dieses Relatives und emmergieren alle Strukturen zur Selbsterhaltung aus sich selbst.

Wie können Systeme Beziehungen zur Umwelt unterhalten – vor allem, wenn auf Grund der Selbstreferentialität von Systemen kein direkter Kontakt zur Umwelt möglich ist?

Hierzu ist es nötig den von Luhmann verwendeten Formenbegriff zu erläutern, der auf Spencer Brown zurückgeht:

„Formen sind danach nicht länger als (mehr oder weniger schöne) Gestalten zu sehen, sondern als Grenzlinien, als Markierung einer Differenz, die dazu zwingt, klarzustellen, welche Seite man bezeichnet, das heißt: auf welcher Seite der Form man sich befindet und wo man dementsprechend für weiter Operationen anzusetzen hat." (Luhmann, 1997a S. 60)

Der Formbegriff ist die elementare Unterscheidung mittels der die Systemtheorie operiert. Durch ihn wird die Einheit der Differenz als Zwei-Seiten-Form von System und Umwelt erkennbar. Systeme sind so operativ geschlossen bzw. offen.

Der operative selbstbezogene Umgang mit Kommunikation hat die Reduktion von Komplexität zur Folge. In Konsequenz entsteht partielle Ordnung (Umwelt/en) und die Notwendigkeit der Übersetzung von analogen zu digitalen Strukturen. Systeme konstituieren sich aufgrund ihrer Differenz und sind somit mit ihrer Umwelt *verbunden*. „Die Systemtheorie geht von der Einheit der Differenz von System und Umwelt aus. Die Umwelt ist konstitutives Element dieser Differenz, ist für das System nicht weniger wichtig als das System selbst" (Luhmann, 1987, S. 289). Es existieren folglich systeminterne Relative gegenüber entsprechende Umwelten, aus denen die Systeme die zur Autopoiesis benötigten Elemente selektieren. Die Systeme können aus ihrer jeweiligen Umwelt nur die für sie relevanten Informationen selektieren. Sie sind gewissermaßen blind gegenüber der Umwelt ihrer Umwelt.

Im Gegensatz zu biologischen Systemen operieren soziale Systeme (und auch psychische) über das Medium Sinn. Hier ergibt sich eine weitreichende Implikation: Die Systeme sind nicht mehr auf Raum zu begrenzen: Austauschprozesse dieser Systeme „haben eine völlig andere, nämlich rein interne Form der Grenze. [...] Die Grenze dieses Systems wird in jeder einzelnen Kommunikation produziert und reproduziert, indem die Kommunikation sich als Kommunikation im Netzwerk systemeigener Operationen bestimmt [...]" (Luhmann, 1997a S. 76).

Um das Fortbestehen von Kommunikation zu sichern, müssen strukturelle Kopplungen vorausgesetzt werden. Strukturelle Kopplungen stellen dabei nicht eine natürliche Selektion dar, noch sind sie das Ergebnis kognitiver Leistung des

Systems; strukturelle Kopplungen sind Anlage für den Umgang mit Möglichkeitsüberschüssen (Unbestimmtheit/Bestimmtheit). Die Notwendigkeit der reziproken Koppelung von Bewusstseinssystemen und Kommunikation hat zur Folge, dass nur das in der Gesellschaft vorkommt, was den Filter des Bewusstseins und seiner Kommunizierbarkeit passiert.

Über die strukturelle Koppelung, mittels binären Codes und Programmen gelingt es, überschüssige Komplexität in Form von Kommunikation selektiv zu reduzieren. Die strukturellen Kopplungen reduzieren dabei nicht die Kontingenz an sich, sie sind nicht determinierend, das System selbst regelt „welche Einheiten der Verwendung zur Produktion weiterer Einheiten der Verwendung" (Luhmann, 1997a, S. 66) genommen werden.

Mit der sinnhaften Auswahl zugunsten der einen Seite der Leitunterscheidung (bspw. haben/nicht haben) wird so, über Aktualität und Möglichkeit, Kontingenz verringert und neu produziert, sukzessive Anschlussfähigkeit gewährleistet und systemspezifische Information gewonnen („...Information ist mithin eine rein systeminterne Qualität" Luhmann, 1986, S. 45).

Wie sich zeigen wird, ist genau hier unter anderem eine Ursache zu sehen, die bei der Erzeugung ökologischer Kommunikation irritiert.

2.2.2.2   Ökologische Probleme

„Die Massenmedien haben die Worte Ökologie (ecology) und Umwelt (environment) verschmolzen, die Alltagssprache hat diese Konfusion übernommen und bringt auf diese Weise Ratlosigkeit und Verärgerung zum Ausdruck, ohne zur Klärung der Begriffe beizutragen" (Luhmann, 1997a, S. 128f.).

Umweltprobleme, wie sie seit nun gut 40 Jahren in der öffentlichen Diskussion zur Kenntnis genommen werden, werden im Weiteren als ökologische Probleme verstanden. „Ökologische Probleme" definiert Luhmann wie folgt: „Er [der Begriff „ökologische Probleme"] soll *jede Kommunikation über Umwelt bezeichnen, die eine Änderung von Strukturen des Kommunikationssystems Gesellschaft zu veranlassen sucht*" (Luhmann, 2008, S. 41). Die Ökologie ist folglich für Luhmann jegliche wissenschaftliche Forschung, die Konsequenzen der Systemdifferenzierung unter Beobachtung der Systemumwelten beobachtet. Weiter sind diese Beobachtungen keine ontologischen Tatsachen, sie werden vielmehr erst mit gesellschaftlicher Relevanz versehen, wenn sie kommuniziert werden (ganz egal, ob der Fall oder nicht).

„Es geht nicht um die vermeintlich objektiven Tatsachen: dass die Ölvorräte abnehmen, die Flüsse zu warm werden, die Wälder absterben oder sich der Himmel verdunkelt und die Meere verschmutzen. Das alles mag der Fall sein oder nicht der Fall sein, erzeugt nur als physikalischer, chemischer oder biologischer Tatbestand jedoch keine gesellschaftliche Resonanz, solange nicht darüber kommuniziert wird. [...] Die Gesellschaft ist ein zwar umweltempfindliches, aber operativ geschlossenes System. Sie beobachtet nur durch Kommunikation. Sie kann nichts als sinnhaft kommunizieren und diese Kommunikation durch Kommunikation selbst regulieren. *Sie kann sich also nur selbst gefährden.*" (Luhmann, 2008, 41f.)

Im Umkehrschluss kann die Umwelt nicht mit Gesellschaft kommunizieren, sie kann höchstens die Kommunikation der Gesellschaft irritieren (vgl. ebd. 42).

Gemeinhin (im Alltag) steht der Begriff der Umwelt für eine vom Menschen zunehmend zerstörte, aber benötigte Teilmenge der Natur. Luhmann fragt daher: „Wie ist von diesen Ausgangspunkten[25] her zu erklären, dass die moderne Gesellschaft besondere zugespitzte Probleme mit ihrer Umwelt hat, obwohl doch Evolution seit Jahrmilliarden desaströse Rückwirkungen auf sich selbst erzeugt und auch die Gesellschaftssysteme unserer Geschichte nie in der Lage gewesen sind, die ökologischen Bedingungen ihrer Reproduktion wirklich zu kontrollieren. Hat sich etwas geändert?" (Luhmann, 1997a, S. 131)

Da die Natur kein eigenes Funktionssystem darstellt bzw. auch in den einzelnen Funktionssystemen nicht im Code, sondern höchstens programmatisch (und dabei auch wieder nur variabel[26]) von Bedeutung ist, liegt sie quasi quer zu den Funktionssystemen: „In der ökologischen Fragestellung, wird die Einheit der Differenz von System und Umwelt zum Thema, nicht aber die Einheit eines umfassenden Systems" (Luhmann, 2008, S. 15). Es spiegelt sich in ökologischen Problemen somit das Problem des Fehlens *einer* gesellschaftlichen Steuerungsinstanz wider. Die einzelnen nicht redundanten autonomen Teilsysteme haben nicht die Möglichkeit, Umweltprobleme, wie sie in der Gesellschaft kommuniziert werden, zu erfassen. „Die Teilsysteme übernehmen eine *Universal*zuständigkeit für je ihre *spezifische* Funktion" (Luhmann, 1997a, S. 131). Sie können lediglich über die selektive und selbstreferentielle Vorgabe der Selbstschaffung von der Umwelt in *Schwingung* versetzt werden.[27] Ökologische Fragestellungen sind folglich dann existent, wenn sich Systeme aus ihrer Einheit der Differenz von System / Umwelt gegen die Umwelt differenzieren (vgl. Luhmann, 2008, S. 15).

---

[25] Eben das „Systemoperationen kausal von Umweltbedingungen abhängen" bzw. „dass Systemoperationen Umweltzustände kausal verändern" (Luhmann, 1997a, S. 130) – ich komme später darauf zurück.

[26] „Die Einheit des Systems ist nichts anderes als die Geschlossenheit seiner autopoietischen Operationsweise. Die Operationen selbst sind notwendigerweise einzelne Operationen im System, das heißt einzelne unter vielen anderen" (Luhmann, 2008, S. 31).

[27] „Wir erinnern daran: ein operativ geschlossenes System kann mit eigenen Operationen die Umwelt nicht erreichen. Es kann seine Umweltanpassungen nicht über Kognitionen sicherstellen. Es kann nur im System, also nicht teils drinnen, teils draußen operieren. Alle Strukturen und alle Systemzustände, die als Bedingung der Möglichkeit weiteren Operierens fungieren, sind durch die Operation des Systems produziert, das heißt: hervorgebracht" (Luhmann, 1997a, S. 129). Weiter ist allerdings zu beachten: „Operationen, genau das sagen klassische Begriffe wie poíesis oder Produktion, kontrollieren und variieren immer nur einen Teil der Ursachen, die für die Reproduktion des Systems erforderlich sind. Immer wirkt auch die Außenwelt mit" (ebd., S. 130).

Luhmann benennt die so erzeugte *Schwingung* mit dem Begriff der *Resonanz*. Resonanz besagt demnach, dass Systeme nur auf Grund ihres Codes in selbstreferentieller Weise selektiv auf die Umwelt reagieren können (Luhmann, 2008, S. 27f.). Nach Luhmann ist dies aber „keineswegs mehr oder weniger selbstverständlich der Fall, sondern aufs Ganze gesehen und systemtheoretisch gesehen eher unwahrscheinlich. Und evolutionstheoretisch gesehen wird man sagen können, dass die sozio-kulturelle Evolution darauf beruht, *dass die Gesellschaft nicht auf ihre Umwelt reagieren muss* ..." (ebd., S. 28). Luhmann nennt als Beispiel hier die Landwirtschaft, die zuvor große Landstriche nivelliert und Organismen vieler Art entfernt, bevor sie dann neues Leben kultiviert.

Resonanz kann in Systemen nur über Irritationen ihrer Selbstschaffung erzeugt werden. Ökologische Selbstgefährdung von Systemen findet folglich nur unter der beobachteten Gefährdung der Selbstschaffung statt, also in Form von Beobachtung zweiter Ordnung, die wiederum nur in Abhängigkeit des eigenen Codes vollzogen werden kann. Im Wirtschaftssystem kann somit Verschmutzung nur Resonanz erzeugen, wenn diese Verschmutzung in Form von Kosten (zahlen/nicht zahlen) internalisiert werden. Übersetzungen in weitere Systeme lassen sich nur über Übersetzungen vornehmen und sind nach Luhmann auch nicht unwahrscheinlich (wie es sich umgekehrt durch Exklusion aus einem Funktionssystem auf der Mikroebene beim Phänomen der Multiexklusion verhält).

Eine schlechte Konjunktur oder Rezession kann bekanntlich aus dem Wirtschaftssystem in das Politische überführt werden, wenn Wählerstimmen bei den Machthabern schwinden. Im politischen System kann es so über weitere Koppelung bspw. vom Rechts- oder Bildungssystem zum wirtschaftlichen Aufschwung kommen. Im Fall von ökologischen Problemen sieht Luhmann das politische System (in den 80er Jahren), als erste „Adresse für ökologische Anliegen", wenngleich die „Eigenmittel [...] in der Herstellung kollektiv bindender Entscheidungen" liegen. Das politische System kann so „andere Systeme der Gesellschaft zwar nicht regulieren, aber beeinflussen" (ebd., S. 147).

Das von Luhmann festgestellte Problem, dass ökologische Probleme zu viel und zu wenig Resonanz produzieren, ist eben auf den „Redundanzverzicht" und die „Nichtsubstituierbarkeit" der Funktionssysteme zurückzuführen (vgl. ebd., 143ff.); in manchen Fällen kommt es zu Interdependenzen, in den meisten bleiben sie aus, und es kommt zu einem übermäßigen Rauschen in einem System. So ist die funktionale Differenzierung bzw. die sich somit vollziehende selbstreferentielle Reproduktion der einzelnen Systeme gleichzeitig Limitierung und Voraussetzung der Bemerkung und Bearbeitung. „Codierung ist Voraussetzung dafür, dass Umweltveränderungen in den Systemen überhaupt bemerkt und bearbeitet werden können. Codierung ist die Voraussetzung dafür, dass Umweltereignisse im System als Information erscheinen" (ebd., S. 144). Luhmann räumt allerdings ein, dass nur in Ausnahmefällen reagiert werden kann und somit „angesichts ökologischer Gefährdungen *zu wenig Resonanz*" (ebd.) aufgebracht wird. Zu viel Resonanz existiert, wenn ein System ohne äußere Gefährdung von innen zu zerspringen droht. Die Systeme sind dabei viel anfälliger für kommunikative Interdependenzen mit der Umwelt als die Gesellschaft[28]. „Kleine Veränderung in einem System können per Resonanz immense Veränderung in einem anderen auslösen" (ebd.).

Wenn Systeme auf Grund der operativen Geschlossenheit nicht mit ihrer Umwelt kommunizieren können, es aber dennoch zu Irritationen kommt, wie gestaltet sich dann das Umweltverhältnis der Systeme? Luhmann schlägt hier das Konzept der strukturellen Koppelung vor: „Strukturelle Koppelungen beschränken den Bereich möglicher Strukturen, mit denen ein System seine Autopoiesis durchführen kann. Sie setzen voraus, dass jedes autopoietische System als strukturdeterminiertes operiert, also die eigenen Operationen nur durch eigene Strukturen determinieren kann [...], insofern ist jedes System immer schon angepasst (oder es existiert nicht), hat aber innerhalb des damit gegebenen Spielraums alle Möglichkeiten, sich unangepasst zu verhalten – und das Resultat sieht man mit besonderer Deutlichkeit an den ökologischen Problemen der modernen Gesellschaft" (Luhmann, 1997a, S. 100f.).

Über strukturelle Koppelungen werden so im Fall von ökologischen Problemen „Selbstirritationen" konstruiert, die Einfluss auf die „Strukturentwicklung von Systemen" nehmen, die sich so zu „Dauerirritationen" entwickeln (vgl. ebd., S. 119).

Über das Konzept der Redundanzvermeidung lässt sich somit erklären, warum in einigen Systemen zu viel und in anderen zu wenig passiert, bzw. warum sich in politischen Debatten permanent ökologische Probleme halten und sich im Rechtssystem derartige Lähmungen verzeichnen lassen, wohingegen sich in anderen Systemen deutlich weniger Rauschen bemerkbar macht.

Mit dem Konzepts des „reentry" (Luhmann, 2008, S. 162) sieht Luhmann, wenngleich unter Vorbehalt (vgl. ebd.), auf theoretischer Ebene einen möglichen Umgang mit ökologischen Problemen im Sinne einer „ökologischen Rationalität"[29]. Eine Rationalitätssteigerung wäre demnach durch die Wiedereinführung der System/Umwelt-Differenz in das System und der Orientierung an dieser (und nicht der eigenen Identität) gegeben, wenn also: „die Gesellschaft die Rückwirkungen ihrer Auswirkungen auf die Umwelt auf sich selbst in Rechnung stellen

---

[28] „Gesellschaft kann nicht *mit* ihrer Umwelt", nur über sie kommunizieren (vgl. Luhmann, 2008, S. 145).

[29] Der Begriff der Rationalität ist hier nicht im Sinne einer teleologischen Rationalität zu verstehen, er steht für die ihm zugrundeliegende Differenz.

könnte" (ebd.). Aufgrund der Einheit der Differenz von System und Umwelt sind die Grenzen des Systems im System festgeschrieben, Systemrationalität würde sich gleichermaßen im Sinne des jeweiligen Systems als von sich aus richtig darstellen, niemals aber externalisierbar und für andere Systeme richtig (rational) sein können. (vgl. Luhmann, 2008, S. 168ff.).

2.2.2.3 Zusammenfassung

Zusammenfassend stellt Luhmann fest, dass natürlich Zusammenhänge zwischen System und Umwelt nicht nur auf formaler Ebene über die Einheit der Differenz gegeben sind, allerdings ist für die Attestierung kausaler Zusammenhänge ein Beobachter von Nöten, dessen Perspektivenabhängigkeit und somit dessen Annahmen am Horizont der Kontingenz hängen (wenngleich diese nach Luhmann nicht „beliebig" oder „rein fiktiv" sein können – vgl. Luhmann, 1997a, S. 130). Wissenschaftliche Annahmen über Kausalzusammenhänge ökologischer Probleme unterstehen somit den eigenen (wissenschaftlichen) Interessen und Annahmen und forschen somit nur im Dickicht des eigenen, wenngleich ebenfalls politisch gefärbten, Interesses. – Auf der gesellschaftsinternen Ebene stellt das ein Beispiel für die Umwelt"-abhängigkeit" dar. „Es ist also überhaupt nicht zu bestreiten, dass Systemoperationen kausal von Umweltbedingungen abhängen" (ebd. S.130).

Wenn mit der funktionalen Differenzierung zwischen gesellschaftsinterner und gesellschaftsexterner Umwelt unterschieden wird, und über Inklusion und Exklusion bestimmte Mitglieder diesen Umstand wahrnehmen, nimmt gleichzeitig die Beobachtung von „Kommunikation und Nichtkommunikation" (ebd., S.132) bzw. dessen Kommunikation zu. „Damit verändert sich auch die Beobachtung von Kausalitäten durch Kommunikation" (ebd.). Gerade die Wissenschaft leistet hier (bei ökologischen Problemen) Pionierarbeit (ist aber natürlich gleichwertig zu anderen Systemen an dem Prozess beteiligt). Aufgrund der Eigenständigkeit und ausbleibenden Limitierung der Funktionssysteme lassen „die Ergebnisse sich schwer bilanzieren" (ebd.). Weil die Umwelt extern ist, lassen sich Kausalannahmen schlecht vornehmen. Da jedes Funktionssystem der eigenen Logik gehorcht, werden ökologische Probleme nur *differenziert* wahrgenommen.

Luhmann zieht hieraus zwei Konsequenzen: Zum einen sind keine kausalen Beziehungen zwischen System und Umwelt auf Anpassung des Systems an die Umwelt zu schließen. [...] Systeme erzeugen durch operative Schließungen eigene Freiheitsgrade, die sie ausschöpfen können, solange es geht, das heißt so lange es die Umwelt toleriert" (ebd., S. 133). In Konsequenz bedeutet dies, dass

Systeme weiterhin autonom agieren und folglich ihre Entstehung höchst unwahrscheinlich ist, da sie zu einem hohen Grad von ihrer Umwelt unabhängig sind.

Gerade aufgrund der doppelt gegebenen Autonomie gegenüber der Umwelt nehmen das „Selbstgefährdungspotential" und die „Rekuperationsfähigkeit" (ebd.) zu. Einerseits nehmen die Annahmen über die (nichtkalkulierbaren) Auswirkungen auf die Umwelt zu, andererseits lassen sich eben gerade so Rechnungen an neue Stellen adressieren. Eine ineffektive Anpassung an die Umwelt ist im Prozess der Evolution beschrieben, und stellt für Luhmann eher eine Voraussetzung für Anpassung dar, „ungewöhnlich und erklärungsbedürftig ist dagegen das Ausmaß, in dem gerade dieses Problem die Kommunikation im heutigen Gesellschaftssystem beschäftigt" (ebd., S.134).

Die von Luhmann kritisch dargestellte moralische Wiedereinführung von ökologischen Problemen (in Form des reentry) in Systeme zum Ziel der „gesamtgesellschaftlichen Systemrationalität", ist eher eine theoretische Figur, da die Systeme ja bekanntlicherweise nur auf Basis der „Eigenrationalität" kalkulieren (Luhmann, 2008, S. 162).

Eine konsistente Umweltethik (also die Beobachtung der moralischen Beurteilung gut/schlecht) in ökologischen Fragen, hat sich noch nicht differenziert (vgl. ebd., S. 174), auch kann man nicht ausschließen, dass sie „an der Moralferne bestimmter Risiko-Probleme scheitert" (ebd.). Zumal Ethik und Moral auf soziale Fragen abstellen, das Problem ökologischer Probleme aber in der System/Umwelt-Beziehung zu suchen ist, auch wenn die Auswirkungen des Problems auf der kommunikativen systeminternen Seite zu finden sind. „Durch die ökologische Differenz von System und Umwelt kommt eine neue Komplexität ins Spiel und es dürfte eher unwahrscheinlich sein, dass diese Komplexität sich der doppelten Kontingenz auf Bedingungen der Achtung und Missachtung umsetzen lässt" (ebd).

„Es wird behauptet, dass das christliche Abendland durch seine Religion dazu disponiert war, mit der Natur roh und gefühllos, wenn nicht ausbeuterisch umzugehen; dagegen wird nachgewiesen, dass Christen doch durchaus tierlieb waren [vom Tier war der Mensch unterschieden worden] und in der Natur den Schöpfer ehrten" (ebd., S. 14). Historische Fragestellungen, wie diese lassen außer Acht, unter welchen Bedingungen Ethik überhaupt möglich ist, sie haben rein kontrastierende Funktion und sind „törichte" Fragestellung, die nicht mehr an wirklicher Geschichte, als um das Ankurbeln einer neuen Ethik bemüht sind (vgl. ebd.).

Luhmann vermutet, dass eine Umweltethik nur dann Erfolg versprechen kann, wenn sie sich auf das Vorkommen von Paradoxien einlassen kann, er mahnt an, den Weg im Umgang mit ökologischen Problemen vor allem durch Distanz von moralischen Urteilen zu bestreiten.

Es bleibt an dieser Stelle anzumerken, dass Luhmanns Theorie zwar erklären kann, wieso der Umgang mit Natur sich so schwer gestaltet, bzw. der ökologischen Frage schwer nachzukommen ist. Aus der Perspektive der Gesellschaft der Gegenwarten, die im Folgenden veranschaulicht werden soll, wird klarer, wie Natur im Kontext der Erholung „funktioniert".

2.2.3 Gesellschaft der Gegenwarten (Armin Nassehi)

Es wird deutlich, dass der Umgang mit Natur, durch eine erhöhte perspektivische Pluralität gekennzeichnet ist. Gemeinhin gilt Perspektivenvielfalt in der Soziologie mittlerweile als Antezedensbedingung für Gesellschaft. Gesellschaft als allumfassender Rahmen beinhaltet folglich auch Multiperspektivität der Naturverhältnisse. Darauf werde ich gleich zurückkommen.

Vorerst soll nun skizziert werden, wie diese Pluralität an Gleichzeitigkeit nach Armin Nassehi zustande kommt und welche Implikationen das für die vorliegende Arbeit hat.

Dieser „Gewohnheit", „unterschiedliche Gegenwarten mit unterschiedlichen Logiken und mehrfach codierten Bedeutungen auszuhalten" (Nassehi, 2011, S. 17) nimmt Armin Nassehi sich an. Das Paradigma der doppelten Kontingenz verweist auf die Annahme, dass Gesellschaft aus verschiedenen Perspektiven möglich ist und operativ in einer Gegenwart „geschieht" (ebd. S. 19):

„Eine Gesellschaft der Gegenwarten ist also eine Gesellschaft, die in erster Linie auf Perspektivendifferenz gebaut ist, auf Unversöhnlichkeit, auf widersprüchliche Praxisformen. Es entstehen dadurch unterschiedliche Anschlüsse, unterschiedliche Gegenwarten, unterschiedliche Kontexte, und gesellschaftliche Modernität scheint sich dadurch auszuzeichnen, mit dieser Differenziertheit klarzukommen. Die Konzentration der modernen westlichen »Kultur« auf Einheitschiffren – auf Rationalität und Vernunft, auf eine universalistische *conditio humana*, auf die Idee der Gesellschaft als Arena des Interessenausgleichs, auf standardisierte Formen legitimer ästhetischer Urteile und Lebensformen etc. – verweist auf dieses Bezugsproblem der konkurrierenden Kontexte." (Nassehi, 2011, S. 18)

Perspektivenvielfalt bzw. nebeneinander existierende Logiken und die implizite Annahme der Selbstregulation, sind spezifisch für die funktional differenzierte moderne Gesellschaft. Es scheint also nicht verwunderlich, wenn auch Natur so mannigfaltig erscheint, wie die Empirie zeigen wird, da sie kommunikativ aus der jeweiligen spezifischen Perspektive erzeugt wird, um „ein außersoziales So-Sein-Kriterium sozial nutzbar zu machen" (ebd., S. 283). – Auf die Funktion der Natur komme ich gleich zurück.

Wir haben es folglich mit einer Gesellschaft zu tun, die eben nicht auf Einheit, sondern auf Pluralität beruht.

„Die moderne Gesellschaft zeichnet sich dadurch aus, dass sie die Möglichkeit von Anschlüssen multipliziert. Für eine empirische Forschungsperspektive bedeutet das, sich nicht von einer vorgängigen Harmonisierungserwartung solcher Perspektiven einschränken zu lassen, sondern die Logik von Situationen tatsächlich darin zu entdecken, dass es unterschiedliche Gegenwarten sind, in denen sich Anschlüsse plausibel machen." (Nassehi, 2011, S. 18 f.)

Eine versöhnende gar harmonisierende, integrative Welt, ist aus dieser *Perspektive* nicht möglich. Ziel der Theorie der Gesellschaft der Gegenwarten ist Operativität zu fokussieren und wegzukommen „von der ontologisierenden Beschreibung dessen, was der Fall ist, und hin zu dem, was sich ereignet, was geschieht und was darin erst jene Ordnungen generiert, die nur dann stabil aussehen, wenn man den Aspekt der Zeitlichkeit des Werdens unterschätzt" (ebd, S. 19).

„Als grundlegendes Bezugsproblem dieser soziologischen Form [dem Konzept der Gesellschaft der Gegenwarten] soll alleine die Praxisgegenwart gelten [...]. Das Grundproblem der *Gesellschaft* ist nämlich *Unsichtbarkeit, Nicht-Anwesenheit, Kontextualität.*" (Nassehi, 2009, S. 443)

Es geht weiter um den „operativen Aspekt des Aufbaus von Ordnung" (Nassehi, 2011, S. 20). Nicht die Strukturen sind den Handlungen vorgeschrieben, sie emmergieren aus den Überraschungen der Praxis:

„Was erklärt werden muss, ist dann die Frage, wie ein praktisches Ereignis auf das nächste trifft, wie ausgeschlossen wird, welche Selbsteinschränkung von Möglichkeiten eine Praxis entstehen lässt, die sich zwar überrascht, aber nicht überfordert. Die praxistheoretische Perspektive ist eine *Theorie der Gegenwart*, nicht der Präsenz." (ebd., S. 23 f.)

Nassehi verweist somit auf eine „widerständige *Gegenwärtigkeit* des Operierens, das *in actu* von sich selbst überrascht wird und sich geradezu ontologisch nicht *für die* Praxis, sondern *in der Praxis* entparadoxiert" (ebd., S. 26) – die verschiedenen Logiken konstituieren ihre Grenzen „live", sie sind nicht per se getrennt, verschiedene Logiken müssen sich bewähren – auch in Form von ästhetischer Routinen (vgl. ebd. S. 39). Darüber hinaus stellt die Theorie der Gesellschaft der Gegenwarten dar, dass Perspektivenvielfalt über ein reziprokes Verständnis hinaus (vgl. „*Tertium datur!*" ebd. S. 27) geht. Die Notwendigkeit der wechselhaften Bezogenheit verweist folglich lediglich auf dritte, andere Möglichkeiten. Sie fungiert als Sicherungsstrategie unter der Annahme anderer Möglichkeiten und lässt im Vollzug praktisch Strukturen emmergieren.

Die Gegenwart lässt sich folglich nicht aus Motiven ableiten, die der Praxis vorgeschaltet sind, sondern lässt sich nur aus der jeweiligen Praxis selbst erklären:

„Nicht *hinter* der Praxis, also: transzendental, ist ihr Gegenstand anzusetzen, sondern *in* ihr. Was erklärt werden muss, ist dann die Frage, wie ein praktisches Ereignis auf das nächste trifft, wie angeschlossen wird, welche Selbsteinschränkungen von Möglichkeiten eine Praxis entstehen lässt, die sich zwar überrascht, aber nicht überfordert. [...] Freilich meint *Praxis* nicht einfach die Tatsache, dass etwas geschieht. Eine *soziologische* Frage wird aus der Praxisfrage erst dort, wo es um Kontexte des Geschehens geht, wo Anschlussmöglichkeiten und -wirklichkeiten diskutiert werden und wo Praxen praktisch aufeinander bezogen werden." (Nassehi, 2009, S. 220)

Soziale Praxen inkorporieren „Know-how abhängige [...] Verhaltensroutinen" (ebd., S. 221). Zum einen setzt die Praxis also situiertes Wissen in den handelnden Subjekten voraus, zum anderen stehen die Subjekte in einer „routinisierten

Beziehung" zu den in die Handlung eingebetteten „materiellen Artefakten" (ebd.).

Es ist aus der Perspektive, um Praxis soziologisch zu beschreiben, also wichtig, sich dem Körper, allgemeiner der Natur und dem Blick darauf zu widmen.

2.2.3.1   Sehen: Körper und Natur

Dem Körper und der Natur kommt eine legitimierende Funktion zu. Durch die cartesianische Trennung von Subjekt und Objekt und dem Prozess der Individualisierung haftet dem Körper, in Zeiten der Pluralität und Uneindeutigkeit, das Wahre an.

„Der Rekurs auf den Körper kommt mit einer Unmittelbarkeit daher, die sich weiteren Verweisungen entzieht. Der Körper steht für das *wirkliche* Leben, für jenes reale Substrat, das dem kulturellen Selbstverständnis offenbar abhanden gekommen zu sein scheint – oder ihm im Alltagsverständnis der sexuellen Differenz, radikal vorgeordnet ist. Im Körper scheint sich eine Eindeutigkeit zu manifestieren, die der Arbitrarität des Zeichens Hohn spricht. Der Körper ist authentisch." (Nassehi, 2009, S. 222)

Einerseits besteht anscheinend ein Mangel an Körperlichkeit, andererseits kommt es anscheinend durch Körper (gerade auf dem Arbeitsmarkt) massiv zu Diskriminierung. Der Körper als sichtbares Instrument steht für die Welt. Genau wie die Natur für die Welt stehen kann. Beide sind scheinbar eindeutig, echt und unveränderbar.

Wie oben beschrieben, stellt ein Grundproblem von Gesellschaft Unsichtbarkeit dar. Dieses Problem wird gerade durch Kultur – *„der Kultur der Eindeutigkeit"*[30] (Nassehi, 2011, S. 282) – oder das Sehen gelöst in dem scheinbare Ontologien betrachtet werden.

„Das Sichtbare *»ist«* dann etwas. Dabei käme es darauf an, zu zeigen dass das Sichtbare eben nichts *»ist«* sondern nur jenem Blick erscheint, der sich von jener Sichtbarkeit affizieren lässt. Die Paradoxie der Sichtbarkeit besteht darin, dass soziale Ordnung stets an der Invisibilisierung ihrer selbsttragenden Konstruktion gründet." (Nassehi, 2011, S. 283)

Der Körper steht für schlichtes Sein (2011, S. 280) und analog die Natur. Grundproblem hierbei stellt die lebensweltliche Annahme dar, man könne (das Geschlecht – vgl. Nassehi, 2011, S. 266 – oder die Natur) einfach sehen.

Dabei wird mit der sexuellen Differenz „auf die Unaufhebbarkeit der Differenz von Zeichen und Bezeichnetem hingewiesen und damit die sexuelle Differenz als eine rein immanente Differenz konzipiert, der letztlich kein Außen entspricht" (ebd., S. 274).

---

[30] Bezieht sich auf Nassehi, 1999, S. 29ff.

In der funktionalen Differenzierung stehen Individuen (im Gegensatz zur stratifikatorischen Gesellschaftsform) „gleichwertig" nebeneinander – im Sinne einer potentiell äquivalenten Adressierbarkeit bzw. ihrer formal gleichwertig zu erachtenden Inkludierbarkeit in Funktionssysteme ohne Rücksicht auf Geschlecht und Schicht – *wer* (ob Mann oder Frau) zahlt, bleibt bspw. wirtschaftlich gesehen egal.

Interessanterweise scheint, „dass Männer und Frauen umso sichtbarer werden, je interaktionsnäher Kommunikation gebaut ist. [...] Offenkundig scheint dieses Argument sich der *Dynamik der Geschlossenheit*[31] zu entziehen und das, was als männliche und weibliche Person aufgeführt wird, an ihre körperliche Erscheinung zu binden, an eine Sichtbarkeit jenseits kultureller Beobachtungspraxis" (ebd., S. 276 f.).

Stellt das Muster der geschlechtlichen Differenz vielleicht ein Rudiment früherer Gesellschaftsform bzw. ihrer internen stratifizierten dar, soll im empirischen Teil untersucht werden, ob der Natur nun in analoger Form der Verschleierung mit dem Muster innen/außen eine basale Unterscheidungsstruktur auf zwei Ebenen geliefert wird; zum einen einer Unterscheidung von Arbeit und Freizeit, zum anderen tiefergreifend zur Selbstlegitimation. Konstituiert sich das Außen durch das Innen, bzw. als spezifische Umwelt, legitimiert die Umwelt Zugriffe auf sich, indem sie als legitim bzw. der Autopoiesis dienlich erscheinen, durch das Innen.

Natur kann dabei auf eine innen/außen Unterscheidung rekurrieren, muss dies aber nicht. Natur steht für das Vorsoziale, was Sozialität legitimieren kann. Der Blick erweist sich hierbei als essentiell.

„Der einseitige[32] Blick auf den Körper, dem keine Chance gelassen wird, selbst kontingent zu wirken, sondern dem die Bedeutung schon per se anhaftet – nicht »realiter«, sondern *in actu*." (Nassehi, 2011, S. 277)

Das Sehen oder die Wahrnehmung impliziert scheinbar die ganze Wahrheit. Gerade der ausschnitthafte und bedeutungsvolle Charakter von dem, was wir Natur bezeichnen, oder die Dinge, die wir meinen, wenn wir von Körpern sprechen bzw. sie denken, widerlegen das.

„Insofern sind Körper nicht einfach der Natur zuzurechnen, wobei dieser Satz letztlich sinnlos ist, weil all das auch für die Natur gilt, die als Natur nur bezeichnete Natur ist, besser: die in der Dynamik der Geschlossenheit nur deshalb in der uns gewohnten Unbedingtheit auftritt, weil ihr Funktionssinn gerade darin besteht, eine von der Beobachtung unabhängige Welt denken zu können. Die Kon-

---

[31] Z. B.: Dass die Welt nur als Bild über den Blick zugänglich ist (vgl. Nassehi, 2011, S. 274), oder Vorsoziales antizipiert, oder: „das Bild der Welt allein dem internen Unterscheidungsgebrauch" (ebd.) verdankt ist.

[32] Nassehi spielt hier auf eine Unterscheidung von Schwanitz 1988 an, wonach Sehen im Gegensatz zum Hören eine Asymmetrie impliziert.

42

struktion der Natur (wie die Konstruktion natürlicher Körper) dient zur Plausibilisierung der Nicht-konstruiertheit der Körpernatur – allenfalls ihre evolutionäre Konstruktivität wird zugestanden, was aber aufgrund der enormen Zeitperspektiven kaum als Bedrohung empfunden werden kann (allenfalls für schöpfungssensible religiöse Seelen)." (Nassehi, 2011, S. 278)

So wird mit dem wissenschaftlichen Interesse an Körper und Natur offensichtlich, wie die blickhafte situierte Beschreibung der Welt zu brechen versucht wird.

„Die größte Evidenz gegen die behauptete selbsttragende *Dynamik der Geschlossenheit*, gegen die in die eigene Zeichenhaftigkeit eingeschlossene bloße Benennbarkeit der Welt gegen die Verschiebung aller Unmittelbarkeit durch die Mittelbarkeit der Bezeichnung und gegen die ontologische Unüberwindbarkeit aller ontologischen Realitätsgarantien scheint die Natur zu haben. Das gilt auch für die *Natur des menschlichen Körpers*, dessen Unmittelbarkeit und ontologische Würde auf den ersten Blick einleuchtet" [Fußnote mit verweis auf Nassehi 2002g].[33] (Nassehi, 2011, S. 278 f.)

Der Körper (und Natur) fungiert als Schnittstelle und kann „als Chiffre jenes »Außenkontakts« gelten, der sich zeichen- und operationstheoretisch nicht mehr beschreiben lässt" (ebd., S. 279). Beides steht für das Sein selbst. Als wäre das Sein ohne Soziales, Bewusstsein oder Kultur möglich.

„Das der Körper der Wahrheit näher sei als alle sinnhafte Verweisung psychischer oder sozialer Natur (sic!), zieht sich von der peinlichen Befragung der spätmittelalterlichen Inquisition bis zum Authentizitätsgehabe sexuellen Begehrens, vom Schmerz als religiösem Läuterungsmittel bis zur Reduzierung des Lebens auf die körperliche Reaktion in Extremsportarten, von der Sichtbarkeit angeblicher menschlicher »Rassen« bis zur eindeutigen geschichtlichen Identifizierbarkeit weiblicher und männlicher Menschenkörper." (ebd.)

Es ist die Frage, inwiefern solche Auffassungen einem psychologischen Hang zur Reduktion von Komplexität gleichkommen, einem Wunsch die Welt unmittelbar als echt erleben zu können, ohne komplexe Strukturen und Wirkmechanismen zwischenschalten zu müssen.

Natur, und dazu zählt der Körper auch, dient also als Zurechnungstrick für Gesellschaft, sich zu verorten, ihr in spezifischer Weise Legitimation zu verleihen.

Natürlich kommen wir der Unterscheidung zwischen *Natur | Nichtnatur* nicht aus, wenn wir die Unterscheidung treffen. Es ist allerdings die Frage, welche Natur als das Äußere gedacht ist. Welche unausgesprochenen Möglichkeiten schwingen in der jeweiligen Praxis mit.

---

[33] Es ist ein Paradox, dass genau die moderne Funktion der Kunst, auf die Differenz von Zeichen und Bezeichnetem hinzuweisen und Realität zu verdoppeln, von Natur konterkariert wird, wurde ihr Sinn doch bzw. das Verlangen nach ihr, erst durch die Kunst geschaffen.

2.2.3.2   Praxis und Gegenwart: Authentizität, Sinn und Zeit

In Kapitel 4.2.1 werde ich exkusorisch auf den Begriff der Authentizität eingehen. Es muss an dieser Stelle antizipiert werden, dass Authentizität als Verlangen der Moderne gesehen werden kann. Authentizität kann nur im jeweiligen Kontext als solche ausgewiesen werden. Authentizität muss performativ oder operativ erzeugt werden.[34] Sie emergiert nicht in Strukturen, die gemäß einer Top-Down-Logik, sie als solche ausweisen. Für Gesellschaft besteht die Notwendigkeit der Wiederholung mit einer inkorporierten Selbstüberraschung und Selbstlimitierung. Über Sinn und Zeit emergiert prozessual Gesellschaft.

Der Wegfall einer zentralen Perspektive, der Notwendigkeit der individuellen Selbstbeschreibung geschuldet werden der Körper und die Natur so als authentisch erfahrbar, und täuschen über die kontextuelle Notwendigkeit der Attribuierung ihrer hinweg.

Dass der Körper per se authentisch erscheint, liegt daran, dass er, scheinbar der Kommunikation vorgelagert, für „ontologisches So-Sein" steht (vgl. Nassehi, 2009, S. 247). Die Praxis schreibt sich durch ein *„unbekanntes* oder *unbeobachtbares* Skript" ebd., S. 271) und es geschieht was geschieht (vgl. ebd., S. 270).

„Jegliche Gegenwart lebt davon, jene Kontingenz wegzuarbeiten, die sich schon dadurch ergibt, dass man es mit *Kommunikation* zu tun hat. [...] Kommunikationsprozesse müssen irgendwo Halt finden und diesen Halt finden sie letztlich nur in sich selbst, d.h. in der praktischen Lösung, die sich ihnen bietet. Noch mehr als alle Praxistheorien vom Pragmatismus über die Ethnomethodologie, den sogenannten *practical turn* und Bourdieus Theorie der Praxis eröffnet sich hier ein empirischer Blick darauf, dass sich *Gesellschaft* in Gegenwarten manifestiert, in der sie Halt finden müssen, das dies aber in einer Gesellschaft stattfindet, die freilich selbst wiederum nicht als Zentralmetapher einer übergreifenden *Ordnung* fungiert. [...] Auch Gesellschaft wird in dieser Perspektive als eine *Ordnung des Operativen* angesehen, was sich empirisch schon darin zeigt, dass man nirgendwo auf eine Praxis trifft, die *nicht* in einem strengen gesellschaftlichen Kontext stattfindet und die zugleich *nicht* je praktisch-gegenwärtig sich entfalten muss. Was das Stück *Gesellschaft* exakt zu jenem Drama macht, dessen zeitlich Dramaturgie ihr besonderer Charakter ist, ist gerade die Tatsache, dass diese Dramaturgie weder einen Dramaturgen noch einen zentralen Regisseur kennt." (Nassehi, 2009, S. 271)

Eine Soziologie der Praxis verschreibt sich konsequenterweise dem Phänomen der Paradoxien der Moderne, paradoxerweise genau auf jene Art, sie praktisch zu erklären (ebd. S. 448).

An dieser Stelle ist es nur konsequent auf die Empirie zu verweisen. Die Empirie kann zeigen, wie im Urlaub Authentizität (über Natur und Erlebnisse) in

---

[34] An dieser Stelle möchte ich keinen Theorienvergleich ausführen, verweise lediglich auf Nassehi & Nollmann, 2004, bzw. Nassehi, 2009, S. 233 ff. Luhmanns Theorie wird hier als ereignisorientiert (ebd., S. 239), Bourdieus als praxisorientiert beschrieben. Strukturen stehen dabei nicht vorgelagert, sondern müssen situativ hervorgebracht werden. Ebenso wie der Habitus nicht der Praxis vorgelagert ist, sondern für Praxis selbst steht (vgl. Nassehi, 2009, S. 293), wenngleich der soziale Sinn nicht zur Disposition steht.

bestimmten Kontexten generiert werden kann, die genau jenen Prozessen der gefühlten Auflösung von Grenzen und Globalisierung entgegenwirken und durch scheinbare Rückgewinnung zur Stärkung und individueller Kontrolle führen.

Das fehlende Bindeglied hierbei ist Zeit: Zeit entparadoxiert in Form von einer operativen Gegenwart (ebd. S. 270). „Und alle Rationalisierung ist deshalb Postrationalisierung" (Luhmann, 1990, S. 80 zitiert nach Nassehi, 2009, S. 271).

2.3   Natursoziologie: Ein Resümee

Es stellt sich die Frage, inwieweit naturrealistische und klassisch sozialkonstruktivistische Ansätze in der Soziologie ihr Ziel verfehlt haben, beschreiben sie weniger Gesellschaft und ihren seit der Aufklärung problematisch gewordenen Umgang mit der Natur als *ein* gesellschaftliches Problem.

Anstelle die Naturvorstellungen prägenden Semantiken zu entschlüsseln bzw. auf deren situative, wechselseitige Verwiesenheit einzugehen, wird in den vorhandenen Semantiken operiert. Und so kommt es, dass versucht wird, Natur aus der Natur zu erklären (wie es in den naturrealistischen Ansätzen der Fall ist). Bevor ich diese Gedanken weiter ausführe, möchte ich die gängige Kritik an den beiden Ansätzen aufführen:

Die naturrealistischen Ansätze nehmen an, die stofflich-materiellen Gegebenheiten ohne Probleme repräsentieren zu können (siehe weiter oben „Krise der Repräsentation"). Multiperspektivität und die vermittelte Bedeutung von Naturbildern spielen hierbei eine unwesentliche Rolle (vgl. naturalistischer Reduktionismus). Kritik am epistemologischen Realismus wird hier trotz der bekannten Grenzwertdebatten weiter ausgeschlossen: Es gibt nach naturalistischer Denktradition ein klar bestimmbares Problem, über das in rousseauistischer Manier (wie bei der Bestimmung des Gemeinwohls) „ein" (naturalistischer Imperativ) Handlungsapparat diktiert. Naturwissenschaftliche Fakten *sollen* also in gesellschaftliche Normen übersetzt werden. Dies wird aber in den Ansätzen nicht explizit: Die Frage, wie sich naturwissenschaftliche Erkenntnisse auf einen Nenner bringen lassen *und* in der Soziologie (bzw. Politik) angemessen berücksichtigt werden können, bleibt offen. Es entsteht folglich ein unhintergehbarer Dissens von verschiedenen kulturell variierenden und konkurrierenden Naturbildern (die wissenschaftlich begründbar sind) in einer unvereinbaren Art und Weise.

An den konstruktivistischen Ansätzen wird typischerweise kritisiert, dass meist keine expliziten Problembezüge oder Lösungsansätze zur ökologischen Krise angeboten werden, vielmehr steckten die Überlegungen in erkenntnistheoretischen Überlegungen fest und verlören reale Gefahren mit ihren materiellen Ursachen aus dem Blick. Kropp wirft vielen sozialkonstruktivistischen Theorien deswegen einen starken Kognitivismus vor (2002, S. 139). Materielle Probleme gingen so zu oft in ihrer diskursiven Bedeutung unter. Zwar könnten Definitionen von ökologischen Problemen mit gewisser Flexibilität betrachtet werden, sie *sollten* aber nicht als „freies Spiel der symbolischen Bedeutungsgebung missverstanden werden" (ebd.). Darüber hinaus ergäben sich für viele konstruktivistische Ansätze theoretische Überlegungen, die Naturbilder bzw. Naturwahrnehmungen als äquivalent in ihrer Wertigkeit, also als gleichberechtigt unter vielen betrachten. Diese Betrachtung böte gerade im Kontext möglicher Gestaltungs- oder Umweltdebatten nicht gerade eine hilfreiche Perspektive zu Problemen. Wechselseitige Prozesse kämen auf Grund der dualistischen Denkstruktur konstruktivistischer Ansätze nicht in den Blick. Es würde zwar implizit durch die Bifurkation eine materielle Seite angenommen, als Leitdifferenz, diese wird im gleichen Atemzug dann wieder negiert.[35]

Der ökologische Imperativ kann von Latours hybridorientiertem Ansatz gelöst werden. In Latours Ansatz wird der von naturalistischen Ansätzen als unproblematisch begriffene Umgang mit naturwissenschaftlichen Problemdarstellungen und die mangelnde Berücksichtigung des gesellschaftlichen Adaptionsvermögens sowie die kulturell vermittelte Besonderheit gesellschaftlicher Naturverständnisse (bzw. Naturverhältnisse) aufgelöst. Zentrale Frage in den Arbeiten von Latour ist der Umgang mit der „ökologischen Krise", die von Latour als „Krise der modernen Institutionen" (Latour, 2001, S. 32) und „Krise der Objektivität" bezeichnet wird. Er sieht den naturwissenschaftlichen Anspruch auf objektive Kriterien als zusammengebrochen.

Auch wenn, um die genannten Kritikpunkte wieder anzuführen, wesentliche Probleme der soziozentrischen Ansätze aufgelöst werden – wie die Ausblendung von stofflich-materiellen Aspekten – so bleiben doch einige Probleme ungelöst:

Einerseits scheint es, als müssten neben dem Natur- und Gesellschaftsbegriff auch größere Teile der abendländischen Vernunftvorstellung und die damit einhergehenden Begriffe von Subjektivität und Objektivität und die Zweck-Mittel-Relationen aufgegeben werden. Weiter bleiben viele Überlegungen von Latour und Haraway in einem theoretischen Diskurs stecken oder zeigen in mikrosoziologischen Überlegungen nur begrenzte Anwendungsbeispiele. Bei der Formulierung einer makrosoziologischen, politischen Perspektive zeigt Latour wie Haraway, dass die großen Akteure oder Cyborgs erhebliche Risikopotentiale bergen. Eine tatsächliche Lösung, wie bspw. verhindert werden kann, dass die

---

[35] Der Dualismus lässt sich zwar bei der Systemtheorie attestierten, durch die Einheit der Differenz ist er aufgehoben (vgl. Kaldewey, 2008) bzw. muss als „Monismus" gesehen werden (Räwel, 2005, S.23 ff.).

46

mächtigsten „Netzwerker" (gemäß der Latours Akteur-Netzwerk-Theorie) ihre Interessen durchsetzen werden, bleibt ungelöst.

Luhmanns Ansatz konnte zeigen, wie in einer funktional differenzierten Gesellschaft „zu viel" und „zu wenig Resonanz" im Umgang mit ökologischen Problemen hergestellt wird. Die systemspezifische, codegesteuerte Verarbeitung von Kommunikation ist eben einer Unangepasstheit an die Umwelt geschuldet; wären die Systeme perfekt angepasst, würden sie nicht existieren. Sie sind daher exogen (Umwelt-)anfällig. Darüber hinaus reagieren Systeme nur gemäß ihres Relativs auf die Umwelt, eine moralische Codierung (gut/schlecht) der Kommunikation bleibt aus, weshalb es innerhalb des Systems zu „zu wenig" Resonanz kommen kann, wenngleich die gesellschaftliche Gefährdung durch Umweltgefahren zu viel Resonanz erzeugt.

Der Umgang mit Angst als Erzeugnis umweltbezogenen Problembewusstseins ist vor allem dann ein Problem, wenn die funktionale Differenzierung negiert und verkannt wird, dass Umweltprobleme nur in spezifischer Weise dargestellt werden können.

Durch Luhmanns systemtheoretische Perspektive wird deutlich, wieso die Kommunikation von ökologischen Gefährdungen so oft ins Leere läuft. Eine adäquate Reaktion auf ökologische Probleme kann folglich nur in der Anerkennung spezifischer Beobachtungsweisen erfolgen, stellt aber für die Gesellschaft eine nicht ganz einfache Aufgabe dar. Der Natur, im Gegensatz zur Ökologie, kommt nur in Form von struktureller Koppelungen bzw. „Umwelten" eine Bedeutung zuteil. Natur ist eine beobachtungsabhängige Systemleistung.

An dieser Stelle will ich den Gedanken von oben wieder aufgreifen: Durch die Aufklärung hatte die Natursemantik eine Aufteilung und Erweiterung erfahren. Verschiedene Semantiken sind seither koexistent. Darüber hinaus stellt die Gesellschaft ihre „natürlichen Grundlagen" als gefährdet fest. Allerdings ist eine systematische Fassung des problematischen Umgangs mit Natur noch nicht begrifflich fassbar geworden.

Es gibt gute Gründe, den Zugang zu den Problemen auf „kognitiver" bzw. epistemologischer Seite zu suchen. Die theoretische Bindung zu einer Seite bedingt die Aufrechterhaltung des Außen und lässt die operative Abbildung von innen/außen in einer Operation quasi außen vor. Das Problem mit der Natur, ist in erster Linie nicht die ökologische Krise, sondern das in der Aufklärung angestoßene semantische Verhältnis zu ihr.

Des Weiteren scheint mit der Ökologischen Krise eine Verwechslung in der Funktion der Soziologie vorzuliegen. Die Beobachtung der Gesellschaft von außen und die normative Steuerung (wozu ebenfalls ein Standpunkt außerhalb nötig wäre) ist nicht möglich. Was aber in der Positionierung zu einem der beiden Pole implizit vermutet oder gehofft wird.

Es ist daher in erster Linie nicht nötig, die ökologische Krise als Problem zu betrachten und Lösungen zu recherchieren, die sowieso nicht von der Gesellschaft angenommen werden können, sondern ist es wichtig zu analysieren, welche Semantiken auf das offenkundig als Bezugsproblem festgestellte Phänomen der modernen Innen/Außen-Differenz sich entwickeln. Anders formuliert: Lässt sich Naturkommunikation nicht als Metakommunikation fassen, die dem Code innen/außen verschrieben ist? Weiter lässt sich folgern, ob Kommunikation, die der Innen/Außen-Einheit folgt zwangsweise auf strukturelle Koppelungen bezogen ist.

Die hier angestoßenen Fragen lauten: Ist Naturkommunikation als gesellschaftliche Kommunikation ihrer Innen/Außen-Differenz zu verstehen. Lässt sie sich folglich als Kommunikation 2. Ordnung in Bezug auf strukturelle Koppelungen gemäß verschiedener Semantiken klassifizieren? – Ich werde am Ende der Arbeit auf diese Gedanken zurückkommen.

Die Analyse dieser Semantiken müsste folglich aufschlussreicher sein, in der Form, als dass durch sie ein gesellschaftliches Bezugsproblem fungiert.

Für die vorliegende Arbeit stellt die ökologische Krise vielleicht eher ein peripheres Problem dar, die Interviews drehten sich selten um eine krisenhafte Natur, vielmehr sind Schönheit und Naturerleben in alltagsweltlicher Unbeschwertheit das zentrale Thema.

3 Kunst der Natur und die Natur der Kunst

Der Begriff der Natur wuchs durch die zunehmende Bedeutung von Lehre (Wissenschaft) „in das gesellschaftliche Leben hinein" (Luhmann, 1997b, S. 914). Der Naturdiskurs spaltete sich mit der Aufklärung vor allem aber in der Romantik in einen naturwissenschaftlichen („Kanonische" vgl. Seel, 1991, S. 24 f.) und einen philosophischen Diskurs (vgl. Böhme, 1989) auf. Auf der Alltagsebene dominiert bekanntlicherweise weniger ein mathematisch naturwissenschaftliches Naturverständnis, sondern ist der Modus der Wahrnehmung eher auf die sinnliche Erfahrung und das Erleben gerichtet. Um dies zu verstehen, ist es hilfreich die Wahrnehmung der Natur durch die Kunst zu betrachten.

Der folgende Exkurs soll die bereits in Kapitel 2 dargestellte Geschichte des Naturbegriffs weiter explizieren sowie die Differenzierung des Kunstsystems erläutern. Am Ende des Exkurses sollen so die Möglichkeiten ästhetischer Naturerfahrung im Ausblick auf die empirische Arbeit herausgearbeitet werden. Man kann so folgern, dass ich der Frage, was schafft Schönheit, bzw. Naturschönheit, so auf den Grund gehen werde.

Die Frage nach der Funktion und Vorbildlichkeit der Kunst in diesem Prozess hat Tradition, so dass man folgern könnte:

„Die Natur hat sich, um es in einem Bilde zu sagen, im Künstler ein Organ geschaffen, das ihre tiefste Wahrheit aussprechen kann. Natur ist nicht stumm, sondern spricht durch die Kunst." (Wefelmeyer, 1995, S. 662)

Ganz so einfach wie es Wefelmeyer darstellt, ist es leider nicht. Die Frage nach der Vorrangigkeit im Sinne einer Vorbildlichkeit von Kunst und Natur hat eine weitreichende Tradition. Martin Seel schreibt: „Entweder, so scheint es, ist die Natur ein Vorbild, oder sie ist ein Nachbild der Kunst" (Seel, 1991, S. 12):

„Erst war die Natur das Vorbild, dann wurde sie zum Nachbild der Kunst. Wollte man die Geschichte des menschlichen Naturverhältnisses in einem Satz schreiben, könnte es dieser Satz sein. Dieser Satz fasst nicht nur eine lange Geschichte der ästhetischen Anschauung zusammen, er benennt die Grundspannung, die die menschliche Beziehung zur Natur überhaupt prägt. Die »Kunst« von der dabei die Rede ist, meint nicht allein die Kunst der Künstler, sie schließt alle Arten der technischen Fertigkeit und der institutionellen Regelung menschlicher Praxis mit ein. Diese Kunst konkurriert mit der Natur um die Rolle der maßgebenden Instanz für das Erkennen und Handeln. Auf der einen Seite gilt die Natur als ein Muster unseres Erkennens, unseres Herstellens, unserer Lebensführung; auf der anderen Seite gelten die Hervorbringungen des Menschen als das Muster, dem das Handeln auch gegenüber der Natur zu folgen hat. Der Streit um die Vorbildlichkeit der Natur oder der Kunst handelt von der Natur der Verbindlichkeit menschlicher Orientierung." (Seel, 1991, S. 11)

Er folgert weiter: „Es versteht sich aber, dass so ein einziger Satz, ob wir ihn nun historisch oder systematisch lesen, den philosophischen Kampf um die Natur bedenklich verkürzt", denn schon in der Antike ist „die Vorbildlichkeit der Natur in Frage gestellt" (ebd.). „Die Theorie des Naturschönen kommt ohne den Blick auf und für Kunst nicht aus. Jedoch berechtigt das nicht zu dem Schluss, den das klassisch-moderne Denken in bloßer Umkehrung des traditionellen gezogen hat: dass das Naturschöne, wenn nicht Vorbild, so eben Nachbild des Kunstschönen sei" (Seel, 1991, S. 16).

Natürlich, kann – so könnte man vorschnell entgegnen, Natur kein Nachbild sein, schließlich ist die Natur ja immer schon da. Von Interesse ist hier natürlich nicht, ob die Natur der Kunst etwas abkupfert, vielmehr ist die Frage, wie es zu einem schönen Ansinnen in ihr kommt.

Seel spielt hierbei einerseits auf den Imitatio Begriff der Antike bzw. künstlichen, oder technischen Erzeugung neuer „Natur" an; durch die Technik bzw. durch das Prinzip der Nachahmung wurde Natur zur Kunst. Durch Kunst wird allerdings nicht nachgeahmt, Kunst verdoppelt die Realität. Die Eigenständigkeit des Künstlers hat sich durch den Prozess der funktionalen Differenzierung verändert:

„Kunst, und darauf weist nicht nur die *Imitatio*-Tradition der Kunsttheorie hin, hat stets mit *Verdopplung* der Welt zu tun gehabt. Die Frage der Verdoppelung zieht sich durch die Geschichte der Kunsttheorie, ob als Nachahmung der Nachahmung bei Platon, als Nachahmung des Schöpfungsaktes bei Thomas von Aquin, als Nachahmung der Natur bei Leonardo da Vinci und Albrecht Dürer, bis das Kunstwerk sich in der Moderne von der Vorlage, der ersten Version zu emanzipieren beginnt. Die Innerlichkeit, die Motivlage des Künstlers und das Kunstwerk beginnen für sich selbst zu stehen. [...] bis dann in der modernen Kunst damit gespielt wird, Bild und Gegenbild identisch zu setzen um auf die Differenz aufmerksam zu machen." (Nassehi, 2011, S. 315)

Bevor die Funktion der Kunst ausführlicher erläutert wird und an ausgewählten Beispielen die Entwicklung der Ästhetik und der Landschaftswahrnehmung verdeutlicht wird, ist es nun nötig, den Begriff der Ästhetik, die Differenzierung des Kunstsystems und die Semantik des Schönen zu klären.

3.1 Wozu Kunst? Und die Macht der Bilder

Luhmann datiert die Differenzierung des Kunstsystems beginnend mit der Neuzeit, in der sich die Kunst auf „antike Vorbilder" „und sich über sie auf sich selbst bezieht" (Luhmann, 1997c, S. 402). Die religiösen Vorbilder entfallen und somit auch die „kosmisch-religiöse Identitätsbestimmung" (ebd., 404).

„Spätestens um 1600 wird für den Bereich von Malerei, Skulptur und Architektur deutlich gesagt, dass hierfür eine besondere Art von Wissen erforderlich sei, das Philosophen und Theologen nicht liefern können." (Luhmann, 1997c, S. 404)

Mit der zweiten Hälfte des 18. Jahrhunderts kommt es „zur Vorstellung einer Systemeinheit" mit der sich die „Referenzlage der Reflexion" verändert und die „Reflexionstheorie des Kunstsystems als »Ästhetik«" aufkommt" (Luhmann, 1997c, S. 291):

„Erst jetzt spricht man von Beaux-Arts oder schöner Kunst – und verwendet damit die Bezeichnung für die Produktion des Produktes. Die Einbeziehung des moralisch Schönen wird aufgegeben mitsamt der Idee, dass es auf Imitation ankomme." (Luhmann, 1997c, S. 291)

Mit dem 18. Jahrhundert stehen die verschiedenen Künste nun, nur noch ihrer selbst verpflichtet, geeint zueinander. Der Transport von Ideen, einer harmonischen Welt, wird obsolet. Mit der „Sozialisation im Umgang mit Kunst" (Luhmann, 1997b, S. 133) und der Geburt des Geschmacks bzw. der Kunstkritik wird das Problem des qualitativen Umgangs mit Kunst gelöst. Mit der Formulierung einer allgemeinen Kunsttheorie geht auf Konsumentenseite ein Lernprozess einher, der durch Beobachtung zweiter Ordnung zur distinguierten Urteilsfähigkeit der Oberschicht führte (vgl. ebd., S. 134).

Mit dem neuen Naturverständnis der Aufklärung, der Entdeckung der Welt, durch die zunehmende Beschreibung von Naturgesetzen, scheint die Natur durch Technik anders „perfektionierbar". Die Natur wurde so entseelt zum „storehouse of matter" (Bacon, zitiert nach Gill, 2003, S. 66). Die Natur wurde so von dem Menschen domestiziert und für seine Belange gefügig gemacht. Die autonome Kunst diente nicht mehr, um herrschaftliche Strukturen zu reproduzieren und war nicht auf „mimetische Treue", sondern stellte den „individuell erlebten Augenblick" dar (Dickel, 2006, S. 20). „Die Kunst erfüllt sich nicht mehr im Dienst der Naturdarstellung, Natur wird in den Dienst einer Selbstdarstellung der Kunst genommen." (ebd., S. 20).[36] – Kunst ließ so die „Welt in der Welt erscheinen" (Luhmann, 1997c, S. 241).

Vor allem im Diskurs der Kunst und Literatur stehen Bemühungen im Vordergrund, gegen die „logozentrische Reduktion der Komplexität von Natur in den Naturwissenschaften [zu] protestier[t]e[n ,] bereits die Generation nach Kant: Schelling, Goethe und Alexander von Humboldt verteidigten mit Bezug auf die Physikotheologie des 18. Jahrhunderts die Vorstellung von einer von alles belebenden *natura naturans*" (Dickel, 2006, S. 16).

Wenn man die Entwicklung von Tourismus und Naherholung hinsichtlich der Bedeutung der Natur verstehen will, ist es unerlässlich, neben der historischen Entwicklung des Tourismus, den Einfluss von Kunst und Literatur genauer anzuschauen.[37]

---

[36] Auf die spezielle Funktion der Kunst insbesondere der Landschaftsmalerei und den Folgen für den Tourismus (der Photographie) werde ich in Kapitel 3.1 eingehen.

[37] Dabei sollen die verschiedenen und gemeinsamen Tendenzen mit der Befassung der „Natur" bspw. in Transzendental Philosophie, Wissenschaft und Kunst bzw. Literatur noch mal klarer herausgestellt

Luhmann schreibt hierzu: „Schon Kant hatte die Funktion der Kunst (der Darstellung ästhetischer Ideen) darin gesehen, dass sie mehr zu denken gibt, als sprachlich und damit begrifflich gefasst werden kann." (Luhmann, 1997c, S. 227) „Das Kunstwerk etabliert demnach eine eigene Realität, die sich von der gewohnten Realität unterscheidet. Es konstituiert, bei aller Wahrnehmbarkeit und bei aller damit unleugbaren Eigenrealität, zugleich eine dem Sinne nach imaginäre oder fiktionale Realität. [...] Offenbar hat die Funktion der Kunst es mit dem Sinn dieser Spaltung zu tun – und nicht einfach mit der Bereicherung des ohnehin Vorhandenen durch weitere (und seien es »schöne«) Gegenstände" (Luhmann, 1997c, S. 229).

Die Realität wird durch die Kunst „dupliziert" (ebd., S. 231), sie wird somit hinterfragbar bzw. ihre Kontingenz wird hervorgelockt. Und gleichzeitig wird so auf die Notwendigkeit ihrer semiotischen Vermittlung hingewiesen: da „zwischen Signifikat und Signifikant keine messbare Differenz [besteht], da sich das Signifikat, als das Bezeichnete, nur als Signifikant, also als Zeichen darstellen lässt" (Nassehi, 2011, S. 317). „Die Kunst scheint die moderne Kultur darauf hinzuweisen, dass die Welt nur in Bildern zu haben ist, dass sich Bilder der *Welt* nur in *Bildern* der Welt erschließen." (Nassehi, 2011, S. 310).[38]

Diese paradoxe Verdoppelung von Realität kann als Artefakt in einer Gesellschaft der Gegenwarten gedeutet werden, welches zur gesellschaftlichen Sensibilisierung im Umgang mit der neuen Komplexität verhilft.

Die Frage nach der Bedeutung oder des »richtigen Erkennens« eines Kunstwerks steht nicht mehr zu Disposition. In der durch Kunst bedingten Ästhetik geht es nicht um „Schönheit als Ziel und Perfektion der sinnlichen Erkenntnis" (Luhmann, 1997c, S. 29 f.), sondern um die „Unterscheidung Wahrnehmung/ Kommunikation" (Luhmann, 1997c, S. 29).

So war einst der Kunst die Funktion inne, Ideen zu kommunizieren, „eine Variante von Aufklärung", die ihre Erkenntnis im Maß der Ästhetik, der Unterscheidung von „sinnlicher und rationaler Kognition" beschreibbar machen sollte (ebd.).

Die künstlerische Darstellung der Natur ist eben nicht nur auf ihre Darstellung und Vermittlung von Schönheit, sondern eben gerade auf die Duplizierung von Sinn angelegt. Die Naturdarstellung in der Kunst ist somit als Sonderfall der Kunst zu bezeichnen. Ihre philosophisch oder idealistisch geleitete Darstellung

---

werden (vgl. auch Hori, 2007, S. 15 ff. bzw. 27 f.). Die zeitlich teilweise in Kunst und Literatur versetzt auftretenden Epochen werden dabei gesondert ausgewiesen.

[38] Anders als die Sprache lässt sich die Differenz von Medium und Form nicht analog vollziehen: *„Kunst hat kein eigenes Medium, sondern setzt Medien ein. Das Medium der Kunst sind Medien."* (Nassehi, 2011, S. 326).

prägt dennoch die Vorstellung von Natur bzw. Naturschönheit von vielen[39], so wirkt das nachfolgende Zitat fast schon ironisch, wenn Gombrich schreibt:

„Die meisten Menschen sehen gern auf Bildern, was sie auch in der Wirklichkeit ansehen würden. Das ist ganz natürlich. Jeder Mensch freut sich an den Schönheiten der Natur und ist den Künstlern dankbar, die sie für uns bewahrt haben." (Gombrich, 1953, S. 11)

Präziser müsste man sagen: die die Künstler für uns mitkonstruiert haben.

Nachdem Kunst nicht die Realität, sondern die künstlerisch geschaffene Realität dupliziert und Kunst sich somit immer auf eine real gedachte Realität beziehen muss, ist es gerade in Zeiten der „ökologische Krise" nicht verwunderlich, wenn moderne Kunst die Natur als Medium aufgreift und so weitere „fiktionale Realität" bzw. „Beobachtbarkeit des Unbeobachtbaren" (Luhmann, 1997c, S. 241) schafft.

„Die Kunst hat mithin ihr eigenes Paradox, das sie schafft, indem sie es auflöst, in der Beobachtbarkeit des Unbeobachtbaren. Das heißt heute natürlich nicht mehr: auf die Ideen, auf die Idealformen, auf den Begriff im Sinne der Ästhetik Hegels zu zielen. Für das heutige Weltverständnis macht es keinen Sinn, zu versuchen, die Welt von ihrer besten Seite her zu zeigen. Auch die Selbstreferenz des Denkens richtet sich ja nicht mehr (aristotelisch) auf die eigene Perfektion. Aber es macht durchaus Sinn, den Blick für Formen zu erweitern, die in der Welt möglich sind." (Luhmann, 1997c, S. 241f.)

Dabei ist es besonders interessant, dass die Kunst kein eigenes Medium besitzt. Die Verdoppelung der Realität geschieht über die sonst unsichtbaren und paradox wirkenden Medien der anderen Funktionssysteme, die ihre Paradoxie über die Unsichtbarhaltung des Mediums verschleiern:[40]

„Man kann sagen, dass soziale Ordnung dadurch gestiftet wird, dass Medien unsichtbar gemacht werden, damit die Formen einen festen Realitätscharakter erhalten. Die Kunst dagegen *macht Medien selbst sichtbar*, dass heißt, sie macht die unbeobachtbare Welt beobachtbar, indem sie direkt und unmittelbar auf die Differenz zwischen dem Zeichen und dem Bezeichneten hinweist, indem sie die Verdopplung zum Thema macht und indem sie doppelte und mehrfache Verdopplung geradezu anzieht." (Nassehi, 2011, S. 326)

Das Bezugsproblem der Kunst liegt folglich darin, dass „sich die Welt stets nur ihrer Formierung verdankt und nicht die Formierung der Welt". Zum einen macht die Kunst so auf „totale Kontingenz, auf die Unwahrscheinlichkeit jedweder Form" aufmerksam, „*zum anderen* verweist das Kunstwerk auf das genaue Gegenteil", in dem es Willkür in seiner konkreten Form eliminiert (vgl. ebd., S. 333).

---

[39] Wenngleich es ja bekanntermaßen nicht unbedingt Schönheit ist, die das Kunstwerk schön erscheinen lässt.

[40] So lassen sich bspw. im politischen System Kollektive durch Kommunikation generieren, die stabil sind, obwohl von einer Unsteuerbarkeit der Gesellschaft auszugehen ist (vgl. Nassehi, 2011, S. 325).

Den Code des Kunstsystems als schön | hässlich zu benennen ist für Plumpe (1993b, 292 ff.) zu kurz gegriffen:

„Die Ausdifferenzierung des »Schönen« zu einem spezifischen – mit wissenschaftlichen, technischen, moralischen oder ökonomischen Implementen nicht länger konfundierten – Beobachtungswert steht hinter dem Vorschlag, in der Unterscheidung von »schön« und »hässlich« den Code des Kunstsystems zu sehen. Mit dieser Differenz hat die im 18. Jahrhundert als philosophische Disziplin aufkommende Ästhetik die neue Kunst beobachtet und damit – für Luhmann – zugleich die Selbstreflexion der Kunst vollzogen. [...] Gegen diesen Vorschlag Luhmanns haben wir im Rahmen dieser Darstellung bereits mehrfach Bedenken hervorgebracht; unplausibel erscheint uns vor allem, dass wir in einer philosophischen Disziplin, der Ästhetik, die Selbstreflexion der Kunst sehen sollen. Es verhält sich doch offenbar eher so, dass die Philosophie mit Hilfe der Ästhetik eine Beschreibung der Kunst vornimmt, deren Referenz das Wissenschaftssystem ist, soweit ihre Propositionen dem Code »wahr«/»falsch« gehorchen. [...] Als Codewert philosophischer Kunstbeobachtung ist das »Schöne« in den großen ästhetischen Entwürfen des 19. Jahrhundert denn auch anspruchsvoll interpretiert worden: als Antizipation der »Freiheit«, als Symbol der »Einheit von Geist und Natur« aber auch als „sinnliches Scheinen der Idee" usw. Diese schwungvollen Semantisierungen des Codewerts „schön" darf man als Wiederkehr alteuropäischer Codediffusionen verstehen, d.h. als mitunter großartige Sackgasse, in die das »Schöne« von der Philosophie hineinmanövriert worden ist, um aus ihr dann von Nietzsche herausgeführt zu werden, der es in ironischer Verkehrung des konventionellen Dispositivs als »Lüge« verstand, das »Wahre« und »Gute« aber der »Hässlichkeit« anheimstellte. [...] Wir möchten vorschlagen, es einmal mit der Unterscheidung »interessant« / »uninteressant« zu versuchen: [...] Vor allem [...] erfüllt der Vorschlag die entscheidende Aufgabe der Duplizierung; alles was Thema ästhetischer Kommunikation ist, kann es zweifach sein; die werkkonstitutiven Selektionen sind »interessant« oder »langweilig" und motivieren Akzeptanz oder Ablehnung. [...] Soweit das Kunstsystem die Disjunktion »schön« / »hässlich« aus seiner philosophischen Umwelt zur Selbstbeschreibung und Selbstprogrammierung noch verwendet hat, darf man eine prägnante Umcodierung vermuten: Innerhalb ästhetischer Kommunikation ist das »Schöne« ebenso wie das »Hässliche« entweder »interessant« oder »uninteressant«. (Plumpe, 1993b, S. 295f.)

Da die Funktionsweise des Kunstsystems im Folgenden erst beschrieben wird, bleibt der Vorschlag den Code des Kunstsystems umzubenennen zwar interessant, aber nicht von zentralem Interesse. Wichtig ist an dieser Stelle festzuhalten, dass sich das Schöne in seinem Bezugspunkt analog zum dem Neuen geöffnet hat.

Die Funktion der Kunst liegt somit in der Irritation durch nicht aufgearbeitete Komplexität bzw. in der Verdoppelung der Realität, sie schafft es „Gesellschaft *als* real beziehungsweise *als* fiktional" (ebd., 334) darzustellen. Sie verweist auf die Invisibilisierung der konstitutiven Differenzen von Gesellschaft.[41]

Wenn die Funktion der Kunst in der Visibilisierung der gesellschaftlichen „Kontexturen" (Nassehi, 2011, S. 334) liegt, ist die Frage warum bzw. wann Natur in der Kunst auftritt, zu stellen. Bevor diese Frage beantwortet wird, durchleuchte ich noch den für die Kunst zentralen Begriff der Ästhetik.

---

[41] Die Notwendigkeit bzw. der Ursprung des Kunstsystems liegt in der funktionalen Differenzierung, durch die eine unabhängige Selbstbeschreibung des Kunstsystems zu verzeichnen ist (vgl. Luhamann, 1997c, S. 403).

3.2 Exkurs zur Ästhetik: Die Anziehung des Schönen

Für die vorliegende Arbeit, die sich mit den Naturvorstellungen des Alltags während der Fern- bzw. Naherholung auseinandersetzt, bleibt der philosophische und ideologische Diskurs um die Kunst freilich nicht unerheblich. Die traditionelle oder antike Ästhetik inkorporierte das Prinzip der Mimesis, das detailgetreue Abbilden der natürlichen Ordnung. Schon damals galt ein mathematisierbares Abbild der Natur als besonders gelungen. Ästhetik muss sich nicht auf den expliziten Umgang mit Natur beziehen (auch wenn das immer wieder behauptet worden ist – ich komme darauf zurück), in der vorliegenden Arbeit ist freilich der Naturbezug von besonderem Interesse.[42] Als erstes soll die Ästhetik als Philosophie der Kunst begriffen werden, sie manifestiert sich in einem Stilbruch, einer Wende im Denken bezogen auf das Imitatio-Prinzip, welches nach einer inneren Erklärung von Schönheit suchte:

„Gerade diese Philosophie der Kunst war es aber, die den Klassizismus den Akademien empfahl, denn es schien den Menschen damals, dass es zur Würde der Kunst beitrug, wenn sie die Natur nicht »sklavisch« nachahmte, sondern mit allen Mitteln gelehrten Studiums nach Schönheit strebte." (Gombrich, 1953, S. 313 f.)

Der Begriff der Ästhetik steht für die „Lehre von der Schönheit" (Kluge, 2011, S. 66). 1735 entwickelt in verschiedenen Veröffentlichungen A. G. Baumgarten eine erste Theorie zur Lehre des Schönen, der Wahrnehmungslehre und manifestiert diese 1750 mit dem Buch „Aesthetica", in welchem die Frage nach der Erkenntnis ästhetischer Wahrheit gestellt wird, wobei die Ästhetik als Wissenschaft und als Kunst verstanden wird.[43]

Kunst und Ästhetik und Naturwahrnehmung stehen in einem triadischen Verhältnis zueinander, das im 18. Jahrhundert einen Bruch erfahren hat.[44] Gerade in der Alltagssprache ist der Begriff semantisch erweitert worden. Die Utopie von Kant vom autonomen Subjekt trug ideengeschichtlich entscheidend zur Perzeption einer erhabenen und schönen Natur bei. In der Philosophie stellte der ästhetische Diskurs die Frage nach der Entwicklung und Möglichkeit von Geschmacksurteilen, dabei wird die eigene Historizität (des Diskurses) beobachtet. Mit der modern geschaffenen Formenvielfalt im letzten Jahrhundert verschärft sich der Konflikt in der Formulierung einer allgemeinen ästhetischen Theorie

---

[42] Vgl. Seel, 1991, S. 111 – Er bezieht sich hierbei auf Kant.

[43] Insbesondere fordert Baumgarten die Verquickung von subjektiver Vermittlung und der wahrgenommenen Objektivität in der Dichtung bzw. deren Aufwertung im erkenntnistheoretischen Diskurs (Schneider, 2005, S. 23 f.)

[44] Für Seel ist der ästhetische Umgang mit Natur eine mögliche Ethik des guten Lebens (vgl. 1991, 347 ff.).

und sieht von „normativen Kunstdefinitionen oder Begründungen von Werturteilen ab" (Plumpe, 1993a, S. 8).

Schönheit verstand sich nun in der Ästhetik als „Perfektionsform der sinnlichen Erkenntnis". Schönheit avancierte zum Ziel, „wenn die sinnliche Erkenntnis ihre eigene Perfektion sucht" (Luhmann, 1997c, S. 29f.).

„Mit Aufkommen der Ästhetik als ein neuen philosophischen Gebiets wird das aus der Antike und Mittelalter übernommene Paradigma einer ontologisch fundierten Theorie des Schönen immer mehr verdrängt, ja es gelangt, angesichts der neueren Entwicklungen obsolet geworden an sein Ende." (Schneider, 2005, S. 9)

Die traditionelle Ästhetik begreift Schönheit in der harmonischen Ordnung der Welt bzw. des Kosmos. Der vor allem durch Platon geprägte Diskurs der „»theoria« als Schau eines harmonischen Naturganzen" (Seel, 1991, S. 18) formt die antik-mittelalterlichen Schönheitslehren und stellt einen idealtheoretischen Diskurs des vormalig kursierenden Weltbilds als „theoretische Reflexion" dar (Schneider, 2005, S. 10). Kunsttheorie, als die sich die moderne Ästhetik verstehen kann, steht immer nahe zur Philosophie und gründet ihren Ursprung somit nicht in der Kunst (vgl. Luhmann, 1997c, S. 398). Der ästhetische Diskurs stellt dabei die Frage nach dem Primat des Verstandes vs. einer sinnlich geleiteten Wahrnehmung. Bereits zuvor habe ich über die Funktion der Kunst geschrieben, an dieser Stelle ist es weiter nötig, auf die Differenzierung des Kunstsystems einzugehen. Der Kunstbegriff fungiert erst relativ kurz als Spielfläche hoch-kultureller Distinktion:

„Wir wissen eigentlich nichts über die Anfänge der Kunst; genauso wenig wie wir über die Entstehung der Sprache etwas wissen. Wenn man alles Bauen, Schnitzen, Malen oder Musterweben Kunst nennen will, dann gibt es kein Volk auf der Welt, das nicht eine Kunst hat – genauso wenig, wie es ein Volk ohne Sprache gibt. Wenn man sich andererseits »die Kunst« als eine Art von feierlichen Luxus vorstellt, als etwas Kostbares und Nutzloses für den Salon oder für die »Bildung«, dann tut es gut, sich noch einmal klar zu machen, dass das Wort Kunst diese zweite Bedeutung noch gar nicht lange hat. Kaum zweihundert Jahre – das heißt, dass fast alle die großen Baumeister, Maler und Bildhauer [...], gar nicht gewusst hätten, wovon man redet, wenn man von der Kunst gesprochen hätte. Zu ihrer Zeit war z.B. die Bildhauerkunst nicht mehr und nicht weniger eine Kunst als etwa die Fechtkunst, die Gartenkunst und die Kochkunst." (Gombrich, 1953, S. 27)

Für Aristoteles definierte sich die Kunst (»téchne«) „durch Kunstfertigkeit und Beherrschung von Regeln" mit dem Zweck, „das zu vollenden, was die Natur unvollendet gelassen habe bzw. sie nachzuahmen" (Schneider, 2005, S. 14).[45]

---

[45] In der Antike wurde der Begriff der téchne weiter zwischen „emperiería" und „epistéme" (der Unterscheidung, zwischen erfahrenen Können und wissenschaftlichem Wissen) unterschieden. Der techné-Begriff steht der dem alteuropäischen Begriff der Artes, der Kunst, also nahe. Die Differenz bezeichnet geistige und handwerkliche Tätigkeiten als unterschiedlich achtenswert. Die Entbindung der Zuschreibung der heutigen bildenden Künste zu den „artes liberales", also die Entbindung einer kategorischen Zuschreibung zu den „artes mechanicae", wurde von Leonardo da Vinci in der Renaissance gefordert (vgl. hierfür Plumpe, 1993, S. 27f.).

Der hier vorgestellte Kunstbegriff vereint zwei Semantiken, die eine, welche im Sinne Gehelens, eine Anpassung an die Umwelt, im Sinne einer Vollendung der nichtwerdenden Stoffe, eine Überwindung des natürlichen Mangels begreift; also den Agrar für die dialektische Gegenüberstellung von Kultur und Natur liefert. Die andere, mimetische Vervollkommnung, generiert die symbolische Domestizierung der Welt durch Nachahmung mittels der Leistung, ein Regelwerk regelrecht auszuführen.

Das Prinzip der Mimesis bedeutet „Darstellung von etwas", es wurde „später mit »imitatio« oder »Nachahmung« übersetzt" (Plumpe, 1993a, S. 33). Das Prinzip der Nachahmung dient dabei der „Ergötzung (»diagogé«) und der Erholung (»ánesis«) (ebd.).

Neben dem Nachahmungsprinzip existiert seit Platon die Expressionstheorie, wonach die Quelle des Schaffens im Inneren des Künstlers zu finden sei bzw. dieser als göttliches Medium (vgl. Plumpe, 1993a, S 33) fungiert.[46] Der enthusiastische Künstler verdankt seine dem Wahnsinn nahe Schaffenskraft einem göttlichen Ursprung (»furor divinus«), mit der Säkularisierung und der Vorstellung des Genie-Begriffs verlagert sich die Schaffenskunst zunehmend gemäß der Individualisierung im Prozess der Modernisierung in den Künstler, der so autonom schafft (Schneider, 2005, S. 13). Die Etablierung eines Kunstmarktes bzw. die einhergehende Zunahme von Kritik bedingt die Individualisierung und Differenzierung des Kunstsystems. Das Prinzip des Neuen bzw. der „nouveauté" (Baudelaire) unterstreichen das inventionale Schaffen der Künstler fortan. – Darauf werde ich gleich zurückkommen.

Galt die Natur als Vorlage des künstlerischen Schaffens, ändert sich dies mit der Aufklärung. Mit Fichte wird die (mechanistische) Natur als von ihrer Vorbildfunktion entbunden, sie gilt als »totes«, »starres und beschlossenes Dasein« (vgl. Schneider, 2005, S. 15). Der Künstler beherbergt nun die Ambivalenz, zum einen Naturwesen zu sein, zum anderen besitzt er die Fähigkeit, analog zu den gesellschaftlichen Domestizierungstendenzen, die Natur zu beherrschen. Auf das mechanistische Naturverständnis reagierten insbesondere Schelling, Goethe und die Romantiker, sie formulierten ästhetische Theorien, die der alten Semantik von Natur in Form der „lebendigen Natur" wieder gerecht zu werden versuchten:

„Gegen den neuzeitlich-cartesianischen Dualismus sowie gegen die mathematisch-mechanistischen Naturwissenschaften versuchten Schelling, Goethe und die Romantiker, eine andere Naturauffassung zu begründen, welche die Natur als ganzheitlich, dynamisch und organisch denkt. Diese Konzepte lassen sich mit den etymologischen Bedeutungen von "Natur" verknüpfen, so dass sie nicht nur als

---

[46] Platon betrachtet den Künstler somit nicht in einem Prozess der Inspiration: „die mimetische Dichtung – also die literarische Darstellung von Handlungen – hat Platon nicht einmal als Inspiration anerkannt" (Plumpe, 1993, S. 33). Da der Künstler ohne Wissen agierte, er war somit unter dem Handwerker angesiedelt.

Kritik an der neuzeitlichen Denkweise, sondern auch als Rückbesinnung auf den ursprünglichen Begriff der "Natur" begriffen werden können." (Dickel, 2006, S. 18)

Schelling erklärte allerdings auch eine klare Absage an das Mimesis-Prinzip in seiner Schrift „Über das Verhältnis der bildenden Künste zu der Natur" (1807). Kunst wird somit autonom, zweckfrei zur »natura naturans« (als schaffende Natur im Gegensatz zur geschaffenen Natur: »natura naturata«). Die Natur als nicht-geistige, organische Vorlage kann nur zufällig schön sein. Schelling ist somit weiterhin in der Nähe zu Fichte anzusiedeln, auch wenn er die Natur nicht als mechanistisch bezeichnet. Er spricht sich vor allem für die subjektive Leistung der Erfindung und Schaffung von etwas Neuem, das sich gegen das bloße Kopieren stemmt, gerade wenn sich die Kunst wieder auf ihre antiken Vorlagen rückbesinnt:

Der Gegenstand der Nachahmung wurde verändert, die Nachahmung blieb. An die Stelle der Natur traten die hohen Werke des Altertums, von denen die Schüler die äußere Form abzunehmen sich befleißigten, doch ohne den Geist, der sie erfüllet. Jene sind aber ebenso unnahbar, ja sie sind unnahbarer als die Werke der Natur, sie lassen dich kälter noch als jene, wenn du nicht das geistige Auge hinzubringst, die Hülle zu durchdringen und die wirkende Kraft in ihnen zu empfinden. (Schelling, 1983, S. 7)

Die Lage des Künstlers gegen die Natur sollte oft durch den Ausspruch klargemacht werden, dass die Kunst, um dieses zu sein sich erst von der Natur entfernen müsse, und nur in der letzten Vollendung zu ihr zurückkehre. (Schelling, 1983, S. 13)

Schelling plädiert für eine Analogie von Wissenschaft und Kunst, von Natur und Geist, da beide mit dem „unendlichen Verstand verbunden" sind (ebd. S. 13), allerdings lässt sich die lebendige Natur nicht aus kausaltheoretischen Modellen herleiten, da es sich nicht als Objekt bestimmen lässt (vgl. Dickel, 2006, S. 35). Kant hatte zuvor in seiner *Kritik der reinen Vernunft* die Frage nach der Möglichkeit transzendentaler Erfahrung/objektiver Erkenntnis vor allem in Hinblick auf eine systematische Einheit in der Wissenschaft formuliert.

Die Entwicklung einer transzendentalen Methodenlehre folgt hierbei vor allem Newton und Leibniz mit dem Ziel für ein systemisch einheitliches Wissenssystem zu plädieren; *eine* „Natur-*Wissenschaft*" existierte damals noch nicht, „sondern Natur-*Kunde* eine Anhäufung von Kenntnissen, die man mit riesigem Sammlerfleiß zusammengetragen hatte, aber über deren Zusammenhang noch keine Auskunft geben konnte" (vgl. Picht, 1990, S. 63 ff.).[47]

Vor allem Kant trieb den ästhetischen Diskurs voran: Durch die subjektivierte Kunst sah er »das Schöne«, bzw. den Kosmos entontologisiert. Die Frage nach der Zweckmäßigkeit der Kunst und der Natur wurde so durch die „Emp-

---

[47] Kant bedient sich dabei der Idee des „focus imaginarius", er fungiert allegorisch als Vernunft-Idee. Durch den focus imaginarius werden die Erscheinung durch den Verstand widerspruchsfrei zusammengefügt (Picht, 1990, S. 68).

fänglichkeit einer Lust aus der Reflexion über die Formen der Sachen (der Natur sowohl als der Kunst)" (Schneider, 2005, S 48) begründet.[48]

Der Naturbegriff bei Kant ist vor allem durch die Newtonsche Physik bestimmt, die Natur (ent)-steht als Erscheinung des Verstandes.

Kant vollzieht mit der *Kritik der Urteilskraft* die Trennung der Schönheit der Natur von dem Erhabenen; die dritte Kritik fungierte als Brücke zwischen „Erkenntnis- und Begehrungsvermögen (Willen)" (Schneider, 2005, S. 46). Im Gegensatz zum Verstand der Regeln bildet und der Vernunft, die nach diesen schließt, bildet die Urteilskraft die Fähigkeit aus, (sinnliche) Urteile zu formen.

Kant hat den Naturdiskurs in einen philosophischen und wissenschaftlichen gespalten. Durch ihn wurden Wahrheitsansprüche in der Findung einer ästhetischen Theorie differenziert und dem System der Wissenschaft zugewiesen. Die Naturschönheit bzw. der Begriff der Schönheit wurde so „deontologisiert" bzw. „vom Prädikat des Seins oder der Natur zu einer Selbstverständigungsformel ästhetischer Kommunikation" herausgelöst (Plumpe, 1993a, S. 47 f.). Die Frage der Ästhetik wurde somit erst zu einem philosophischen Problem. Nach Kant ist „Schön [...], was ohne Begriff als Gegenstand eines notwendigen Wohlgefallens erkannt wird" (Kant, 1974, S. 160) bzw. „schön ist das, was in der bloßen Beurteilung (nicht in der Sinnenempfindung, noch durch einen Begriff) gefällt" (ebd. 241). Kant geht dabei von einer Universalisierbarkeit eines privaten Urteils aus, so als hing die Schönheit an einer generellen Regel, die durch die sinnliche Wahrnehmung und den Verstand in Vermittlung ihre universelle, aber autonome Tragkraft entfaltet.[49]

Darüber hinaus eröffnet er den Diskurs, der analog in dem Prozess der funktionalen Differenzierung bzw. der Etablierung des autonomen Kunstsystems mündet, mit den Überlegungen einer wertfreien Schönheit, als zwecklose Freude, die nur ihrer eigenen Referenz geschuldet ist, in dem er anders als bei Hegel oder Adorno, bereits eine „Übercodierung" durch andere Systeme ausschloss (vgl. Plumpe, 1993a, S. 23).

„Dass die Ästhetik das »Schöne« für das »Wahre« hält, mag mit der Enttäuschung im Wissenschaftssystem zu tun haben, dessen formaler Code hochgestimmte Erwartungen so frustriert, dass es aus-

---

[48] Zweckmäßigkeit wird durch ein Lustprinzip ohne klassische, rationale, Zweck-Mittel-Kalkulationen dabei gedacht. „Zweck", „Form" und „Ganzes" sind nach der Kritik der Urteilskraft nicht „aus der Wissenschaft, sondern aus dem künstlerischen Vermögen der Menschen" herzuleiten (Picht, 1990, S. 69).

[49] Kant geht weiter von einem interessenlosen Wohlgefallen an dem Schönen aus (Kant, 1974, S. 116). Die Interessenlosigkeit der ästhetischen Einstellung stellt sich gegen moralische (verstandsbezogene) Urteile und sinnliche (also physisch angenehm oder unangenehm empfundene Objekte). Die ästhetische Einstellung lässt die Welt so in freier Kontemplation erscheinen (für den Begriff der Kontemplation vgl. auch Seel, 1991, S 38 ff.).

sichtsreich erscheinen mag, »Wahrheit« aus anderen Quellen, als wissenschaftlichen fließen zu lassen." (Plumpe, 1993a, S. 23)

Die Bestimmung und der Sinn von Schönheit lag in der „vorästhetischen Philosophie", im Sein selbst (vgl. Plumpe, 1993a, S 36). Schönheit war objektiv zu begründen. „Für Augustinus war selbstverständlich, dass die Objektivität des Schönen Ursache der Freude und nicht etwa umgekehrt die Freude Voraussetzung ihrer Schönheit sei" (Plumpe, 1993a, S. 36). Die logische, bzw. mathematische Bestimmung von Schönheit (in Bezug auf Musik) wurde insbesondere von Platon entwickelt (vgl. Schneider, 2005, S. 8 bzw. Plumpe, 1993a, S. 36). Allerdings merkten schon die Sophisten an, dass Schönheit, als „subjektives Werturteil" (Plumpe, 1993a, S. 36) zu gelten habe.

Wie so oft im analytischen Diskurs, oszilliert die Rangordnung zweier unterschiedener Pole oft im diskursiven Horizont der Historizität. Wir wollen soweit festhalten, dass Platon die Idee des Schönen als verpflichtend verstand. Die Christen im Mittelalter sprachen hingegen „Gott" das Maß der höchsten Schönheit zu (vgl. Plumpe, 1993a). Das Schöne stand bisher für das Sein und war nicht spezifisch für die Kunst reserviert. Es ist aber nicht verwunderlich, wenn sich gerade der zweckfreie Genuss, der durch Verdoppelung der Realität – durch Kunst – evoziert wird, den Begriff einverleibt; war die Welt einst schön, so war die Kunstwelt als Abbild bzw. Teil der Welt nun mit dem Schönen aufgeladen.

In der vergangenen Form der Mimesis wurden Teile des „Seins" imitiert. Sie (die Nachahmung) konnte dann von Fachkundigen auf ihre Regelhaftigkeit bzw. Nützlichkeit überprüft werden. Kunst bzw. das Kunsthandwerk fungiert bis zur Ausdifferenzierung des Kunstsystems als Medium des Guten (vgl. Plumpe, 1993a, S. 40) bzw. Nützlichen. Ein Paradigmenwechsel in dem Vorrang der Kunst und der ihr anhaftenden Bezeichnung des Schönen, änderte sich in Mitte des 18. Jahrhundert:

„Die Kunst verstand sich selbst nicht länger als regelrechte, d.h. »technische« Darstellung (Mimesis) einer schönen Natur, sondern als »autonome«, d.h. sich selbst legitimierende (eigengesetzliche) Tätigkeit, über deren Ergebnisse mit Hilfe eines Schönheitsbegriffes kommuniziert werden sollte, der nicht länger ontologisch, sondern kunstrelational verstanden wurde. Das hatte für die Kommunikation zur Folge, dass man die Kunst nicht mehr »schön« nannte, weil sie an die Natur erinnerte, sondern dass man die Natur als »schön« empfand, weil sie an die Kunst erinnerte. [...] Diese entscheidende Veränderung darf nicht bloß als diskursgeschichtliches, theoretisches Ereignis in der Ordnung des Wissens verstanden werden. [...] Die traditionelle Sozialgeschichtsschreibung verweist in diesem Zusammenhang auf die Tatsache, dass im Laufe des 18. Jahrhunderts die alte mäzenatische Einbindung der Künste in das Repräsentationssystem der feudalen Höfe allmählich zerfallen seien, und die Künstler mehr und mehr zu »freien« Warenproduzenten geworden seien, die ihre Produkte dem »Markt« anvertrauen mussten." (Plumpe, 1993a, S. 40f.)

Schönheit war somit nicht mehr ein produziertes Artefakt – war also nicht mehr der artesianischen Fabrikation, sondern künstlerischer Eigenleistung und der Imagination des Genies geschuldet (vgl. Luhmann, 1997b, S. 425). Im Rechtssystem differenziertem sich aufgrund dieser Individualisierungstendenzen das Urheberrecht, welches Nachahmung verbot. Das Recht sprach so dem Künstler Recht zu, sein Werk als sein Eigenes zu bezeichnen – das künstlerische Schaffen folgte somit einem eigenen autonomen Prinzip und war nicht mehr auf mechanistische Nachahmung angewiesen. Die Einheit des Künstlers wird im Schaffen, also im Außen – in der Gesellschaft – vollzogen. Die künstlerische Autonomie vollzieht sich paradoxerweise nur mit bzw. in der Gesellschaft bzw. durch Kommunikation (vgl. Plumpe, 1993a, S. 45). Der Künstler imitiert, in dem er seine geniale Idee in der Welt preisgibt, immer sich selbst.

Die „Enttechnisierung" und „Entontologisierung" (Plumpe, 1993a, S. 48) des Schönen, die Differenzierung des Kunstsystems, insbesondere im philosophischen Diskurs durch Kant vorangetrieben, manifestierte sich in der neuen (scheinbar ausbleibenden) Nützlichkeit der Kunst und dem ungebundenen Begriff des Schönen. Kant sieht im freien Wechselspiel von Sinnen und Verstand, in der schematischen Ordnung der Sinneseindrücke die Möglichkeit konsensualer, bzw. deduzierbarer Schönheit (Kant, 1974, S. 220 bzw. § 38).

Die Natur kam dabei mit ihrer eigenen „Zweckmäßigkeit" dem Spiel zwischen Anschauung und Begriffssuche motivierend entgegen. Sie bietet die passende Grundlage für ästhetische Urteile:

„Wenn nun im Geschmacksurteile die Einbildungskraft in ihrer Freiheit betrachtet werden muss, so wird sie [...] als produktiv und selbsttätig (als Urheberin willkürlicher Formen und Anschauungen) angenommen; und ob sie zwar bei der Auffassung eines gegebenen Gegenstandes der Sinne an eine bestimmte Form dieses Objekts gebunden ist und sofern kein freies Spiel (wie im Dichten) hat, so lässt sich doch noch wohl begreifen: dass der Gegenstand ihr gerade eine solche Form an die Hand geben könne, wenn sie sich selbst frei überlassen wäre, in Einstimmung mit der Verstandesgesetzmäßigkeit überhaupt entwerfen würde." (Kant, 1974, S. 166[50])

Kant geht also von einem Konsens, einem „Gemeinsinn" der ästhetischen Urteilskraft aus. Kant konstruiert über das autonome Subjekt und die sinnlich schematische Vermittlung der ästhetischen Reflektion ein Medium gesellschaftlicher Reflektion individuelles Fühlen zu kommunizieren. Allerdings unter der Annahme, jedes (gesunde, bzw. normale) Subjekt durch seine Verstandesführung zu dem *gleichen*[51] Urteil kommt. Generell werden Urteile dieser Art erst in Gesellschaft notwendig (vgl. Kant, 1974, S. 229).

---

[50] Seel hingegen betrachtet das Kunstwerk in seiner Zeichenhaftigkeit als von der Natur zu unterscheiden: „ Kunstwerke sind ästhetische Objekte einer besonderen Art. Ihre Grundverfassung tritt im Vergleich mit den anderen beiden Grundtypen ästhetischer Objekte deutlich hervor. Im Unterschied zu den Objekten der reinen Kontemplation ist das Kunstwerk ein Zeichen. Es ist nicht einfach ein Objekt in der Welt, es ist ein Objekt »über die Welt«." (Seel, 1991, S. 147)

[51] Bekanntlich lässt sich über Geschmack nicht disponieren, wohl aber streiten; ein gleiches Urteil muss also nicht dasselbe, sondern ein Urteil sein.

„Die Grenzen des Kantschen Ansatzes, die Spezifik differenzierter Kommunikation über Kunst und Schönes zu bestimmen, treten vielleicht am klarsten hervor, wenn man den Modus des Geschmacksurteils noch einmal in helles Licht stellt: Es ist sachlich ein quasitheoretisches Urteil, in dem die zu aller Erkenntnis notwendigen Potenzen versammelt sind und zweckmäßig zusammenstimmen; die Lizenzen des Sinnlichen verhindern freilich den kognitiven Output; und es ist sozial gesehen ein quasimoralisches Urteil, da es einen Anspruch als ein unbedingtes Sollen versteht. Das ästhetische Reflexionsurteil als Operation des »Gemeinsinns« ist aus Bestimmung der Erkenntnistheorie und der Ethik amalgamiert: die Stelle des Beweises im logischen Urteil wird hier von einer normativen Zumutung übernommen, die ihre Rechtfertigung wieder in der Quasitheoretizität des Urteils findet. Weil Kant die ausdifferenzierte ästhetische Kommunikation mit den Denkmitteln seiner um die transzendentale Subjektivität kreisenden theoretischen und praktischen Philosophie zu legitimieren versuchte, rückte – so vermuten wir – der Konsenszwang derart in den Vordergrund. Konsensus – weder faktisch erreichter noch utopisch erhoffter – ist aber nicht nötig, um ästhetische Kommunikation als spezifisches Medium der Welteinstellung auszudifferenzieren und stabil zu halten; Streit, freilich aufeinander beziehbar, d.h. »codierter« Streit tut es auch und besser." (Plumpe, 1993a, S. 66)

Es wird an dieser Stelle bereits deutlich, wie sehr ästhetische Kommunikation als Mittel individueller Selbstbeschreibung fungieren kann. Für Kant galt Natur als Vorlage des Schönen, wenngleich es egal war, ob Natur als Natur oder als Abbild (einer Wachsblume) als Projektionsfläche diente und so als Agrar für die ästhetische Kommunikation nutzbar wurde.

Zusammenfassend kann an dieser Stelle festgehalten werden, dass der ästhetische Diskurs eine Analogie im Prozess der funktionalen Differenzierung beschreibt:

„Das Besondere der Kunst liegt ganz offensichtlich darin, eine weitere Welt hervorzubringen und diese zu duplizieren. Und wenn sich in der Reflexionstheorie der Kunst der Ursprung der künstlerischen Form von der Naturnachahmung in die Innerlichkeit des Künstlers, von der perfekten Form der Schöpfung in die schöpferische Kraft des Genies verlagert, dann wird damit letztlich nur die geistesgeschichtliche Ontologie der Erkenntniskritik abgebildet." (Nassehi, 2011, S. 325)

Die Ästhetik ist somit nicht als Kunsttheorie, sondern als geistesgeschichtliche Selbstbeschreibung zu verstehen. Die Ästhetik versteht sich als eine philosophische Sub-Disziplin, ihr Bezug kann theoretisch auf das Geschmacksurteil (z.B.: Kant), poetisch auf das Kunstwerk (z.B.: Heidegger) oder praktisch auch die Lebenskunst (z.B.: Nietzsche) bezogen sein (vgl. Plumpe, 1993a, 11 ff.), allerdings stellt der ästhetische Diskurs keine unmittelbare Selbstreflexion des Kunstsystems dar. So waren die meisten Philosophen keine Künstler; die Ästhetik „ist vielmehr eine Reaktionsweise der Gesellschaft auf die Ausdifferenzierung eines neunen Systems »Kunst« im 18. Jahrhundert" (Plumpe, 1993a, S. 23).[52]

„Denn wenn es Ästhetik als Philosophie wirklich gäbe, die alles weiß, was die Kunst selbst zu wissen meint: welche Eigenständigkeit hätte dann die Kunst selbst?" (Luhmann, 1997c, S. 399)

---

[52] Vgl. Luhmann 1997b, S. 162: „Auf die Kunst- und Geschmackskritik reagierte die mit philosophische Ansprüchen auftretende Ästhetik."

3.3   Das Naturschöne: Drei Perspektiven

Es sollen nun drei Formen der Wahrnehmung des Naturschönen nach Martin Seel, der diese aus dem ästhetischen Diskurs ableitet, vorgestellt werden.

Das Schöne, wenn es auf Natur bezogen ist, kennt nach Martin Seel drei Formen:[53]

„Das menschliche Gefallen an der Natur hat im Lauf der Zeit viele Erklärungen gefunden. Drei Grundmodelle sind es, denen sie auf immer neue Weise entsprechen. Das erste versteht die schöne Natur als Ort der beglückenden Distanz zum tätigen Handeln. Das zweite begreift die schöne Natur als Ort des anschaulichen Gelingens menschlicher Praxis. Dem dritten erscheint die schöne Natur als bildreicher Spiegel der menschlichen Welt. Im ersten Modell ist die Wahrnehmung des Naturschönen ein Akt der *kontemplativen Abwendung* von Geschäften des Lebens, im zweiten ein Akt der *korresponsiven Vergegenwärtigung* der eigenen Lebenssituation, im dritten ein Akt der *imaginativen Deutung* des Seins der Welt." (Seel, 1991, S. 18)

Bevor ich die drei vorgestellten Konzepte (kontemplativ, korresponsiv und imaginativ) veranschaulichen werde, sei eine Definition von „Natur" gegeben, wie sie im Alltag wohl von den meisten Individuen geteilt wird: „Ihr Gegenstand ist derjenige sinnlich wahrnehmbare Bereich der lebensweltlichen Wirklichkeit des Menschen, der ohne sein beständiges Zutun entstanden ist und entsteht." (Seel, 1991, S. 20). Es werden also drei Aspekte von Natur betont, (1) ihre dynamische Eigenmächtigkeit, (2) die sinnliche Wahrnehmbarkeit und (3) die lebensweltliche Anwesenheit. Die dynamische Eigenmächtigkeit wird dabei durch „Kultivierung" in Form von Parks nicht gemindert, im Gegensatz zu einer Bank aus Holz wächst der kultivierte Baum weiter.

Im ersten Schritt noch analog zu Kants Begriff des Schönen, definiert Seel kontemplative Naturwahrnehmung als eine Wahrnehmung, die auf der „Erscheinung des Gegenstandes verweilt", er folgert weiter „ohne darüber hinaus auf seine Deutung zu zielen" (Seel, 1991, S. 39). Es geht also um eine „zweckfreie" Betrachtung. Das kontemplative Betrachten enthält allerdings mehr Sinnlichkeit als bei Kant und zielt im Gegensatz auch nicht auf eine Konsensfähigkeit ab. Kontemplation umfasst mehr als nur Visuelles, olfaktorische und sensuale Einflüsse runden die kontemplative Wahrnehmung ab (vgl. Seel, 1991, S. 47).[54]

---

[53] Seel rechnet verschiedene Philosophen, ausgenommen Kant jeweils einer der drei Denktraditionen zu.

[54] Sie runden ab, ergänzen – können aber nicht alleine, bspw. nur durch Schmecken der salzigen Meeresluft, ein kontemplativen Akt begründen (vgl. ebd. S. 48). Das Sehen wird als primäres Organ tituliert: „Die optische Wahrnehmung ist am wenigsten von allen Sinnen involviert in das, was sie wahrnimmt. Auch hat sie die größte Reichweite, sie kann am differenziertesten in der Umgebung operieren, deren räumliche Gegenwart sie zusammen mit den anderen Sinnen bildet. Es ist daher ganz natürlich, wie es schon im Namen liegt, das Sehen als den Anführer oder Anstifter des kontemplativen Tätigseins zu denken. Trotzdem dürfen wir das Sehen nur als Anstifter und Anführer der Kontemplation denken, nicht etwa als einziges Organ" (ebd. S. 50).

Seel unterscheidet bei der Kontemplation zwischen Ding- und Raumkontemplation, wobei analog zu Kant in letzterer eine Reflexion des subjektbezogenen Standpunkts vollzogen wird. Sie wird zur erhabenen Kontemplation:

„Die Dingkontemplation bleibt auf lokale Anschauungen begrenzt; sie nimmt etwas innerhalb des sinnhaften lebensweltlichen Raums in sinnfremder Erscheinung wahr. Die Raumkontemplation dagegen totalisiert ihre deutungslose Aufmerksamkeit; ihr stellt sich der lebensweltliche Raum im Ganzen als ein sinnfremdes Geschehen dar. Die ästhetische Sensation ist hier nicht etwas Befremdliches *in* der weitgehend selbstverständlich gegliederten Welt, es ist die Auflösung, der Wegfall einer bedeutsamen Gliederung *der* erscheinenden Welt." (Seel, 1991, S. 60)

Im Gegensatz zu Kant kann Erhabenheit auch durch nicht-natürliche Räume evoziert werden (ebd. 62), wenngleich er einräumt, dass Natur zur kontemplativen Betrachtung weitaus näherliegend einlädt (ebd. 66).

Die korresponsive Erfahrung ästhetischer Natur geht über das bloße sinnfreie Betrachten hinaus. Das als schön Erfahrene steht insbesondere für das gute Leben:

Eine auf diese Art als schön erfahrene Gegend kommt nicht allein ihrer Betrachtung, sie kommt denen entgegen, die sie betrachten: sie kommt ihrer Existenzweise entgegen. Das Wort »schön« hat hier mit der ästhetischen eine existentielle Bedeutung. In dieser Bedeutung des Wortes schön ist die Natur, weil sie Widerschein eines guten Lebens ist. Schön ist diese Gegend, weil sie mit meinen Lebensinteressen zuvorkommend korrespondiert. (Seel, 1991, S. 90)

Diese Betrachtung wird für die Empirie wichtig sein, sie inkorporiert, indem sie das „Gute" in einer versorgenden Natur bereitstellt, natürlich auch das „Böse":

Dass Natur überhaupt *hässlich* sein kann, liegt in diesem Verhältnis: dass man ihr schon ansieht, dass in ihr kein gutes Leben ist - oder jedenfalls, dass in ihr alles gute Leben *gegen* ihre Gewalt ermöglicht, ihr abgerungen ist. Diese Natur zeigt die Form eines von Einschränkung, Not, Einsamkeit, Leere, Verzweiflung, Sinnlosigkeit bedrohten Lebens. (Seel, 1991, S. 94)

Seel nennt diesen Naturbezug eine „existentielle ästhetische Naturerfahrung" (ebd. S. 98). Die Betrachtung erfolgt aus einer inneren Perspektive aus der Natur heraus. Hier siedelt Seel die Betrachtung einer erhabenen Natur von Kant an, sie bringt die „*ungeheure* Schönheit der Natur" (Seel, 1991, S. 109) zum Vorschein. Es ist die sinnliche Rückkoppelung der Unlust des Menschen, die von Betrachtungen der ungeheuren, mächtigen Natur ausgeht, die ästhetisch in Lust umgesetzt wird „aus einem praktischen Entwurf zu leben" (Seel, 1991, S. 110). Es ist so mitunter der Gedanke einer moralischen Freiheit, der durch das Gegenüber der erhabenen, fremden Natur bei Kant befeuert wird:

Die erhabene Fremdheit der Natur erscheint im Zeichen der Freiheit mit diesem Fremden eine neue Übereinstimmung zu suchen oder es als Grenze der eigenen Lebensmöglichkeit bestehen zu lassen. Im Extremfall erscheint die inkommensurable Natur als Ausdruck eines Seins in kosmischer Fremde, zu dem weder das behütetste und noch das bewussteste Leben eine Entsprechung zu finden vermag. (Seel, 1991, S. 110)

Der korresponsiven Naturbetrachtung wohnt folglich die Annahme einer „sinnhaften Welt" inne, die gestaltend und gestaltbar als „Lebensmöglichkeit" des

Menschen erscheint (Seel, 1991, S. 132). „Jede Aussage über die Korrespondenzqualität der Natur gibt zugleich einen Hinweis auf eine Vorstellung des gelingenden Lebens" (ebd. S. 133).

In der dritten ästhetischen Betrachtung, der imaginativen Perspektive, wird Natur zum projektiven Kunstwerk:

Es ist die dritte Attraktion der ästhetischen Natur, dass ihre Objekte und Szenerien wie Kunstwerke erscheinen, obwohl sie weder Kunst noch künstlich sind. [...] Der Ausdruck, den die Natur dadurch gewinnt, ist nicht - wie bei der Korrespondenz - gestaltender Ausdruck der durch sie eröffneten Wirklichkeit des Lebens, er ist distanzierender Ausdruck künstlerisch dargestellter Verhältnisse des Lebens. Dieser Ausdruck kommt den Phänomenen der Natur nicht im Sinn expressiver Qualitäten tatsächlich zu, er ist ihr im Bewusstsein der Uneigentlichkeit dieses Sehens eingesehen. Schön ist diese Natur nicht als vorzüglicher Existenzraum, schön ist sie als unvergleichlicher Bildraum der Welt. Im dritten ästhetischen Verhältnis ist die Natur eine *Imagination der Kunst*. (Seel, 1991, S. 136)

Die imaginative Projektion lässt die Natur improvisieren. Der Schein der Natur beschwört so die Aufführung in Reminiszenz an ein Kunstwerk (bspw. ein Bild oder ein Theaterstück) (vgl. ebd., S. 141). Das Interesse an der projektiven Begegnung mit Natur ist nicht der Kunst geschuldet, sondern kann „alleine von der Natur befriedigt werden" (ebd., 145). Die durch Kunst sonst nur verdoppelte Realität, die auf die mediale Vermittlung der Realität anspielt, kann so über eine „inversive Imagination" (ebd., S. 152), scheinbar real erfahren werden. Es wird ein Sinn geschaffen, Landschaft *real* zu erfahren.

Ästhetische Imagination, so verstanden, ist das Erfinden und Entwerfen, Wahrnehmen und Verstehen von Zeichen, die Darbietung situations- und weltbildender Sichtweisen entweder sind - oder so aufgefasst werden können, als ob sie es wären. Der Fall, der uns hier interessiert, ist der zweite, irreale Fall. Natur, ein Stück äußerer Welt, erscheint, als hätte sie die innere Artikuliertheit von Werken der Kunst. Der sinnliche Zusammenhang des natürlichen Objekts oder der natürlichen Szene wird zu einem Sinnzusammenhang neuer Art - nicht sinnhaft in der Art der Korrespondenz, vielmehr bildsinnliches Zeichen im Stil der Kunst. (Seel, 1991, S. 153)

Im konkreten Erleben unterscheiden sich die von Seel vorgestellten drei Ästhetiken durch die situative Selbstreflexion des Individuums, die durch Nähe und Distanz gekennzeichnet sind. In der ersten Form, der kontemplativen, wird ein Objekt oder Ding aus seinem Kontext herausgelöst und seine „Istigkeit" rückt in das Bewusstsein des Betrachters. In der zweiten Form, der korresponsiven, wird zwischen Kontext der Wahrnehmung und der sinnlichen Vermittlung (Wärme und Gerüche) gleichermaßen in Nähe und Distanz reflektiert; in der dritten Form wird die imaginative Natur in den Raum projiziert. Die existentielle Korrespondenzerfahrung findet daher nicht statt, steht die Projektion nicht für die Lebensverhältnisse oder die Gegend, sondern nur für den Schein (vgl. Seel, 1991, S. 154 f.).[55]

---

[55] Auch hier betont Seel, dass für derartige imaginative Erlebnisse nicht unbedingt Natur nötig ist (vgl. Seel, 1991, S. 160 f.).

Nun kommen wir wieder zu dem Ausgangsproblem, welche Entität in der ästhetischen Wahrnehmung der anderen vorrausgeht, das Kant in § 45 bezeichnet: „Die Natur war schön, wenn sie zugleich als Kunst aussah; und die Kunst kann nur schön genannt werden, wenn wir uns bewusst sind, sie sei Kunst, und sie uns doch als Natur aussieht" (Kant, 1974, S. 241). Der Widerspruch wird für Kant durch den Dialog von beiden in dem imaginativen ästhetischen Bewusstsein gelöst. Ähnlich sieht Adorno die Verwobenheit von Natur und Kunst, auch wenn er Kant als Urheber des Unfriedens, bzw. in der „Verdrängung" des Naturschönen in den ästhetischen Diskurs sieht. Für Adorno steht das Naturschöne auch in einem dialektischen Verhältnis zur Kunst:

„Der Begriff des Naturschönen rührt an eine Wunde, und wenig fehlt, dass man sie mit der Gewalt zusammendenkt, die das Kunstwerk, reines Artefakt, dem Naturwüchsigen schlägt. Ganz und gar vom Menschen gemacht, steht es seinem Anschein nach nicht Gemachten, der Natur, gegenüber. Als pure Antithesen aber sind beide aufeinander verwiesen: Natur auf die Erfahrung einer vermittelten, vergegenständlichen Welt, das Kunstwerk auf Natur, den vermittelten Statthalter von Unmittelbarkeit. Darum ist die Besinnung über das Naturschöne der Kunsttheorie unabdingbar. Während paradox genug Betrachtungen darüber, beinahe die Thematik an sich zopfig, ledern, antiquiert wirken, versperrt große Kunst samt ihrer Auslegung, indem sie sich einverleibt, was die ältere Ästhetik der Natur zusprach, die Besinnung auf das, was jenseits der ästhetischen Immanenz seine Stätte hat und gleichwohl in diese als ihre Bedingung fällt. Der Übergang zur ideologischen Kunstreligion des neunzehnten Jahrhunderts, deren Name von Hegel erfunden ward; die Befriedigung an der im Kunstwerk symbolisch erreichten Versöhnung zahlt für jene Verdrängung. Das Naturschöne verschwand aus der Ästhetik durch die sich ausbreitende Herrschaft des von Kant inaugurierten, konsequent erst von Schiller und Hegel in die Ästhetik transplantierten Begriffs von Freiheit und Menschenwürde, demzufolge nichts in der Welt zu achten sei, als was das autonome Subjekt sich selbst verdankt. Die Wahrheit solcher Freiheit ist zugleich Unwahrheit: Unfreiheit fürs Andere. Darum fehlt der Wendung gegen das Naturschöne, trotz des unermesslichen Fortschritts in der Auffassung von Kunst als eines Geistigen, den sie ermöglichte, das zerstörerische Moment so wenig, wie dem Begriff der Würde gegen Natur schlechthin." (Adorno, 2012, S. 98)

Generell stellt sich das, was als Realität begriffen wird, nur in Vermittlung dar, die Frage nach der Vermittlung der Vermittlung wird für diesen Exkurs nicht weiter in Betracht gezogen, auch wenn Adorno selbst die Vermittlung des Naturschönen an späterer Stelle wieder als Bild behauptet: „Denn das Naturschöne als Erscheinendes ist selber Bild" (Adorno, 2012, S. 105).

Die in der Kunst abgebildeten „Gegenstände an sich" erhalten ihre Macht erst durch die Kunst, welche sich als unabhängig von ihr betrachtet. Die befreiende Kraft des Ästhetischen, als Theorem des deutschen Idealismus, steht für ihn somit nicht im Zeichen der natürlichen Würde, sondern des Kommerz. Die Verheißung von den Naturzwängen frei gesprochen zu sein, bedeutet nicht Glück, sondern eben Unglück. „Kunst ist das Versprechen des Glücks, das gebrochen wird" (Adorno, 2012, S. 205). Wie bei jeglicher Kommunikation gilt auch für die Kunst, dass die nichtausgewählte Seite der zugrundeliegenden Unterscheidung als blinder Fleck stets mitschwingt. Auch wenn Kunstwerke autonom und von außen verschlossen sind, stehen sie mit ihrer inneren Logik im Austausch zum

Sozialen. Die Kunst wird hier zum Instrument – systemtheoretisch gesprochen auch zur Verdoppelung – von Realität genutzt:

„Nicht durch höhere Vollkommenheit scheiden sich die Kunstwerke vom fehlbaren Seienden, sondern gleich dem Feuerwerk dadurch, dass sie aufstrahlend zur ausdrückenden Erscheinung sich aktualisieren. Sie sind nicht allein das Andere der Empirie: alles in ihnen wird ein Anderes." (Adorno, 2012, S. 126)

Ähnlich wie Ritter formuliert auch Seel den Wert der Natur durch das Sehnsuchtsmotiv der Romantik. Allerdings verweist er auf ein Paradox, Natur als frei im Hinblick der Domestizierung zu verstehen (Seel, 1991, S.227) und bemerkt, dass die Landschaftsvorstellung von Ritter eine unberührte Natur antizipieren, wie sie heutzutage nicht mehr aufzufinden sei (ebd. S. 230).

Im Begriff der »doppelten Fremdheit« habe ich das nur reformuliert. Zu Recht macht Ritter deutlich, dass es zur ästhetischen Wahrnehmung von Landschaft das Moment der Fremdheit gegenüber der Natur braucht; die gesamte Natur ist keine insgesamt vertraute Natur. Was er jedoch übersieht, ist die Tatsache, dass dieses Befremdliche fast jederzeit innerhalb der »vertraut gewordenen und eingebürgerten Landschaft« [Ritter 1974, S. 183] hervortreten kann. Der Brechtsche Baum, die Gegend um den Bodensee, die bäuerliche Arbeitswelt der norddeutschen Ebene, Marcels Familienspaziergänge, Lowrys Stadtrandszene usw. haben gezeigt: auch innerhalb der kultivierten Natur kann die gesamte Natur erscheinen. (Seel, 1991, S. 230f.)

Die Naturzonen werden somit hauptsächlich für ästhetische Erfahrung genutzt. „Die gesamte Natur ist hier nicht eine Gegenwelt *in* der alltäglichen Welt, sie ist eine Gegenwelt zu dieser Welt" (ebd., S. 231). Generell ist die gesamte Natur somit auch in der Stadt erfahrbar (vgl. ebd., 232).

Er ergänzt weiter ästhetische Naturwahrnehmung um eine ethische Komponente des „guten Lebens". Der Umgang mit der Natur ist für ein als klarer Wert formuliert:

„So ist es mit der Natur - wir müssen uns von ihr entfernt haben, um ihr ästhetisch nahe zu sein. So ist es mit der Ästhetik der Natur - wir mussten ihre Perspektive brechen, um ihre Perspektive durchhalten zu können. So ist es mit den Dimensionen eines guten Lebens - wir müssen aus ihnen heraustreten können, um in ihnen aufgehen zu können. Der Umweg ist das Ziel. Das ästhetische Verhältnis zur Natur ist ein Umweg der Kultur zu einem freien Verhältnis zu sich selbst." (Seel, 1991, S. 365)

Naturschöne Erfahrungen werden für Seel somit zur exemplarischen Situation des „guten Lebens" (ebd. 296).

Das Naturschöne ist ein Beispiel dieser Lebensform, weil es eine Situation nicht allein der negativen Freiheit von inneren und äußeren Zwängen, sondern der positiven Freiheit eines mehrdimensional vollzugsorientierten Tätigseins ist. Paradigmatische Situationen guten menschlichen Lebens aber sind Situationen verwirklichter Freiheit. (ebd., S. 296)

An dieser Stelle möchte ich festhalten, dass Seels ethische Ansprüche der Natur von mir nicht geteilt werden. Allerdings bietet sein Ansatz gerade durch die klare Aufteilung der drei verschiedenen ästhetischen Naturerfahrungen einige interessante Implikationen gerade im Hinblick auf die Empirie. Das Naturschöne als Begriff wird somit zur Möglichkeit individueller Selbstbeschreibung durch die

Kunst freigegeben. Erfahrung von Naturschönheit, als echtzeitliche gegenalltägliche Abstraktion unter dem Gedanken von Urtümlichkeit und Einheit wird als Ort der Sehnsucht so verständlich. Ganzheit kann dabei aus systemtheoretischer Perspektive nie erreicht werden können. Kontemplative Naturwahrnehmung kann auf individueller Ebene als Wertschätzung der Natur interpretiert werden, im korresponsiven Naturerleben können gerade subjektive Fehlinterpretationen zu Verwechslungen mit dem guten Leben an sich führen. Naturerfahrung auch in ihrer korresponsiven Form stehen aber immer nur als „partieller Wert" (vgl. ebd., S. 325 f.) zur Verfügung bzw. können dafür erklärt werden.

Natur fungiert so als praktisches „Korrektiv", sie macht (ästhetische) Erfahrungen offenbar, die auch anders hätten sein können: „Deswegen ist ihre Erfahrung ein Korrektiv nicht nur der ästhetischen, sondern aller menschlichen Praxis" (ebd. 336).

3.4 Verdoppelung der Realität: Dynamik und Verschmelzung von Perspektiven

Bevor ich nun im Folgenden einen kurzen Überblick über den allgemeinen Prozess des Konsums von Natur in der Malerei und gegenalltäglichen Naturkonsum zum Zwecke der Erholung aufzeigen werde, sowie im Zuge dessen einen kurzen Anstoß über die Realitätsproduktion von Bildern bereitstellen möchte, soll das „Motiv der Natur" schematisch anhand von ausgewählten Beispielen in der Kunst und in der Literatur erörtert werden. Im Anschluss werde ich auf die Einverleibung der Motive durch Amateurphotographie und Werbung im Detail eingehen.

Haben wir auf der einen Seite ein epistemologisches Problem, kommt es in der Lebenswelt zu einer Verschiebung der künstlerischen Produktion von Natur.

Das Verhältnis von Künstler und Betrachter ist mit voranschreitender Moderne erodiert und der Betrachter katapultiert sich nun selbst in die einst erfundenen bzw. gemalten und nun weit wildere Landschaften[56]. Auch der Konsum der Bilder ändert sich. Mit dem 19. Jahrhundert kommt es zur „Kollektivrezeption" der Malerei (Benjamin, 1963, S. 33) der einstmalige Anspruch weniger (oder ein hierarchisch gegliederter Anspruch) auf ein Kunstwerk fällt und geht an die Masse weiter. Benjamin folgert dabei:

„Die technische Reproduzierbarkeit des Kunstwerks verändert das Verhältnis der Masse zur Kunst. Aus dem rückständigsten, z. B. einem Picasso gegenüber, schlägt es in das fortschrittlichste, z. B. angesichts eines Chaplin, um. Dabei ist das fortschrittliche Verhalten dadurch gekennzeichnet, daß die Lust am Schauen und am Erleben in ihm eine unmittelbare und innige Verbindung mit der Haltung

---

[56] Auf die Semantik der Landschaft komme ich gleich zurück.

des fachmännischen Beurteilers eingeht. Solche Verbindung ist ein wichtiges gesellschaftliches Indizium. Je mehr nämlich die gesellschaftliche Bedeutung einer Kunst sich vermindert, desto mehr fallen – wie das deutlich angesichts der Malerei sich erweist – die kritische und die genießende Haltung im Publikum auseinander. Das Konventionelle wird kritiklos genossen, das wirklich Neue kritisiert man mit Widerwillen." (Benjamin, 1963, S. 32 f.)

Neben der veränderten Wertschätzung und Kritikfähigkeit[57] ändert sich gerade in den letzten 50 Jahren noch etwas Entscheidendes: Der neue Betrachter fungiert dabei genauso wie der Maler einst als Produzent neuer Fantasiebilder, als Botschafter von Sinnlichkeit, zugleich stellt er sich auch als Konsument dar. Der eigenen, der anderen Bilder sowie als Konsument des Erlebten, was zwischen der Produktion der Bildern liegt. Der technische Fortschritt steht dabei als Eindringling und Vehikel der Naturwahrnehmung entgegen bzw. bringt diese erst hervor. Einerseits steht die Technik der Natur entgegen und belastet diese, zum anderen sind es die technischen Errungenschaften, die Naturerleben ermöglichen (Kälte und Wind abweisende Gore-Tex Membran Jacken, Liftanlagen). Insbesondere die Photographie und Videotechnik katalysieren den Naturkonsum, dennoch stehen sie dem unmittelbaren Erleben meist entgegen, nimmt der Konsument das Erlebte nur noch durch eine Linse wahr.

So bedeutet er, der technische Fortschritt, Korrumption der Natur, ist aber zugleich weiterhin bei der Erreichung der Landschaften und der Aufnahme des Erlebten entscheidend am Prozess des Naturerlebens beteiligt. Die Darstellung bzw. Erfahrung bzw. auch die Erforschung von Natur ist immer durch technische Entwicklung skizziert. - Wie auch im Fall des Galileo Galilei, der durch die Entwicklung spezieller Linsen das Weltbild mit der kopernikanischen Wende auf den Kopf stellte.[58] Die Differenzierung von Religion und Wissenschaft wurde mit seinem Werk „Der Dialog" gut zweihundert Jahre später mit Aufhebung der Zensur entscheidend vorangetrieben. – Im 19. Jahrhundert galten die Kunst in Form von Sehnsucht zu und sinnlicher Darstellung der Natur als Mittel der Kompensation der Technisierung (- was nicht gelingt; vgl. Dickel, 2007 in Verweis auf Böhme, 1992);

Der Künstler, der Natur und Landschaft abbildet, ist nun mit dem Publikum verschmolzen und zur Masse geworden, Produktion und Konsum von Land-

---

[57] Es muss hier erwähnt werden, dass Benjamin sich auch gerade gegen die mediale Ästhetik faschistischer Propagandafilme wandte.

[58] Galilei hatte zusammen mit F. Bacon der „induktiv-experimentelle[n] Forschungsmethode" zum Auftrieb verholfen und „im 18. Jahrhundert die Naturwissenschaft aus der Philosophie allmählich als individuelles Fach etabliert" (Hori, 2007, S. 16), wobei Kant die Unterscheidung von einer organischen Natur, die nicht mehr den mathematischen Zweck-Mittel-Relationen gehorcht, in seiner „Kritik der Urteilskraft" formuliert, - die organische Natur ist nur durch ihren eigenen inneren Zusammenhang begreifbar (im Sinne einer Eigenlogik).

schaft(en) findet heute *in* der Landschaft statt. Die sinnliche Seite ist gerade durch Technisierung möglich und massentauglich geworden;[59]

Die Erfindung der Natur vollzieht sich folglich mehrmals, einmal indem ihr ästhetischer Nutzen durch die Domestizierung frei gegeben wird und zweitens, durch die Abbildung und semantische Aufwertung ihrer. So folgert Urry, dass z.B. der Tourismus nicht nur durch das Visuelle bestimmt ist, er wird durch Bilder, Photo- und Videokameras maßgeblich vorangetrieben (vgl. u.a. Urry & Larsen 2011, S. 155; Schlottmann 2010, S. 70; Bell & Lyall 2002, S.23ff.).

Der oftmals angekreidete Vorwurf heutiger Naturdarstellung filmischer oder photographischer Natur, bzw. an Illustrationen und Inszenierungen, sie seien verfälschend, durch Perspektive, Farbwiedergabe, Schnitt oder durch „chirurgische" Photoshop-Eingriffe realitätsverzerrend, können wir getrost von der Hand weisen, denn die bildhafte oder überlieferte Darstellung der Natur war schon immer genauso wenig realistisch wie die Realität selbst.[60] – Sie stellt eben eine Verdoppelung der Realität dar.

Neben der imaginativen Tönung jeglichen Erlebens kann die künstliche Interpretation (im Sinne von Hervorhebungen oder Ausblendungen bestimmter Aspekte) in Gemälden, Photographien oder Filmen als natürlicher Aspekt einer Wahrnehmung gesehen werden. Auch im Strom des Erlebens erhält das Erlebte eine Tönung, die spezifische Färbung eines Bildes wird in der Hoffnung einer verlustfreien Übersetzung von Sinn durch ein Bild oftmals als Verfälschung gesehen. Im Vergleich zur europäischen Malerei sind realistische bzw. detailgetreue Vergleiche mit der Wirklichkeit in der chinesischen Kunst unwichtig: „Es

---

[59] Gerade im 19. Jahrhundert hatte der Einfluss der Industrialisierung die Kunst auf zwei Ebenen vorangetrieben, einmal in den ideologischen Abgrenzungen durch die Invasion der Technik und andermal ebenso wie heute, durch die zunehmende Erreichbarkeit der ländlichen Gefilde durch die Eisenbahn. Mit dem Realismus und dem Naturalismus wurden zunehmend die sozialen Konsequenzen kritisch dargestellt.

60 Die meisten Gemälde entstanden in Ateliers und waren Kompositionen der Fantasie vgl. hierzu die Gemälde von Caspar David Friedrich oder die „Traumwelt(en)" von William Turner (Gombrich, 1953, S. 396). Und selbst in der Freiluftmalerei, welche durch den technischen Fortschritt möglich (Farbtuben und Eisenbahn) und so im 19. Jahrhundert gegründet wurde, wies das Problem einer artefaktischen Darstellung auf: „Es war Monet [1840 – 1926], der seine Freunde drängte, ihre Ateliers zu verlassen und keinen einzigen Strich zu malen, wenn sie nicht das Motiv direkt vor Augen hatten. [...] die Forderung Monets, dass jedes Bild nach der Natur sofort an Ort und Stelle fertig gemalt werden müsse, bedingte nicht nur eine andere und unbequemere Lebensweise für den Maler, sie mußte auch zur Entwicklung einer neuen Technik führen. Die Natur oder das Motiv schaut jede Minute anders aus, sie verändern sich, wenn die Sonne hinter die Wolken tritt oder ein Windstoß die Spiegelung im Wasser bricht." Der Künstler musste schneller zeichnen, konnte seine Farben nicht mehr in Ruhe anmischen – diese neue Maltechnik versetzte „die Kritiker buchstäblich in Raserei" (Gombrich, 1953, S. 424). – Ganz im Sinne Rosas (vgl. 2013) sind die technischen Errungenschaften, die ein Mehr an Zeit bringen sollen, die zur Beschleunigung und „Raserei" führen, wobei es wohl eher die Künstler gewesen sein dürften, die rasten und rasant wurden, als die Kritiker.

kommt dem Chinesen kindisch vor, in einem Bild nach Einzelheiten Ausschau zu halten und sie mit der Wirklichkeit zu vergleichen. Sie wollen lieber die sichtbaren Spuren der künstlerischen Eingebung sehen" (Gombrich, 1953, S. 119).

Diskussionen um bildliche Darstellungen betonen folglich im besonderen Maß das Problem von Kommunikation bzw. der Notwendigkeit der Erzeugung und Aufnahme von (ausschnitthafter) Information. Im Gegensatz zur echtzeitlichen Kommunikation, der Interaktion oder dem Beobachten vor Ort, kann der Entstehungskontext der Bilder, der situative Rahmen vom Rezipienten nicht weiter eruiert bzw. geprüft werden. Das wird bei Bildern durch die Distanz zum Geschehen mehr rezipiert, als es echtzeitlich möglich wäre – die sonst üblichen Zurechnungsfehler beim Beobachten oder Interagieren (bspw. durch Attributionsfehler) werden in der Regel, praktisch, auch nicht reflektiert, nur die Entbindung aus dem Kontext lässt diesen Spielraum für Beobachtungen 2. Ordnung.

Die Wirkung des Bildes[61] vollzieht sich dabei sowohl im Machen als echtzeitliches, strukturbildendes, performatives Element bspw. als touristische Praxis sowie während des Ansehens zu einem späteren Zeitpunkt. – Zur Bedeutung der Photographie auf Reisen gleich mehr. Bilder bilden nicht nur ab, sie entstehen zweimal: beim Machen und beim Sehen (vgl. Schlottmann, 2010, S.70 f). „Bildpraxis kann demzufolge in zwei Dimensionen verstanden werden, als Herstellung von Bildern im Vollzug des Gestaltens (der Darstellung) und als Herstellung von Bildern im Vollzug des Sehens" (ebd. S. 71).

Einerseits prägen Bilder der Kunst die Praktiken in dem sie die Semantiken zu Erholung (bspw. durch die Landschaftsmalerei, die wiederum durch Robinsonaden befeuert wurde) bereitstellen. Selbstangefertigte Photographien stehen nicht gegenüber einer Realität, sondern für Teile von Praktiken, die Menschen schaffen um Realität entstehen zu lassen (vgl. Crang, 1997, S. 362). Sie sind immer nur ein Ausschnitt eines Moments, deren Erzeugung mehr oder weniger bewusst geschieht und deren kulturelle Konnotation natürlich genauso auf erster Instanz verdeckt bleibt, wie beim Blicken. Dabei können Bilder symbolisch echt und echt symbolisch sein, sie ermöglichen den Sprung in die Vergangenheit oder in die Zukunft. Der Betrachter kann dabei seine Zweifel hegen, ob der Ausschnitt wirklich *wirklich* ist. Dabei moniert er (der Rezipient der Bilder) nicht nur Ausschnitt bzw. Motiv oder andere Verformungen und Einflüsse (Licht) in der Ferne vor Ort, sondern fortan auch mögliche Verfremdungen/Betonungen durch Grafiker. – Die semiotische Dreierbeziehung von Zeichen/ Bezeichne-

---

[61] Es ist hier bewusst der Begriff des Bildes gewählt, auch wenn konkret vom Photo die Rede ist, einerseits soll so die Analogie zum Gemälde in Form eines Kunstproduktes gewahrt werden, andererseits wird durch die Betonung „Bild" zusätzlich einer symbolisch erzeugten Konnotation genüge getragen.

tem/Interpretation kann textuell genauso wie visuell nicht aufgehoben werden. Bei aller Skepsis und Abgeklärtheit, die Versprechen der Bilder ergeben sich aus der Verzahnung unterschiedlicher Praxen der „Darstellung" und „Herstellung", deren Einheit sich im Kunstwerk findet (vgl. Seel, 1991, S. 253 über Heidegger, 1980).

Dass dem Sehen heutzutage große Bedeutung unter den Sinneseindrücken zukommt, ist gemeinhin bekannt. Aus touristischer Perspektive ist das Sehen wohl wichtig, praxeologisch stellen die anderen Sinneseindrücke aber ebenso konstitutive Elemente des Erlebens dar.

Eine Technik, neben Wissenschaft und Malerei, beeinflusst die touristische Praxis bis heute noch: Die sogenannten „Claude-Gläser" (vgl. Löfgren, 1999, S. 18 oder Urry & Larsen, 2011, S. 157) fungierten in Anlehnungen an den Maler Claude Lorrain (1600-1682), als beobachtungsleitendes Instrument landschaftlicher Betrachtung. Analog zu den Gläsern fungiert die Kamera heute als zweckgebundenes Inszenierungsvehikel touristischer Performanz.

Die Claude-Gläser gleichen einem Schminkspiegel, mittels dem die Natur verzerrt bzw. ausschnittsweise wahrgenommen wurde. Der Spiegel erlaubte eine Naturwahrnehmung, wie sie sonst nur durch die Malerei möglich wurde. In dem Glas befand sich ein Filter, der die Natur „perfektionierte" (Urry & Larsen, 2011, S.158). Wie in Kapitel 0 schon dargestellt wurde, ist die Wahrnehmung von Natur nicht nur durch Kunst und Malerei beeinflusst.

Wenn die Perspektive nicht stimmt, wirkt Natur nicht interessant und schlimmstenfalls bleibt ihr dann etwas Bedrohliches, Befremdliches oder Ödes anhaften (vgl. Corbin, 1994). Durch die Claude Gläser wurde die Landschaft aneigenbar, auch wenn der Betrachter zum Betrachteten mit dem Rücken stand. Die fremde Natur (vgl. Nash, 1968, S.8) wurde so, ähnlich, wie durch den Umgang mit einer Sucherkamera, perfektioniert (vgl. auch Bell & Lyall, 2002).

Weiter halfen Piers, Promenaden, Hotelfenster, Bänke die Natur zu domestizieren (vgl. Corbin, 1992, oder auch Dirksmeier, 2010). Ihnen ist der „richtige Umgang" praktisch eingeschrieben, der das Zweifelhafte ausmerzt und Stabilität generiert.

Galt es eine Perspektive zu erlernen, kamen mit den technischen Errungenschaften neue Perspektiven zum Vorschein. Im 19 Jahrhundert flogen Blicke durch große Eisenbahnfenster später aus Wolkenkratzern und Autos. Fortan begannen sich die Sinne zu isolieren (Urry & Larsen, 2011, S.163). Von einem statischen Blick auf die erhabene Landschaft wechseln die Perspektiven nun zum Dynamischen. Aus der Isolation hinaus geht es nun um mehr „kinetische Erfahrungen (vgl. Bell & Lyall, 2002), die zu einem hohen Maß technischer Entwicklung geschuldet sind, führen das bloße Blicken auf eine Landschaft wie bei einem Gemälde zu einem Rausch an Vielzahl von landschaftlicher Erfahrungen wie in einem Actionfilm.

Wilson formulierte die These (vgl. Wilson 1992), dass der Wunsch nach Natur, in den Gesellschaften am größten ist, die die höchstentwickelten Technologien besitzen. Gleichzeitig bringt die Technologie eine Welt, hervor, wie sie ohne sie nicht erfahrbar ist: „from exotic insects mating, to slow replays of crucial moments in sport and crime and exotic peoples in remote places" (Bell/Lyall 2002, S. 29). Die dargestellt Welt, in Zeitlupe, aus 15 verschiedenen Perspektiven in ultrahochauflösenden Formaten, auf riesigen Leinwänden löst die analoge Erfahrung ab und digitalisiert sie. Sie ist ein Abbild und bei all der Schönheit ist der Vorwurf des Abbildes doch eigentlich nur über die Enttäuschung der eigenen Wahrnehmung zu erklären, nicht aber über die Abbildung, schließlich ist jegliche Vorstellung einer Sogenannten sowieso wieder nur ein weiteres Abbild. In dieser semiotischen Tradition lässt sich folgern, dass die heute massenhaft einfach produzierbaren Bilder, in ihrer Symbolfunktion gerade durch die digitale Entkörperlichung (es gibt kaum mehr materielle Photos respektive Abzüge), für Lebensentwürfe, zum Zweck der Selbstgratifikation bzw. der Destinktion dienlich sind („Been there, done that!" – Bell & Lyall, 2002, S. 22) – das Internet hat hier vermutlich eine stimulierende Funktion.

Die subjektive Kontemplation und Naturaneignung geschieht, wie man es im Urlaub in den Bergen auf Aussichtspunkten oder andernorts bei vielen Touristen beobachten kann, zum Beispiel nur noch durch die strukturgebende Kameralinse, was das vorrangig visuelle Erleben von Natur unterstreicht bzw. zusätzlichen Sinn verleiht.

Wichtig für die vorliegende Arbeit ist der Gedanke, wie ihn Lewin (Lewin, 1917) in seinem Aufsatz „Kriegslandschaft" ausführt. Je nach Perspektive und Praxis durch die „Vorstellung" verändert sich die Landschaft: Handelt es sich um eine Friedenslandschaft oder eine Kriegslandschaft? Befindet man sich im eroberten Gebiet und wo liegt die Gefechtszone? Bäume, Wälder und Dörfer erhalten einen neuen Sinn, wenn sich der entsprechende Kontext verändert. Somit ist eine Landschaft immer Aggregat ihrer Praxis.

Im folgenden Kapitel wird der Begriff der Landschaft ausführlicher erläutert und um die Beispiele der Alpen und des Strandes ergänzt.

3.5 Die Entdeckung der Landschaft, der Alpen und des Strandes

Einhergehend mit der „grand tour" (Hackl, 2004, S.31 ff. und Opaschowski, 1996, S.14 f.) wird die Entwicklung eines neuen Naturverständnisses durch Bildungsreisen von Malern und des europäischen Adles im 16. und 17. Jahrhundert erst verständlich.

„Diese Vorläufer der modernen Bildungsreise machten sich jedoch nicht nur auf den Weg, um Abenteuer zu erleben, ihren Bildungshorizont standesgemäß zu erweitern und die klassischen Stätten der Antike zu besuchen. Der eigentliche Zweck der Reise galt erst dann als erfüllt, wenn sie darüber auch in Büchern dem Lesepublikum etwas mitgeteilt hatten." (Hackl, 2004, S.32)

Der Wunsch nach Natur, dem Land und der Erholung am Strand oder in den Alpen ist relativ jung. Um die Aspekte der Erholung besser verstehen zu können, soll im Folgenden gezeigt werden, was unter der Semantik der Landschaft zu verstehen ist. Anhand zwei Beispielen, dem Strand und den Alpen werden Genealogie bzw. einhergehende Praktiken analysiert. Erholung auf dem Land, in Form des „otium", lassen sich zwar schon in der Zeit vor Christus datieren; diese Form der „Erholung" stand mehr noch im Zeichen der Kreativität und geistigen Betätigung. Mit der Romantik institutionalisierte sich Erholung in Form einer „harmonischen Einheit zwischen Mensch und Natur":

Die ideale Einheit zwischen Mensch und Natur, diese Wunschvorstellung des 19. Jahrhunderts, sah die bürgerliche Gesellschaft zumeist auf dem Lande bei den fröhlichen, einfachen Leuten verwirklicht. Schon die römischen Schriftsteller träumten von diesem Paradies, die fürstliche Gesellschaft des 18. Jahrhunderts hüllte sich in das Kostüm der Landbevölkerung und amüsierte sich. Die Sehnsucht nach dem Landleben hat sich bis heute erhalten. Die Maler des 19. Jahrhunderts erheben aus ihrer meist bürgerlichen Distanz die Landbevölkerung über ihre eigentliche, reale und gesellschaftliche Existenz. Sie wird in die Natur eingebettet und - bildlich gesprochen - als Staffage in den Vordergrund einer idealen Landschaftskulisse idyllisch platziert. Die Menschen stehen unter dem Schutz der allumfassenden, kosmischen Natur und befinden sich mit ihr in wesensgleichem Einklang. Dieser ideale Einklang ist das Symbol für die Harmonie der Seele, des Friedens, der Ruhe. Die pantheistische Naturauffassung der Romantik, der Mensch sei in der Natur inmitten der Schönheit und damit Gott am nächsten, gibt der Natur eine religiöse Dimension (Die Hirtenidylle, der Mensch und seine »Schäfchen« mit religiösen und antiken Anklangen). (Osterwold, 1977, S. 146 f.)

Simmel (1913) kritisiert die Erfindung der Natur in der Romantik als oberflächlich (ebd. S. 2). Für ihn herrschte schon in der Antike „ ein tiefes Gefühl in die Natur", allerdings kapitalisierte die Malerei die Landschaft damals zunehmend.[62]

Widmen wir uns vorerst dem umfassenden und gleichzeitig ausschnitthaften Begriff der Landschaft: Wenn von Landschaft die Rede ist, soll nach Simmel (1913), verstanden sein, was als „widerspruchslos dem Ganzen der Natur und

---

[62] Ebenso sieht Corbin die Romantiker nicht für die Entdeckung des Meeres verantwortlich (1994, S. 213). Als Anmerkung zu Simmel möchte ich hier hinzu fügen, dass die vorliegenden Werke mit dieser Beurteilung weitestgehend überein stimmen und den früheren segmentären Gesellschaften sehr wohl einen großen „Naturbezug" attestierten, auch in dieser Arbeit wird nicht behauptet, die Natur wäre bis zur Aufklärung uninteressant, verachtet bzw. nicht wahrgenommen worden. Allerdings verändert sich mit der Aufklärung der Umgang mit ihr und es entsteht ein „Gefühl" für die Landschaft (Simmel, 1913, S. 2), sowie eben auch ein Diskurs in Form der Ästhetik, wie das „Naturschöne" zu beurteilen sei, bzw. wie es richtig erfahren und in Szene gesetzt werden kann.

seiner Einheit verhaftet bleibt" (ebd., S. 3), allerdings von dem Menschen zur Landschaft umgebaut werden muss:

„Die Natur, die in ihrem tiefen Sein und Sinn nichts von Individualität weiß, wird durch den teilenden und das Geteilte zu Sondereinheiten bildenden Blick des Menschen zu der jeweiligen Individualität »Landschaft« umgebaut. (Simmel, 1913, S. 2)

„Landschaft, sagen wir, entsteht, indem ein auf dem Erdboden ausgebreitetes Nebeneinander natürlicher Erscheinungen zu einer besonderen Art von Einheit zusammengefasst wird, einer anderen als zu der der kausal denkende Gelehrte, der religiös empfindende Naturanbeter, der teleologisch gerichtete Ackerbauer oder Stratege eben dieses Blickfeld umgreift." (Simmel, 1913, S. 6)

Landschaft entsteht nach Simmel so folglich als ein „für-sich-sein, eine singuläre, charakterisierende Enthobenheit aus jener unzerteilbaren Einheit der Natur" (ebd. S. 1). Es wird folglich etwas als Einheit vom Menschen gedacht, was keine Einheit ist, „was sich dem Begriff der Natur ganz entfremdet" (ebd. S. 2). Wir haben es mit einer „geistigen Tat" zu tun (ebd.), die sich aus einer aufgeklärten Perspektive, aus dem Differenzierungsprozess speist:

Wir wissen unser Zentrum zugleich außer uns und in uns, denn wir selbst und unser Werk sind bloße Elemente von Ganzheiten, die uns als arbeitsteilige Einseitigkeiten fordern - und dabei wollen wir dennoch selber ein Abgerundetes und Auf-sich-selbst-Stehendes sein und ein solches schaffen. Während sich hieraus unzählige Kämpfe und Zerrissenheiten im Sozialen und im Technischen, im Geistigen und im Sittlichen ergeben, schafft die gleiche Form der Natur gegenüber den versöhnten Reichtum der Landschaft, die ein Individuelles, Geschlossenes, In-sich-Befriedigtes ist, und dabei widerspruchslos dem Ganzen der Natur und seiner Einheit verhaftet bleibt. (Simmel, 1913, S. 2 f.)

Paradigmatisch für die ästhetische, freizeitliche Aneignung der Natur ist das Aufkommen der Semantik der Landschaft. Befasst man sich mit der Anziehung der Landschaft, so stößt man unweigerlich auf Petrarca. Unter anderem verweist Ritter auf Petraca dabei als Beispiel für einen neuen Umgang mit Natur. Francesco Petrarca (1304-1374) „setzt eine normative Grenze zwischen den Epochen, wenn er auch seine eigene, das 14. Jh., dem Mittelalter (medium aecvum) zurechnet [...]." (Krohn, 1977, S. 15). Mit der Besteigung des Mont Ventoux 1336 wird meist in Anklang an die Schriften Augustinus die Debatte von einer „gebrauchenden Benutzung" und „genießenden Betrachtung" (Ritter, 1974, S. 146) der Natur datiert. Der mit diesem Datum oft als „zweckfrei" interpretierte Ur-Ursprung des Alpinismus ist für Ritter allerdings nicht als solcher zu verzeichnen. Vielmehr sieht Ritter eine philosophisch-theologische Pilgerreise, die den Agrar liefert, „Natur als Landschaft" als „Frucht und Erzeugnis des theoretischen Geistes" (ebd.) zu begreifen:

„So sind die Begriffe mit den Petrarca das von ihm Begonnene zu deuten sucht, Begriffe der »Theorie« im Sinne der von Griechenland herkommenden Philosophie: Er geht aus seinem gewohnten Dasein heraus; er »transzendiert« es. Er ersteigt, alle praktischen Zwecke hinter sich lassend, den Berg, um auf dem Gipfel, getrieben allein von dem Verlangen zu schauen, in freier Betrachtung und Theorie an der ganzen Natur und Gott teilzuhaben." (ebd.).

Ritter differenziert Natur kartesianisch, zum einen in etwas Ästhetisches, etwa in Form der Landschaftsbetrachtung, zum anderen unter Antizipation der modernen gesellschaftlichen Naturbeherrschung als etwas Dingliches. In der Moderne gelingt folglich eine „objektive Verdinglichung der Natur" (Ritter, 1994, S. 161):

„Die Landschaft erhält in der Entzweiung der Gesellschaft und ihrer „objektiven" Natur mit der dem Menschen „umruhenden" Natur die Funktion, dem Menschen ästhetisch den Himmel und die Erde der ihm sinnlich in der Anschauung vermittelten Natur zu vergegenwärtigen." (Ritter, 1974, S. 10)

Mit der Berufung auf Schillers „Spaziergang" arbeitet er die unterschiedliche Bedeutung städtischer und ländlicher Lebensweisen heraus. Durch „Freiheit" gelingt es dem Städter Naturzwängen zu entkommen: er ist nicht länger „Sklave der Natur", sondern „Gesetzgeber und Subjekt". Mit dieser „Objektivierung" ist eine „Entfremdung" der Natur bedingt (ebd.: 181-185). Der vormalige Naturzwang wird durch gesellschaftliche Zwänge (Arbeit, etc.) ersetzt. Diese gesellschaftlichen Zwänge stiften *die* kulturelle Einheit von Natur und Kultur[63]: Um räumlicher Enge und gesellschaftlichen Zwängen zu entkommen, wird man vor die Tür in die Natur oder auch in die „Landschaft" getrieben:

„Landschaft ist Natur, die im Anblick für einen fühlenden und empfindenden Betrachter ästhetisch gegenwärtig ist: Nicht die Felder vor der Stadt, der Strom als »Grenze«, »Handelsweg« und »Problem für Brückenbauer«, nicht die Gebirge und Steppen der Hirten und Karawanen (oder der Ölsucher) sind als solche schon »Landschaft«. Sie werden dies erst, wenn sich der Mensch ihnen ohne praktischen Zweck in »freier« genießender Anschauung zuwendet, um als er selbst in der Natur zu sein." (Ritter, 1974, S. 150 f.)

Es ist die Frage, ob Natur unter dieser Perspektive nicht als eigenes System zu sehen ist, die Natur aus der Perspektive des Brückenbauers könnte eine wirtschaftliche, rechtliche oder auch eine künstlerische (unter Aspekten der Raumgestaltung) sein.

Den Gedanken will ich gegen Ende der Arbeit erneut aufnehmen, an dieser Stelle soll festgehalten werden, dass Naturschönheit als ästhetische Kategorie

---

[63] Für Ritter zerfällt das Naturverhältnis in eine objektive Naturbeherrschung und eine ästhetische Naturbegegnung, was in letzter Konsequenz zu einer *kulturellen* Einheit führt. Die ästhetische Landschaft gliedert sich für Ritter in drei Momente: subjektive, sinnlich-übersinnliche und zweckfreie Naturbegegnung. Landschaft konstituiert sich im Gegensatz zu Friedrich Ratzel aus der Subjektivität und ist somit nicht Teil der Gesellschaft und entfaltet ihren Sinn gerade in Abgrenzung zu ökonomischen Nutzen. Der Sinn und Zweck von Landschaft wird letzten Endes geschichtsphilosophisch begründet. Die Konstitution von Landschaft hingegen ist sozial angesiedelt. – Natur selbst trägt, so muss man noch anmerken so gut wie nichts zu alledem bei: „Für die ästhetische Konstituierung von Landschaft hingegen bleibt daher sowohl ihre jeweilige bestimmte Gestalt wie ihre geschichtliche Eigenart durchaus sekundär." (ebd.: 183)

mit der Romantik frei geworden ist bzw. sich mit der Aufklärung der Weg ebnete.[64]

Wie kommt es nun zum Gefühl der Landschaft? – Ich hatte bereits darauf verwiesen, dass die Natur in der Romantik das Verlorene symbolisierte, sie wurde in den Gemälden als Ausdruck des sinnlichen Gefühlslebens durch Künstler somit neu erfunden:

„Als Gegenstand ästhetischer Erfahrung und Projektionsfläche romantischer Sehnsucht nach dem „Anderen" der gesellschaftlich verfassten Wirklichkeit wurde sie aber auf vielfältige Weise neu wahrgenommen und reflektiert. So gegenläufig diese Tendenzen erscheinen, so gehören sie ursächlich doch zusammen. Das Verhältnis des Menschen zur Natur hatte sich im Zuge der Aufklärung in die objektive (verstandesmäßige) Erfassung von Natur als Material und die subjektive (ästhetische) Erfahrung von Natur als Landschaft gespalten, [...]." (Dickel, 2006, S. 16)

Die romantische Landschaftsmalerei war eng mit der Lyrik verwoben, Bilder erscheinen dem Betrachter oft wie ein Gedicht (vgl. Gombrich, 1953, S. 395 f.). Die Kunstwerke wirkten so multisensual: Sie waren Ausdruck eines Gefühls (eben das Licht bzw. die Stimmungen bei den Bildern von Capsar David Friedrich). Die Naturdarstellung in Gemälden von Friedrich oder Lorain standen dabei immer noch im Zeichen einer religiös codierten Naturwahrnehmung:

„Die Kenntnis der italienischen Kunst des 17. Jahrhunderts, insbesondere die Beschäftigung mit den Gemälden von Claude Lorain, trägt dazu bei, den Blick des Reisenden zu strukturieren, wenn sein Auge sich den Meeresufern zuwendet. Lorrain hat es verstanden, die klassische Tradition im Licht der christlichen Religion zu interpretieren. Von Vergil, ja eher noch von Ovid, übernimmt er das Bild einer harmonischen Welt, deren Schönheit und Rätselhaftigkeit trotz ihres möglicherweise trügerischen Charakters auf den göttlichen Ursprung, auf die ordnende Hand des Universums verweisen. Seine Malerei integriert das Loblied der Kirchenväter in die Schönheit der Welt und setzt die Elemente des Naturschauspiels gleichzeitig in christliche Symbole um." (Corbin, 1994, S. 78)

Zuvor bin ich schon auf erste touristische Praktiken (Wahrnehmung der Landschaft durch Claude-Gläser und Photographie eingegangen), es ist dennoch wichtig zu wiederholen, dass eben Kunst und Literatur, die touristischen und freizeitlichen Wahrnehmungsformen entscheidend mitbestimmen und den Gefallen an ihr aufkommen lassen.

Die touristische Erfahrung der Landschaft beginnt erst mit dem 18. Jahrhundert, die Rückbesinnung auf die Werke der Antike (Vergil und Horaz) und das

---

[64] In der Malerei (insbesondere den Meistern des »Donaustils«) wurden erstmals Landschaften ohne Personen abgebildet, verwitterte Felsen und Nadelbäume wurden u.a. von Albrecht Altdorfer (1480 – 1538) detailgetreu studiert (vgl. Gombrich, 1953, S. 281). „Dem Mittelalter war ein Bild, das kein bestimmtes Thema, sei es kirchlich oder weltlich, zum Gegenstand hatte, geradezu unvorstellbar" (ebd.).

Wiedererkennen bestimmter Orte bzw. die Selbstüberraschung durch ihre Erfahrung führten zur Schulung des Blicks für die Landschaft.[65]

„Der Blick steht im Dienst der antiken Texte, die sich tief in das Gedächtnis eingeprägt haben und an denen sich der Reisende seit seiner Jugend ergötzt." (Corbin, 1994, S. 70)

Dabei orientierten sich Reiseberichte jener Zeit weiter an den antiken Vorlagen, wie das individuelle Erleben: „Der Erwachsene freut sich, die Bilder, die er sich als Jugendlicher vorgestellt hat, nun in Wirklichkeit zu sehen. Die Reise nach Italien gibt ihm Gelegenheit, die Identität des eigenen Ich zu erfassen und sie offenbart die große Harmonie, die durch alle Jahrhunderte hindurch und den Betrachtern entsteht" (Corbin, 1994, S. 75).

Die Wahrnehmung der Landschaft ist ein historisch erlernter Prozess, der in der praktischen Entfaltung Vergnügen für das Individuum bedeutet und zu seiner Stabilität beiträgt, und einen kulturellen Hintergrund benötigt:

„Die philologischen Kenntnisse, die gegen Ende des [18.] Jahrhunderts von dem Amateur erwartet werden, die ästhetische Sensibilität, die er an den Tag legen muss, um durch eine feinere Wahrnehmung des Auges mit den neuen Maßstäben der Landschaftsanalyse Schritt zu halten, setzen einen ganz anderen kulturellen Horizont voraus. Gleichzeitig verändert sich das von der Reiseliteratur hervorgebrachte Publikum. [...] Die emotionalen Strategien und das Vergnügen, das aus dem klassischen Landschaftsverständnis gezogen wird, ergeben ein kohärentes, für uns schwer durchschaubares System. Das Vergnügen besteht zunächst in der Identifizierung der von den antiken Autoren beschriebenen Orte, und hier siedelt sich auch das freudige Gefühl der individuellen Entdeckung an. Man spielt mit höchst überraschenden Hypothesen, um sich den Genuss der Interpretation des Textes durch das Schauspiel der Natur zu verschaffen." (Corbin, 1994, S. 74)

Das Meer, als ein landschaftliches Naturphänomen, stellte sich bis zur Aufklärung meist als grausam, unendlich und unerschließbar dar bzw. war durch das biblische Bild der Schöpfungsgeschichte bzw. der Sintflut geprägt. Das Meer stand dabei für die „Herrschaft des Unvollendeten, eine flimmernde und ungewisse Fortsetzung des Chaos" (Corbin, 1994, S. 16). Dieses Bild hielt sich hartnäckig auch in der Geologie bis 1840 (vgl. ebd. S. 17).[66] Bei Horaz, Tibull, Properz, Ovid und Seneca wird das Meer „verabscheut" als „oceanus dissociabilis" (ebd. S. 26). In der griechischen Geschichte fand das Phänomen Meer nicht nur seine Betrachtung als Herausforderung an die Seefahrt, sondern es entstanden Theorien der Wasserbewegung, die über unterirdische Verbindungen mutmaßten und so zusätzlich für Schrecken sorgten (vgl. ebd. S. 27).

---

[65] Wenngleich das antike Interesse an der Natur meist ein mathematisches war, Landschaftsbeschreibungen fokussierten dabei hauptsächlich kultivierte Natur in Form von Gärten oder Heinen (vgl. Corbin, 1994, S. 71 ff.).

[66] Corbin, 1994, S. 14: „Die grenzenlose Wasserfläche, an deren Horizont der Blick sich verliert, paßt nicht in die geschlossene Paradieslandschaft. Die Geheimnisse des Ozeans durchdringen zu wollen ist ebenso frevelhaft wie der Versuch, die unergründliche göttliche Natur zu begreifen."

Die Seefahrerberichte des 15. Jahrhunderts lieferten die Grundlage für die Robinsonaden im 18. Jahrhundert, die Züge des Garten Edens aufwiesen (ebd. S. 30). Zu ihrer Zeit verbreiteten sie allerdings weiter Schrecken. Die barocken Dichter des 17. Jahrhunderts beschrieben in Frankreich erstmals die Lust am Meer, „wie schön es ist, auf einem Felsen zu sitzen, über den Strand zu laufen und Variationen des Meeres zu betrachten" (ebd., S. 37). Neben der Meditation wurde der Küstenabschnitt somit für schöne Gespräche frei gegeben. Mit der Semantik des Erhabenen, die sich aus der Unendlichkeit speist, kam es auch mit der *théologie naturelle* zur Entdeckung der „Reichtümer des Meeres" (ebd., S. 40).

Verzeichnete sich am Anfang dieses Jahrhunderts in Gemälden meist der Kampf gegen die Naturgewalten, bzw. die Meeresarbeit (ebd. S. 60) (die teilweise den Küstenabschnitt ganz ausblendeten), kommt es Mitte des Jahrhunderts zu einem Perspektivenwechsel.

„Das Genrebild verwandelt sich in eine Küstenlandschaft, die den ganzen Bogen des Gestades zeigt, die Strandpromenade in ihrer vollen Länge. Entsprechend ändert sich die gesellschaftliche Bedeutung, die dem Bild innewohnt. Der Strand bleibt zwar Arbeitsbereich der Fischer, ein öffentlicher Ort, an dem das Dorfleben sich fortsetzt, aber er ist auch Ziel des Rituals der städtischen Promenade. Elegante bürgerliche Spaziergänger im galanten Gespräch oder kecke Reiter tauchen überall an der Küste auf; man betrachtet das offene Meer." (Corbin, 1994, S. 62)

Die Natur wird ihres Schreckens beraubt. „Es kommt zu einer Verschiebung vom Bild des furchtbaren Gottes, der die Schleusen des Himmels öffnete und die Wassermassen herabstürzen lässt, zu dem des gütigen Herrschers, der das Weltmeer gebändigt und in seine Schranken gewiesen hat" (ebd. S. 45). Das Wider der Natur wird durch Harmonie gemildert. Anfang des 18. Jahrhunderts steht die Natur so im Zeichen der gütigen göttlichen Vorsehung (vgl. ebd. S.44). Die theologischen Vorstellungen mindern[67] sich bis Mitte des 18. Jahrhunderts (vgl. ebd. S. 51) und die Natur bzw. das Meer wird zunehmend zum harmonischen „Naturschauspiel". Die Stationen der Grand Tour in Holland (Scheveningen) oder Italien (Neapel) werden durch technische Artefakte (Grachten, Schiffbau) begünstigt und bringen so neue Perspektiven auf die Landschaft hervor. Es entsteht der Wunsch der Reisenden Sammlungen anzulegen. Gegen Ende des 18. Jahrhunderts entstehen in Scheveningen Souvenirläden, in den man Muscheln oder ausgestopfte Fische kaufen kann (ebd. 62).

---

[67] „Um die Mitte des 18. Jahrhunderts tritt das von der Theologie hergeleitete Vorstellungssystem in den Hintergrund. Nach und nach wendet die gelehrte Welt sich anderen Naturauffassungen zu und entfernt sich weit von dem Glauben an die göttliche Vorhersehung. [...] Die auf den Schöpfer konzentrierte Konzeption, die dem Allmächtigen die gesamte Inszenierung des Naturschauspiels zuspricht, arbeitet untergründig immer weiter und taucht periodisch wieder an der Oberfläche auf, den jeweils neuen Zeiten angepaßt" (Corbin, 1994, S. 51).

Bis zur Mitte des 18. Jahrhunderts war das touristische und künstlerische Auge noch kaum in der landschaftlichen Wahrnehmung geschult und man bezieht sich auf die antiken Vorlagen von Vergil und Horaz (vgl. ebd. S. 72). Mit dem Aufkommen der Ästhetik und neuer Werke und Sammlungen ändert sich das:

„Um 1740 erwartet man von jedem Engländer, der auf der Höhe seiner Zeit sein will, dass er sich mit der Malerei auskennt. Die Lust an der Interpretation der Werke offenbart den Schönheitssinn einer Person. Der Wunsch, eigene Sammlungen anzulegen, die Verbreitung von Kopien und die Verallgemeinerung der Maltechniken schaffen eine breite Basis für die neue Mode, die das Erlebnis der Grand Tour zum unerlässlichen Bestandteil der Erziehung des jungen Gentleman macht." (Corbin, 1994, S. 68)

Neben der Malerei trug die Wissenschaft ihres dazu bei, die Aktivität bzw. das Verlangen an und nach den Küsten zu legitimieren. Mit Zuwendung zum Meer nahm auch das Bestreben zu medizinisch einen Nutzen an der Meereslust zu attestieren, es entstand der „Wunsch nach einer Zuflucht mit wissenschaftlichen Erkenntnissen" (ebd. S. 83). Allerdings blieb ein bewiesener wissenschaftlichen Nutzen für die Kaltwasserkuren am Anfang des 18. Jahrhunderts aus. „Sommerfrische" bzw. das antike „otium" fanden Mitte des Jahrhunderts auch noch keine Aufmerksamkeit (vgl. ebd. S. 73). Es entstanden, hauptsächlich zur Regeneration Thermalbäder. Das Meer steht nun zunehmend unter dem medizinischen Verdacht, den Körper mit Energie versorgen zu können: „Das unzähmbare und [...] unendlich furchtbare Meer kann die Lebensenergie erhalten, wenn der Mensch nur mit dem Schrecken, den es einflößt, umzugehen weiß. An seinen Küsten wird er wieder Appetit bekommen, dort wird er wieder schlafen können, dort wird er alle Grübelei vergessen. Die Kälte, das Salz, der beim Sturzbad entstehende Druck auf das Zwerchfell, das Schauspiel eines gesunden, kräftigen, noch im hohen Alter fruchtbaren Volkes und die vielfältige Landschaft werden den chronisch Kranken wieder gesund machen" (ebd. S 89).

Es folgen nun Analysen über den perfekten Strand, der „sandig und flach" sein soll, hindernislos zu betreten ist, kein Nordwind soll ihm zudränglich sein, und er soll weiter „lichtvoll und verhältnismäßig sonnig, was zu einer schnellen Auflösung des Morgennebels führt" beschaffen sein (vgl. ebd. S. 97 f.). Brighton in England wird in den 40er Jahren des 19. Jahrhunderts vor allem dank der Eisenbahn zum „Sanatorium der Welt" (ebd. S. 100).

„Nach und nach entwickelt sin ein neues Bild des idealen Strandes. Die zunehmende Vorliebe für das Pittoreske treibt die Ärzte, die Tugenden der »wunderbaren Meereslandschaften« anzupreisen. Die Sensibilität für die Ästhetik des Meeres wächst." (Corbin, 1994, S. 100)

Reagierend auf die wohltuenden Beschreibungen des Wellenbadens entwickelt sich eine andere Wahrnehmung von kinästhetischer Empfindungen, „die Wertvorstellungen von Meer, Erde, Luft und Sonne haben sich ebenso verändert wie die Schwellen des Kälte- oder Hitzegefühls und das subjektive Wohlbefinden" (ebd. S. 102).[68]

Es erscheint nur logisch, wenn die freizeitliche Erschließung des Meeres bzw. der Küstenabschnitte erst nach der visuellen bzw. kontemplativen Aneignung bzw. Konstruktion der Landschaft vollzogen worden ist.

Das Meer hatte zwar auch schon vor den Romantikern pittoreske Perzeption evoziert etwa im Ossianismus, jedoch eröffneten die Romantiker „neue Wege der Küstenträumerei" (Corbin, 1994, S. 214):

„Die Romantiker machen das Meeresufer zum privilegierten Ort der Selbstentdeckung. Aus der Sicht der Ästhetik des Erhabenen, wie sie gerade erst von Kant entwickelt worden ist, kann das Innehalten am Strand eine besondere Schwingung des Ich auslösen, das sich erregt den Elementen gegenüber. Am Meeresufer, wo Luft, Wasser und Erde aufeinandertreffen, kann sich dank dieses Schauspiels der Traum von einer Verschmelzung mit den elementaren Kräften besser entfalten als irgendwo sonst; [...] Bei allen Gelegenheiten ist der Betrachter nun selbst das Maß der Küsten. Das Individuum kommt nicht mehr, die Grenze zu bewundern, die Gott der Gewalt des Meeres gesetzt hat. Auf der Suche nach sich selbst hofft es vielmehr, seine eigene Grenzen zu entdecken, oder besser gesagt, sich wiederzufinden. So wird auch die große Bereicherung der Küstenerfahrung verständlich. Der Mensch versucht die Eindrücke, die das Meeresufer bietet, mit allen seinen fünf Sinnen wahrzunehmen. Hinzu kommt ein erwachtes kinästhetisches Gespür, das die Geschichte der Empfindsamkeit einen entscheidenden Schritt voranbringt." (Corbin, 1994, S. 214 f.)

Natur evoziert in Freigabe des Erhabenen so unter Prämissen der funktionalen Differenzierung eine Möglichkeit der Selbstreflektion, die nicht dem Blick des Klerus unterstellt ist und darüber hinaus neue subjektive Wahrnehmungsformen bereitstellt.

Die Blicke der Reisenden und Erholungssuchenden werden weiterhin durch genaue Reiserouten (während der Grand Tour) oktroyiert und durch die Literatur und wissenschaftliche Erkenntnis bzw. zunehmend durch den individuellen Bildungsgrad variiert und strukturiert. Standen in der natürlichen Theologie noch Harmonie und Ordnung im Blick auf den Strand geschrieben, lässt sich mit der Erkundung des Meeresgrundes im 19. Jahrhunderts die geologische Beschaffenheit der Küste mehr durch Erosion und den Kampf der Elemente beschreiben.

„Der Blick auf einen Sandstrand oder auf ein felsiges Ufer und das, was er aus dieser Landschaft herausliest, variieren ja nach den Überzeugungen oder schlicht und einfach der wissenschaftlichen Bildung des Betrachters." (Corbin, 1994, S. 142)

---

[68] Die Badepraktiken des britischen Modells haben sich im Laufe der Zeit natürlich auch verändert, sie sind der „Ästhetik des Sublimen" (ebd. S. 102) unterworfen, implizieren sie ein sich Aussetzen einer tosenden Gefahr, bei niedrigen Wassertemperaturen (12-14 Grad). Die Badekleidung bestand aus einem Anzug, während des Badegangs observierte ein Bademeister oder eine Vertrauensperson den Vorgang. Ein Regelwerk fasste geschlechtsspezifisch junge Mächen, Kinder, Frauen und chronisch Kranke zu einer Gruppe zusammen. Die „notwendigen Gefühlserscheinungen beim Meerbad" mussten für sie durch „gewaltsames, bis zum zweiten Frösteln fortgesetztes Eintauchen" evoziert werden (ebd. S. 103).

Durch künstlerischen Einfluss, wissenschaftliche Erkenntnis und technischen Fortschritt wird die Küste mehr und mehr in freizeitlicher Aktivität genutzt. Aus einem Ort des Schreckens werden so verschiedene Blicke bzw. Praxen mit verschiedenen Blickmöglichkeiten gewonnen. Landhäuser mit Seeblick und Promenaden, Lustfahrten, Ausritte, Gespräche beim Spazieren, dem Schwelgen in Träumerei und dem Suchen nach Authentizität eröffnen unter ästhetisch geleiteten Prämissen neue Blickmöglichkeiten, neue Praxen. Die pittoreske Reisebeschreibung im 18 Jahrhundert liefert hier, als eine davon, ein Beobachtungsparadigma:[69]

„Die pittoreske Reise ist eine Suche, die einen feinsinnigen Umgang mit Gefühlsabläufen voraussetzt. Die durch den Gesamteindruck hervorgerufene Verzückung muss in harmonischem Einklang mit der Lust an der sorgfältigen Analyse des Details stehen. Diese bewusste Haltung mit dem Wunsch und dem Ergötzen hat seine eigene Gesetzmäßigkeit. In erster Linie verlangt es dauernde Aufmerksamkeit für die zeitlichen Rhythmen, für den Wechsel der vier Jahreszeiten, der vier Tageszeiten, der vier Lebensalter [...] Aber prägnanter ist noch die Suche nach dem geeigneten Augenblick, die flüchtige Erfahrung einer Gleichzeitigkeit zwischen der Welt und dem Selbst, die durch den Reisebericht wachgerufen werden soll. [...] Die pittoreske Reise schreibt ein Modell für die Bewertung eines Ortes vor." (Corbin, 1994, S. 186)

Der Wunsch nach pittoresken Erleben diktierte so Bänke, Aussichtspunkte und schuf Orientierungstafeln und Plattformen, allerdings wird das Pittoreske schon ab 1817 zum Stereotypen und Kitsch gezählt (vgl. ebd. S. 195). Die damals durch Feinfühligkeit und den richtigen Augenblick erreichten pittoresken Wahrnehmungsformen sind heute als Leitparadigma nur noch flüchtig in lapidaren monosensuellen Verweisen auf „die schöne Landschaft" in visueller Perzeption eingeschrieben.

Die mit der Romantik zur Verfügung gestellten neuen Wahrnehmungsformen (neben dem „imaginären Verschmelzen"[70] (ebd. S. 223) – also die Bedeutung von Unendlichkeit, der Seele und Sinnlichkeit (durch Sand und Wind) sowie der Symbolfunktion des Strandes als Ort der Treue (Liebesgrotten), birgt neben den wissenschaftlich suggerierten und durch Technisierung (Beförderung) frei gewordenen neuen Perspektiven zusätzliches praktisches Kapitel.

---

[69] Analog zu den pittoresken Reisebeschreibungen des 18. Jahrhunderts fungieren heute Reiseportale bzw. dem vorgeschaltet Werbung, Filmindustrie, Youtube und Facebook. Hier werden die Ideal-Orte zwar meist nur visuell, dafür aber besonders nachhaltig, wenn auch evtl. deswegen in Beschreibungen wortkarg, konstruiert.

[70] Das „imaginäre Verschmelzen" ist der Semantik des Erhabenen geschuldet, beinhaltet das sinnliche Erleben des Eintauchens in die Naturgewalt oder einer anderen Vorstellung – wie das Träumen in bzw. über Volkssagen, über Stämme (in Frankreich: Kelten – bzw. „Druidenwahn") oder Volksgruppen (Fischer) an der Küste. Nach Corbin steht es nicht im Zeichen einer Flucht, sondern „eher als *Erquickung* an einer für unberührt und ursprünglich erachteten Menschheit, deren unausweichlicher, durch das Interesse, das man ihr entgegenbringt, beschleunigter Niedergang vorauszusehen ist" (ebd., S. 284).

Mit dem 19. Jahrhundert und der als Gegenwelt rezipierten Stadtwelt erhalten die ruralen Gebiete weiteren Auftrieb:

„[...] die kaputte Stadtwelt wird durch die heile Welt auf dem Lande ersetzt. Dieser Tourismus allerdings versucht zugleich, die städtischen Maßstäbe, Wünsche und Vorstellungen aufs Land zu übertragen, d. h. die Bequemlichkeit der Stadt auf dem Lande nicht zu missen. Hier entsteht sehr früh im 19. Jahrhundert eine Art Tourismus-Industrie; die Bauern versuchen, die Wünsche der Stadtbevölkerung zu befriedigen. Mit dieser Anpassung an bürgerliche Ansprüche verändert der Tourismus die Kultur auf dem Lande entscheidend. Gravierender sind die Folgen dann dadurch, dass der Städter aufs Land zu den Bauern zieht, dort seine Zweitwohnung oder endgültige Zuflucht sucht, um dort mit den einfachen Menschen nahe am »Busen der Natur« den Problemen zu entsagen. Interessant dabei ist, dass diese Flucht weg von den gesellschaftlichen Verhältnissen in die ländliche Idylle gerade auch vom Künstler selbst praktiziert wurde. *»Zurück zur Natur«* - es entstanden Künstlerkolonien und Einzelateliers auf dem Lande. Diese Idee ist gerade wieder heute in Mode. Sehr selten verlagert sich mit diesem Umzug die künstlerische Aktivität auf eine Aneignung der Probleme des Landes." (Osterwold, 1977, S. 147)

Analog zu dem Strand sei noch auf die Alpen verwiesen: Die Alpen galten als „locus horribilis" (Hackl, 2004, S. 22 ff.) und erfuhren erst im Humanismus und der Renaissance eine zaghafte Imageaufwertung.

Die Berge stellen in verschiedener Literatur das Sinnbild ästhetischer Naturempfindung dar (vgl. Ritter 1962 oder Hackl 2004). Wurden sie in vergangenen Tagen doch meist als Erschwernis bei Reisen und vor allem als Gefahr mit tiefen Schluchten begriffen, so stellen sie heute für eine Vielzahl von Gruppen ein zentrales Motiv der Freizeitgestaltung dar und werden als herrschaftlich schön oder grandiose Landschaft beschrieben. Gerade die Technik (Bergbahnen, Hightech-Equipment aber auch Bahn und Auto) ermöglicht die zunehmende Freude an den Bergen und entreißt ihnen ihre (Natur-) Gewalt. Unberührtheit und Schönheit werden dann meist synonym und auch in strikter Abgrenzung zum Urbanen gebraucht.

Bis ins 16. Jahrhundert wurden die Alpen gemieden, stellten sie für reisende Handelsleute ein Hindernis dar. Oftmals wurden auf Reisen daher Opfer gebracht, um die Götter während der Durchquerung gütig zu stimmen (Hackl, 2004, S. 23). Raffael malte Apollo umgeben von den neun Musen und diversen Dichtern auf dem Parnass (ca. 1510). Goethe und andere Reisende der Grand Tour verbuchten entweder die Durchquerung der Alpen als Erfolg oder versuchten sogar das Gebirge zu „Umschiffen" (Dickel, 2006, S. 32). Mit der zunehmenden Erforschung der Alpen durch Wissenschaftler im 17. Jahrhundert wird der Ort seines Schreckens beraubt. Caspar Wolf, ein Schweizer Gebirgsmaler, nutzte zu jener Zeit die Alpen bzw. die geologischen Beschaffenheit nicht nur als Staffage, sondern bemühte sich um eine exakte Abbildung der Gesteinsformationen.

Die Kompositionen in der Romantik änderten dies, die Berglandschaften wurden zu künstlerischen Sehnsuchtsorten, Licht und Nebel verzauberten den

Betrachter durch mystische Stimmungen. Bis dahin hatte sich die Romantik wenig an detailgetreuen Abbildungen interessiert (Hackl, 2004, S. 28).

„Picturesque tourism was instrumental in transforming the Alps and „mountainscapes" throughout the globe into visually attractive places." (Urry & Larsen, 2011, S. 159)

Allerdings setzte die Romantik nicht auf „realistische", sondern „mystische" Darstellung. Caspar David Friedrich, der wohl selbst nie am Watzmann gewesen ist, das bekannte Bild des Watzmann ist eine Kollage aus verschiedenen Skizzen bzw. setzte Friedrich Elemente aus anderen Gebirgen in den Vordergrund (Dickel, 2006, S. 21). – Generell malt man zu jener Zeit die Natur im Atelier, die draußen angefertigten Skizzen wurden als viel zu schematisch und unperfekt zur Veröffentlichung betrachtet.

Neben zusätzlichen Technologien, etwa Höhenmessern und Kartenmaterial trug auch die Gründung der Alpenvereine im 19. Jahrhundert zur Förderung der alpinen Beliebtheit bei:

„Trotz gewisser Gemeinsamkeiten in der sportlichen Ideologie, im Männlichkeitskult, in manchen pseudoreligiösen Zügen und im mehr oder weniger gleichen sozialen Status eines liberalen Großbürgertums, zeigen die genannten Vereine wichtige Unterschiede in der Mitgliederstruktur, die für die weitere Diversifizierung des Alpinismus und die Entwicklung des Tourismus von Bedeutung waren. Denn der österreichische Alpenverein (Oe. A. V.) war eine Gründung akademischer Naturwissenschaftler, während sich im Deutschen Alpenverein (D. A. V.) Bildungsbürger organisierten. Demgemäß waren auch die Vereinsziele zunächst verschieden; den einen war die geologische, kartographische, kurz die weitere naturwissenschaftliche Erforschung des Alpenraums ein Anliegen, die anderen wollten die Bereisung der Alpen erleichtern und die eigenen Kenntnisse und die Schönheiten der Alpen weitervermitteln." (Hackl, 2004, S. 38)

Die Vereine trieben durch Hütten und Wegebau den Alpinismus weiter voran. Ebenso fertigten sie Kartenmaterial und Gemälde durch Künstler an. Edward Theodore Compton (1849-1921) ist hier als Name zu nennen, er fertigte detailgetreue Gemälde und Postkarten an.

Den Vereinen voraus ging eine Phase des „imperialen Patriotismus der viktorianischen Epoche" (Hackl, 2004, S. 38). Die Berge wurden nun nicht mehr aus wissenschaftlichem Interesse, sondern ihrer Selbst bzw. des Landes Willen bestiegen. Die Alpenvereine, Erstbesteigungen und Durchquerungen fungierten als Mittel der Propaganda. An dieser Stelle ist nur kurz auf die Politisierbarkeit von Landschaft in dieser Epoche hingewiesen (und die so entstandenen Filme von bzw. mit Leni Riefenstahl).

Auf struktureller Ebene ist der Weg zum landschaftlichen Erleben bzw. zur „Meereslust" bzw. der Alpinismus nun verständlich, es bleibt die Frage, wie das Individuum Landschaft rezipiert, bzw. wie sich Landschaft ihm darstellt.

Das Material der Landschaft, wie die bloße Natur es liefert, ist so unendlich mannigfaltig und von Fall zu Fall wechselnd, dass auch die Gesichtspunkte und Formen, die diese Elemente zu je einer Eindruckseinheit zusammenschließen, sehr variabel sein werden. Der Weg, um hier wenigstens Annäherungswerte zu erreichen, scheint mir über die Landschaft als malerisches Kunstwerk zu führen.

Denn das Verständnis unseres ganzen Problems hängt an dem Motiv: das Kunstwerk Landschaft entsteht als die steigernde Fortsetzung und Reinigung des Prozesses, in dem uns allen aus dem bloßen Eindruck einzelner Naturdinge die Landschaft - im Sinne des gewöhnlichen Sprachgebrauchs - erwächst. Eben das, was der Künstler tut: dass er aus der chaotischen Strömung und Endlosigkeit der unmittelbar gegebenen Welt ein Stück herausgrenzt, es als eine Einheit fasst und formt, die nun ihren Sinn in sich selbst findet und die weltverbindenden Fäden abgeschnitten und in den eigenen Mittelpunkt zurückgeknüpft hat - eben dies tun wir in niederem, weniger prinzipiellem Maße, in fragmentarischer, grenzunsicherer Art, sobald wir statt einer Wiese und eines Hauses und eines Baches und eines Wolkenzuges nun eine "Landschaft" schauen. (Simmel, 1913, S. 3)

Simmel nimmt bei der Frage nach der Konstitution der landschaftlichen Stimmung Bezug auf die erkenntnistheoretischen Polannahmen (Realismus und Konstruktivismus):

„Diese eigentümliche Schwierigkeit, die Stimmung einer Landschaft zu lokalisieren, setzt sich in eine tiefere Schicht mit der Frage fort: inwieweit die Stimmung der Landschaft in ihr selbst, objektiv, begründet sei, da sie doch ein seelischer Zustand sei und deshalb nur in dem Gefühlsreflex des Beschauers, nicht aber in den bewusstlos äußeren Dingen wohnen könne?" (Simmel, 1913, S. 6)

Die in der Ästhetik formulierte Frage nach der Empfindsamkeit, bzw. dem Zustandekommen der Atmosphäre, der „Stimmung" von Landschaft – als epistemologische Frage durch Simmel formuliert, lässt sich aus einer systemtheoretischen, praxeologischen Perspektive wie folgt beschreiben:

Ging Rousseau von der subjektiven Konstruktion der (landschaftlichen) Empfindung aus (Siegmund, 2011, S. 186) und ist aus klassischer systemtheoretischer Perspektive Landschaft eine emergierende Leistung des psychischen Systems, muss aber klar gestellt werden, dass sie (die moderne Landschafts- und Naturwahrnehmung) niemals ohne den „Realitätsunterbau" (Kaldewey, 2008) vermittelt werden könnte. Die durch die funktionale Differenzierung und der somit entstandenen Notwendigkeit der individuellen Selbstbeschreibung, sowie der nun erwartbaren bzw. abverlangten Fähigkeit mit der neu geschaffenen Kontingenz umzugehen, stellen ein vermittlungstheoretisches, praxeologisches, wenn man auch will situatives Unterfangen dar, welches das Wirken des Individuums unter der Prämisse der schier endlosen Möglichkeiten bekräftigen kann und in seine kinästhetischen Fähigkeiten durch strukturelle Koppelungen fordert.

Im Prozess landschaftlicher Perzeption wird ein Ausschnitt (eben Landschaft) praktisch aus dem vollen Wahrnehmungskonglomerat herausgelöst und fungiert als Arrangement oder Container, als Einheit der Natur. Die Sinne vermitteln praktisch, indem sie dem psychischen System ein „Eintunken" in den Container suggerieren und das Gefühl der Verbundenheit evozieren.

3.6   Exkurs: Paradiesvorstellungen – Der Garten und der edle Wilde

Bevor wir uns nun der Semantik des Paradieses nähern wollen, stellt sich die Frage, wie Vorstellungen von Orten, wie sie bspw. in Form von Paradiesvorstellungen vorkommen können, kommunikativ erzeugt und weitergegeben werden.

Wie bereits dargestellt, haben schon früh die Werke der Kunst die Vorstellungen über bestimmte Orte geprägt und deren Ortssemantik in Koevolution zur Sozialstruktur geprägt. Anfangs waren das hauptsächlich die Literatur und die bildenden Künste, später gewinnt vor allem Photographie, Film und das Internet an Bedeutung.

Bereits Thomas Manns Erzählung „Der Tod in Venedig“ ist, wie Große (1996, S. 92 f.) bemerkt, stark geprägt von dem Venedig-Bild des 18. und 19. Jahrhunderts. Dieses ist gekennzeichnet durch Schönheit und einstige Macht, aber auch durch Tod und Verfall. Vermittelt wurde dieses Bild durch Reisebeschreibungen von Autoren wie Goethe, Byron, E.T.A Hoffmann, Platen, Nietzsche und Wagner, um nur einige zu nennen. Thomas Manns Beschreibung der Stadt - in der er sich 1911 aufhielt - basiert somit auf gelebten Erfahrungen, seiner Einbildungskraft, als auch auf den Bildern der genannten Autoren.

Mit der Vorstellung über Orte, bzw. den jeweiligen Ortssemantiken, hängt auch ihre Anziehungskraft zusammen.

Bücher und Bilder haben laut Hennig (1998, S. 7) seit dem Beginn des modernen Reisens starken Einfluss auf unser Reiseverhalten. Besondere Bedeutung wird in unserer Zeit jedoch dem Medium Film zuteil: „Die touristische Wahrnehmung wird wesentlich auch durch Filme geformt“ (Hennig, 1999, S. 97).

Wie wichtig Vorstellungsbilder für den Tourismus sind, welche praktische Relevanz sie besitzen, wird Hennigs (1998, S. 9) Ansicht nach oft unterschätzt, denn sie sind es, die Reiseentscheidungen wesentlich prägen. Die von ihm zitierte Studie der Welt-Tourismus-Organisation hat 1994 ermittelt, dass weltweit der Zusammenhang zwischen Werbeaufwendungen einzelner Länder und Regionen und der Zahl der touristischen Ankünfte und Übernachtungen äußerst gering ist. In Europa leisten Städte wie Rom, Florenz oder Venedig im Verhältnis zu ihren Besucherzahlen eine eher geringe Öffentlichkeitsarbeit. Touristen lassen sich bei ihren Entscheidungen durch gezielte Marketingkampagnen anscheinend nur begrenzt leiten. Dies soll nicht zu dem Schluss führen, man könnte die touristische Wahrnehmung gezielt durch das Drehen von Filmen beeinflussen. Solche Prozesse bergen vermutlich ein hohes Maß an Eigendynamik in sich und lassen sich nicht systematisch lenken.

Dennoch locken Urlaubsparadiese weiterhin viele, als abgegrenzte Bereiche, die vom Alltag isoliert – dem Garten Eden gleich – zum Träumen und Entspannen in die Ferne und verbreiten die Verheißungen der ländlichen Idyllen, und der grünen Oasen in der Stadt Wohlgefühl und Lebensqualität. Bevor empirisch die Frage nach ihrer Substituierbarkeit gestellt wird, ist es davor nötig, den Paradiesbegriff, sowie die Bedeutung des Gartens zu betrachten.

3.6.1   *Vom Garten zum Paradies und in die Natur*

Sprechen wir vom Paradies, so ist meist ein Verlust zu beklagen, so wie einst schon in der Bibel das Paradies als verloren galt, verliert der Begriff nun anscheinend erneut, nach seiner marketingtechnischen Instrumentalisierung, seine emotionale Funktion:

„Ist das anvisierte Paradies nur noch hohle Phrase, d.h. als Redewendung so entwertet und bedeutungslos geworden, dass es keine echte Sehnsucht mehr bekennt?" (Opaschowski, 1996, S. 94)

Auf die Frage, welche Paradiese wir heute noch kennen, soll im Folgenden eingegangen werden, gemeinhin fungiert der Begriff des Paradieses heutzutage als „Leitmetapher jeglicher physischer Wunscherfüllungen" (Benthien & Gerlof, 2010, S.18). In der Bibel gilt das Paradies als *Ursprungsort* der Menschheit. Das Paradies suggeriert noch heute u.a. Vorstellungen von einem Schlaraffenland, mit nie versiegenden Quellen, göttlichem Genuss, Harmonie, Vollkommenheit, Muße und natürlich erotisch konnotierter Wonne. Die bildliche Darstellung des Paradieses als Garten in der Kunst wird gegenbildlich durch die Hölle komplettiert.

Der Paradiesbegriff fand lange Zeit seine Verwendungen als Entwurf einer „idealisierten Gegenwelt" (Benthien & Gerlof, 2010 S. 8) mit/ohne raumzeitliche Determinierung im religiösen Kontext oder fungierte im Umbruch in der frühen Neuzeit als politische Utopie (Thomas Morus 1516).[71] Paradiese stellen utopische Gegenwelten dar, wie früher Atlantis, Eldorado oder auch das Schlaraffenland.

Etymologisch leitet sich der Begriff des Paradieses in Bezug auf den „Garten Eden" aus dem Persischen mit der Bedeutung „eingehegtes Gebiet" her. Paradies „pari-daeza" bedeutet im Altiranischen „Umwallung", und stellt ein Lehnwort für eine Parkanlage bzw. einen Lustgarten, bzw. auch eine königliche Domäne dar. Mit der Verwendung des Begriffs in der griechischen Bibel erfährt der Begriff „Paradies" seine Einbettung in die christliche Mythologie (vgl. Kluge, 2011, S. 682).

---

[71] Der Insel kam hierbei besondere Stellung zu, sie schien besonders geeignet, die bessere Sozietät in Sicherheit, aus der Gesellschaft herausgelöst aber dennoch in ihr, quasi als „Nicht-Ort" anzusiedeln. Sie lässt sich per se ja als Ort der Umwallung/Isolation interpretieren.

Im christlichen Glauben besetzt das Paradies zwei Pole: das ursprüngliche und das jenseitige Paradies. Die christliche Kunst stellte dabei das ursprüngliche Paradies mit der Gartenlandschaft dar.

Als Gott den Menschen (Adam) schuf, setzte er ihn mit einer Gefährtin im Paradies ab. Mit der Verletzung des nicht näher spezifizierten Gebots geht der Austritt aus dem Paradies einher; der Mensch ist des Ortes „ursprünglicher Einheit zwischen Mensch und Gott, Mann und Frau, sowie Mensch und Natur" (vgl. Benthien & Gerloff, 2010) verbannt.

Die Grenze (des Paradieses) liegt im Paradies in der Markierung Außen eingeschrieben, in Form des Baums der Erkenntnis, wird sie überschritten bzw. von ihm genascht, gehen Gewalt und Zerstörung sowie Scham mit der Erkenntnis von Nacktheit einher. Der natürliche Urzustand war mit dem Sündenfall gebrochen und das Paradies gilt seither verloren.[72]

Die drei monotheistischen Religionen (Islam, Judentum und Christentum) haben alle samt die Vorstellungen eines Paradieses als Ort „der Vollkommenheit, Harmonie und Unschuld" (Benthien & Gerlof, 2010, S.7) gemein. Der jeweilige Zeitpunkt, zu dem das Paradies „existiert" variiert hierbei und wird aber auch innerhalb der Religionen in verschiedenen Formen differenziert. Das Paradies wird vor, nach oder individualisiert während des menschlichen Seins verortet, teilweise aber auch in zwei Funktionen, zum einen vor dem menschlichen Dasein (immer noch) konträr zu darwinistischen Ansätzen kirchlich interpretiert bzw. ausgemacht, zum anderen als „Reich Gottes" im Nachleben konstruiert. Das Paradies als Ort von Frieden und Harmonie steht stets im Spannungsfeld einer irdischen und himmlischen Ansiedlung.

Die soeben genannten Religionen entwerfen das Paradies als Gegenkonzept zur Hölle in Form von gerechter Heilserwartung. Paradiese stehen so entweder einem Kollektiv oder dem Individuum zur Erlösung gegenüber.[73]

Der Garten Eden als harmonisches, gottgegebenes Umfeld blieb bis ins 17. Jahrhundert in der theologischen Auseinandersetzung – ob historischer Ort oder allegorischer Entwurf – verhaftet.

Der Islam entwirft die Vorstellung mit einem Leben nach dem Tod, das Paradies fungiert hier als Belohnung für den Gläubigen, und lockt mit Schlaraffenland ähnlichen Zuständen.

---

[72] Darüberhinaus evoziert der Sündenfall die geschlechtliche Differenz, Arbeit und Sterblichkeit.

[73] Das Schöne an den jenseitigen Paradiesen ist, dass „es die Unanschaulichkeit der Paradiesvorstellung [ist], welche die Verheißung gegen den innerweltlichen Gratifikationsverschleiß immunisiert. [...] Das Paradies wird durch seine Unfalsifizierbarkeit enttäuschungsfest institutionalisiert" (Hahn, 1976, S. 37).

Mit der Renaissance und im Klassizismus verlieren sakrale Semantiken an Bedeutung und säkulare Semantiken, wie die Einheit von Körper und Geist zu Zeiten der Antike, gewinnen als verlorene Paradiese im übertragenen Sinne an Bedeutung (vgl. Benthien & Gerlof, 2010). Die sakralen gegenweltlichen Vorstellungen eines unbeschwerten Lebens zu Lebzeiten, wurden nicht nur in den Utopien der frühen Neuzeit und Realutopien der Moderne aufgegriffen, sie finden ihre Fortsetzung in Semantiken des *verlorenen Ursprungs* oder dem unerreichten *idealen Naturverständnis*.

Die modernen Vorstellungen von Paradiesen im Diesseits rekurrieren auf die alten Semantiken wie sie zu vorsäkularisierten Zeiten existierten. Paradiesvorstellung haftet heutzutage durch ihre Konsumorientiertheit eine scheinbare Erreichbarkeit an (so winken Ferienparadies, Einkaufsparadies, Möbelparadies, etc.). Allein aus Gesichtspunkten der Globalisierung und der damit geschaffenen massenhaften Erreichbarkeit und einhergehenden ökologischen Bedrohung der „Paradiese" lassen den Begriff zu einer Marketingmetapher werden, die in kulturkritischer Manier als Eskapismus durch Entfremdung durch Arbeit seine Tragfähigkeit entfaltet. – Interessanterweise greifen die Medien die Reflektion über den inflationären Gebrauch des Begriffs auf, indem sie, paradoxerweise, in Rekursion auf die gleichen Vorstellungen, die neuen Paradiese gefunden haben wollen.[74] Weiter wohnt den europäischen Paradiesen, egal ob diese in der Karibik, der Südsee oder im indischen Ozean liegen, ein scheinbar paradoxes Fluchtphänomen inne:

„Während die einen glauben, in einer Arbeitswelt, die sie immer weniger durchschauen, funktionieren zu müssen und aus dieser nur kurzzeitig auf paradiesische, romantische, zumeist südliche Enklaven flüchten zu können, suchen die anderen Zutritt zu eben dieser Arbeitswelt, die das Versprechen auf ein vermeintlich sorgloses Leben bringt." (Benthien & Gerlof, 2010, S. 23)

Somit bleiben die Paradiese auch heutzutage trotz der semantischen Verlagerung zur Räumlichkeit unerreichbar und speisen sich aus ihrer vertrauten Fremdartigkeit[75].

Der durch Reisen und die Paradiese versprochene Gewinn an Variation bedingt ja geradezu die Andersartigkeit, und ist ihr somit nicht paradox entgegenzusetzen (hierfür die Auswertung in Kapitel 6). Natürlich werden insofern nur Andersartigkeit in Abgrenzung und Relation zum Bekannten konstruiert. Die, wer sie so nennen möchte, „wahre Fremde" bleibt bekanntlich immer fremd.[76]

---

[74] Siehe hierfür ZDF-Produktionen „Die neuen Paradiese" (2000).

[75] Die Bedeutung der Einheit der Differenz von Vertrautheit/Fremdheit soll im im empirischen Teil Kapitel (6.3.1) genau erläutert werden.

[76] Zum Begriff des Fremden empfehle ich Stichweh „Der Fremde" (2010).

Medial vermittelt treten nun hauptsächlich säkulare Semantiken in den Vordergrund, die auf die unberührte Natur, das Einfache, im Einklang mit der Natur stattfindende Leben in analoger (sehnsuchtserzeugender-) Weise fungierender Form rekurrieren. Diskursiv lässt sich so eine Verschiebung einer sakralen Semantik hin zu einer säkularen beobachten.[77] Das Leben ohne Arbeit, als modernes oder zeitgenössisches Utopiemodell, stellt nun zunehmend von zeitlichen (jenseitigen) auf räumliche Semantiken um (vgl. Kittner, 2010, S. 192). Die üppige Fauna bleibt dabei als zentrales Motiv erhalten.

Arkadien als „Inbegriff eines irdischen Paradieses", auf der griechischen Halbinsel Peloponnes gelegen, war schon in der Antike eine „künstlerische Fiktion", „eine funktionalisierte Landschaft, die in einen real existierenden Raum projiziert wurde" (Korbacher, 2007, S. 13)[78] – Zuerst kulminierte Arkadien in der Literatur, wurde aber bald von der Malerei aufgegriffen: „Solche Stimmungsbilder, in denen Natur, Atmosphäre und Geschehen eine unlösbare Einheit eingehen, boten sich förmlich dazu an in die Malerei übertragen zu werden" (Maisak, 1981, S. 64). Neben den sinnlichen Pflanzen und Tieren, wurde das Arkadien-Motiv auch durch Übersinnliches, Naturgottheiten wie Pan oder Nymphen komplettiert. In der Literatur entstand, begleitet von Theokrits „Idyllen"[79], die Bukolische Dichtung, die den Rinderhirten als im Einklang mit der Natur lebend im sozialpolitischen Gefälle des diffamierenden Staatsbürgers kontrastierte.

Das Arkadien-Motiv verliert mit der Idee des christlichen Paradieses im Mittelalter fast völlig an Bedeutung (vgl. Korbacher, 2007, S. 16) und wird erst mit Sannazaro (1458-1530), "zur rein literarischen Landschaft jenseits von Zeit und Raum" (ebd., S 17).

Bis zur Neuzeit haftete der Natur eben etwas Bedrohliches an. Sie war ungezähmt und gefährlich, nur an der domestizierten Natur konnte der Mensch, in Form von Gärten, Freude abgewinnen, die Nutzbarmachung und Rodung der Wälder, zum Städtebau, bzw. durch die Benediktiner vorangetrieben, gab die Natur aus ihrer Bedrohung allmählich frei:

„Für den mittelalterlichen Menschen war die konkrete alltägliche Natur wenig positiv. Insbesondere der Wald und das Gebirge bedeuteten für ihn, etwa als Pilger oder Reisenden, einen Ort voller Gefah-

---

[77] Im Ausblick auf meine Daten möchte ich antizipieren, dass es sich weiter um eine Verschiebung zum Individuum handelt, das Paradies ist ein Gefühl, das mit zunehmender funktionaler Differenzierung und Multiperspektivität bedingter Unsicherheit, durch die Selbstreflektion des Individuums entgegen wirken kann, bzw. diese relativiert.

[78] Wenngleich Korbacher in einer Fußnote anmerkt: „Wahrscheinlich spielte die Realität des peloponnesischen Berglandes für die fiktionale Entwicklung der Arkadienkonzeption insofern eine Rolle, als es in Griechenland, der Wiege der abendländischen Kultur gelegen ist" (2007, S. 13 Fußnote 12).

[79] Kluge, 2011, S. 436: „»paradiesische Landschaft, friedliche Abgeschiedenheit« std. (18. Jh.). Entlehnt aus [...] gr. eid´yllion »Bildchen«" [...] eidos stand für die Erscheinung, Idee und Zustand.

90

ren. Der Lebensraum des Menschen musste gegen diese Wildnis abgegrenzt und geschützt sein. Dazu zählte auch der Garten, denn hier war ein Stück Natur eingezäunt und kultiviert, also in seine Schranken gewiesen worden." (Korbacher, 2007, S. 38)

Der Garten galt daher natürlich nicht zur Natur zählend (er verstand sich freilich auch nicht als Landschaft – die Semantik einer ästhetischen Landschaft kam erst wesentlich später auf). Die in Gemälden und Holzschnitten dargestellten Idyllen, lieferten somit eine Vorlage für die entstehende Gartenkultur.

Die Semantik der Erholung durch Unbeschwertheit und Absenz von körperlichen Müßiggang gekennzeichnet, wie sie schon in den Hirtenidyllen verzeichnet worden waren, fand schließlich im Spätmittelalter Einzug in die höfischen Gärten:

„Im Hoch- und Spätmittelalter spielte der paradieshaft-sinnliche Charakter des Gartens nicht nur in religiös-transzendentaler, sondern auch in profan-weltlicher Hinsicht eine wichtige Rolle und erlangte für und durch die ritterlich-höfische Gesellschaft größte Bedeutung. So empfand ihn diese als einen »Bereich gesteigerter Lebensfreude«ohne Arbeit und Sorgen, aber mit vielfältigen und angenehmen Beschäftigungsmöglichkeiten: Spielen, Essen, Ausruhen, Baden und auch als Liebesversteck." (Korbacher, 2007, S. 45 f.[80])

Die Semantik der Erholung wurde so in den kultivierten „realen" Bereich des domestizierten Gartens importiert. Ähnlich dem wiederbelebten Arkadien-Motiv steht der Garten somit wieder in seiner Kompensationsfunktion der Glücksfindung an. Ihm haftet so latent Melancholie an; einerseits ist er stets ein Ausschnitt und produziert eine Uneinheit des Menschen, anderseits steht er symbolisch für einen Verlust sowie etwas noch nicht Erreichtes.

Vor den sinnlich verlockenden Blumen in den Gärten oder dem Vogelgezwitscher warnten Hl. Hieronymus und Hl. Anselmus von Canterbury im Mittelalter allerdings noch. Im christlichen Denken stand der sinnliche Genuss der Sünde nahe. Die Natur repräsentierte die jenseitige Vollkommenheit Gottes als dessen Abbild (vgl. ebd., S. 39 f.). Eine Veredelung war allerdings nur durch den Menschen möglich. Einige durch Platon angeregte, wissenschaftliche Einflüsse führten zu Darstellungen des „Mikrokosmus Motivs" (ebd., S. 30) im 12. Jahrhundert, nach dem der Mensch als Teil der Natur im „harmonischen Einklang zwischen Sinnlichkeit und Verstand" als „Element[e] der göttlichen Weltordnung" dargestellt worden ist (ebd. S. 31).

So ist es nicht verwunderlich, dass die Naturdarstellung im Mittelalter eher kulissenhaft zur Institutionalisierung von Machtstrukturen fungierte und das Sinnliche, stets mit mahnenden Blick betrachtete. Somit stand die Natur als rau und unbeherrschbar auf der einen Seite, und die verpönte Körperlichkeit sowie der Sündenfall auf der anderen Seite (die Frau selbst stand vor allem in der italienischen Dichtung des 13. Jahrhunderts in den Darstellungen als Blume, Frucht,

---

[80] Korbacher 2007, S. 45 verweist auf Hennebo, 1987, S 70.

Baum und Wiese zur „Sättigung" der männlichen Freuden ihren metaphorischen Platz (ebd., S. 46) – die Verquickung von Sinnlichkeit und Natur findet in diesen symbolischen Darstellung schon statt). Der Garten als Symbol des Paradieses wurde somit zunehmend mit sinnlichen Elementen verknüpft, insbesondere in seiner Bedeutung als Liebesgarten. Der Garten stellte so vermehrt eine Möglichkeit dar, den Verlust des urtümlichen Paradieses und das ferne jenseitige Paradies zu kompensieren.

Das Paradies-Motiv kann mithin als funktionale Darstellung der jenseitigen Schönheit betrachtet werden, welche über tugendhafte Lebensführung zu erreichen war.

Die islamische Gartenkultur (Andalusien, Indien und Irak) im 16. und 17. Jahrhundert orientierte sich ebenso wie die christliche an religiösen Motiven (vgl. Benthien & Gerlof, 2010). Durch prächtige Gartenanlagen sollte den Lebenden (aber auch den Toten) einen Ausblick auf das Kommende geliefert werden. Im Mittelalter galten die Gärten als Orte der Kreativität, Muße und Harmonie. In der barocken Darstellung wurde das Paradies in der üppigen Natur: „ zu einer Art bildlichen Enzyklopädie des Wissens der Welt, ihren Tieren und Pflanzen" (Kittner, 2010, S. 191).

An dem Beispiel des Gartens kann so deutlich werden, wie Naturerfahrung durch Sozialstruktur beeinflusst wird; bspw. emergierten in den barocken Gärten herrschaftliche Machtstrukturen oder das Naturverständnis eben auch durch Wissenschaft geprägt wurde. Dabei setzt die Praxis von Naturerleben kontempalative, korresponsive oder imaginative Techniken voraus:

Die Kunst des barocken französischen Gartens ist ganz eine korresponsive Kunst; sie versetzt die Natur in das Muster einer rationalen geistigen und politischen Ordnung, in der sie zum Raum eines überformenden Herrschaftsanspruchs wird. Auch die Kunst des englischen Landschaftsgartens ist, wie alle Gartenkunst, primär korresponsive Kunst, jedoch eine, die sich zur Erzeugung des naturschönen Raums in hohem Maß imaginativer Techniken bedient. Der englische Garten entsteht als Nachahmung einer bei Malern wie Lorrain, Poussin, Rosa imaginierten Natur, in der Absicht der Einrichtung imaginationsintensiver Orte des Lebens - stimmungshafter Schauplätze, die zugleich Bild der von ihnen wachgerufenen Stimmungen werden. (Seel, 1991, S. 176)

3.6.2 Funktion von Paradiesvorstellungen

Die Feststellung der Umstellung von sakraler zu säkularer von zeitlicher auf räumliche Semantik, gibt an sich noch keinen Aufschluss über die Funktion der Paradiessemantik.

In erster Linie stellt sich nun also die Frage, wieso es zu einer semantischen Umstellung kam. Da Semantik und Sozialstruktur koevolutiv sind, müssen Paradiessemantiken nicht nur im Sinne eines möglichen handlungsweisenden gesellschaftlichen, rückbezüglichen Charakters[81] im Sinne *kultureller* oder *sozialer Veränderung* (vgl. Benthien & Gerlof, 2010, S. 9f) betrachtet werden, sondern es muss die Frage gestellt werden, ob sie Folge eines gesellschaftlichen Problems und wenn ja, auf welches sie bezogen sind.

Die Frage, auf welches Problem die biblischen Paradiessemantiken rekurrieren scheint augenscheinlich schnell beantwortet zu sein: Der Tod könnte fatalistisch rezipiert und zum anarchischen Handlungs- oder Unterlassungsantrieb und somit zum gesellschaftlichen Stillstand führen. Aus dem Spannungsverhältnis Wirklichkeit/Imagination erklärt die Semantik eine allgemeinere Stabilisations- und Kompensationsfunktion. Weiter entfalten biblische Paradiessemantiken ihre Wirkung in der psychologischen Erkenntnis (dem Wissen) von der Unmöglichkeit eines wie auch immer gearteten „konfliktlos-harmonischen Daseins" (siehe hierfür Jacoby, 1983).

Die biblische Funktion der Semantik kann folglich mit der gesellschaftlichen Hoffnung auf Steuerung bzw. dem Wunsch nach Kontrolle über Gesellschaft gedacht werden. Es ist dabei verwunderlich, wenn Benthien und Gerlof über den Handlungsimpetus einer Imagination räsonieren:

„...trotz ihres imaginären Charakters dienen Paradies-Entwürfe als Handlungsantrieb und können daher auf die Realität zurückwirken" (Benthien & Gerlof, 2010, S. 9).

Es ist wenig verwunderlich, dass die somit vermutete Steuerung der Gesellschaft zusätzlich von einem marxistischen Herrschaftsdiskurs ummantelt wurde. Impliziert der Begriff der Steuerung schon per se eine Aufteilung in ungleiche Rollen (aktiv/passiv).

Nach Karl Marx dienen religiöse Paradiesvorstellungen der Verschleierung des faktischen Elends: „Das religiöse Elend ist in einem der Ausdruck des wirklichen Elends und in einem die Protestation gegen das wirkliche Elend" (Karl Marx, 1963, S. 448f. zitiert nach Hahn 1976, S. 41). Die Auslagerung von Gerechtigkeit auf das Jenseits könnte die Ungleichheit im Diesseits legitimieren. Die Paradiesvorstellungen suggerieren ein Naturschicksal und lassen soziale Ungleichheit erträglich werden, indem sie nach dem Ableben Vollkommenheit bzw. Kompensation versprechen. Die ideologische Funktion ließe sich am Beispiel des Kastensystems in Indien verdeutlichen: Die Parias hatten sich außerordentlich heftig gegen ihre Gleichstellung gewehrt, denn mit Aufhebung der Kasten hätte sich der Status ihrer Wiedergeburtschance verschlechtert (vgl. Hahn, 1976, S. 42f.). Fraglich an der funktionalen Instrumentalisierung von Paradiesvorstellungen bleibt der Glaube bzw. das Erlösungsbewusstsein der Herr-

---

[81] Implizite oder explizite Semantiken, wie der Mensch im Einklang mit der Natur leben soll, induzieren einen normativen Handlungsapparat. – Auch wenn das Paradies als verloren gilt.

schenden. Weiter würde für Hahn eine auf das Jenseits gerichtete Legitimierung der Normen, die prinzipielle Kontingenz der „Gemachtheit" dieser, mit Folge der Instabilisierung ihrer und der gesellschaftlichen Ordnung einhergehen (ebd. S.43).

Die Psychoanalyse griff Paradiesvorstellungen auf, in dem der Zusammenhang von Geburt und dem Verlust der pränatalen Welt bei Beginn des Lebens als unwiederbringlichen Verlust von Glück und Harmonie mit der Erfindung des Verlusts des Paradieses in Verbindung gebracht worden war.[82] Das menschliche Sein ist permanent von Verlust und Entfernung geprägt. Die Vorstellung von Geburt, der Vergangenheit, einer anderen Zukunft können als unerreichbare Zustände begriffen werden. Das Bewusstsein schafft und verhindert durch die strukturelle Koppelung an das organismische System die Aufhebung von potentiell Möglichem und Ist-Zuständen.

Neben Aspekten der fremdbestimmten Steuerung durch Herrschaft, oder selbstbedingt motivierten, psychologischen Sinngebungen, kann das Paradies als Folge eines linearen Zeitbegriffs (Luhmann, 1997b, S.997 ff.) den finalen Fixpunkt einer gesellschaftlichen Entwicklung mit Sinn versehen:

Bei Kant wird die Vertreibung aus dem Paradies als Fortschritt der Menschgattung gesehen, die den Beginn der menschlichen Kulturentwicklung einläutete. Das Paradies stellte hier den rohen Naturzustand des animalischen Menschen dar (vgl. Hahn, 1976, S. 18 über Kant). „Die Geschichte der *Natur* fängt also vom Guten an, sie ist das Werk *Gottes*; die Geschichte der *Freiheit* vom Bösen denn sie ist das *Menschenwerk*" (Hahn, 1976, S. 18f. a. a. O. S. 78f.). [...] „Nun mag man vielleicht annehmen, dass diese Stelle eher etwas über das Geschichtsdenken der Aufklärung als über die Logik der Paradiesvorstellungen aussagt. Indessen wird man der These, dass vergangene gesellschaftliche Zustände von der Gegenwart verklärt werden, nicht jede Plausibilität absprechen können" (Hahn, 1976, S. 19). Die Frage, wieso die Vergangenheit nicht nur verklärt, sondern verteufelt wird, bliebe ebenso zu klären, als dass offensichtlich in jeglicher Gegenwart negativ Differenzen aus der Vergangenheit ins Jetzt oder der daraus resultierenden Zukunft bildbar sind und gemäß des Tenors „früher war alles besser" permanent erzeugbar sind. Die Paradiessemantik wird so als Reparaturstrategie des kulturellen Wandels gefasst und von ihrer existentialistischen oder ideologischen Komponente entbunden.

---

[82] Die These ist freilich schwer überprüfbar. Hahn (1976, S. 16f.) schlägt vor, da einige Gruppen von Individuen Vorstellungen eines verlorenen Paradieses teilen und andere nicht, die postnatale Phase zum Ausgangspunkt psychoanalytischer Betrachtungen zu nehmen. 1947 formulierte Kardiner Thesen, die frühkindheitliche Glücksvermittlungen und spätere Negativerfahrung in Zusammenhang unbewusster Paradieskonstruktionen sahen.

Die Paradiese entfalten erst durch ihre Unerreichbarkeit, durch den strukturellen Zwang, sie zu imaginieren, in Abgrenzung zu dem momentan Vorgefundenen ihren Reiz. Das *tatsächliche* Paradies muss somit im Unendlichen nach der Endlichkeit liegen.[83]

So sind die heutigen Paradiese zwar erreichbar, dennoch bleibt der sie erzeugende Referenzpunkt unerreicht. Ist das heutige Zeitalter von Technologie und Unüberschaubarkeit gezeichnet, stellt die unberührte Natur einen sehnsüchtigen Gegenpol, als Authentisches und Nicht-Korrumpiertes dar.

Die Reisen zur entlegenen Wildnis, zu den unberührten Orten dieser Welt, stehen symbolisch als Paradiese, als Bastionen der verloren geglaubten Kontrolle entgegen.[84]

Die Reise zum Paradies muss also fern, lang, aufregend (im Sinne von gegenalltäglich) sein. Vorort verliert sich das Paradies dann um die nächste Ecke oder der Phantasie an einen weiteren Ort. Gerade eben Reiseführer wie der Lonley Planet fungierten hier einst katalytisch, sie beschrieben zwischen den Zeilen, wo noch nicht ausgetretene Pfade zu finden waren. Eben wie dies auch im Fall der Geschichte von „The Beach" (2000) der Fall ist. Bei dem Strand (wie auch dem Kalalau Valley) handelt es sich um einen entlegenen Winkel, der nicht allgemein zugänglich ist. Hutt (Hutt , 1998, S. 72) hebt hervor, dass die „Wendung 'entlegene Winkel`" bereits einem Klischee entspricht. Aber derartige Verklärungen sind es womöglich, die zuerst die Phantasien anregen und letztlich dazu führen, dass die Orte tatsächlich aufgesucht werden. Wären die Orte leichter erreichbar, verlören sie auch an Reiz. Zudem würde sich der Mythos vom Paradies nicht aufrechterhalten lassen. Ein Paradies, das problemlos zu erreichen ist, würde unmittelbar dazu führen, dass es von jedermann aufgesucht werden würde. Aber gerade solche Reisende, die sich nicht als gewöhnliche Touristen sehen, legen Wert darauf, dorthin zu reisen, wo eben nicht alle anderen sind. Die Faszination von ungewöhnlichen Orten hängt wesentlich damit zusammen, sie nicht mit anderen teilen zu müssen (vgl. Hutt, 1998, S. 77). Abgesehen davon, dass es wichtig ist, dass das gewählte Ziel nicht von jedermann gekannt und besucht wird, verstärkt der mühsame Weg die Authentizität eines Ortes. Hutt (1998, S. 77) betont: „Authentizität leidet nicht zuletzt durch problemlose Erreichbarkeit." Denn durch die Schwierigkeiten, die mit der Suche des Strandes verbunden sind, können die Protagonisten in dem Film „The Beach" eher davon ausgehen, falls

---

[83] Oder aber im ekstatischen Jetzt liegen, indem die Differenz von Vergangenheit und Zukunft aufgehoben scheint.

[84] Paradoxerweise lenkt die Sehnsucht und die scheinbare Ursprünglichkeit von dem Problem der Untrennbarkeit des Dualismus von Natur und Kultur ab, verschleiert ihn und formt so trügerische Sicherheit.

es diesen mysteriösen Strand tatsächlich gibt, dass er noch nicht von anderen verdorben ist und sich seinen paradiesischen Charakter bewahrt hat. Man kann sogar so weit gehen zu sagen, dadurch wird der Traum und somit der Drang, den versteckten Ort zu entdecken, gar verstärkt. So gibt es eine Reihe von Hindernissen, die zu bewältigen sind.

Ob die Paradiessemantiken des Jenseits mit der Vollkommenheit des Diesseits abgeschafft werden könnten, bleibt rein spekulativ bis unwahrscheinlich. Für Hahn sind Paradiesvorstellungen normativ funktional, indem sie sinngebend sind, er verhaftet aber das Paradies in seinem sakralen Bezug: „Die Frage bleibt aber bestehen, ob eine Gesellschaft wie unsrige langfristig existenzfähig bleibt, ohne das Wozu des Lebens glaubwürdig beantworten zu können" (1976, S. 52f.). Die künstlichen Paradiese, die „die Zustände des außeralltäglichen Erlebens absichtsvoll herbeiführen" (ebd., S. 55) fungieren nach Hahn als *Ersatzreligion*. Wenngleich sie aufgrund der immanenten Vergänglichkeit außer Stande sind, diese zu ersetzen. Und doch lässt ihre Gegenalltäglichkeit den Alltag erst erträglich werden:

„Künstliche Paradiese sind deshalb keine Alternative zum Glauben an jenseitig-ewiges Glück. Ebenso wie die temporären Aufhebungen der Alltäglichkeit im Fest und Spiel können sie das hier mögliche Glück nicht festschreiben. Künstliche Paradiese fungieren denn auch sehr häufig als Vorgeschmack auf die von der Religion verheißenen endgültigen Paradiese, oder aber sie werden als sozial abweichendes Verhalten gesellschaftlich als Bedrohung empfunden, deuten sie doch eine gewisses Legitimationsdefizit des zulässigen Lebensstils an. Die Wirklichkeit ist nie paradiesisch, jedenfalls nicht durchgängig. Aber sie wird leicht höllisch, wenn sie uns niemals gestattet zu sagen: »Im Vorgefühl von solchem hohen Glück genieß ich jetzt den höchsten Augenblick« " (Hahn, 1979, S. 56)

Paradiesische Semantiken speisen sich demnach aus dem Zustand operativer Geschlossenheit von Bewusstsein und deren antizipierten Vergänglichkeit. Im Angesicht universeller Unerreichbarkeit von Einheit, sei es in Form von Gleichschaltung von Bewusstsein, Einheitserfahrungen mit der Natur, Wahrnehmung von Temporalität mit der ständigen Schaffung neuer Vergangenheit, Unbeständigkeit und der weiter evozierten Unwiederbringlichkeit; so konstruieren Paradiessemantiken kurzfristige oder langfristige Stabilität. Die Paradiessemantiken stabilisieren, wenngleich sie Ausdruck von Instabilität sind und durch ihre sakrale Entbehrung *an sich* selbst instabil geworden sind.

Reise und Paradiessemantik waren deshalb so anschlussfähig, weil sie beide auf das Spannungsverhältnis von Wirklichkeit und Imagination setzen und dadurch das Versprechen, was an sich unerreichbar ist bzw. was mit der Moderne verloren geglaubt ist: das einfache Leben. Die „neuen Paradiese" (ZDF,

2000) stehen somit semantisch in Sukzession zu der Grand Tour, von der sich der Adel Wissen und Erkenntnis erhoffte. Obwohl sie sich von der Wissensbeschaffung entkleidet haben, es bleibt das Kopieren der bekannten Routen und der Überraschung des Selbst vor Ort in Anklang an das Erwartete allerdings bestehen, die bereisbaren Orte sind Dank der verdrängten Unberührtheit in ihrem Individualisierungsgrad konform, wenngleich ihre oberflächliche Schaubühne variiert.

„Zunächst war es noch die *grand tour* der Adligen, die für die Dokumentation der meist zehnmonatigen, oft aber auch mehrjährigen Reise durch Italien oder für die Unterrichtsstunden vor Ort Künstler mit auf die Reise nahmen. Später verselbstständigte sich die Reise, bei der das praktische Studieren vor Ort und das Kopieren so genannter Meisterwerke zur Vervollkommnung der künstlerischen Fähigkeiten zentral war. [...] Jedoch mit dem Verschwinden einer normativen Ästhetik, die sich an der Antike und der italienischen Renaissance orientierte, begann insbesondere in der klassischen Avantgarde verstärkt das selbst beauftragte Reisen an andere Orte." (Kittner 2010, S. 193)

Die neuen Paradiese stehen aufgeladen in dem romantischen Gewand der Sehnsucht da, wenngleich sie auf Seiten des Individuums als ein nicht erfüllbares Versprechen durchschaut werden.

Aufgrund der Erkenntnis potentieller Überforderung durch den Anstieg von Neuem mit exponentieller Zunahme von potentieller Erkenntnis und Information bedingt durch Überinanspruchnahme durch Leistungsrollen, greift u.a. die Tourismusindustrie das alte Bild einer einfachen Welt als Desiderat auf. Überall da, wo unmittelbare Wunscherfüllung im Sinne von Einfachheit als Differenz zu der zunehmenden Komplexität potentiell möglich bzw. monetär kompensierbar scheint, wird auf die Paradiessemantik zurückgegriffen. – Dem modernen Reisenden ist klar, dass ein Urlaubsparadies, weder die Zeit umkehren noch umfassende Einheit garantieren kann. Zumindest wird in ihm der Ausdruck zu Entschleunigung wahr, auch wenn, je nach Bedarf ein Urlaub im Paradies eine Assimilation mit den Prozessen der funktionalen Differenzierung bedeuten kann (man schätzt danach den westlichen Komfort, lernt evtl. pragmatische Umgangsformen durch kulturelle Unterschiede etc. – muss dies aber freilich nicht).

Ob wie Alois Hahn vermutet eine zentrale Steuerung durch Paradiesvorstellung gesellschaftlich noch nötig ist, ist äußerst fraglich bzw. unmöglich zu beantworten. Die Semantik des Begriffs stellt ja eben genau von der religiösen auf eine weltliche infolge von funktionaler Differenzierung um. Die sakrale Semantik bleibt somit dem System der Religion immanent und kann ihre Sinngebung existentiell schöpfen (z. B. Sterblichkeit), während die säkulare dem psychischen System eine kurzweilige Lösung auf die wahrgenommenen Probleme (z. B. Überforderung) suggeriert. Die Probleme der modernen Welt lassen sich freilich damit nicht lösen, was zur Wiederholung zwingt und eine neue Form der Unerreichbarkeit schafft.

Paradiessemantiken tragen also zur Stabilität von Gesellschaft bei. Gerade am Beispiel der Natur (als Garten bzw. in ihrer Unberührtheit) schwingt die ambivalente Sehnsucht nach Einfachheit mit. Ambivalenz bedeutet in dem Fall das paradoxe Verhältnis von Domestizierung und Bedrohung, des Teil Seins und Sich-Abgrenzens im Form einer prozesshaften Einheit der attestierten Differenz.

Dass das Paradies ein Gefühl ist, beschreibt die Einsicht, die Umstellung einer Erkenntnis, dass Paradiese nicht sakral aber auch nicht säkular sind, sie sind als eine Form des Erlebens sinnstiftend. Ist dieser Gedanke nicht präsent, verliert sich die Sehnsucht nach dem Paradies schnell auch im Paradies.

3.6.3 *Der edle Wilde und die ewige Südseeromantik*

Die Umstellung von sakralen auf säkulare Paradiesvorstellungen ist nicht so sehr von den Forschungs- und Kolonialisierungsreisen geprägt, sondern eher bedingt durch den Wandel der europäischen Geisteshaltung, wie sie sich in der literarische Fixierung der Südsee in Form von Utopien und in Robinsonaden aufzeigen lässt (vgl. Mückler, 2004, S. 43).[85]

Die Südsee beherbergt unzählige Inseln und Atolle, sie wurde relativ spät von den Europäern entdeckt (im Vergleich zu Afrika 1415 und Amerika 1492 – ab 1513 [vgl. Mückler 2004]), obwohl der erste Kontakt mit den Mikronesiern und die Durchsegelung der Südsee (1519-1521) durch den Spanier Ferdinand Magellan zu verzeichnen war, ergaben sich erst wesentlich später weiterreichende Implikationen auf das Weltbild und die Selbstwahrnehmung der Europäer. Während bis in die Mitte des 17. Jahrhunderts die erste Phase der Südseeerforschung verzeichnet wird, in der ein Kartographieren mittels der europäischen Kolonialmächte im Mittelpunkt stand, begann die ebenso friedliche[86], naturwissenschaftliche Phase der Erforschung der Südsee im 17. Jahrhundert ungefähr mit der Gründung der britischen Royal Society (1660/62) (vgl. Mückler, 2004, S. 44), wie sie vermutlich einst von Francis Bacon 1662 in „Nova Atlantis" angeregt worden war.

Die Verzögerung zwischen Entdeckung und Erforschung über naturwissenschaftliche Expeditionen bis hin zur ökonomischen Ausbeutung lassen sich über

---

[85] Anthropologisch ließe sich freilich argumentieren, dass die Rodung der Wälder, die Domestizierung der heimischen Natur, den Weg in die Kolonialzeit, in die Fremde ebnete und so Sehnsucht importierte – also sukzessive verknüpft sind, wenngleich Kunst und Literatur die Sehnsucht, wie bereits erwähnt, befeuerten.

[86] Friedlich ist in diesem Kontext auf wissenschaftliche Rivalität unter den Kolonialmächten und auch auf den Umgang der jeweiligen Expeditionen mit den Menschen vor Ort zu verstehen. – Dies soll freilich nicht bedeuten, dass die Expeditionen eine Menge an Problemen (z.B. in Form von Geschlechtskrankheiten) zur Folge hatten.

den Wandel ideologischer Semantiken in Europa bzw. Prozessen der Differenzierung erklären. Mit dem Abbau des Einflusses der Kirche und des Glaubens verzeichnete die über Vernunft begründete Aufklärung einen Umbruch in der Naturwissenschaft, dem Wandel vom scholastisch-aristotelischen Weltbild hin zu einem mechanistischen Weltbild. Nicht nur, dass die Umsegelung der Welt zur Verfestigung des Alltagswissens von der Welt als Kugel beitragen konnte, auch im Prozess der Aufklärung, in der die Vernunft als Mittel der Kritik an bestehenden Strukturen instrumentalisiert wurde, fungierten die Semantiken von im Einklang mit der Natur lebenden Völkern, mit dem maßgeblich durch Rousseau geprägten Begriff des „edlen Wilden", als Möglichkeit, bspw. in Form von Utopien, Kritik an der Gesellschaft, bzw. deren Gestaltbarkeit zu reflektieren.

„Ausgangspunkt des Autonomiestrebens der einzelnen Richtungen der Aufklärung war – bei aller Unterschiedlichkeit – die Lösung des Denkens aus den Bindungen der tradierten, auf Offenbarungswahrheiten gegründeten christlichen Religion und Theologie sowie dem durch das Christentum theologisch-metaphysisch begründeten Weltbild mit seiner Staats- und Gesellschaftsordnung. Alle diese Entwicklungen waren maßgeblich durch die Erfahrungen der Kontaktsituation im Rahmen der ersten Phase der Entdeckung beeinflusst. Die kritische Auseinandersetzung mit der eigenen Kultur hatte sich ja gerade durch den Kontakt mit außereuropäischen Völkern intensiviert." (Mückler, 2004, S. 37)

Der Aufgriff der potentiellen Andersartigkeit in Form von anfangs anarchisch begriffener Exotik ging so, in Form von Utopieentwürfen, in die politische Diskussion im 18. Jahrhundert ein (Francis Bacon oder eben Jean Jacques Rousseau).

Gleichzeitig stellten die Südseeromane von einer benennenden auf eine beschreibende Perspektive um (aus Reiseberichten wurden Staatsutopien) (Gross, 1991, S. 58). Die Südsee galt in dieser Zeit als Sinnbild für Unschuld und somit als Gegenpol des habgierigen zivilisierten Menschen (vgl. Rousseau, 1755 in Mückler, 2004). Der „edle Wilde" stand oft gleichzeitig für den, heute immer noch modernen und äußerst prominenten, Tenor „zurück zur Natur" – im Gegensatz zu den Protagonisten in Utopien bedurfte es für ein Handeln kein elaboriertes judikatives oder anders institutionalisiertes Regelwerk, der edle Wilde handelte instinktiv „richtig" um glücklich zu sein und brauchte kein Geld/Gold hierfür.[87]

Die Utopie vermischte faktisches Wissen, betreffend Historie oder Geografie, mit Phantasie in idealisierender Form. Das Fremde wurde im Gegensatz zum beheimateten Müßiggang (Arbeit) positiv in den Utopien der damaligen Zeit herausgestellt (vgl. Mückler 2004).

---

[87] Freitag in Defoes „Robinson Cruso" stehen ebenso für den edlen Wilden wie auch Karl Mays „Winnetou".

Im Gegensatz zu der Gesellschaftskritik in den Utopien, stellten die Robinsonaden die menschliche Adaptionsfähigkeit in den Vordergrund.

Im zweiten Drittel des 18. Jahrhunderts (1763 - 1779) nahmen die Südsee-Expeditionen zu. Zu den wichtigsten Expeditionsleitern zählten: Samuel Wallis, Louis Antoine de Bougainville, La Pérouse und James Cook. Gemäß Bacons Postulat „Wissen ist Macht" segelten die Expeditionen unter nationaler Flagge zum Zweck der buchstäblichen (weiteres Kartographieren) und sinnbildlichen Horizonterweiterung (in Form symbolischer Realienschau in Sammlungen/Museen) zum Zweck der politischen Machtentfaltung. In dieser zweiten Phase wurden die Expeditionen zielstrebiger. In den Jahrzehnten nach Cook wurde die Südsee fast vollständig erschlossen.

Mit der industriellen Revolution in England und der bürgerlichen Revolution in Frankreich kam es zu einem erneuten Motivationsschub und zu einem Paradigmenwechsel: Südseeerkundungen folgten nun nicht mehr primär explorativen naturwissenschaftlichen Imperativen, sondern einem ökonomischen Imperativ. Die Suche nach Rohstoffen (in Form von Walfang, Sandelholzgewinnung oder Fang von Seegurken) oder die Ausbildung von Handelsrouten stand im Vordergrund.

Durch die in Europa in breiten Teilen der Bevölkerung vorherrschendem Armut avancierte die Südsee so erneut zum Paradies, allerdings nicht mehr als Medium der Gesellschaftskritik, sondern als Sinnbild der Möglichkeit einer mühelosen Aneignung von Rohstoffen.

Die in der Renaissance von Antoine de Montchrestien formulierte Abwendung der Vorstellung von Arbeit als Ergebnis eines Abfalls von Natur und Gott (vgl. Mückler 2004, S. 47) wurde erst 200 Jahre später in der Arbeitsweltlehre der Physiokratie von Adam Smith und David Ricardo aufgegriffen. Die wilden Gesellschaften fungierten hierbei als Nullpunkt zur Legitimation der Arbeitswelttheorie.

Mit der Entwicklung der politischen Ökonomie vollzieht sich ein semantischer Bruch in der Selbstdefinition von Zivilisation. Zivilisation definiert sich fortan auch über Arbeit in Typologisierung des jeweiligen technischen Entwicklungsniveaus. Die Semantik des „edlen Wilden", der authentisch im Einklang mit der Natur lebte, erodierte. Der scheinbar im Überfluss lebende Wilde wurde zum Primitiven der durch Faulheit gekennzeichnet ist (vgl. Mückler, 2004, S. 47).

So steht heute ein ambivalentes Bild vom Fischer im Urlaubsort, der einerseits moralisch integer, im Einklang mit der Natur leben kann bzw. auf der anderen Seite dies muss und nur rudimentär mit zivilisatorischen Errungenschaften (Technik, Wissen und Konsummöglichkeiten) ausgestattet ist.[88]

Die agrarwirtschaftlichen Bedingungen, wie z.B. die Vulkan- und Korallenböden vieler Inseln bieten, sind in ihren Nutzungsmöglichkeiten eingeschränkt. Auf Atollen sind die landwirtschaftlichen Nutzungsmöglichkeiten eingeschränkt, die Trinkwasserversorgung stellt vielerorts ein Problem dar. Fisch, die Kokospalme, Pandausnuss, Brotfruchtbaum, Bambus sowie der Anbau von Taro stellen im essentiellen kultivierbare Rohstoff- bzw. Nahrungsquellen dar.

Für die säkularen Paradiese bzw. deren Kolonialisierung bedeutet das die Weiterentwicklung romantischer Erlebnistechniken innerhalb des Individuums.

„Die neue Gefühlsstrategie der romantischen Reise und die Art der mit ihr einhergehenden Aufzeichnungen führen zu veränderten Formen der Meereslust. Im Unterschied zum klassischen Touristen hat der romantische Reisende nicht nur eine kulturelle Pilgerfahrt zum Ziel; er kommt nicht, um einen Text mit der Landschaft zu vergleichen, um die Freude des Wiedererkennens zu genießen und gegebenenfalls Entfernungen zu messen. Er will vielmehr den aus einer Ahnung erwachsenden individuellen Traum vollenden. Die laufenden Verschiebungen vom Realen zum Imaginären, ausgelöst durch die Gegenüberstellung von Naturschauspiel und Traum, stehen im Vordergrund der Reise." (Corbin, 1994, S. 233 f.)

In Reminiszens an Vergangenes, an den Gegenalltag, an die Kunst oder Filme wird den Orten so der Habitus des Paradieses verliehen.

Imaginative Sehnsucht kann folglich eine Technik zur Entstehung von Paradiesen sein. In Konsequenz bedeutet dies allerdings auch Ortsentbundenheit sowie Austauschbarkeit im Erleben sowie die Verlagerung des Erlebens auf individuelle körperliche Erfahrungen. Die unberührten Orte werden auf der einen Seite rarer, die Techniken der Paradieserfahrung somit uniformer nach außen bzw. auf Imagination und zunehmend auf Kinästhetik fußend.[89] – Man war auch an jenem Ort und hat eben „xy" gemacht (dies und das gesehen), hatte aber dieses Paradies-Gefühl. Die Vorstellung von dem Paradies und der Natur ist erodiert, das Paradies ist so an individuelles Erleben und Imagination geknüpft, der Natur kann hierbei eine wichtige Rolle zukommen.

Auf die touristischen Aspekte der Naturwahrnehmung soll nun im folgenden Kapitel detailliert eingegangen werden.

---

[88] Ab dem 19. Jahrhundert ist daher nicht mehr von der Entdeckungsgeschichte, sondern der Kolonialisierungsgeschichte zu lesen (vgl. Mückler, 2004, S. 48). Trotz aller bestehenden Konflikte, u.a. eben die Annexion bzw. Unterwerfung vieler Inseln, Putsche und Bürgerkriege (Fidschi 1987, 2007 und Salomonen 2000) den Atombombenversuchen, sowie Demokratisierung der Monarchien und den folgenden Unabhängigkeitsbewegungen (Hawai'i, Neukaledonien bzw. Französisch Polynesien), gelang und gelingt es den Medien bis heute ein Bild der friedlichen Südsee zu produzieren.

[89] Neben dem touristischen Angebot induziert auch Musik das Paradies-Gefühl. So läuft bspw. weltweit in Bars an Stränden „I shot the sherriff", Zipping-Lines lassen Individualisten über Schluchten und Urwälder auf der ganzen Welt rasen.

4 Reisen und Naturerfahrung

In diesem Kapitel soll ein systematischer Abriss mit den für diese Arbeit relevanten Aspekten zum Thema Reisen und Naturerfahrung auf Reisen gegeben werden.

Tourismusforschung ist in den gängigen Lehrbüchern oftmals im ökonomischen Duktus abgehandelt, dementsprechend werden Prozesse und Statistiken präsentiert, die die Voraussetzung und Funktionen des Phänomens außer acht lassen. Die Forschungsrelevanz wird bei diesen Ansätzen durch das Umsatzvolumen von ca. 620 Milliarden amerikanischen Dollars begründet oder die Tourismusbranche zu einer der drei umsatzstärksten weltweit gezählt (vgl. Opaschowski, 2001 oder Steinecke, 2006). Felder touristischer Forschung erstrecken sich freilich über das der Wirtschaft hinaus, über Soziologie, Ökologie, Geographie, Psychologie und Politikwissenschaft hinweg zu einer Tourismuswissenschaft, als eine übergreifende Forschungsdisziplin.[90] Während wirtschaftliche Betrachtungen Tourismus unter Aspekten der volkswirtschaftlichen Entwicklung, der Konjunktur, Einkommensentwicklung oder betriebliche Entwicklungen wie u.a. Veränderung der Wettbewerbsbedingungen betrachten, geraten u.a. Prozesse und Einflüsse auf die soziale Ordnung, Umgang mit Fremdheit, gesellschaftlicher Wandel und Bürokratie in den soziologischen Fokus der Tourismusforschung (siehe hierfür Freyer, 2009, S. 45 ff.).

Tourismus durchdringt alle Kernbereiche der Gesellschaft (Wirtschaft, Politik, Recht, Erziehung, Religion etc.), die verschiedenen Teilphänomene oder auch die gesamtgesellschaftliche Funktion des Reisens können in verschiedenster Weise soziologisch aufgegriffen werden (Vester, 1999). Tourismusforschung als transdisziplinäres Ziel (vgl. auch Spode, 2005) oder „tourismusbezogene Forschung – als interdisziplinärerer und stark empirisch ausgerichteter Zusammenhang verschiedener sozialwissenschaftlicher Subdisziplinen – [bleibt] typischerweise [noch] ohne größere theoretische Ansprüche" (Pott, 2007, S. 10).

Bevor nun aber verschiedene theoretische Konzepte zur Beschreibung des Phänomens herangezogen werden und die Frage gestellt wird, ob Tourismus als

---

[90] Wie sie bspw. von der Deutschen Gesellschaft für Tourismus e.V. (DGT) gefordert wird. – Allerdings wird von dieser asymmetrisch zwischen kulturellen und wirtschaftlichen Aspekten unterschieden. Von Interesse scheinen hier auch häufig wirtschaftliche Faktoren.

Folge eines gesellschaftlichen Bezugssystems zu sehen ist, sollen im Folgenden erst basale und relevante Termini erläutert werden.

4.1 Der Begriffsapparat der Tourismusforschung

Als erstes komme ich auf die Unterscheidung zwischen Tourismus und Reisen. Dabei lässt sich das Reisen als eine zeitlose Erscheinung beschreiben, die mit der Geschichte der Menschheit untrennbar verwoben scheint. Beispiele dafür sind Kreuzzüge, Eroberungsfahrten, Wanderungen usw. Der Tourismus hingegen wird meist als ein relativ neues Phänomen des Reisens betrachtet, „als Massenerscheinung so jung wie die bürgerliche Gesellschaft" (Armanski, 1986, S. 15). Da der Tourist aber immer ein Reisender ist, wird im Folgenden auch immer wieder die Rede vom „Reisenden" sein.[91]

Es gibt eine Menge Definitionen von Tourismus. Zuerst soll das Wort historisch und anschließend etymologisch erklärt werden. Im 17. Jahrhundert bedeutete der Begriff „Tour" im Französischen „Rund-" oder „Spaziergang". Um 1800 wurde das Wort „Tourist", ausgehend von der „Grand Tour" der englischen Aristokratie, erstmals in einem englischen Wörterbuch gebraucht.[92] Ursprünglich bedeutete das Wort „Tour" (frz.) laut Kluge (1999, S. 830) „Drehung, Wendung", das von „tornare" (l.) (= drechseln) stammt. Mit dieser Herleitung lassen sich die negativen Assoziationen, die zum Teil mit dem Wort „Tourist" verbunden sind, noch nicht verstehen.

Der „Tourist" wird in Grimms deutschem Wörterbuch 1830 aus dem Englischem übernommen, hier wird ein Reisender beschrieben, „der zu seinem Vergnügen ohne festes Ziel, zu einem längeren Aufenthalt sich in fremde Länder begibt, meist mit dem Nebensinn des reichen, vornehmen, unabhängigen Mannes" (Opaschowski, 1996, S.15). Der verwandte Begriff „Touristik" kam im späten 19. Jahrhundert auf und bezog sich anfangs vor allem auf den Alpinismus. Mit der Industrialisierung änderte sich das Bild des Touristen von einem einzelnen privilegierten Individuum hin zum „Volk der Touristen" (ebd.).

Der Begriff „Tourist" feierte vermutlich 1967 seinen vorläufigen internationalen Wahrnehmungshöhepunkt als die Vereinten Nationen in New York mit der Union International des Organismes Officiels de Tourisme (UIOOT) das Motto

---

[91] In neueren Panels werden die Begriffe „Tourist" und „Besucher" synonym gebraucht. Siehe hierfür http://statistics.unwto.org (World Tourism Organisation - UNWTO)

[92] Mit „Grand Tour" wurde das Reisen zum Zwecke der Bildung bezeichnet, die im 18. Jahrhundert ihren Höhepunkt erreichte. Dabei ist mit Bildung die Reise an fremde Höfe gemeint, um deren Sitten und Gebräuche kennenzulernen. Das gebotene politische und kulturelle Training sollte der Lebensbewältigung dienen (vgl. Platz, 1995, S. 4 u. 6 f.). Ich komme an späterer Stelle darauf zurück.

proklamierten: „Tourismus – ein Weg zum Frieden".[93] Politisch wurde der Verständigungseffekt von Reisen wohl eher übertrieben, wohingegen die einheimische Bevölkerung dem Kontakt zu Fremden eher kritisch bzw. zurückhaltend gegenübersteht (Opaschowski, 2001, S. 13).

Da es an dieser Stelle unsinnig wäre, sämtliche Definitionen des Tourismus zu erläutern – dafür gibt es zu viele – beschränke ich mich auf eine wesentliche. Natürlich mag man entgegenhalten, dass jede Disziplin verschiedene Definitionen hat und dass es die verschiedensten Formen und Ausprägungen von Tourismus gibt (vgl. Pongratz, 2001, S. 21). Somit kann eine einzelne Definition unzureichend sein, für die vorliegende Arbeit ist die Tourismusdefinition der World Tourist Organization vorerst entscheidend:

„Tourismus umfasst die Aktivitäten von Personen, die an Orte außerhalb ihrer gewohnten Umgebung reisen und sich dort zu Freizeit-, Geschäfts- oder bestimmten anderen Zwecken nicht länger als ein Jahr ohne Unterbrechung aufhalten." (Freyer, 2009, S. 2)

Es kann an dieser Stelle angemerkt werden, dass sowohl die Formulierung „außerhalb ihrer gewohnten Umgebung" eine gewisse Unschärfe beinhaltet, als auch die Zeitspanne merkwürdigerweise, über das Kalenderjahr begründetet wird, statt durch Zyklen der Akkulturation oder Assimilation.

„In der Vergangenheit sind nicht nur von der Tourismuswissenschaft, sondern auch von Institutionen und Statistischen Ämtern Definitionen erarbeitet worden. Sie zielen weniger darauf ab, den komplexen gesamtwirtschaftlichen und –gesellschaftlichen Charakter des Tourismus definitorisch abzubilden; vielmehr steht bei ihnen die Operationalisierbarkeit im Vordergrund." (Steinecke, 2006, S. 13)

Viele der Definitionen sind Ergebnisse fremdenverkehrswissenschaftlicher Erörterungen und betonen ökonomische Aspekte, die sich mit Statistiken und Zahlen beschäftigen und für die Gäste- und Übernachtungszahlen wichtig sind. Da sich die vorliegende Arbeit aber mit anders gelagerten qualitativen Gesichtspunkten auseinandersetzt, ist es notwendig, über das bloße Aufzählen von Punkten hinauszugehen. Auch die immer wieder vorkommende Betonung des *Ortswechsels und der Fremdheit* grenzt den modernen Tourismus nicht von anderen Erscheinungen ab. Beides gilt auch für Wallfahrten, Kreuzzüge, Eroberungen, Entdeckungsfahrten oder Nomadentum (vgl. Kubina, 1990, S. 32 ff.). Die para-

---

[93] Die durch den Tourismus unter anderem geschaffene Globalität und die Kontaktmöglichkeiten verschiedener Gruppen, wurde in der Forschung aber auch durch die Kontakthypothese (vgl. Allport, 1991) kritisch beäugt. Die Kontakthypothese geht von einer selbsterfüllenden Prophezeiung im Kontext starker Monopolhypothesen und einem selektiven katalytischen Wahrnehmungsbias aus, der nur die Bestätigung der Stereotype und Vorurteile mit sich führt und nicht zu einem konstruktiven Austausch der kulturell divergierenden Interaktionspartner führt. Nur unter bestimmten Bedingungen (keine Konfliktgruppen, Freiwilligkeit und Offenheit) kann demnach interkulturelle Kommunikation mit nachhaltig positivem Effekt gelingen. Opaschowski (2001 S.13) verweist hierzu auf Studien von Allport 1954, Amir (1976) und Gast-Gampe (1993), die positive Effekte von Tourismus auf der Basis von Freiwilligkeit, positiver Erlebnisse und entspannter Atmosphäre produzierten.

digmatische Unterscheidung zwischen den Begriffen des "Reisens" und des "Tourismus" als Phänomen der Moderne wird häufig durch den "zweckfreien" Sinn einer Reise begründet (Pott, 2007, S. 52 ff.) und dient der *Herstellung von Distanz zum Alltag*". – Diese Überlegungen sollen allerdings später weiter ausgeführt werden.[94]

Ein Begriff, der synonym zum Begriff „Tourismus" verwendet werden kann, ist der Begriff „Fremdenverkehr" (Koch, Arndt, & Karbowski, 1982, S. I). Zu Beginn der wissenschaftlichen Beschäftigung mit dem Reisen dominierte dieser Begriff, wobei die damit verbundene Fremdenverkehrslehre anfänglich wesentlich von den Wirtschaftswissenschaften geformt wurde (vgl. Hömberg, 1974, S. 36). Darum lässt sich - falls man zwischen gewissen Akzenten der Forschung unterscheiden will - bei fremdenverkehrswissenschaftlichen Erörterungen eher auf eine ökonomische Orientierung schließen (vgl. Kubina, 1990, S. 32). Zwingend ist diese Unterscheidung freilich nicht.

Ein weiterer Begriff der an dieser Stelle nicht unerwähnt bleiben soll ist der des „Urlaubs". Etymologisch lässt sich die Bedeutung aus dem Gotischen auf das Wort „erlauben" zurückführen (vgl. Opaschowski, 1996). Der Urlaub mit der Möglichkeit einer Reise ist somit immer etwas, was im Kontext struktureller Zwänge und somit auf Zeit angesiedelt ist. Bevor die theoretischen Implikationen hieraus aufgegriffen werden, soll nun aber erst die historische Entwicklung des Tourismus und die typischen Formen des Tourismus dargestellt werden.

4.1.1 Massentourismus

Die Bezeichnung Massentourismus ist sicherlich für viele mit eher negativen Assoziationen verbunden. Allein die Begriffe „Masse" und „Tourismus" bzw. „Tourist" weisen dahingehend Übereinstimmungen auf. Sie finden sich in verwandten Überzeugungen wie „die Masse sind immer die anderen", die mit der Neigung verwandt sind, immer nur die anderen Reisenden als Touristen zu bezeichnen, sich jedoch in einem anderen Licht zu sehen. Da das Reisen aber eben längst kein Privileg mehr ist, müssen sich auch Individualtouristen als *Individualmassentouristen* begreifen. In jüngster Zeit sind aber auch die Begriffe „Masse" und „Tourismus", sowohl unabhängig voneinander als auch zusammengesetzt, positiver besetzt worden. Die Rede ist z.B. von einem „Lob des Massentourismus" (Stephan, 1997, S. 33).

---

[94] Die These des „Bedeutungsverlusts von Raum und Zeit" ist als „revolutionärer Umbruch" der postmodernen Tourismusforschung u.a. durch Peter Weichhart konstatiert (vgl. Spode, 2005, S. 135).

Es kann aufschlussreich sein, den Begriff der Masse etymologisch zu betrachten. „Masse" geht demnach auf das Wort „massa" (l.) zurück, das soviel wie „Teig" oder „Klumpen" heißt. Das stammt seinerseits von dem Wort „mãza" (gr.), was „Brotteig" bedeutet (Kluge & Seebold, 1999, S. 543). Dahingehend ist es nicht verwunderlich, wenn „Masse", wie Kubina (1990, S. 21) bemerkt, „mit einer schmierigen, gallertartigen Substanz ohne Eigenform in Verbindung gebracht wird". Die erste wissenschaftliche Disziplin, die sich mit dem Phänomen „Masse" auseinandergesetzt hat, ist die Psychologie, unter deren Bezeichnung „Massenpsychologie" sie dann ein Bestandteil dieser Wissenschaft wurde. Ihr Hauptaugenmerk liegt dabei auf dem einzelnen und seinem Verhältnis zur Masse (vgl. Kubina, 1990, S. 22 f.). Die Vorwürfe sind seit Etablierung der Massenpsychologie lang. Ihr wird die Fähigkeit zum logischen und kritischen Denken abgesprochen, sie wird der Triebhaftigkeit bezichtigt, Unbeherrschbarkeit der Gefühle wird ihr vorgeworfen, usw. Damit gehen auch der Verlust der Persönlichkeit und eine leichte Beeinflussung der Gedanken und Gefühle einher (vgl. Le Bon, 1932, S. 21 ff. u. S. 44 ff.).

Auch der Begründer der Psychoanalyse, Sigmund Freud, beschäftigte sich mit dem Thema Massen. Freud (1967, S. 128ff. und 136ff.) hebt bei seiner Analyse der Massen hervor, dass der Einzelne sich in der Masse stärker fühlt als alleine. Singende Fußballfans oder die Urlauber am „Ballermann", die ausgelassen feiern, unterstützen hierbei diese These. Freud betont aber auch, dass hierdurch die Einzelpersönlichkeit schwindet, sich die Gedanken und Gefühle in gleichen Bahnen bewegen und die Affektivität und das Unbewusste an Bedeutung gewinnen. Er schreibt diesem Verhalten Regression zu und spricht in dem Zusammenhang von einer „Urhorde", in der bereits diese Verhaltensweisen zu beobachten waren und auf die diese zurückgeführt werden können. Die Ursache in dem Phänomen Masse sieht Freud in der starken Neigung des Individuums zur Identifikation. An die Stelle des von ihm so bezeichneten „Ichideals" setzen die einzelnen Individuen ein ihnen allen gleiches Objekt, weswegen sie sich auch miteinander identifizieren können. Des Weiteren ist jeder Teil von vielen Massen, wie Glaubensgemeinschaft, Stand, Staatsangehörigkeit, usw. So negativ wie Le Bon sieht Freud die Masse allerdings nicht, das Individuum geht nicht zwangsläufig in ihr unter.

Viel deutlicher formuliert Jung (Jung, 1974, S. 256f.) seine Verdammung des Individuums in der Masse. Er assoziiert die Masse mit einem „gewalttätigen Tier" oder einer Bestie, in der das Individuelle zwangsläufig verloren geht. Der Mensch in der Masse ist für ihn prinzipiell schlechter, als wenn er alleine ist.

Selbst wenn die Masse aus lauter redlichen und vorzüglichen Menschen besteht, ist sie, weil Masse, dumm und blind wie ein Tier.

Zum Gegenstand der Soziologie wird die Masse, da einzelne Elemente zu einer neuen Einheit werden und Formen der Vergesellschaftung ein Teil der soziologischen Betrachtung sind (vgl. Simmel, 1968, S. 17ff.). Während die Psychologen als Folge der Triebstruktur spontanes, unberechenbares und unvorhersehbares Handeln als typische Eigenheit der Massen offenlegen, heben Soziologen die verschiedenen Erscheinungen von Massen hervor und differenzieren infolgedessen. Es gibt einige Dimensionen, in die sich die Massen aufteilen lassen: in z. B. organisierte oder nicht organisierte Masse (vgl. Mac Dougall, zit. nach Kubina S. 26) –, in abstrakte oder konkrete Masse (vgl. von Wiese, zit. nach Kubina, 1990, S. 26). Zudem verliert die Quantität in der Massenbetrachtung zunehmend an Relevanz, stattdessen wird das besondere Verhalten im Kollektiv untersucht. Nach Königs (1965, S. 474) Ansicht kann sich die Diskussion über die Masse mehr und mehr auf die positiven Inhalte des Begriffs konzentrieren, da der Gruppencharakter und die Untersuchung des Verhaltens im Kollektiv im Vordergrund stehen und der kulturkritische Charakter der Begriffe „Masse" und „Vermassung" in den „Hintergrund getreten" sind. Mit Vermassung ist zum einen anfänglich gemeint gewesen, dass fortan alle Bürger vor dem Gesetz gleich behandelt werden; zum anderen aber auch bestimmte Produktionsformen der modernen Industrie, die Waren in großen Serien fertigt. Damit gehen neue Möglichkeiten des Konsums einher, die eine Anhebung des Lebensstandards für die breiten Massen möglich machen (vgl. König, 1965, S. 468). Das gilt auch für den Tourismus. Das Reisen, das früher nur den Privilegierten vorbehalten war, erreicht die breite Masse der Bevölkerung.

Es gibt aber auch andere Autoren, die an ihrer Kritik an den Massen festhalten. Ortega y Gasset (1955, S. 10) teilt die dynamische Gesellschaft in zwei Faktoren, in Elite und Masse. Individuen, die zur ersteren Gruppe gehören, zeichnen sich durch besondere Qualifikationen aus. Dem entgegengesetzt ist der Mensch der Masse, „der Durchschnittsmensch". Er hebt sich nicht hervor, sondern verkörpert bloß den „generellen Typus". Ähnlich sieht es de Man (1951, S. 28), der der Masse individuelle Differenziertheit abspricht und bei ihr das Fehlen von „Initiative, Originalität und Bewußtheit" konstatiert. Zudem tritt bei ihm ein Unterschied im Verhalten zutage; die Masse zeichnet sich für ihn vornehmlich durch reaktives Verhalten aus, sie ist nicht selbstbestimmt. Darüber hinaus geht er davon aus, dass jeder zu einem gewissen Grad Massenmensch ist, wie stark hängt davon ab, wie sehr unser Verhalten durch „Masseneinwirkung bestimmt wird" (de Man, 1951, S. 47).

Obenstehende Erläuterungen sollen deutlich machen, dass bei der Einschätzung der Masse oder der Massen bestimmte Werthaltungen im Spiel sind. Was für den einen zu Demokratisierung und Angleichung der Lebensverhältnisse führt, ist für den anderen eine Nivellierung des Individuums, das, verkümmert in seinen Anlagen, der Beeinflussung durch die Masse hilflos ausgeliefert ist (vgl. Kubina, 1990, S. 28). In dieser Tradition steht auch das Theorem, nach dem gesellschaftliche Anpassung als einer der Hauptgründe des Reisens gilt. Weil der Nachbar ein neues Auto hat, brauche ich auch eines; aus demselben Grund fahre ich auch nach Mallorca, weil das die anderen auch tun (vgl. Hennig 1997, S. 37). Im Hinblick auf die hier zusammengefassten Gedanken wird deutlich, dass die Schwierigkeit des Massenbegriffs im Problem der Werthaltung liegt. Gleichgültig, ob der Begriff nun positiv oder negativ besetzt wird, haftet ihm die Wertproblematik an. So ist die Kritik an den Eigenschaften und Verhaltensweisen der Massen nicht grundsätzlich falsch, vielmehr handelt es sich um eine „Mischung von Falschem und Richtigem" (Vierkandt, 1923, S. 419), welche die Richtigstellung um so schwerer macht. Hinzu kommt, dass allein schon der Gebrauch des Begriffs „Masse" oder auch des Begriffs „Massentourismus" Anstoß für Kritik bietet. Man wird sofort in eine kulturkritische Ecke gedrängt, der Ideologie und oberflächliche Betrachtung unterstellt wird. Die Folge ist, dass manche Wissenschaftler den Begriff „Masse" als einen von vornherein unwissenschaftlichen ablehnen (vgl. Kubina, 1990, S. 29). In dieser Arbeit soll dennoch von Massentourismus die Rede sein, allerdings in einem rein quantitativen nicht normativen Gebrauch, ohnehin wird aus der Perspektive der Systemtheorie die Notwendigkeit bestehen von Individuen abzusehen, auch in ihrer Kumulation bzw. Aggregation als Masse.

Ein Hinweis auf tief verankerte und keinesfalls wertfreie Vorstellungen über das Verhalten von Massen liefert auch ihre Darstellung in Filmen. Das soll im Hinblick auf die Massenpanik illustriert werden. In den meisten Filmen - ganz gleich, ob sie jüngeren oder älteren Datums sind - wird die Masse im Unglücksfall als eine wildgewordene Menge dargestellt, in der keiner auf den anderen Rücksicht nimmt und jeder nur nach dem eigenen Überleben strebt. Das zeigen Filme wie „Titanic" (1997) deutlich. Als Gegensatz wird dem gegenüber der für sich allein agierende Held dargestellt, der scheinbar selbstlos sein Leben aufs Spiel setzt. Darin finden sich zum einen das Bild von der triebhaften, charakterlosen Masse und zum anderen das Bild vom redlichen Individuum, das sich noch in Extremsituationen edel verhält.

Die ausführlichen Erläuterungen zum Massenbegriff sollen die zum Großteil sehr negativen, aber auch positiven - in beiden Fällen immer wertenden - Assoziationen, mit denen das Wort verknüpft ist, aufzeigen, um es für den Begriff „Massentourismus" fruchtbar zu machen.

4.1.3 Zum Begriff Massentourismus

Auf den Begriff „Massentourismus" zurückgekommen, lässt sich feststellen, dass es kaum Definitionen gibt, die den Begriff erklären. Wenn sich doch eine findet, ist sie meist negativer Natur und artet in einer Beschimpfung aus. Es wird meist nur der Begriff „Tourismus" erklärt, anschließend werden Typologien von Touristen erstellt.

Um zu verstehen, wie der Begriff „Massentourismus" meist aufgefasst wird, beziehe ich mich auf Smith (zit. nach Platz, 1995, 11 f.), die den Massentouristen als jemanden beschreibt, der sich seine Ziele dort aussucht, wo er auf westlichen Komfort nicht zu verzichten braucht. Unterscheiden ließe sich noch der Organisationsgrad der Reise, ob jemand z. B. gleich zwei oder mehrere Bestandteile der Reise gebucht hat, wie Flug und Hotel. Hier lässt sich auch gleich die Abgrenzung zur Pauschalreise treffen, die nach Hebestreit (1992, S. 20) definiert wird als

„ein Dienstleistungspaket, bestehend aus mindestens zwei aufeinander abgestimmten Reisedienstleistungen, das im voraus für einen noch nicht bekannten Kunden erstellt wurde und geschlossen zu einem Gesamtpreis vermarktet wird, so dass die Preise der Einzelleistungen nicht mehr identifizierbar sind."

Demnach kann zwar der Massentouristen ein Pauschalreisender sein, er muss aber nicht. Ich will den Begriff des Massentourists in dieser Arbeit nicht in Unterscheidung zu dem Begriff des Individualtouristen gebrauchen, sondern ihn lediglich aus der umgangssprachlichen Bedeutung mit der negativen Konnotation heraus befreien und wertfrei auf den Organisationsgrad der Reise beziehen. Schließlich reisen heute massenhaft Individuen bzw. Massen, die sich wiederum häufig – und das auch nur schwer – in Form der Reiseorganisation unterscheiden lassen. So ist es unmöglich als Individualtourist auf massentouristische Fortbewegungsmittel zu verzichten, dies gilt schon für die Erreichung der Destination, weiter für die Unterbringung und die Fortbewegung vor Ort.

4.1.4 Alternativ- oder Rucksacktourismus

Als Vorstufe des modernen Alternativtourismus kann das „Tramping" gesehen werden, dass bis in die 30er Jahre des 20. Jahrhunderts in den USA gesellschaftlich etabliert war und durchaus mit positiven Vorstellungen verbunden wurde. Es war ursprünglich arbeitsorientiert, doch durch seine zunehmende Romantisierung und somit Anlehnung an den Tourismus und einer damit einhergehenden Freizeitorientierung verlor es an gesellschaftlicher Akzeptanz. Durch den Rückgang von Facharbeitern und das Auftreten von Landstreicherei galt es fortan als illegal. Gewisse Ähnlichkeiten zur Trampbewegung finden sich bei den „Beats" der 50er, als Wegbereiter der Hippiebewegung gelten sie als Auslöser des großräumigen Alternativtourismus (vgl. Spreitzhofer, 1995, S. 102 f.).

Die Hippiebewegung, die sich nicht länger auf landesinnerliche Protestkundgebungen beschränkte, setzte Zeichen, begab sich auf die Reise und suchte nach einer besseren Welt. Es wurden bei ihren Reisen Ziele in Indien angesteuert, die als Alternativreisen schlechthin bezeichnet werden können und die den Weg für den Alternativtourismus der folgenden Jahrzehnte bereitet haben. In den 70er Jahren bildeten sich zunächst sogenannte „Aussteigerzentren“, die sich auf Gegenden beschränkten, die sich der Hippiebewegung gegenüber tolerant zeigten. Die ersten Zentren, die sich in Asien bildeten, sind Goa (Indien), Katmandu (Nepal), Kabul (Afghanistan) und Kuta (Bali/Indonesien). Es formte sich auch erste Kritik am Lebensstil der Hippie-Aussteiger, und zwar von kirchlicher Seite, wobei die bürgerliche Argumentationsweise, wie sie bereits gegen die Tramper vorgebracht wurde, weitgehend unverändert blieb. Die Hippies wurden hierbei des Drogengebrauchs, der sexuellen Freizügigkeit und somit Unmoral, der Unhygiene, des Verbrechens, der Faulheit und Ausbeutung bezichtigt (vgl. Spreitzhofer, 1995, S. 103).

Ende der 70er, Anfang der 80er begann sich die Wissenschaft mit dem Phänomen Alternativtourismus auseinanderzusetzen, wobei noch heute Schwierigkeiten hinsichtlich einer einheitlichen Definition bestehen, Einigkeit herrscht nur in der Abgrenzung zum Massentourismus. Angemerkt sei, dass die Unterscheidung auf den ersten Blick trügerisch erscheinen mag, da Alternativtouristen freilich auch in Massen auftreten, ich hatte weiter oben im Text ja bereits auf die Bezeichnung der Individualmassen verwiesen. Tony Wheeler, der Erfinder des Lonley Planets, hat mit seiner Idee zur Vermassung dieser Idee beigetragen.

Viele Definitionen sind zudem sehr ungenau und lassen offen, was sich hinter dem Phänomen verbirgt, so auch die Definition der Welttourismusorganisation, die Alternativtourismus als *„new forms of socially responsible and environment-conscious tourism“ erklärt (zit. nach Spreitzhofer, 1995, S. 105).*

Greift man, in Anlehnung an Smith (zit. nach Platz, 1995, 11 f.), die Abgrenzung des Alternativtouristen vom Massentouristen auf, so lässt sich der Alternativtourist als jemand beschreiben, der keinen besonderen Wert auf (westlichen) Komfort legt und dem andere Dinge wichtiger sind, wie z.B. Abgeschiedenheit von „touristischen“ Orten und das Kennenlernen der einheimischen Kultur. Insofern ist für ihn auch eine ausgebaute Infrastruktur unbedeutend, er sieht sie zum Teil sogar negativ, da sie als Vorbote von immer mehr Touristenströmen gesehen werden kann.

„Eine Vorhut des Individualtourismus wären demnach jene, die in den Genuss von elitären Geheimtipps kommen und als Location-Scouts Orte für ein größeres Publikum dann räumen, sobald sich die nötige Infrastruktur entwickelt hat. Katalysator dieser Entwicklung ist immer eine Straße." (Wozinicki, 2008, S. 50)

In Bezug auf die Unterscheidung zwischen allozentrischer und psychozentrischer Touristentyp von Plog (zit. nach Pongratz, 2001, S. 59 f.) lässt sich der Alternativtourist recht eindeutig beim allozentrischen Touristentyp ansiedeln. Seinen Erfahrungen wird zumeist eine größere „Authentizität" zugebilligt als denen des Massentouristen (4.1.1). Das würde auch bedeuten, dass er weiter in die Gesellschaft der Einheimischen vordringt als dieser (vgl. Cohen, 1993, S. 42).

Was die zum Teil synonymen Bezeichnungen zum Begriff „Alternativtourismus" angeht, so ist zu betonen, dass sich der Begriff anscheinend zumindest innerhalb der Wissenschaft durchgesetzt hat, indes betiteln sich die Reisenden selbst eher als „Traveller", „Globetrotter" oder „Backpacker". Das hängt auch damit zusammen, dass in der Wendung „Alternativtourist" das Wort „Tourist" steckt, darum stößt es in diesen Kreisen auf Ablehnung. Denn es ist ein verbindendes Element in der inhomogenen Gruppe der Alternativtouristen, sich von den (Massen-) Touristen abzugrenzen (vgl. Spreitzhofer, 1995, S. 107). Beide Bezeichnungen können jedoch synonym verwendet werden. Dass in dem Wort „Rucksacktourist" auch „Tourist" steckt, hängt mit der Übersetzung ins Deutsche zusammen. Im Englischen „Backpacker" ist dieses Stigma nicht enthalten.

Ein Unterschied besteht jedoch zum Konzept des „Sanften Tourismus", welches durch ein stärker aufkommendes Umweltbewusstsein, in den frühen 80er Jahren besonders im deutschsprachigen Alpenraum zu einer gewissen Popularität gelangte. Mit „sanfter Tourismus" ist ein Tourismus gemeint, der verträglich für die Umwelt ist und der ökologische Belange in den Vordergrund stellt. Im Gegensatz zum Alternativtourismus handelt es sich hierbei um keinen neuen Reisestil, sondern um einen Teil der Ökologiebewegung, der durch einen ganzheitlichen Anspruch zu charakterisieren ist. Ziel ist das bestmögliche Zusammenspiel von Mensch und Technik, Natur und Kultur.

Zudem besteht ein gewisser Unterschied zwischen den Begriffen „Alternativtourismus" und „Individualtourismus", wobei sich letzterer wieder auf den Organisationsgrad der Reise bezieht und somit als Gegenpol zum Pauschaltourismus fungiert. Dennoch lassen sich fließende Übergänge zwischen Individualtourismus und Alternativtourismus konstatieren, da der Individualtourismus verschiedene Elemente aus den unterschiedlichsten Reiseformen aufnimmt und Mischformen schafft. Überdies ist er weniger ideologisch besetzt als der Begriff „Alternativtourismus".

4.1.5 *Historische Eckpfeiler touristischer Entwicklungen*

Um die strukturell bedeutsamen Veränderungen in der Geschichte des Reisens zu veranschaulichen, werde ich auf die Darstellung von Freyer (2009) zurückgreifen. Hier werden die verschiedenen Phasen des Reisens durch die Variablen „vorherrschendes Transportmittel", „Reisemotivation" und „Teilnehmerzahl und -schicht" kategorisiert (Freyer, 2009, S. 9 f.). Es geht in diesem historischen Exkurs darum, Eckpfeiler der Entwicklung darzustellen.

Tabelle 1: Phasen des Reisens (Freyer, 2000, S. 9f)

Epoche	Zeit	Transportmittel	Motivation	Teilnehmer
Vorphase	Bis ca. 1859	zu Fuß zu Pferd Kutsche z.T. Schiff	Nomaden Pilgerreise Kriegszüge Geschäft Entdeckung Bildung	Elite Adel Gebildete Geschäftsleute
Anfangsphase	1850-1914	Bahn (Inland) Dampfschiff (Ausland)	Erholung	neue Mittelklasse
Entwicklungsphase	1915-1945	Bahn Auto, Bus Flug (Linie)	Kur Erholung Kommerz	Wohlhabende Arbeiter (KdF)
Hochphase	Ab 1945	Auto Flug (Charter)	Regeneration Erholung Freizeit	alle Schichten der Industrieländer

In der *Vorphase* sieht Freyer die Motivation für den Ortswechsel noch im wirtschaftlichen Handel, Forschung (Entdeckung und Bildung), Eroberungsdrang sowie religiösen Motiven begründet. Die Ausgangsformen des Tourismus lassen sich unter diesen Gesichtspunkten von der Antike (Reisen zu Heilquellen, olympischen Spielen), den Phöniziern und Römern (Handelsreisen), über Kriege und den „Fahrenden" im 11. Jahrhundert (Vagabunden oder Minnesänger), hin zu Bildungsreisen im Mittelalter, Wanderschaft der Handwerksgesellen, Wallfahrten und Pilgerreisen, Entdeckungsfahrten (Marco Polo), der Grand Tour und den Badereisen im 18. Jahrhundert beschreiben.

Meist beginnen die Betrachtungen mit dem Römischen Reich (vgl.: ebd., Opaschowski, Steinecke, Bieger). Neben kriegsbedingten Tourismus (Müller,

2008), sowie Reisen durch Handelsverkehr lassen sich so „Vorläufer des heutigen Gesundheitstourismus" (Bieger, 2010, S. 45) bei den Römern finden.

Mit dem Niedergang des Römischen Reiches zerfiel das Straßennetz, so dass sich der private Reiseverkehr vor allem auf „Muss-Reisen" (ebd.) und Wallfahrten belief.

„Mit dem Niedergang des Römischen Imperiums versiegten auch die damaligen Reisströme, bis das Christentum das religiöse Reisemotiv neu belebte." (Müller, 2008, S. 10)

Zur Zeiten der Aufklärung und der bereits erwähnten Grand Tour belebten vor allem Schriftsteller den Reiseverkehr (Rousseau, Byron, Ruskin und Goethe). In ihren Werken wurden fremde Länder, samt ihrer Natur und Lebensformen angepriesen.

„Die geistigen Wurzeln des Tourismus- und Freizeitbildes liegen in der englischen und deutschen Romantik. Idealbild im Sinne einer Imagination war das Bild einer zivilisationsfernen Natur, zeitliche Bilder der Geschichte, die zu Denkmälern oder Folklore erstarrt sind." (Bieger, 2010, S. 47)

Reisen wurden zudem durch die Stabilisierung der Nationalstaaten samt einhergehender militärischer Sicherheit und Verbesserung der Straßenqualität einfacher. In Folge erhöhte sich die Zahl der Herbergen, was die Reiseströme weiter belebte.

Mit der Grand Tour wird in der Tourismusforschung oft ein Wandel in der Tourismusentwicklung attestiert. Den jungen Adligen des 17. und 18. Jahrhunderts wird neben dem Bildungsmotiv nun auch erstmals Vergnügen als Motiv zugestanden.[95]

Mit Ausbau des Post- und Nachrichtenwesen erfolgte im frühen 19. Jahrhundert mit Erfindung des Dampfschiffes und der Eisenbahn und folgender Ausweitung des Eisenbahnnetzes eine massive Ausweitung der Massentransportmittel. Es konnten Reisekosten gesenkt und so Transportkapazitäten erhöht werden. Die Industrialisierung brachte neben höherem Wohlstand auch die Gewährung von Urlaub in gesetzlicher Form (Freyer, 2009, S. 13), so dass das Bürgertum zur Triebkraft der Nachfrage wurde.

In Mitteleuropa kam es etwa zeitgleich zum Phänomen der „Belle Epoque". Im Gegensatz zum Bürgertum konnten Adlige Langzeitaufenthalte in sogenannten „Palast-Hotels" genießen. Die damalige Unterhaltungsmaschinerie der Spitzenhotels stand den Unternehmungen der Luxushotels von heute in nichts nach, so wurden bspw. im Hotel Maloja im Engadin „venezianische Nächte" veranstaltet, für die der Hauptspeisesaal geflutet wurde (vgl. Bener, Schmid,

---

[95] Auf dem Gebiet der Tourismusforschung ist die Auseinandersetzung mit Motiven mit verschiedenen Problemen behaftet. – Generell gilt der berechtigte Einwand, ob Motive klar abgrenzbar sind bzw. welchen Informationsgehalt sie vermitteln können. Reisen zur Erholung stellten auch schon in in der Antike, wie im späten 18. Jahrhundert und auch heute noch eines der wichtigsten Reisemotive dar.

Kaufmann, Suter, & Keller, 1983), man aß auf Booten und Kellner bedienten ebenfalls von Booten aus. „Die Hotels selbst respektive ihre Gesellschaftsräume waren Bühnen für den Auftritt der Noblesse der Zeit" (Bieger, 2010, S. 46).

Ein weiterer Eckpfeiler wird durch Thomas Cook markiert, durch ihn entwickelte sich ein neues Reisemodell in Form der organisierten Pauschalreise. Cook war 1841 Vorsitzender der Abstinenzlervereinigung, er bot Bahnreisen von Leicester nach Loughborough inklusive Nebenleistungen an, die im entsprechenden Milieu für Ablenkung sorgen sollten. Binnen 20 Jahren hatte sich eine neue Branche auf dem Geschäftsmodell entwickelt (Krempien, 2000, S. 108f.). Vorerst konzentrierten sich die Reisen auf englische Badeorte, es folgten Reisen nach Kontinentaleuropa und Übersee.

Im Vergleich zu der englischen Entwicklung hatten die deutschen Beamten noch nicht die finanziellen Mittel ähnliche Reisen zu unternehmen. In Deutschland prägte der Begriff „Sommerfrische" mit entsprechenden Kurzreisen als typische Reiseform die Szenerie. Das erste Reisebüro entstand dort 1886.

Mit der 1915 bis 1945 ausgemachten „Entwicklungsphase" gesellten sich zu den Reisenden mittleren und gehobenen Angestellten auch kleinere Angestellte und Arbeiter hinzu.

Zu einem nächsten Schub in der deutschen Tourismusentwicklung kam es durch die nationalsozialistische Organisation „Kraft durch Freude" (KdF). Staatlich organisierte Reisen zu Niedrigstpreisen wurden hier für knapp einem Viertel des Monatslohns angeboten (Freyer, 2009, S. 15).

Mit dem 2. Weltkrieg (wie bereits zum 1. Weltkrieg) kam der Tourismus in fast allen Ländern fast vollständig zum Erliegen. Nach dem 2. Weltkrieg entwickelte sich der bereits in der Vorkriegszeit entstandene Sporttourismus weiter.

Die Hochphase des Tourismus wird somit nach dem 2. Weltkrieg in Deutschland eingeleitet, der hauptsächlich durch den Wintersport vorangetrieben wurde. Gleichzeitig entwickelten sich der Charterflugverkehr, sowie internationale Hotelketten, die zur Entstehung von Hotelstandards beitrugen. Von hier an wird in den Lehrbüchern vom „Massentourismus" gesprochen. Er ist durch marktliche Institutionalisierung, Produktion und Vermarktung („Normung der Reiseziele, Montage der Sehenswürdigkeiten und Serienfertigung von Gesellschaftsreisen" Freyer, 2009, S. 15) geprägt.

4.1.6 Gängige Tourismuskritik

Die allgemeine Kritik am Reisen ist so alt wie das Reisen selbst (Opaschowski, 1996, S.41 ff., bzw. 2001, S.17 ff.). Vor allem geraten die anderen Reisenden, die Touristen, ins Visier der Kritik (vgl. auch MacCannell, 1976, S. 9 f.). Touristen, dass sind Heuschrecken, die imperialistisch die eigene Kultur oktroyieren wollen und die überfallene Region als Trümmerfeld zurücklassen. Ungeachtet der verschiedenen Auswirkungen des Tourismus richtet sich jene Kritik vor allem aus dem Bewusstsein einer Konkurrenzsituation gegen andere Touristen.

„Touristen, das sind die anderen. Dem massenhaften Reisen unserer Zeit haftet im öffentlichen Bewusstsein ein zwar unbestimmter, doch unbestreitbarer Makel an. [...] Man hört von *ausgetretenen Touristenpfaden*, von *Touristenfallen* und *Touristenspektakel*." Dem stehen positiv *die ganz untouristischen*, die *unverdorbenen* Orte gegenüber. [...] Tourist sein stellt ein soziales Stigma dar: »Tourist« ist irgendwie doof." (Hennig, 1999, S. 13)

Mit Ende der Neapolitanischen Kriege geht nicht nur mehr die Oberschicht auf Reisen, und Lord Byron mokiert sich öffentlich in der „Childe Harold's Pilgrimage" 1816 über seine Landsleute, die von ihm als „Menge glotzender Tölpel" in Rom einherfallend beschrieben werden und schließlich die Stadt „verseuchen" (zitiert nach Opaschowski, 1996, S. 42).

Werke der Touristenbeschimpfungen ließen sich sicher viele nennen, es werden an dieser Stelle nur einige Autoren exemplarisch genannt, von Seneca bis Theodor Fontane, der sich und seinen Stand Mitte des 19. Jahrhunderts um sein Vorrecht zu Reisen gebracht sieht.

Touristen, das sind seit *jeher* die anderen. Dabei ist es offensichtlich ganz egal, *wie viele* die anderen tatsächlich sind. Und so werden im Distinktionskampf mit den plebejischen Massen immer wieder Territorien abgetreten. Die anderen, egal wie viele, schmälern die eigene Ehre beim Reisen.

Allgemeine Tourismuskritik kann nicht nur als Kritik gegen das *Fluchtmotiv* der Reisenden verstanden werden, sondern stellt somit auch Ausdruck einer Unzufriedenheit, eine Kritik gegen die Gesellschaft mit ihren Mechanismen dar.

Tourismuskritik ist daher als Kulturkritik zu verstehen, die sich vor allem gegen das „wie" einer Reise in den Verhaltensweisen vor Ort, dem Umgang mit den Menschen und der Beschäftigung der fremden Kultur richtet und ist somit einer sozialen Distinktion geschuldet und wird daher meist als intellektueller Selbstzweck vollzogen (Amanski, 1978, S. 90).

Generell ist es zu bezweifeln, ob kulturkritische Appelle diejenigen erreichen können, die sie anprangern es ist es ohnehin fraglich, ob sie das überhaupt sollen. Der Argumentationsstrang touristischer Kritik wird auf rationaler Ebene vollzogen, sie bleibt daher unwirksam, werden beim Reisen doch hauptsächlich emotionale Motive bedient, die wiederum milieuhaft konstruiert und aggregiert werden. Weiter kommen auch ehrbare Individualurlauber gegenüber dem intellektuell leicht diffamierbaren Massentouristen nicht umhin, auf Reisen Fußabdrücke zu hinterlassen.

„Land und Leute werden als Material und Kulisse für ganz persönliche Urlaubsträume genutzt. *Individualurlauber richten genauso viel Schaden wie Massentouristen an*." (Opaschowski, 1996, S. 41)

Es fungiert das Stigma Tourist als eigenes Motiv im empirischen Vollzug. So werden Urlaubsziele ausgesucht, die vom Tourismus noch nicht verdorben sind.

Natürlich wird auch am Beispiel Hawai´is klar, welche kritisierbaren Probleme mit dem Tourismus verbunden sind: So bedeutet der Tourismus für den bereisten Staat eine unglaubliche Einnahmequelle, der seine Attraktion zum größten Teil aus der Natur schöpft. Die Schaffung neuer Infrastrukturen, Hotelanlagen und Attraktionen wird angestrebt und angekurbelt, dabei ist der Strom der Touristen schwer aufzuhalten und zu kanalisieren und gefährdet durch Bebauung und Überlastung natürliche Ressourcen und somit die eigenen Grundlagen. Weiter ergeben sich Konsequenzen auf die Sozialstruktur. Nach Mak (2008) und Farell (1982) wird von der einheimischen Bevölkerung obendrein kritisiert, dass der Tourismus nur schlecht bezahlte Arbeitsplätze auf dem Dienstleistungssektor schafft, während das große Geld zu den größtenteils ausländischen Inverstoren abwandert. Zusätzlich ergeben sich hier Probleme durch Migration wie Anstieg der Lebenskosten und Kriminalität (Farrell, 1982, S. 182 ff. und Mak, 2008, S. 30).

Aus kulturpessimistischer Perspektive erscheint einhergehend mit der Globalisierung der zunehmende Tourismus freilich negativ, zumal die *offensichtlichen* Probleme mit dem zugrundeliegenden Wünschen nach Unberührtheit, dem Klischee einer heilen Welt folgend, naiv wirkt.

Es soll an dieser Stelle nicht geurteilt werden, ob im Tourismus eine Chance für die Zukunft bestimmter Orte zu sehen ist oder ob die von Opaschowski et. al vorgeschlagenen Handlungsanweisungen (Opaschowski, 1996, S.49 ff.) tatsächlich Probleme und die damit einhergehende Tourismuskritik aufheben können. Wichtig ist für die vorliegende Arbeit vor allem, dass von Urlaubskritikern oft die Reisemotive, wie z.B. das Fluchtmotiv bzw. das hin-zu-Motiv (Steinecke, 2006, S. 48f.), im Gegensatz zu dem authentischen Erleben fremder Kulturen als niedere Beweggründe beschrieben werden. Hennig fechtet die gängigen Ansätze, die das Reisen als eine Art Mangel, eine Realitätsflucht (also durch von-zu Motive determiniert) begreifen, ebenso an, wie Ansätze, die im Gegenzug das Phänomen in komplementärer Manier durch hin-zu-Motive erklären wollen. Er fordert Tourismus fortan nicht mehr mit dem „Zustand eines Mangels" (S. 9) oder als ein „Fluchtphänomen" (S. 72) zu verstehen. Er vertritt eine theoretische Auffassung, die das „imaginäre Verwirklichen", in Anklang an Arbeiten von Henri Raymond und Edgar Morin, als das zentrale Element von Reisen begreift. Es wird an späterer Stelle (4.2.3) hierauf genauer eingegangen werden; die einzelnen Motive der Urlauber werden dabei nicht so sehr von Interesse sein.

4.2 Diskurs soziologischer Tourismusforschung

Nachdem nun basale Begrifflichkeiten dargestellt worden sind, soll im Folgenden dargestellt werden, welche soziologischen Perspektiven auf das Phänomen eingenommen werden können, bzw. soll ein historischer allgemeiner Überblick der Forschungsentwicklung dargestellt werden. Im Anschluss werden für den empirischen Teil relevante Konzepte erläutert. Der innerfachliche Diskurs, ob Tourismus positivistisch oder konstruktivistisch gefasst werden kann, ist anders als beim Streitfall der Natur (vgl. Gill, 2003) weniger problematisch. Eher scheinen Forschungsansätze eine Bifurkation zu durchlaufen, die zwischen gesellschaftlichem Rahmenbezug oder ohne Rahmenbezug unterscheidet.

Gemein scheint der soziologischen Tourismusforschung unterschiedlichster Theoriestränge das Beklagen über unzureichende Forschung, obwohl eine Vielzahl an Publikationen zu finden ist. Es scheint als wäre dies der Unermesslichkeit der Ansatzpunkte geschuldet, die zugleich ganzheitliche Betrachtungen zerstreut, oft läuft die Forschung hier zugunsten wirtschaftlicher Interessen (vgl. auch Konferenzen der DGT).

So wurden nach der langanhaltenden Periode der Kulturkritik mit der Fokussierung auf das Fluchtmotiv (vgl. Enzensberger, 1958 bzw. 1962), des Konformismus (Knebel, H.-J. 1960), Theorien der Regeneration (Scheuch, 1972), des Erlebens, der Imagination (Hennig, 1997), des Triebs bzw. als eine anthropologische Konstante und Konzepte der Simulation (Baudrillard) und Hyperrealität (*Eco* aber auch Urry) und der Performativität (Butler u.a.) entwickelt.

Weiter lassen sich Betrachtungen differenzieren, die generelle Rahmenbedingungen beschreiben (und touristische Aktivität und Freizeit in Abhängigkeit von Arbeit betrachten) und zum Teil auf das Erleben von Authentizität gerichtet waren/sind (Boorstin; MacCannell), oder die den Tourismus in seiner Funktion analysieren (Cohen; Pott; Urry), nach intrinsischen oder extrinsischen Motiven forschen (Scheuch; Knebel), oder touristisches Verhalten vor Ort betrachten (Adler; Edensor; Goffman; Nash; Pierce; Shields).

Über klassische Konzepte der Fremde (Simmel) wurde der soziologische Betrachtungsbogen so vor allem durch Werke von Hegel, Marx und Goffman vornehmlich unter Aspekten der „Echtheit" und „Verfälschtheit" (Authentizität bei MacCannell) hin, bis zu aktuellen Ansätzen, die vor allem theoretisch auf Arbeiten von Judith Butler (Performativität, wie: Bell/Lyall; Crang und Edensor) unterbaut sind, gespannt.

Weitreichende gesellschaftlich relevante Analysen des Phänomens des Tourismus als Phänomen der Moderne (vgl. Pott, 2007, S. 62) sind relativ jung (siehe auch Spode 2009, S. 9 f.; Bieger, 2010, S. 20 f.). Werke von Fontane und Simmel am Ende des 19. Jahrhunderts analysierten das Phänomen des Reisens bzw. des Fremden zwar schon und auch Leopold von Wiese hatte in den 30er Jahren das Phänomen *„touristischer Geselligkeit"* (zit. nach Hennig 1997, S. 45) zum Gegenstand soziologischer Forschung erhoben, eine institutionelle Verankerung als Forschungsgegenstand (des Fremdenverkehrs) vollzog sich allerdings erst in den 50er Jahren. Im Gegensatz zu anderen Disziplinen (Anthropologie, Geographie) beherbergt die Soziologie auch keine eigenständige Subdisziplin einer „Soziologie des Tourismus" (Franklin 2009, S. 65). Die Soziologie beschäftigte sich im Kern mit „Problemen der Gesellschaft" (u.a. eben der Arbeit und gesellschaftlicher Reproduktion oder Funktionen sozialer Ungleichheit) (ebd.). Tourismus, als ein positives Zeichen des Wohlstands, blieb folglich lange unbeachtet.

Hunziker und Krapf entwickelten 1942 in der Schweiz ein erstes Konzept der Fremdenverkehrslehre (wie weiter oben im Text bereits angedeutet mit einem wirtschaftlichen Fokus), welche mehr als Teilgebiet der Soziologie als der Ökonomie gedacht werden konnte. Nach Franklin (2009, S. 38) nimmt sich 1938 Durant in seinem Buch „The Problem of Leisure", dem der fordistischen Produktionsweise geschuldeten Problem des Tourismus an und stellte so „the Machinery of Amusement" als Antwort eines gesellschaftlichen Problems dar. Ähnlich sieht Franklin (2009, S. 69) Dumazediers Ansatz (1962) hier wurde die Freizeitgesellschaft zum Zeichen des Unechten und des moralischen Verfalls.

In den 50er und 60er Jahren geriet Tourismus zunehmenden, wie bereits weiter oben erwähnt, in das „Visier der Kulturkritik" (vgl. Spode, 2009). Henri Lefebvres „Kritik des Alltagslebens", oder Hans-Joachim Knebels Arbeit „Soziologische Strukturwandlung im modernen Tourismus" mit dem „außengeleiten Tourismus", der der Mehrung des „Sozialprestiges" diente (Vester, 1999), sind an dieser Stelle ergänzend zu nennen. Ähnlich kritisch äußerten sich nach Hennig Riesmann (1958), der der Gesellschaft „erhöhte Konsumpflicht" attestierte und nicht zuletzt in Enzensbergers 1958 erschienenem und oft zitiertem Werk „Eine Theorie des Tourismus", welches nach Hennig (1997) „im Wesentlichen der aufmerksamen Lektüre des Großen Brockhaus entstammt, jahrzehntelang die Diskussion prägte" (ebd., S. 36) begriffen den Tourismus als eine gesellschaftliche Antwort eines Mangels. „Tourismus ... ist nichts anderes als der Versuch, den in die Ferne projizierten Wunschtraum der Romantik leibhaftig zu verwirklichen" (Enzensberger, 1964 zit. nach Hennig, 1997, S. 36). Reisen als „Flucht von der selbstgeschaffenen Realität" (ebd.) wurde als Phänomen einer praktizierten Gesellschaftskritik begriffen, die dabei das, von dem sie sich abwandte, unterstützte.[96]

---

[96] Schließlich beinhaltet die Reise die Wiederkehr in das, von dem sie sich abwendet. Sie hat so eine stabilisierende Funktion – ohne je das zu verlassen, wovon sie sich abwenden will.

Durch den zunehmenden Massentourismus gerät „Echtheit" als Phänomen der Moderne in den Fokus der Tourismusforschung, es sind nun nicht mehr die Rahmenbedingungen, gegen die sich der Tourismus wendet, die analysiert werden, sondern ein damit verbundener Werteverfall bzw. Erlebnisveränderungen. Boorstin (vgl. 1962) sieht zwar weiterhin in kulturkritischer Manier die „wahre Reise" bedroht, ähnlich der dem Tourismus seit jeher inhärenten Kritik an dem Anderen, unterscheidet er zwischen „echten" und „pseudo-Ereignissen".

In seinem Werk „The Image. A guide to Pseudo-Events in America" (1962)[97] zieht er so eine Unterscheidung zwischen dem Reisenden („Traveller"), der an „etwas arbeitet" und dem Tourist, als ein bloßer Vergnügungssuchender (vgl. Häußler, 1997, S. 100). Der Massentourismus macht es für den Traveller so immer schwieriger authentische Erfahrungen zu sammeln. Der Tourist sucht nach Boorstin hingegen die authentischen Erfahrungen gar nicht erst (vgl. Hennig, 1999, 16 ff.). Boorstin knüpft mit seinem Konzept somit an eine Vorstellung von Reisen an die romantisch elitäre Vorstellung der Grand Tour (siehe weiter oben) an. Er lässt sich darüber hinaus als Urheber „für etliche Studien in einer kulturkritischen Richtung sehen" (Häußler, 1997, S. 101). An dieser Stelle soll aber, ohne weitere Kritik aufrechtzuerhalten, ein weiteres Lieblingsthema der Tourismusforschung exkursorisch skizziert werden: das Problem der Authentizität.

Die Frage nach der Möglichkeit, im Urlaub authentische Erfahrungen zu machen, war mit dem Posttourismus (Kapitel 4.2.2) etwas aus der Mode gekommen, kommt nun aber wieder auf, wie sich zeigen wird:

4.2.1   Exkurs: Authentizität

Der Begriff der Authentizität kann etymologisch aus dem Griechischen abgeleitet werden: *Authentes* bzw. von *auto-entes*, auto in seiner Bedeutung für „selbst" und „entes" in seiner Bedeutung stehend für das „Instrument/Werkzeug", ergibt den Begriff des Selbstvollendenden. Der Selbstvollendende wurde primär als der Selbsthandanlegende bzw. als der Gewalthaber verstanden (vgl. Kalisch, 2007, S.32).

Gilt gemeinhin die Auffassung, dass das Authentische als Selbstvollendendes keine Inszenierung benötigte und eben aus sich heraus „echt" oder „Original" ist, ist es eben gerade der *modernen* Trennung von Subjekt und Objekt zu verdanken, dass Authentizität als authentifizierende Referenz auf Darstellung angewiesen ist.

---

[97] Vgl. Neuauflage Boorstin D. J., 1992

120

Aus dem Lateinischen wurde der Begriff im Rechtswesen, als Original einer Handschrift gebraucht. Verbunden mit der Frage der Rechtskraft konnten Schuldscheine, Verträge oder Handschriften authentische Äußerungen verkörpern (vgl. Kalisch, 2007). In der deutschen Sprache fand der Begriff seinen Einzug im 16. Jahrhundert, vor allem im religiösen Kontext wurde der Begriff damals im Sinne von Originalität, Echtheit und Beglaubigung in Abhängigkeit von Autorität benutzt (Knaller, 2006, S. 18). Mit der Aufklärung im 17. Jahrhundert und der Entstehung der Subjektivität bzw. der Empfindsamkeit in der Kunst änderte sich das Verständnis des Begriffs bis ins 18. Jahrhundert zur cartesianischen Subjekt/Objekt-Unterscheidung; u.a. dürften auch Descartes Lehren, die auf die zunehmende Selbstbestimmtheit und der Verdrängung von Moral (als Mittel zum Zweck zum richtigen Handeln) und der somit erreichten „negativen Freiheit" (Taylor, 1995, S. 37) verwiesen, zu einer Änderung der Semantik des Begriffs in Abhängigkeit des sich ändernden Subjektbegriffs beigetragen haben.

Fortan fand der Begriff seine Verwendung in der Kunst und Literatur[98] u.a. in der Romantik (u.a. auf Naturprozesse bezogen) sowie im deutschen Idealismus (als Lebensphilosophie). In der Kunst wird der Begriff bis heute, unter ästhetischen Gesichtspunkten als ontologischer Beweis für Kunst vs. Nichtkunst benutzt, der Urheberschaft (im Sinne eines Originals in Unterscheidung zu einer Kopie, oder auf den Prozess der Herstellung bspw. medial vs. traditionell) authentifiziert.[99]

Es ist kein Zufall, dass der Naturbegriff, „Ästhetik"[100] und der Authentizitätsbegriff bis heute ein gepflegtes Verhältnis führen. Schöpfung, Natur und Kunst standen seit jeher in einem semantischen *ordentlichen* Verhältnis zueinander: Galt von der Antike bis zur Moderne die künstliche Imitation der gottgeschaffenen Natur im Prozess der Wahrheitsfindung[101], ging mit der Geburt des aus sich heraus Wirkenden, dem Subjekt bzw. in der Kunst das Genie, der Bruch mit der Natur und der Tradition einher, in dem die Kunst nun das vollendetet, wozu die Natur nicht imstande war. Für die ästhetische Fassung dessen war das Original und das denkende Subjekt die Voraussetzung.

„Als Natur im alteuropäischen Sinne zählt, was von selbst entsteht und vergeht; als téchne oder ars zählt dagegen das, was um irgendwelcher Zwecke wil-

---

[98] Vor allem dem Briefroman im 17./18. Jahrhundert kam hier eine bedeutende Stellung zu.

[99] Interessanterweise werden heute touristische, authentische Erlebnisse massenhaft medial durch Technik, die Kopieren einfach macht (Photoapparat und Internet), in Szene gesetzt).

[100] Als Unterscheidung zwischen sinnlicher und rationaler Kognition (Luhmann, 1997c, S. 29).

[101] Wie Luhmann schreibt: „Als imitatio ordnet sich die Kunst wie auch die Erkenntnis einem Naturbegriff unter, der die Natur als selbst imitierend versteht. Doch Information gewinnt man nur und an Kommunikation nimmt man nur teil, wenn man über ein bloßes Wiederholen des schon als Kunst oder als Natur Vorhandenen hinausgeht." (Luhmann, 1997b, S. 1002f.)

len gemacht ist" (Luhmann, 1997c, S. 42); [...] „Gemeinhin gilt seit dem 17. Jahrhundert Originalität oder Authentizität eines Kunstwerks als Bedingung seines ästhetischen Werts" (Luhmann, 1997c, S. 135).

Knaller (2007) unterscheidet drei Arten von Authentizität, die durch den semantischen Diskurs des Begriffs in den unterschiedlichen Authentifizierungsprozessen unterschiedlich akzentuiert sind (Knaller, 2007, S. 141 f.): Neben der Referenzauthentizität (betreffend der Wahrheit einer Aussage) und der Objektauthentizität (bspw. in der Ästhetik) unterscheidet sie noch die Subjektauthentizität, welche dem Umstand der modernen Selbstbeschreibung geschuldet ist und sich besonders im 20. Jahrhundert entwickelt (vgl. Knaller, 2007, S. 21 f.).

Die darstellende Kunst war dem Dilemma der Selbstbeschreibung auch unterworfen und trat im Sinne einer aus sich selbst hervortretenden Selbstbeschreibung, entgegen der typischen Befolgung eines Wertekanons, den Wertekanon des Genie- und Schöpfungsbegriffs an. Es wurden so Texte möglich, die sich nicht auf eine klassische Authentifizierung, also eine metaphysische Absicherung beziehen mussten.

Genau diesem Paradigma folgert, der Verwobenheit des Subjektbegriffs und der modernen Ästhetik plädierte Theodor Adorno, den Authentizitätsbegriff als „Wort der Fremde", als ein normatives ästhetisches Paradigma zu gebrauchen, welches nur durch ein Genie erzeugt werden kann (vgl. Adorno, 2012).

Despektierlich der klassischen Auffassung, wonach sich Authentizität eindeutig bestimmen ließ, wird Authentizität als Kennzeichen der Moderne, die dem „Individualismus" und der „instrumentellen Vernunft" (vgl. Charles Taylor, 1995) geschuldet ist, in neuern Ansätzen performativ gefasst (Edensor, 2001; Cole, 2007). Es sind nicht mehr die Dinge oder Personen, die per se oder aus ihren Handlungen heraus authentisch werden, sondern Kontexte oder Situationen notwendig, die eine Handlung oder eine Kommunikation authentisch werden lassen – ich werde gleich darauf zurück kommen.

Mit der Moderne wurde der Begriff semantisch mit der Rechenschaft des Individuums gegenüber sich selbst und/oder der Gesellschaft unter dem Verweis auf mögliche Andershaftigkeit bezeichnet.

In tourismusbezogenen Forschungsfeldern steht der Begriff u.a. für Echtheit und Glaubwürdigkeit (vgl. auch Cohen & Cohen, 2012, S. 1296: „original", „real", „genuine" bzw. „trustworthy"), im Allgemeinen ist der Begriff mit der Bedeutung „Echtheit, Wahrhaftigkeit, Ursprünglichkeit und Unmittelbarkeit" (Knaller, 2007, S. 7) versehen. Die Authentizität und der somit induzierte Verweis auf Echtheit impliziert stets, wie die Suche nach dem Glück, einen Mangel an selbigem, was in verschiedenen Diskussionen Anlass für Kritik geben kann.

Im Sinne einer kommunikativen Reparaturstrategie erscheint Authentizität, evoziert durch die Ausuferungen und Entgrenzungen der Moderne, und dem mangelnden direkten Zugang zur äußeren Welt, als probates Mittel, als Garant und Drang.

So gilt auf Reisen wie in anderen Lebenslagen: „Das Streben nach Authentizität ist Ausdruck des Verlangens, das ontologisch gesicherte wiederzugewinnen; es ist der uneingestandene Wunsch nach einem Substitut für den Verlust der religiös und traditional gegebenen Weltordnung" (Häußler, 1997, S. 103).

Rousseau steht im 18. Jahrhundert als Vordenker der Subjektauthentizität (vgl. Taylor, 1994, 654 f.), aber in einer Art und Weise, die weniger dem Subjektverständnis geschuldet ist, sondern sich dessen gesellschaftlicher Situiertheit (vgl. Ferrara, 1993)[102] widmete; indem er dem Subjekt mittels seiner inneren Stimme, der inneren Stimme der Natur, seinen Empfindungen *zwischen* Allgemeinem und Einzelnem Ausdruck verlieh und die Verabschiedung eines substantiellen Subjekts in Abhängigkeit zu anderen vorantrieb.

„Im Subjektbereich zeigt sich die paradoxe Grundlage des Begriffs besonders deutlich. Wie kann ich Authentizität definieren, wenn Authentizität auf einem privilegierten Ich-Welt-Verhältnis basiert? Und aus der Ich-Perspektive gedacht: Wie kann ich authentisch leben, wenn ich »authentisch« nur rekursiv auf mich selbst definieren kann?" (Knaller, 2007, S. 23).

Authentizität steht in einem paradoxen „Spannungsfeld zwischen Selbst- und Fremdbestimmung" (vgl. Ferrara, 1993). Einerseits ist Authentizität als Bekundung an sich selbst, andererseits an die kommunikative Annahme gebunden. Die Berufung auf sich selbst, als authentisches Subjekt, ist mitunter paradox, da sie in Form einer Beobachtung 2. Ordnung, gleichermaßen einer Distanzierung zum eigentlichen Selbst, man könnte meinen, einer manipulativen Distanzierung, gleichkommen könnte (im Sinne der Subjektobjektivierung oder Selbstsemiotisierung).

Wie können dann authentische Äußerungen authentisch sein?

„Eine authentische Stellungnahme zur Welt hängt weniger von der Stellungnahme als solcher ab, sondern von dem Kontext, in dem die Stellungnahme als *authentisch* erachtet und betrachtet wird." (Nassehi, 2009, S. 226)

So ist ein Verweis auf Authentizität immer eine Selbstbeschreibung, die von einem Kontext abhängt, also fremdbeschrieben ist.

Dieses Paradox zu umgehen gelingt auch nicht, wenn ein ironischer Umgang vorliegt, wie er tourismusbezogen von Urry (basierend auf Feifer, 1985) postu-

---

[102] Zwar fand die personenbezogene institutionelle Legitimation durch Authentizität schon vor dem 18. Jahrhundert statt, aber ohne die Semantik von Echtheit, bzw. Wahrhaftigkeit wie sie im 20. Jahrhundert festzustellen ist (vgl. Knaller, 2007, S. 21 ff.).

liert wird.[103] Schließlich ist der ironische Umgang mit Authentizität nur eine weitere Möglichkeitsform der modern unabdingbaren Selbstbeschreibung. Nur eben mit dem Verweis in Form einer inszenierten Kapitulation.

Andere Möglichkeiten liefert bspw. der Verweis auf eine konsistente Biographie oder eine Tradition bzw. Kultur. – Es gibt folglich keinen Leitfaden für authentisches Verhalten, die performative Konstruktion von Authentizität ist eben eine Konfiguration aus mehreren Beteiligten, die wiederum eine sichere Kenntnis von ihrem Kontext abverlangt; weiter sind schließlich ganze Branchen mit Ratgebern mit der Vermittlung erfolgreicher Erzeugung von Authentizität beschäftigt als dass man an dieser Stelle ein Patentrezept verlegen könnte (man denke an die ganzen Coaching-Agenturen, Unternehmensberatungen, Lebensratgeber etc.).

Letzten Endes ist das reziproke Verhältnis von „Inszenierung, Erfahrung und Beglaubigung" (Knaller, 2007, S. 26), also der Authentifizierung, generell situativ kontingent. Es ist mithin kein Widerspruch, wenn eine bestimmte Gruppe etwas als authentisch erlebt, und einer andere das Gleiche (besser das Selbe) nicht.[104] Gerade der performative Charakter von Authentizität macht über Situationsabhängigkeit deutlich, dass es um kommunikative Zurechenbarkeiten geht, die eben nicht *per se* an Dingen oder Personen hängen.

Wie sich in den tourismusbezogenen Diskursen zeigt, wird die Erkenntnis, dass ein performativer Charakter von Authentizität besteht, nicht von allen geteilt.

In den 70er Jahren geriet der Begriff der Authentizität mit Boorstin und besonders mit MacCannell in den Brennpunkt der Tourismusanalyse. Von dort an verläuft sich der theoretische Diskurs über die Rolle und Wichtigkeit von Authentizität beim Reisen, angefangen bei den verschiedenen Vorstellung der Generierung selbiger bis hin zur Abkehr der Wichtigkeit des Begriffs sowie der Abkehr der Abkehr. MacCannell (2011, S. 36 f.) selbst attestiert drei Phasen der Tourismusforschung. In der ersten Phase ging es um die Frage nach Authentischem (der Konstruktion und Inszenierung von Tourismus, Prozesse der Kommodifizierung). In den 90er Jahren mit dem „postmodern turn" (ebd.) begann die zweite Forschungsphase, wonach in Abgrenzung an die erste Phase das Tagträumen, Freude und Vergnügen (gerade an Unauthentischem) von Interesse wurde. In die dritte Phase fallen für MacCannell Forschungsbemühungen, die

---

[103] Gerade in der englischsprachigen soziologischen Tourismusforschung stellt die Überwindung von Authentizitätserfahrung nicht so sehr auf erkenntnistheoretischer Ebene, vielmehr auf empirischer Seite, das zentrale Kennzeichen aktuelleren Wandels dar.

[104] Wie sich in Kapitel (4.2.4) zeigen wird, ist dies geradezu konstitutiv für manche Orte (vgl. auch Dirksmeier, 2010).

124

normalisieren und normative Ansprüche an die Touristen formulierten, in etwa den „nachhaltigen" bzw. „Ökotourismus" und die durch Forschung diesen fördern wollten.

In der ersten Phase, anders als Boorstin, sah MacCannell Touristen nicht auf der Suche nach Vergnügen, sie waren getrieben *von* der Oberflächlichkeit und Bedeutungslosigkeit und wollten in der Suche nach Einheitserfahrungen so der modernen Welt entfliehen:

„... I discovered that *sightseeing is a ritual performed to the differentiations of society*. Sightseeing is a kind of collective striving for a transcendence of the modern totality, a way of attempting to overcome the discontinuity of modernity, of incorperating its fragments into unified experience" (MacCannell, 1976, S. 13).

Ähnlich dem Prinzip einer Pilgerreise begriff MacCannell (1976) Tourismus mit seinem Werk „The Tourist. A New Theory of the Leisure Class".

„Zwar betont MacCannell nicht ausdrücklich die Parallelen von Tourismus und Pilgertum, doch sind sie in seinem Ansatz offenkundig. Wie die Pilger so wandern die modernen Reisenden zu »sakralen« Plätzen, an denen sie Transzendenzerfahrungen machen. Wie die Pilgerreisen so schafft der Tourismus demnach eine Gemeinschaftserfahrung im Zeichen letzter Werte. Wie die Pilger, so suchen die *Sightseer* das »Absolut Andere« und die Lösung von den Begrenzungen der Alltagsexistenz." (Hennig, 1997, S.41)

MacCannell entleiht und modifiziert das Prinzip der Entfremdung von Marx, welche bedingt durch die Seichtheit des städtischen Lebens, den Touristen vorantreibt authentische Erfahrungen zu machen (vgl. MacCannell, 1976). Hier stellt die Suche nach dem „Echten" bzw. „Authentischen Erfahrungen" ein legitimes Unterfangen dar, die Touristen werden allerdings oft durch touristische Inszenierungen, der *staged authenticity*[105], getäuscht. – Die Verwendung des Begriffs fand laut MacCannell (2011, S. 18) nie in einem philosophischen Kontext statt, sondern bezog sich lediglich auf den Wegfall von bestimmten Grenzen: „It only involves the putative removal of barriers to perception between front and back regions, or between the present and the past. It names a structural shift authorizing the tourist to believe she can paar into everything".

Mittels dem von Goffmann entliehenen Konzept von Vorder- und Hinterbühne erklärt MacCannell wie Touristen auf der Hinterbühne authentische Erfahrungen machen wollen, allerdings nur auf Inszenierungen treffen.[106] Der Tourist

---

[105] Synonym werden die Begriffe: „inauthentic demystification" und „repressive de-sublimation" benutzt (MacCannell, 2011, S. 18).

[106] MacCannell ist oft kritisiert worden, er widmet sich dem Phänomen Tourismus mit der Beschreibung des Bestrebens von Authentizitätserfahrungen der Touristen zu monokausal. Cohen, Bruner und Urry entgegnet MacCannell: „The full title of my article [...] was »Staged Authenticity: Arrangements of Social Space and Tourist Settings.« It was not »A Study of Tourist Motivation. «It was patently about *places* but that attract tourists and the transformational logic of Goffmann´s spatial and

versucht so am „wirklichen Leben der besuchten Orte teilzunehmen" (MacCannell, zitiert nach Pott, 2007, S. 56), bzw. „das „Wirkliche" und das „Typische" des fremden Alltags zu erfahren" (ebd.).

„Nach diesem Ansatz zielt der Tourismus auf die vorübergehende Überwindung der modernen Differenzierungs- und Entfremdungserfahrung zugunsten der Erfahrung von Einheit, Vollständigkeit und Totalität" (Pott, 2007, S. 56). Der Tourist sucht so nicht nur die typischen Attraktionen („Sights") auf, vielmehr zählen zusätzlich als Stationen auch alltägliche Arbeitsabläufe der Besuchten.

MacCannell war früher mit der Frage beschäftigt, wie Touristen zwischen Echtem und Inszeniertem unterscheiden können. ergaben sich drei Herausforderungen und Fragestellungen für die weiteren Ansätze:

„1. Lässt sich das Konzept der Entfremdung und der daraus resultierenden Suche nach Authentizität wirklich auf alle Touristen anwenden? 2. Führt der Einfluss der Tourismusbranche zwangsläufig zu etwas „Unauthentischem" und 3. Was genau beschreibt der Begriff der Authentizität" (übersetzt Höhne, zit. nach Leite und Graburn, 2009, S. 43)?

Cohen (1979) folgert, dass der Ansatz zu allgemein gehalten ist, als dass man alle Touristen so klassifizieren kann. Einige Touristen sind mit ihrem Leben zu Hause zufrieden, andere suchen nach etwas anderem, kehren aber auch gerne zurück nach Hause (vgl. Fluchtthese).

„In der phänomenologischen Tradition von Alfred Schütz unterscheidet Cohen fünf Modi der touristischen Erfahrung. Der Typus, der Erholung und Ablenkung sucht, hat kein Verlangen nach Authentizität. Den erfahrungssuchenden, den experimentierfreudigen sowie den Typus mit einem existentiellen Bedürfnis hingegen zeichnet ein ansteigendes »Streben nach einem Zentrum« aus, das heißt, diese befinden sich vermehrt auf der Suche nach authentischen Erfahrungen." (Häußler, 1997, S. 102)

Später führt Cohen (1988) als Unterscheidungsinstanz zum einen den Begriff „substantive Inszenierung" im Sinne einer Fälschung und zum anderen den Begriff der „kommunikative Inszenierung" ein. Allein die begriffliche Rahmung als Inszenierung legt jedoch nahe, dass sukzessiv das „absolut-objektive" Authentizitätsverständnis von Boorstin zwar überwunden und in Anklang an das „relativ-objektive" Verständnis einer inszenierten Authentizität im Sinne MacCannells (vgl. Häußler, 1997, S.100 ff.) vorangetrieben wurde, im Kern aber dennoch als

---

normative front-back opposition into something else, something theoretically and ethnologically new" (MacCannell, 2011, S. 14). MacCannell wird deshalb, weil er eben sooft in dieser Debatte rezipiert worden ist, auch hier von mir an dieser Stelle aufgeführt. Weiter ist es interessant, dass die posttouristische Denktradition, insbesondere Urry, genau umgekehrt monokausal, den Umgang von nichtauthentischen Erlebnissen beschreiben. Hier werden der „Werteverfall" bzw. die Prozesse der Globalisierung und attestierten Entdifferenzierung umgekehrt instrumentalisiert, indem der aufgeklärte Reisende den zugrunde liegenden Verfall resignativ hinnimmt, und keinen Anlass zu einer Selbstbeschreibung aus authentischen Erlebnissen vornimmt.

eine für bestimmte Gruppen erfahrbare Restgröße im Hintergrund (oder einer Hinterbühne) bestehen bleibt.[107]

Die cartesianische Trennung von Subjekt und Objekt soll in der Authentizitätsdebatte mit der Definition von Ning Wang (1999) durch postmodernes Gedankengut zerschlagen werden, allerdings schlägt er hierzu eine stark am alten Dualismus orientierte Trennung verschiedener Arten von Authentizität vor: Erstens ein *objektivistisches* Verständnis („museum authenticity"), hier können Experten Echtheit feststellen. Zweitens einem *konstruktivistischen* Verständnis, ein „label" durch die soziale Konstruktion entstanden ist. Und drittens ein *existentialistisches* Verständnis, wonach Touristen Wahrheit resultierend aus ihrer Erfahrung zum Bemessen von Authentizität nehmen.

Hieran knüpfen Cohen und Cohen (2012) auch weiter mit ihrer Unterscheidung verschiedener Arten der Authentifizierung an. Cohen und Cohen sehen im Begriff der Authentizität einen wesentlichen Anker der Tourismusforschung. Wichtiger als der Begriff der Authentizität sind für sie nun Prozesse der Authentifizierung; Authentifizierung ist demnach als der soziale Prozess gemeint, der Authentizität bestätigt: „We define »authentication« as a process by which something - a role, product, site object or event - its confirmed as »original«, »genuine«, »real« or »trustworthy«" (ebd., S. 1296).

Er folgert in Bezug auf die Unterscheidung von Wang, dass Authentizitätsgenerierungen auf der objektivistischen und existenzialistischen Ebene auf persönliches Erleben angewiesen sind, im Vergleich wohnt der sozial konstruierten Authentizität lediglich ein impliziter Verweis auf die Konstruktion der anderen Ebenen inne. Für den genauen Prozess der Konstruktion von Authentizität schlagen Cohen und Cohen auf der Basis von Selwyn und Golden (Cohen & Cohen, 2012) die Unterscheidung zwischen „hot" (im Sinne einer existentialistischen Konstruktion) und „cool" (im Sinne einer objektivistischen Konstruktion) vor.

Mit der gleich dargestellten Unterscheidung wurden u.a. folgende Thesen verquickt:

1. Die zwei Arten der Authentifizierung können koexistieren bzw. divergieren.
2. Nicht nur die Art und Weise der Authentifizierung unterscheidet sich, aus den beiden Arten ergeben sich unterschiedliche Implikationen auf die Sozialstruktur.

---

[107] In seinen Studien 1988 nimmt Cohen (zit. nach Platz, 1995, S. 10) die Unterscheidung zwischen „explorer" und „drifter" vor. Diese können beide authentische Erfahrungen machen. Ersterer ist eine Art Abenteuertourist, der zwar ab und an in Häusern von Einheimischen wohnt, jedoch einen fixen Reiseplan hat und Wert legt auf ein Mindestmaß an Komfort. Der „drifter" dagegen drängt noch mehr darauf, die Kultur und den Lebensstil der bereisten Regionen kennenzulernen; zudem ist er längere Zeit unterwegs und nicht derart an einen Zeitplan gebunden.

3. Durch die zwei Arten der Konstruktion können verschiedenste Erlebnisformen (individuell wahrgenommener Authentizität) konstruiert werden.

Prozesse der „coolen" Authentifizierung verlaufen also auf der objektivierbaren Ebene, sie lassen sich durch einen performativen Sprechakt abbilden oder repräsentieren wissenschaftliches Wissen (wie in der alten Definition von Selwyn), allerdings können nur bestimmte Personen, den Akt vollziehen. Im Vergleich zur Medizin oder zur Kunst ist der Grad der Authentifizierung (in Form von Prüfung) auf dem Gebiet des Tourismus eher gering (vgl. MacCannell, 1976, S. 14). Eine standardisierte Authentifizierung, so sehr Destinationen und Branchen danach streben – in Form von Ausweisungen wie „traditionell hergestellt" o. Ä. – gibt es bisweilen kaum. Lediglich Organisationen wie die UNESCO oder die WHS (World Heritage Sites) können für bestimmte Regionen etc. ein derartiges Zeichen der Authentizität aussprechen. Für Cohen und Cohen bleibt es eine spannende Frage, wer authentifiziert (vgl. Cohen & Cohen, 2012, S. 1299). „Cool" authentifizierte Objekte sind emotional übercodiert und die emotionale Dechiffrierung trägt wohl zur Authentifizierung bei – etwa, wenn der echte Picasso im Museum angeschaut wird.

Im Gegensatz zu der „coolen" Authentifizierung verläuft der „heiße" Prozess informeller, ist weniger direkt und ist somit auf Reiterration angewiesen (vgl. ebd., S. 1300). Die oftmals anonym (durch eine austauschbare Masse) ablaufenden Prozesse sind folglich auf emotional aufgeladene Wiederholung bzw. Bezeugung als Praxis angewiesen. Im Gegensatz zur „coolen" Authentifizierung, die meist durch Beweise augenscheinlich objektiviert ist, ist der Gegenpol an „Glauben" geknüpft. Es sind folglich die sich aus Überzeugung formierenden Rituale in dem Sinne von Geertz (Geertz, 1973), die es ihrer ausdauernden Motivation zu verdanken haben, die zu einer generellen Ordnung erhoben werden und somit als eine Art Selbstoffenbarung fungieren.[108] Nach Cohen und Cohen sind diese Authentifizierungen folglich „not sustained by excitement over the powers of nature, but rather over their mysterious, supernatural origins" (Cohen & Cohen, 2012, S. 1301). Im Gegensatz zu Geertz symbolischen Verständnis von Glauben beziehen sich Cohen und Cohen stets auf die konkrete Praxis: „the belief strengthens the (ritual) performance, and the performance strengthens the belief" (ebd.). Während die „cool authentification" also auf eine Authentifikation von außen angewiesen ist, ist der Beobachter der „hot authentication" stets Teil im Prozess. Der Versuch eine „hotly" authentifizierte Attraktion mittels objekti-

---

[108] Cohen und Cohen nennen hier ein Spektakel in Thailand, die Naga Fireballs, die weniger als Naturphänomen, als in der religiösen Bedeutung Wahrnehmung erfahren und die Rückkehr Buddhas aus dem Himmel, nach der Regenperiode erinnern (vgl. Cohen & Cohen, 2012, S. 1301).

ven Attributionen „cool" zu de-authentifizieren misslingt oft nach Cohen und Cohen. Bei der „coolen" Authentifizierungen ist die Öffentlichkeit entfernt bzw. verbannt hinter Absperrungen, während die Öffentlichkeit bei den „heißen" Authentifizierungen die Grenze zwischen „stage" und „audience" während des über Performativität verschwinden lässt. Die Öffentlichkeit ist notwendige Voraussetzung, um den Ort (die Sehenswürdigkeit) entstehen zu lassen. Natürlich kann dabei auch subversives Verhalten (das Spucken auf den Boden etc.) den Ort authentifizieren, durch die Aufführungen werden die geltenden Normen zum Ausdruck gebracht, auch wenn sich das Verhalten während der Aufführungen transformiert oder gar umkehrt. Die Grundlage des entstandenen Verhaltens, bzw. die Entstehung derartiger Attraktionen muss dabei eben keine objektiv authentische Ursache haben (wie verschiedene „religiöse" Feste, Festivals etc.). Als Beispiel nennen Cohen und Cohen den Stein des „Blarney Castles", welcher dem Besucher durch einen Kuss besondere Kräfte vermacht. Der Kussritus wird dabei nur in Teamarbeit vollziehbar, allerdings scheinen viele Gäste sich einen Spaß daraus gemacht zu haben, ihre Kaugummis an den Stein zu kleben, so dass der Stein bei Tripadvisor (einer Internetplattform, die Reisberichte anbietet) als unhygienischste Attraktion der Welt angepriesen worden ist (vgl. Cohen & Cohen, 2012, S. 1305 f.).

Der Prozess der Authentifizierung ist folglich auf ein Machtverhältnis rückführbar, im Fall der „cool authentication" ist die Frage nach Macht für Cohen und Cohen leicht zu beantworten, so ist es die Hegemonie der Experten, die die Authentifizierung vornehmen (Cohen & Cohen, 2012, S. 1306 f.), während die heißen Authentifizierungen diffuseren Prozessen unterliegen, müssen sie nicht frei von Machtbeziehungen verlaufen, sondern können eben auch gerade der Reaktanz auf bestehende Strukturen geschuldet sein.

Verlassen wir die konkrete praktische Theorie und widmen uns der historischen Entwicklung des Authentizitätsdiskurses in der Tourismusforschung:

1985 feiert England einen weiteren Exportschlager und der Tourist wird von seinem tölpelhaften Dasein befreit und dem Traveller ebenbürtig, bzw. dekonstruiert: Feifer (1985) erfindet den Posttouristen. Hauptkennzeichen des Posttouristen ist sein „playfulness", er weiß: „he cannot evade his condition of outsider" (Feifer, 1985, S. 271).

„Der postmoderne Tourist gibt sich gar nicht der Illusion hin, das Unverfälschte entdecken zu können. Er weiß, dass der Tourist ist und als solcher an einem Spiel (oder mehreren Spielen) teilnimmt, in dem diverse touristische Erfahrungen zu machen sind aber nicht die eine authentische Erfahrung. Das Gefühl von Authentizität – auch wenn Authentizität inszeniert ist – mag sich im subjektiven Moment des Erlebens einstellen, die »wahr-genommenen« Gefühle mögen authentisch erlebt werden; das objektiv Authentische bzw. die Authentizität der Objekte ist aber nicht zu haben." (Vester, 1999, S. 115)

Ähnlich formuliert das Hennig (1999, S. 171):

„Was jeweils »echt« oder »falsch« ist, lässt sich kaum eindeutig bestimmen. Das Authentische gibt es nicht; es kommt immer darauf an, mit welchem Maßstab wir messen. Römische Kopien griechischer Statuen sind für uns „authentische“ antike Kunstwerke; ihr Alter gibt ihnen die Patina das Echten. Asiatische Besucher geschichtlicher Themenparks legen großen Wert auf Authentizität: als echt bezeichnen sie – im Unterschied zu den meisten Europäern – bereits die *korrekte Rekonstruktion* eines historischen Ambientes; sie verlangen daher keine originalen Fundstücke“.109

Das Modell des Posttouristen, der rollendistanziert spielerisch mit Echtheit und Inszenierung umgeht, bleibt nicht unumstritten. So hatte schon Cohen 1988 festgestellt, dass nicht alle Touristen gleichermaßen an Authentizität Interesse zeigten. Weiter kommt es für Spode in dem vor allem durch Urry geprägten und weitergebildeten Konzept zu Problemen der Applikation: „Unscharf ist bereits die Bezugsebene: mal ist erkenntnistheoretisch ein Prinzip der Beschreibung der Welt gemeint, mal empirisch die Welt selbst“ (Spode, 2005, S.138).

In seinen neueren Werk (2011) „The Ethics of Sightseeing“ sieht MacCannell Tourismus[110] in Folge von Globalisierung als eine Möglichkeit, Weltkultur evolutiv zu prüfen und an die Welt zu bringen: „Tourism is the beta test version of emerging world culture“ (ebd., 2011, S. 13).

Auch heute (2011) versteht MacCannell Authentizität in der Semantik des Echten, Wahrhaftigen; unter Berufung auf Goffman, Foucault und Lacan konzipiert er in symbolisch konstruktivistischer Weise den Zerfall von „front“ bzw. „backregions“ im Alltagsleben (vgl. ebd. S. 24 ff.). In Folge findet sich „staged authenticity“ nicht mehr nur im Backstage-Bereich, sondern überall (ebd., S. 17). In der modernen Welt wird ein Recht auf Sichtbarkeit konstatiert. Dem Wegfall von Grenzen (insbesondere Grenzen der Privatsphäre) steht das Individuum ambivalent gegenüber; zwar will es alles sehen, soll aber selbst geschützt sein. Die Konsequenzen dieses Wandels zeichnen sich für MacCannell dramatisch ab:

„The hidden remains the underlying motivation for the visible. As the visible expands, the hidden inexorably slips further from the view and from consciousness. [...] In sum we have staged authenticity today. As the realm of the visible grows it provides ever more protective cover for society´s darkest impulses. This is the direction of sociocultural evolution where there is little ethical concern for what happens in the public domain.“ (MacCannell, 2011, S. 34)

Die Inszenierung von Authentizität wird heute nach MacCannell in gewisser Weise gesteigert, ist aber auch mehr zu einer leeren Chiffre geworden.[111] MacCannell sieht den Umgang mit Authentizität als ein ethisches Problem: „Ac-

---

[109] Hennig verweist hierbei auf Pearce, P.L. 1988

[110] Auch wenn er sich in dem Vorwort des Buches dezidiert für eine Fokussierung auf den Kontext des Umgangs mit Sehenswürdigkeiten (vgl. ebd., S. xi) beschränken will.

[111] Er führt hier unter anderem die symbolische Bedeutung von hybriden SUV-Trucks an, die nicht mehr als klar zurechenbares Statussymbol fungieren, denn jeder kann sie besitzen und garantieren somit keine ausreichende Identität mehr (MacCannell, 2011, S 27).

130

cordingly any belief in authenticity – that is, any notation that one might bypass the symbolic and enter into a complete, open, fully authentic relation with another subject – obviates questions of ethics. Authenticity as a substitute for ethics can be regarded with suspicion that it is either intentionally or unwittingly unethical" (ebd. S. 10).

Da jegliche Interaktion symbolisch vermittelt ist, stellt sich die Frage, inwieweit die symbolische Bewertung der Vermittlung, quasi in 2. Ordnung, als authentisch, ethnozentristisch wirkt. MacCannell ist somit in seiner neuen Auflage nicht weniger dem Neomarxismus verschrieben als 1973, er lässt sich somit in normativer Perspektive wohl als eine Art Mischung – bestehend aus der von ihm kategorisierten ersten und letzten Phase – deuten.

Von dem posttouristischen Standpunkt und der postmodernen Posttourismusthese, der Tourist sei auf Spaß aus, distanziert sich MacCannell teils:

„The assertion that tourist *just* want to have fun is partially correct. But tourists also continue to posit lines of what they take to be important moral difference between the »authentic« and the »inauthentic«, even where we might less expect to find them [...]. Moral lines remain at the heart of their experience. Tourists want desublimation. Fun is optional." (MacCannell, 2011, S. 216)

MacCannell verweist hier in kulturkritischer Manier auf Moral[112] und auf Prozesse repressiver Entsublimierung bzw. der Machtaufrechterhaltung und der Kommodifizierung, die durch den moralischen Vergleich von authentisch/unecht vorangetrieben wird.

Die Grenzüberschreitung ist somit für MacCannell die Methode[113] Unterschiede (auch moralische) festzustellen. Die Feststellung von Unterschieden ist somit auf der individuellen Seite, das umsetzende Element der funktionalen Prüfung neuer kultureller Werte. Dabei können eben auch Unterschiede von tatsächlicher Vorstellung (im Sinne der Aufführung) und Fantasie (im Sinne einer unabgeglichenen Vorstellung) erfahren werden. Generell bleibt das Erleben von Unterschieden (im Sinne eines Gegenalltags) für MacCannell die zentrale Motivation beim Reisen:

„The difference is intention. The tourist intends to cross the line and intends his or her stance relative to it" (MacCannell, 2011, S. 223). Gleichzeitig minimiert der Tourismus Unterschiede, eben durch die Inszenierung von Authentizi-

---

[112] Moral im Sinne von MacCannell kann sich in der Bedeutung der Familie und anderen Normen entfalten, wobei die Gewichtung hierbei unterschiedlich ausfallen kann (2011, S. 216). Moralisch kann der Reisende selbst sein, in der Form, dass er nachhaltig reist, moralische Andersartigkeit kann eine Erfahrung im Umgang mit anderen sein (wobei MacCannell annimmt, dass die Touristen einige universelle Werte akzeptieren (Respekt vor Leben etc.), die Variationen können erlebt, aber mit Verlassen des Landes wieder abgelegt, bzw. es kann zu den eigenen Werten zurückgekehrt werden.

[113] Im ersten Schritt wird hiernach die Grenze zwischen öffentlichem/privatem Selbst durch das Verlassen des „home" überschritten bzw. geöffnet.

tät, weiter stellt er einen generellen Werteverfall fest, der ethisches Handeln nötig macht. Es ist die Frage, ob MacCannell den postmodernen Theoretikern (Urry & Larsen) an dieser Stelle nicht näher steht, als ihm recht ist (Ich werde im folgenden Kapitel auch auf die begriffliche Umstellung des „Blicks" in seiner Theorie eingehen).

Ob tatsächlich ein Wandel im Bestreben des Erlebens von Authentizität auf empirischer Seite vollzogen ist, wird im empirischen Teil bzw. der Auswertung weiter diskutiert werden. Für diese Arbeit soll der Begriff der Authentizität als performativ hergestellter Diskurs, zur Widerherstellung verloren geglaubter Kontrolle begriffen werden.

Wie später die Vorstellung der Forschungsergebnisse zeigen wird, spielt die Behauptung von authentischen Erfahrungen eine wichtige Rolle als Antagonismus etwa bei globalen Entortungen bzw. Prozessen der Austauschbarkeit von Reisezielen.[114]

Inwiefern Natur eine Rolle bei der Generierung von authentischen Erfahrungen spielt, soll im empirischen Teil dargestellt werden. Die „Suche nach dem Unverfälschten und Wahren" ist Spreitzhofer (Spreitzhofer, 1995, S. 45) zufolge „seit jeher tragendes Element und Bewusstseinskategorie". Seit der Romantik wird dieses „Unverfälschte" und „Wahre" in der Natur gesucht, doch lässt das immer noch offen, inwieweit der einzelne sich tatsächlich ein solches Leben in Einfachheit und Ursprünglichkeit wünscht und inwiefern er bereit ist, auf (westlichen) Komfort zu verzichten.

Authentische Erfahrungen beim Reisen werden von mir als eine Möglichkeit zur Schaffung von individueller Varianz bzw. Wirksamkeit unter Aspekten einer Selbstbeschreibung interpretiert. Die Form und ihre Motive stellen sich als inhaltlich substituierbar dar. Authentizitätserfahrungen können hierbei eine, wenngleich austauschbare, Komponente innerhalb der Strukturen des Konglomerats des Tourismus sein, mittels dem gesamtgesellschaftlich für Ausgleich gesorgt wird, wenn individuelle Strukturen Varianz erfahren (vgl. Pott, 2007).

4.2.2   Postmodernes Reisen im Blick: „The Tourist Gaze" (John Urry)

Im Folgenden sollen die zentralen Aspekte John Urrys nun zum dritten Mal, nun mit Jonas Larsen 2011 aufgelegtem Werk „The Tourist Gaze" dargestellt werden – die Neuauflage wurde zeitgemäß „The Tourist Gaze 3.0" benannt und die

---

[114] Anders als Wöhler (2011) wird das Konzept der Authentizität weiter als ein performativer Diskurs verstanden und nicht als ein Mittel der Selbstschaffung im Sinne „der aufrichtigen Neu- bzw. Wiedererschaffung" (Wöhler, 2011 S. 238)

132

Verweise an entsprechender Stelle aktualisiert sowie um den „performativen Turn" erweitert.[115]

Urry attestiert einen gesellschaftlichen Wandel, die Phase des Fordismus ist zu Ende und die des postfordistischen Individualismus angebrochen – dieser steht im Gegensatz zu dem durch massenhafte Produktionsgütern gekennzeichneten Fordismus, im Zeichen des individuellen Konsums und der Vielfalt (vgl. Urry & Larsen, 2011, S.52ff).[116] Der Urlaub von der Stange wird vom Individualurlaub abgelöst. Der Urlaub von heute ist gekennzeichnet durch Konsum und steht dem alltäglichen Leben oder dem Gewöhnlichen entgegen (ebd., S.1). In der Postmoderne (vgl. Lash, 1990) kommt es zu Entstrukturisierung, Entdifferenzierung, Individualisierung sowie Globalisierung und McDonaldisierung. Sie ist gekennzeichnet vom Fluiden, den Pastichen, der Vermischung, dem Chaos, der Abkehr von dem Zentralen, der Ironie und dem Verlust von Referenz (vgl. Baudrillard, 1983).[117]

Statt der Frage nach dem Echten gerät Spaß in den Blick der Touristen. In Anklang an Feifer (1985) folgert Urry so:

„Playfulness and variety of self-consciousness makes it harder to find simple pleasures in such mild and socially tolerated rule-breaking. The post-tourist is above all self-conscious, ´cool´ and role-distanced. Pleasure hence comes to be anticipated and experienced in different ways from before." (Urry & Larsen, 2011, S. 115)

Um touristische Praxis methodisch zu begreifen bedient sich Urry hierbei des Konzepts des Blicks, dieses ist zwar Foucault (Foucault, 1988) entliehen, der Blick wird hierbei aber nicht auf professioneller Ebene im Sinne einer wissenschaftlichen Ordnung verstanden, fungiert aber dennoch als epistemische Ordnung, die die Realität konstruiert. Sehen wird so als System von Relationen begriffen, dass das pure Sehen, das unschuldige Auge als Mythos begreift. Der Blick auf Landschaften oder andere Sehenswürdigkeiten wird zum distinktiven Symbolkonsum:

„Gazing at particular sights is conditioned by personal experiences and memories and framed by rules and styles, as well as by circulating images and texts of this and other places. Such ´frames´ are critical resources, techniques, cultural lenses that potentially enable tourists to see the physical forms

---

[115] Urry & Larsen, 2011, S.14f.: „But *The Tourist Gaze 3.0* rethinks the concept of the tourist gaze as performative, embodied practices, highlighting how each gaze depends upon practices and material relations as upon discourses and signs." Dennoch will ich den „tourist gaze" an dieser Stelle als eigenens Konstrukt aufführen und das performative Modell erst in Kapitel 4.2.4 erklären, da Urry mit seinem Erstlingswerk in der Tourismustheorie als Meilenstein gehandhabt wird.

[116] Es werden noch weitere Aspekte, u.a. die Kurzlebigkeit der Güter und ein Anstieg der Verschuldung genannt.

[117] Für die Strittigkeit und Ausprägung dieser Epoche siehe u.a. Vester, 1999, S. 104ff. bzw. Spode, 2005, S. 138ff.

133

and material spaces before their eyes as ´interesting, good or beautiful´. They are not the property of the mere sight." (Urry & Larsen, 2011, S.2)

In Anklang an Berger (1972) wird so die Schönheit der Welt nicht als äußerlich gegeben, sondern als erlernte Praxis verstanden. Verstärkt wird der Blick durch die Visualisierung und Repräsentation moderner Technologien. Der Blick, begriffen als Unterscheidung, variiert weiter nicht nur zwischen verschiedenen Gruppen, sondern auch historisch.

Urry und Larsen (2011) formulieren neun hinreichende Kriterien, Tourismus zu beschreiben. Diese seien im Folgenden kurz zusammengefasst: 1. Tourismus wird in Abgrenzung bzw. Verbindung zur Arbeit als Freizeitaktivität moderner Gesellschaften gesehen. 2. Touristische Beziehungen entstehen durch Bewegung und die Überwindung von Raum. 3. Die Reise ist immer auf Zeit angesiedelt und geht an Orte, die außerhalb der gewöhnlichen Umgebung liegen. 4. Die besichtigten Orte stehen nicht im Zusammenhang mit Arbeit und erbringen eine distinktive Funktion. 5. Touristische Praxis stellt ein elementares Geschehen in modernen Gesellschaften (Plural im Original) dar, für die erheblicher Aufwand betrieben wird bestimmte Formen entwickelt und bereitgestellt worden sind und werden. 6. Wahl der zu besichtigenden Orte/Objekte richtet sich an Erwartungen aus, die durch nicht-touristische Techniken (Film, Fernsehen, Literatur, DVDs, etc.) verstärkt werden und auf nicht-alltägliche Erlebnismodi abzielen (zum Zweck eines gesteigerten Vergnügens, durch andere Sinne oder durch Phantasie und Tagträume). 7. Der Blick wird oft auf Landschaften, Architektur, Städte bzw. Orte gerichtet, um andere Erlebnisformen zu schaffen und dem Alltag entgegenzustehen. Um diesen Blick später (von Ort und Zeit entfernt) reproduzieren zu können, werden Postkarten, Photos, Videos etc. verwendet. 8. Der touristische Blick wird durch Zeichen konstruiert. Handlungen, Orte oder Dinge stehen im Blick, bspw. für das „alte England", das „romantische Paris" etc. 9. Neue Objekte touristischen Blickfangs werden professionell inszeniert (Urry & Larsen, 2011, S. 5), dies hängt zum einen an einem Interessenswettkampf auf Seiten der Anbieter und der Veränderung des Geschmacks auf Seiten der potentiellen Besucher ab (vgl. ebd., S.4f.).

Den unter Punkt 1. genannten Aspekt der Verwobenheit von Freizeit und Arbeit werden wir noch in Kapitel (4.2.5) genauer betrachten, er erscheint freilich nicht sonderlich neu. Ob die Überwindung von Raum tatsächlich notwendig sein wird, um Urlaubserfahrungen zu machen, wird von Urry selbst in seinem Buch durch den „armchair traveller" in Frage bzw. aber zumindest in Ausblick gestellt. Ob man aber wirklich soweit gehen sollte und die hier vorgestellte Reiseform („armchair traveller") noch als Reise zu deklarieren, ist auch für Urry fraglich[118],

---

[118] Der Anteil der Koppelungen von psychischen und physischem System würde ja ganz „reiseunüblich" sein, man könnte von einer Resonanz-Suppression sprechen (die körperlich bedingte Sinnes-

allerdings könnten Reisen durchaus nicht immer mit örtlichen Überbrückungen zusammenhängen (etwa in Form von Milieureisen, in andere Stadtviertel oder Inszenierungen wie sie in dem Film „The Game" (1997) inszeniert ist). Punkt 4 dürfte unter Tourismusforschern kaum Widerstände evozieren. Eine große These von Urry, die mit der attestierten Postmoderne zusammenhängt, ist ja gerade die Vermischung verschiedener Teilbereiche, darüberhinaus wird in dem neuen Buch eingestanden, dass oft Arbeit in den Urlaub mitreist. Weiter stehen sicher auch Distinktion und Arbeit in einem sich bedingenden Verhältnis. Auch dass Tourismus ein nicht unwesentliches Geschehen in unserer Gesellschaft darstellt, ist nicht fraglich, ob man von einem Funktionssystem sprechen kann, ist zu verneinen (Kapitel 4.2.5.3).

Neben den basalen Annahmen stellt Urrys Ansatz also weniger einen interessanten Aspekt über die Praxis des Blicks heraus, als die Hervorhebung des Symbol- bzw. Raumkonsums. Weiter beinhaltet seine Praxis des Blickens einen hermeneutischen Zirkelschluss (vgl. MacCannell, 2011, S. 201 ff.): Neben dem Sehen vor dem Urlaub (durch Bilder), dem Sehen während des Urlaubs und des Gesehen-werdens während des Urlaubs (von den Einheimischen) ergibt sich ein katalytischer Effekt, der die Praxis des Urlaubs selbst leitet.

Während des Urlaubs kann Urry eine Vielzahl von Blicken aufzählen; der „Tourist Gaze" kann also u.a. zur Praxis des „romantic gaze", als semi-spirituelle Beziehung und Abgrenzung von den Massen, der Erzeugung von Exklusivität und Privatsphäre dienen. Oder auch dem „collective gaze", der durch eine große Anzahl an Menschen induziert ist, als Kennzeichen für den „place to be" (Urry & Larsen, 2011, S. 19 f.) fungieren. All diesen Blicken (als weitere Formen werden genannt: family gaze, environmental gaze, anthropological gaze, mediatized gaze, reverential gaze, spectatorial gaze; ebd., S. 19 f.) haftet Körperlichkeit an. Der Zwang zur Nähe („compulsion to proximity" vgl. Urry & Larsen, 2011) verbunden mit der Verwendung mehrerer Sinne neben dem Sehen (Hören, Riechen, Tasten, Schmecken). Die hyperrealen Reisemöglichkeiten per Knopfdruck über Medien bzw. Internet, schaffen es nicht, das „normale" Reisen in Verbindung mit einem Ortswechsel und der Erfahrung von Körperlichkeit zu verdrängen. Die verschiedenen Praktiken, strukturieren in ihrer symbolischen Aufladung das Feld bzw. den Urlaub.

Authentizitätserfahrung als heiliger Motor des Tourismus ist der Entfremdung durch Arbeit geschuldet (vgl. Boorstin oder MacCannell), um Einheitserfahrungen herzustellen, können nach Urry und Larsen allerdings nicht mehr alleine im Zentrum der Tourismusforschung stehen. Die Inszenierung von Au-

---

wahrnehmung während des Lesens in einem Stuhl wäre ja eine ganz andere im Vergleich zu einem Spaziergang auf einem orientalischen Markt).

thentizität kann nach Urry und Larsen der Wechselbeziehung zwischen gazer/gazee geschuldet sein, letzterer versucht sich so von aufdringlichen Blicken (intrusive gaze) zu schützen.[119] Die strukturelle Ordnung von Blicken im Sinne der Schaffung von Sensationen bzw. Sehenswürdigkeiten fungiert in Kumulation somit auf beiden Seiten als Mittel der Reduktion von Komplexität. Dennoch hält Urry an dem Modell des nichtkörperlichen Reisens, dem rein virtuellen, imaginativen Reisen fest und proklamiert mit dem zunehmenden Zerfall des Alltags zu einer „postmodernen Popkultur", die durch eine unzählige Vielzahl von Blicken geprägt ist, das Ende das Tourismus:

„The typical tourist experience is anyway to see *named* scences through a *frame*, such as the hotel window, the car windscreen or the window of the coach. But this can now be experienced in one's own living room, at the flick of of a switch or a click. And this can be repeated time and time again. There is much less of the sense of the authentic, the once-in-a-lifetime gaze, and much more of the endless availability of gazes through a frame at the flick of a switch or a click. The distinctiveness of the 'tourist gaze' is lost as such gazes are part of a postmodern popular culture. Consequently, we can speak of the 'end of tourism' since people are tourists most of the time, whether they are literally fluidity of multiple signs and electronic images'." [120] (Urry & Larsen, 2011, S. 113)

Neben der doppelten aktiven Herstellung von Attraktionen (auf Seiten der Macher sowie der Konsumenten – ich werde in Kapitel 4.2.4 (Performativität) näher darauf eingehen) klassifizieren Urry und Larsen fünf unterschiedliche Arten von Attraktionen. Als erstes werden jene Objekte benannt, die bekannt sind, bekannt zu sein (vgl. Urry & Larsen, 2011, S. 15f.) – hierunter fallen u.a. der Eifelturm, die Freiheitsstatue, bestimmte Events oder eben ganze Städte.

Weiter werden Zeichen klassifiziert, die in semiotischer Weise für etwas Typisches stehen; ein japanischer Garten, ein französisches Schloss oder ein amerikanischer Wolkenkratzer.

Als drittes werden Attraktionen genannt, die ungewohnte Erscheinungen des vormalig Gewöhnlichen repräsentieren. Meist in Museen werden hier die damaligen kulturellen Artefakte des Alltags realistisch präsentiert.

Weiter werden Attraktionen aufgeführt, die gewöhnliche Aspekte in ungewöhnlichen Kontexten darstellen. Hierunter fällt das Betrachten der einheimischen Bräuche, die dann in Verwunderung, als den eigenen ähnlich wahrgenommen werden.

Zu guter Letzt werden jene Attraktionen genannt, die an sich derart gewöhnlich sind, dass ein Zeichen auf ihre Besonderheit hinweist. Ein Schild verweist

---

[119] Urry und Larsen folgern hier, dass der spectacular gaze, an dem immer Gruppen von Touristen beteilgt sind für die Betrachteten weniger aufdringlich sein kann, als der anthropologische Blick, der auf längere Zeit und auf das Aufdecken von tieferen Strukturen angelegt ist (vgl. ebd., 2011, S.23).

[120] Urry und Larsen verweisen auf Lash and Urry, 1994, S. 259

auf eine mondähnliche Felsformation, der Name Rembrandt wird zur Distinktion, der „marker" wird zum „sight" (MacCannell, 1976, S. 41).

Für Urry und Larsen ist die momentane Ordnung nur temporär, denn die Vermischung der Grenzen zwischen Fiktion und Wirklichkeit zwischen Tourismus und Alltag schreiten in Prozessen der Globalisierung voran:

„One thing is for sure about the emergent global order is that it is only at best a contingent and temporary ordering that generates it´s massive and complex disordering." (Urry & Larsen, 2011, S. 30)

„There has been a dissolving of boundaries, not only between high and low cultures, but also between different cultural forms, such as tourism, art, education, photography, television, music, sport, shopping and architecture. In addition, mass communications have transformed the tourist gaze which increasingly bound up with, and is partly indistinguishable from, all sorts of other social and cultural practices." (Urry & Larsen, 2011, S.90)

Es ist hier natürlich fraglich, inwiefern Gegenalltag oder das Außergewöhnliche noch als Kennzeichen touristischer Erfahrung fungieren kann, wenn sich ohnehin alles auflöst.

Wie Spode hierzu 2005 treffend bemerkte stehen somit Widersprüche in der Behauptung von Chaos und Ordnung: „Entstrukturierung, Dezentralisierung, Individualisierung einerseits und Globalisierung, Homogenisierung, McDonaldisierung andererseits, [...] unaufgelöst" (Spode, 2005, S. 139).

Die Betrachtung verschiedener Blicke endet im Spiel der Distinktion, die derart aufbereitet für wirtschaftliche Analysen des zu analysierenden Gegenstandes des Tourismus dienlich ist, nicht aber Rahmenbedingungen aufklären kann. So folgert Pott:

„Die Stärke der vorgestellten Theorieangebote liegt darin, den Tourismus als eine soziale Strukturbildung zu interpretieren, die an die Besonderheiten der modernen Gesellschaft gebunden ist und nur aus ihnen heraus verstanden werden kann. Genau genommen, beziehen sie sich nur auf eine bestimmte moderne Gesellschaftsformation – den Fordismus – und nicht auf die Moderne insgesamt. Für diese Gesellschaftsformation machen sie einsichtig, dass der Tourismus auf die fordistischen Arbeits-, Produktions- und Lebensbedingungen reagiert, die die moderne Gesellschaft seit der Industrialisierung bestimmen." (Pott, 2007, S. 57)

Weiter hat Spode ein Problem mit der Kernthese Urrys, dem Ende des Fordismus und dem Einzug individueller Wahlmöglichkeiten im Segment des Tourismus sowie dem Ende massenhaft produzierter Güter, kann doch nur die Rede vom „neuem" individuellen Massenurlaub sein (Spode, 2005 S. 146).

...„je mehr der touristische Markt wächst, desto mehr muss die ihm innewohnende Tendenz zur Produktion und Demonstration der „feinen Unterschiede" zur Geltung kommen. Die wichtigste Folge des Wachstums dürfte eine ganz andere sein: das Verschwinden nicht-touristischer Räume. Auch und gerade die vermeintlich „bedeutungslos" gewordene Suche nach dem Echten, Unverfälschten fungiert hierbei als ein Motor der Expansion." (Spode, 2005, S. 148)

„Auf der sozialen Ebene konsumieren Touristen entsprechend eine enorme Bandbreite an Erfahrungen. Dabei fungieren touristische Orte zugleich als Bühne und Spiegel, sie dokumentieren und verlangen „Geschmack"; stets dienten und dienen sie als eine prominente Arena der „sozialen Distinktion" – ein ewiges Spiel der Ab- und Ausgrenzung, das zumal von den gebildeten Schichten angetrieben wird. Diesem Spiel und diesen Schichten entstammt auch die Rede vom postfordistischen, vermeintlich individuellen Reisen – alter Wein in neuen Schläuchen". (Spode, 2005, S.154)

Weiterhin bleibt bei Urry offen, warum das Verlangen nach zweckfreien Reisen vor der Industrialisierung in absolutistischen Territorialstaaten erwachte (vgl. Pott, 2007, S.57 f.).

Das Konzept des Posttouristen scheint für diese Arbeit ähnlich ungeeignet, wie das Fluchtmotiv.

Das Fluchtmotiv wurde in dieser Arbeit ja schon vor allem unter Betrachtung kulturkritischer Konzepte vorgestellt und soll an dieser Stelle keine weitere Rezeption erfahren. Es lässt sich aus verschiedenen Gründen davon abkommen, dass es erschöpfend das Phänomen des Reisens bzw. des Tourismus erklären kann. Ist es auf den ersten Blick nicht nur monokausal und somit unterkomplex, lässt sich natürlich nicht von der Hand weisen, dass die kommunizierte Intention einer Reise immer auch durch Kontexte von Flucht erklärt werden können; im Umkehrschluss Reisen in marxistischer Manier nur in Bezug auf Arbeit ausschließlich aus dem Fluchtmotiv zu erklären, lässt zu viele Aspekte des Reisens außer Blick.

Der Posttourist mit seinen Blicken, stellt das Phänomen ebenfalls unterkomplex dar zwar lassen sich einige Praktiken und Performanzen so durchleuchten, allerdings kann das Konzept des Posttourismus funktional nicht befriedigen oder wie Hennig schreibt:

„Das Konzept des Post-Tourismus fährt zwar bequem im Zug der modischen Begrifflichkeiten mit; seine Erklärungskraft ist aber begrenzt. Seine Verfechter unterschätzen die fortdauernde Bedeutung jener Formen, die auf „authentische" Erfahrungen und „ursprüngliche" Erlebnisse zielen. Schon ein flüchtiger Blick in Reisezeitschriften oder -bücher zeigt, dass die Magie des Unberührten ungebrochen wirkt. Die distanzierten Spiele der Post-Touristen bilden nur eine Facette in der Vielfalt der heutigen Reiseformen." (Hennig, 1997, S. 47)

Des Weiteren wird das Fluchtmotiv durch Hennig historisch widerlegt: er führt auf, dass genau die Aristokraten, also die Gruppe, die es am wenigsten nötig gehabt hätte, vor der Realität zu fliehen, heute als die Pioniere des Reisens verstanden werden müssen (Hennig, 1999, S. 78), weiter folgert Hennig, dass in einer heilen Welt somit niemand mehr reisen müsste. Für Hennig leben aber die meisten Menschen in einer Welt, die keine elementaren Lebensprobleme mehr aufweist (Hennig, 1999, S. 69), dennoch werden die Strapazen des Reisens – stundenlanger Stau, lange Flüge, teure Hotels etc. von vielen Menschen in Kauf genommen.

Hennig liefert mit seinem Konzept der Imagination einen Erklärungsansatz, der das fordistisch geprägte Flucht- und Posttouristen-Motiv zu Gunsten eines breiteren Erklärungsmodells überwinden kann und nicht auf der Mikroebene verharrt. Dieses soll im Folgenden vorgestellt werden.

Hennig fechtet die gängigen Ansätze, die das Reisen als „Zustand eines Mangels" (Hennig, 1999, S.9) „mit heruntergezogenen Mundwinkeln" (Hennig, 1997, S.36), als eine Realitätsflucht bzw. ein „Fluchtphänomen" (Hennig, 1999, S.72) zu begreifen versuchen ebenso an, wie Ansätze, die Tourismus als Konformismus, zum Zwecke des demonstrativen Konsums sehen. „Das verbreitete Bild von »touristischen Trotteln« steht auch hinter den Theoremen, die soziale Anpassung und Prestigedenken als Hauptmotive des Reisens sehen" (Hennig, 1997, S. 37). Er folgert:

„Zweifellos spielen Prestigekonsum, Imitation und Konformismus im Tourismus eine zentrale Rolle. Für viele Urlauber sind sie vermutlich wesentliche Motive. Als Grundlage einer Tourismustheorie aber reichen diese Elemente nicht aus. Wie die Flucht-These betonen sie zu einseitig die negative, unter psychologischen Aspekt gleichsam »leere« Seite der Reisemotive. Vor allem aber ist kein spezifisches soziales Verhalten hinreichend aus Konformismus erklärbar. Sozialer Anpassungsdruck wirkt immer und unter allen Umständen; die wesentliche Frage, in welche Richtung er zielt und warum, kann mit dem Verweis auf das Wirken der Werbung oder die Imitation nicht beantwortet werden." (Hennig, 1997, S. 38)

Er wendet sich so von sechs Forschungstraditionen (Tourismus als Flucht, Tourismus als Konformismus, Reisen als Trieb, Reisen zum Zweck der Erholung, Touristen als Pilger, und eine Gruppe von Ansätzen, die er als „Klassiker, Klassifizierer und Post-Touristen" zusammenfasst (Hennig, 1997, S. 45) ab und erhebt so den Anspruch:

„ [...] die besonderen Erlebniswelten, die sich im Tourismus herausbildeten, detailliert zu beschreiben und zugleich größere theoretische Zusammenhänge im Auge zu behalten. Die meisten früheren Tourismustheorien betrachteten den Tourismus gleichsam *von außen*; nicht selten war die Haltung gegenüber den Reisenden herablassend und sogar verächtlich. In der Vorstellung einer touristischen Eigenwelt dagegen wird das Phänomen *von innen* untersucht. Das erschwert das moralische Urteil und hebt das Niveau der Analyse." (Hennig, 1997, S.45)

Jene Ansätze, die das Imaginäre als „bedauerliche Restgröße" (Hennig, 1999, S. 11) sehen, fallen mit ihrem normativen Verlangen die erlebte Authentizität von Reisenden zu beurteilen nur hinter die eigenen Motive und vergessen jene Motive, die allen Gruppen (Milieus) gleich sind. Hennig vertritt in Anklang an Arbeiten von Henri Raymond und Edgar Morin eine theoretische Auffassung, die das „imaginäre Verwirklichen" als das zentrale Element von Reisen versteht. Touristische Wahrnehmung kann kein „realistisches Bild" der besuchten Destinationen liefern (Hennig, 1997, S.47).

Das *imaginäre* Verwirklichen wird durch das Konzept *außeralltäglicher* Wahrnehmung laut Hennig als theoretisches Konzept der Tourismustheorie komplettiert.

4.2.3.1   Das Konzept des Gegenalltags

Hennig sieht in dem Konzept des Gegenalltags, oder in Worten Turners der „Anti-Struktur" bzw. Shields Konzeption sozialer „Randbereiche", eine funktionale Erklärung des Reisens.[121] So formuliert Hennig ein Konstrukt, das dem Anspruch geschuldet ist, soziale Ordnung strukturell verstehend zu erklären.

Die Unterscheidungen „heilig/profan" (vgl. Durkheim, 2007) ist zweifelsohne in der Religionssoziologie bekannt und fand in der Anthropologie (Arnold von Gennep) bei der Untersuchung von Übergangsriten weitere Rezeption. In der englischen Tourismusforschung wurde das Konzept vor allem durch Turner, Graburn und wie bereits oben erwähnt von Urry geprägt. Mit dem Studienkreis Tourismus e.V. (Starnberg) fand sie Einzug in die deutschsprachige Forschung und wie Hasso Spode wittert: „Spätestens seither gehört die Vorstellung, Tourismus sei durch das Anderssein, den Gegenalltag gekennzeichnet, zum festen Repertoire soziologisch-kulturwissenschaftlicher Analysen" (Spode, 2005, S.144).

Das von Victor Turner (vgl. Turner, 1989) entwickelte Konzept der liminalen (bei Stammesgesellschaften) oder liminoiden (Entsprechung in modernen Gesellschaften) Phasen, die durch „Regelaufhebungen"[122] das Gleichgewicht des gesellschaftlichen Lebens sicherstellen (Hennig, 1997, S.45 oder Hennig, 1998, S. 64 f.) erachtet Hennig als konstitutives Element des Reisens.[123] Feste und Rituale, die durch Außeralltäglichkeit Erfahrungsräume schufen, die „der Erzeugung von motivierendem Sinn " (Hennig, 1998, S. 69) dienten und in Anlehnung an Shields „Randbereiche" abdeckten, sollen so das Soziale transzendieren, da die soziale Kontrolle im Vergleich zum Alltag stark reduziert ist.[124]

Ähnlich der Schwellenphasen sieht Hennig touristische Wahrnehmung und Erleben somit wie folgt gekennzeichnet:

„Sie zeigt als Phase der Anti-Struktur nicht-hierarchische, egalisierende Züge; sie wirkt entdifferenzierend; sie führt zu »Ganzheitserlebnissen« jenseits der Aufsplitterung in unterschiedliche Rollen. Das seelische Engagement der Teilnehmer ist meist größer als im Normalleben, das Lebensgefühl ist intensiviert." (Hennig, 1998, S.65)

---

[121] In Konsequenz zur Herstellung des Gegenalltags schreibt Edensor 2009 ist die „Transzendentierung des Banalen" nötig (Edensor, 2009, S. 549; Übersetzung M.H.). Ich komme in Kapitel 4.2.4 „Performativität" darauf zurück.

[122] Es bleibt nicht aus, an dieser Stelle anzumerken, dass im Urlaub, wie auch auf Festen prämoderner Gesellschaft auch Übergangsphasen oder Rituale ihren gesellschaftlichen Regeln folgen.

[123] Hennig folgert in Bezug auf Turner, dass Tourismus ein „funktionales Äquivalent der Feste in vormodernen Gesellschaften" ist (Hennig, 1998, S. 64f.). Pott kritisiert diese Haltung (2007, S. 55); ich werde an in Kapitel 4.2.5 darauf eingehen.

[124] Hennig schreibt in Bezug auf Shields hier (1997, S.44): „Sie bilden Gegenwelten, in denen die gewohnten sozialen Kontrollen nicht greifen."

Nach Hennig liegt die kompensatorische Funktion von Reisen nicht nur in Gleichschaltung, sondern in einer Auflösung allgemeiner inter- und intrapersonaler wahrgenommener Differenzen. Ich komme am Ende des Kapitels auf diese Einheitserfahrung" zurück.

Gegenalltag im Urlaub kann so auch auf die Differenzen „Vor-zivilisatorischer Naturzustand vs. Zivilisation", „Historie vs. Moderne", „Abenteuer/Spannung vs. Routine/emotionale Gleichförmigkeit", „Swinging life vs. Routine/emotionale Gleichförmigkeit" oder „Körpererfahrung vs. „Verschwinden des Körpers" (Hennig, 1998, S. 55f.) rekurrieren.

Hennig verbindet die anthropologisch anzusiedelnde Denktradition mit phänomenologischen Arbeiten von Schütz, in dem er die Sinnverarbeitung und ihre Erzeugung zusätzlich betrachtet.

Der phänomenologischen Darstellung der Welt als Gefüge verschiedener „Sinnbereiche" (Schütz, 1971, zit. nach Hennig, 1998, S. 57f.) geschuldet, differenziert sich dem jeweiligen Bereich inhärent ein „Erkenntnis- und Erlebensstil" (ebd.). Hauptunterschied in den „multiple realities" (ebd.) ist die Intentionalität des Handelns; im Alltag herrscht das „pragmatische Motiv" (ebd.), dieses löst sich im Gegenalltag[125]. Es entsteht somit ein anderer Zugang zur Realität:

„Dadurch aber steht der Tourismus anderen nicht-alltäglichen Sinnbereichen nahe: vor allem dem Traum (was sich in den gängigen Metaphern von »Traumreisen«, »Traumstraßen«, »Traumurlaub«) und den fiktionalen Welten der Kunst." (Hennig, 1998, S.58[126])

Der Tourismus ersetzt nach Hennig teilweise das Fest (vgl. Hennig 1998, S. 69), er stellt einen starken Bezug zur Sinnlichkeit und Körperlichkeit her und gewährleistet so „Konstitution von Identität"[127] (ebd. S.70).

4.2.3.2   Die imaginierte Welt

Hennig leitet dieses Verhalten von den damaligen wahrnehmungsverfremdenden Techniken (wie die Claude-Gläser, siehe Hennig, 1999, S.33 f.) und der romantischen Übercodierung der Landschaft (Hennig, 1998, S. 60) ab und das Konzept

---

[125] Hennig räumt natürlich ein, dass eine Reise pragmatischen Imperativen geschuldet ist. Vielleicht lässt sich der sinnhafte Paradigmenwechsel auch in Webers Terminologie im Sinne einer Verschiebung von wertrationellen Handlungsbemühungen hin zu affektuell-emotionalen darstellen.

[126] Hennig versteht daher Reisen nicht primär als Mittel des Lernens, der Bildung oder der Erkenntnis (Hennig 1998, S. 67)

[127] „Subjektive Selbstbilder bilden sich heute vielfach in einer Absetzung von der »Routine« des Alltags, Selbstverwirklichung findet ihr wesentliches Feld im Freizeitbereich" (Hennig, 1998, S.70). Allerdings lässt sich Hennig somit in der Denktradition MacCannells einordnen, der den Wunsch nach ganzheitlicher Erfahrung als strukturelles Element des Reisebegehrens ausmachte und diesen in Abhängigkeit zur Arbeit hervorhebt.

des *Imaginären* wird für Hennig so, neben dem Konzept *nichtalltäglicher Gegenwelt*, als zentraler Katalysator des Reisens beschrieben:

„Die Imagination zählt zu den wesentlichen Mächten, die das Bedürfnis nach vorübergehender Aufhebung der sozialen Regeln nähren. Die Symbolproduktion operiert unabhängig von praktischen Erfordernissen. Immer gärt ein Überschuss an Fantasievorstellungen, die im gewöhnlichen Leben nicht aufgehen. Er tritt bei den Individuen vor allem in Träumen hervor, liegt aber zugleich den kollektiven Bildern zugrunde, die sich in Kunst, Literatur, Werbung, Film manifestieren. In allen Gesellschaften und bei allen Individuen sucht die Imagination ihre Räume abseits der alltäglichen Verrichtungen. Feste, Tagträume, Riten, Spiele, Märchen, Mythen und eben auch das moderne Reisen geben der Einbildungskraft Platz." (Hennig, 1997, S.49)

Wie im Traum und im Film werden dann „reale Elemente" (Hennig, 1999, S. 100) aufgegriffen, symbolisch aufgeladen und die imaginierte Welt wird so real erlebt.

Das Bild der Ferne ist somit durch Kunst und Fiktion geprägt bzw. wechselseitig verwoben. Es gibt Pilgerschaften zu den Drehorten bekannter oder weniger bekannter Filme (vgl. Woznicki, 2008), der Rückkoppelung von Realität auf Kunst in Form von Kitsch (vgl. Magill, 1989) bzw. der Entstehung dieser Bilder wurde in Kapitel 3.1 nachgegangen.

Hennig sieht so die Nähe von Traum, Film und Tourismus begründet: „im praktischen Leben werden solchen Projektionsprozessen ständig Grenzen gesetzt, im Film – wie im Tourismus – haben dagegen Bedürfnisse freien Lauf. Hier lässt sich folgenlos träumen" (Hennig, 1999, S. 100). Er folgert weiter: „Film, Fernsehen, Tourismus sind spezifisch moderne Bereiche für die im Alltag »überflüssigen« Gefühle und Symbole" (Hennig, 1999, S. 101).

Hennig entgegnet der allgemeinen Kritik, Reisen als Flucht zu verurteilen, dass Reisen, analog zu anderen gesellschaftlichen Riten, das Funktionieren von Gesellschaft somit erst ermöglicht:

„Die zentralen Funktionen des modernen Reisens liegen auf vergleichbaren Ebenen, wie diejenigen allgemein akzeptierter gesellschaftlicher Felder – der Kunst, der Feste, des Spiels. [...] Und wer am Beispiel des Ballermann-Tourismus die Defekte des modernen Tourismus nachweisen will, verkennt, dass Feste, Kunst und Spiel in allen Gesellschaften ihre plebejischen Erscheinungsformen haben, wobei Begriffe wir »plebejisch« und »primitiv« reine Distinktionsfunktionen übernehmen." (Hennig, 1998 S. 68 f.)

Die aus der zweiten Natur des Menschen (Gehlen) resultierende Kontingenz bleibt sinnhaft, über die Reduktion von Komplexität als Differenz in Entscheidungen haften. Humor, Spiel, Kunst, Traum, Feste und Reisen eigenen sich so die „ausgeschlossenen Möglichkeiten" (Hennig, 1998, S. 66) aufzuarbeiten.

Der Prozess ist in allen Milieus für Hennig gleich. Das Verlangen imaginativer Erfahrung vollzieht sich für den einen auf den Spuren Goethes in Malcesine, für den anderen offenbart sich die nichtalltägliche Freiheit in Form eines Kübels gefüllt mit Sangria in Palma de Mallorca.[128] Zentrales Motiv des Reisens ist weiter auch nicht das objektive Kartographieren der äußeren Welt, sondern die Erreichung imaginierter Orte und die sinnliche Erfahrung dieser (vgl. Hennig, 1999, S .96). Imaginierte Wiedererkennung steht so im Gegensatz zur objektiven Erforschung, des demonstrativen Konsums und der Realitätsflucht.

Auch wenn die Imagination in Verruf der Realitätsfluchtbehauptungen steht, sieht sie Hennig als notwendig in der Gewinnung von motivierendem Sinn[129], sie komplettiert auf basaler Ebene auf der anderen Seite der Differenz von Aktuellem und Möglichem. Mit anderen Worten: Das Imaginieren ist kein der Realität abtrünniger Bereich, sondern ein für sie konstitutiver.

„Die Differenz von Gegebenem und Möglichem muss aber offenbar von Zeit zu Zeit lebendig erfahren und dadurch neu markiert werden. Wer sich ausschließlich im Gegebenen aufhält, ohne je in den Horizont des Möglichen einzutreten, baut keinen motivierenden Sinn mehr auf; er verliert seine Lebensenergie." (Hennig, 1998, S.67)

Das Ausprobieren verschiedener Identitäten bzw. die Identitätssuche (vgl. Cohen, 1979) werden über den Mechanismus der Imagination anhand der Differenz von Aktuellem und Möglichem operationalisiert. Im Alltag nicht gegebene oder modifizierte Sinnlichkeit, Familie, Sport und Natur offerieren Möglichkeiten der gesteigerten Selbsterfahrung aufgrund ihrer Außeralltäglichkeit. Es wurde weiter oben schon darauf verwiesen, dass Einheitserfahrung von den Individuen erlebt werden wollen, die als Desiderat der Moderne zu verstehen sind. Natürlich können Erfahrungen dieser Art auch außerhalb des Urlaubs möglich sein; Urry und Larsen attestieren (2011) eine Vermischung von Alltag und Gegenalltag und natürlich ist der Urlaub auch vor geschäftlichen Telefonaten oder Mails nicht sicher, dennoch stellt der Urlaub einen Bündel an Möglichkeiten dieser Erfahrung bereit, die im Alltag bzw. der Freizeit nicht möglich sind.

Auch wenn Urry nichtkorporales Reisen als Möglichkeit in Betracht zieht und Hennig mit den Möglichkeiten der Imagination anscheinend nötigen Raum gewähren würde, so ist die Bedeutung von räumlicher und körperlicher Erfahrung beim Reisen nicht – wie Urry und Larsen selbst einräumen (2011) - von der Hand zu weisen. Weiter wäre die Differenz von Aktuellem und Möglichen bei nichtkörperlichen Reisen einseitig überstrapaziert. Das Aktuelle wäre eben durch das potentiell Mögliche unausgelastet. Imagination schafft somit durch Aktualisierung neue Potentialität, die tatsächlich erlebbar begriffen wird und Nicht-

---

[128] Hier wendet Hennig auch einen Ansatz von Schulz (Erlebnisgesellschaft) an, der auf Assimilationsprozesse der Bereisten in Form von milieuabhängigen Erwartungen verweist (Hennig, 1998, S. 68).

[129] In Verweis auf Luhmann (1987, S.99) und der basalen Instabilität von Sinn, ist dessen permanente Erzeugung strukturell bedingt und gesellschaftlich essentiell (Hennig, 1998, S66).

alltäglichkeit simuliert.[130] Nichtalltäglichkeit wird darüber hinaus besonders durch die Aktivität des zeitlich befristeten Ortswechsel garantiert (vgl. Pott, 2007, S. 77), wie in Kapitel 4.2.5 verdeutlicht werden soll. Dieser ermöglicht es den Überschuss an Vorstellungen und Unerfülltheit auszuleben. Imaginationskripte stehen in Form von Orten und Routinen abrufbar zur Verfügung müssen aber performativ (Kapitel 4.2.4) produziert werden (vgl. Gravari-Barbas & Graburn, 2011). Bei erlebter Dissonanz zwischen imaginierter Vorstellung und Erleben vor Ort kann dies mit Abweichungen in der Planung bzw. zur Erörterung neuer Inszenierungsstrategien führen (siehe Kapitel 6.3.1).

4.2.3.3 Zusammenfassung

Hennigs Ansatz wendet sich von den pessimistischen Ansätzen ab, die das Fluchtmotiv als zentrales Element von Reisen beschreiben und kritisieren. Gerade jene Ansätze, wie u.a. der von Enzensberger, sehen das Imaginäre als „bedauerliche Restgröße" (1999, S. 11). Jene Ansätze fallen mit ihrem normativen Verlangen, die erlebte Authentizität von Reisenden zu beurteilen, nur hinter die eigenen Motive und vergessen jene Motive, die allen Gruppen (Milieus) gleich sind. - Die Vertreter konträrer Tourismusthesen übersehen nach Hennig die Milieuabhängigkeit von Erwartungen.[131]

Des Weiteren wird das Fluchtmotiv durch Hennig historisch widerlegt: er führt auf, dass genau die Aristokraten, also die Gruppe, die es am wenigsten nötig gehabt hätte, vor der Realität zu fliehen, heute als die Pioniere des Reisens verstanden werden müssen (S. 78). Weiteren impliziert die These nach Hennig, dass in einer heilen Welt niemand mehr reisen müsste.

Für Hennig leben die meisten Menschen in einer Welt, die keine elementaren Lebensprobleme mehr aufweist, dass Ästhetische bzw. die Qualität subjektiver Prozesse löst das Erreichen äußerer Ziele ab, „man strebt ein schönes, interessantes, angenehmes, faszinierendes Leben an" (S. 69). – Freilich ist dieser Perspektive ein gewisser Ethnozentrismus inne, stellt Armut in Asien und Afrika für eine Mehrheit der Menschen ein essentielles Problem dar.

---

[130] Im Gegensatz zur Imagination stellt das Träumen eine passivere Art der Vorstellung dar. Die in Imagination erlebte Realität ist stärker mit Potentialität hybridisiert. Das illustriert die Szene in dem Film „The Beach" (2000) in der der Protagonist sich wie in einem Computerspiel durch den Dschungel bewegt.

[131] Hier wendet Hennig auch einen Ansatz von Schulz (Erlebnisgesellschaft) an, der auf Assimilationsprozesse der Bereisten in Form von milieuabhängigen Erwartungen verweist (S. 68).

Zentrales Motiv des Reisens ist weiter nicht das objektive Kartographieren[132] der äußeren Welt, sondern die Erreichung imaginierter Orte und die sinnliche Erfahrung dieser (S.96). Imaginierte Wiedererkennung steht so im Gegensatz zur objektiven Erforschung und komplettiert den Alltag in dem es „Phantasiebilder *im Raum* lokalisiert" (Hennig, 1999, S. 94) „Phantasien und Wissen zusammen formen die unauflösbare und schwer durchschaubare Einheit der imaginierten Welt" (ebd., S. 94).

Hennig sieht so die Nähe von Traum, Film und Tourismus begründet: „im praktischen Leben werden solchen Projektionsprozessen ständig Grenzen gesetzt, im Film – wie im Tourismus – haben dagegen Bedürfnisse freien Lauf. Hier lässt sich folgenlos träumen" (S. 100). Er folgert weiter: „Film, Fernsehen, Tourismus sind spezifisch moderne Bereiche für die im Alltag »überflüssigen« Gefühle und Symbole" (S. 101).

Zum einen wird so klar, wie sehr Orte des Tourismus durch unsere Vorstellung, vor allem durch die Literatur und mittlerweile den Film geprägt sind, das Erleben vor Ort aber zu der sinnlich realen Erfahrung der imaginierten Orte eine Komponente beinhaltet, die der funktionalen Aufrechterhaltung des *Ganzen* dient.

Hennig stellt also ein Konstrukt zur Verfügung, welches analog zum Konstrukt der Performativität, verstanden werden kann: Gesellschaft muss sich eben in Gegenwart vollziehen, sie kann nicht konzeptionell durch die Gedankenmuster alleine emergieren, sie arbeitet sich an der „Realität" (oder dem Unterbau – vgl. Kaldewey, 2008) eben genauso ab, wie sie auf die einflussnehmenden und gegensätzlichen Logiken und Vorstellungen angewiesen ist.

4.2.4 *Performativität*

Es soll nun im Folgenden der Begriff der Performativität vor allem im Hinblick auf seine tourismussoziologische Relevanz geklärt werden.

Hatten Urry und Larsen darauf verwiesen, dass der „*tourist gaze*" als eine Praxis über das Blicken hinausgeht und aus einer Vielzahl von Handlungen besteht, lässt sich der Posttourismus nach Urry und Larsen als performative Theorie verstehen, wie man bei Edensor (2001, S. 61) lesen kann: „production of tourism, as a series of staged events and spaces and as array of performative techniques".

---

[132] Wenngleich das Kartographieren in Expeditionen definitorisch nicht zum Reisen zählt, wohl aber als Element in der Imagination Anklang beim Reisen findet.

Auch folgert Peter Dirksmeier (2010, S. 95): „Der vielschichtige Sachverhalt des Tourismus setzt sich aus verschiedenen Performanzen zusammen, wie Fotografieren, Anblicken, Fahren, Gehen usw. Touristen agieren als Performer, die unter der wechselseitigen Beobachtung der anderen diese normativen und erwarteten Handlungen ausführen (vgl. Edensor, 2000, 334-338)". Die Frage, der in diesem Kapitel nachgegangen werden soll, lautet folglich: Was leistet ein Ansatz, der Tourismus als Folge und Set von Praktiken begreift bzw. wovon grenzt er sich ab?

Der von John Langshaw Austin (1986) geprägte und später maßgeblich von Judith Butler (1993 „Bodies that Matter") zur Analyse und Beschreibung von Machtverhältnissen und Geschlechtskonstruktion verwendete Begriff, erfährt bei tourismusbezogenen Analysen in den letzten Jahren vermehrt Aufmerksamkeit; er ist dienlich, die verlorene Körperlichkeit und scheinbar kulturelle Formlosigkeit (vgl. Adler, 1989) sowie Starrheit im Analysefokus von Reiseprozessen hervorzuheben bzw. zu minimieren.

In seiner urtümlichen Verwendung durch Austin, implizierte Performativität durch einen Ausspruch (z.B.: „Ich taufe dich") die Unsagbarkeit bzw. die Symbolhaftigkeit von Handlungen zu illustrieren bzw. diesem Effekt entgegenzuwirken. So stehen solche Aussagen zwar für den gedachten Vollzug, allerdings können sie nicht sprachlich gebrochen werden, sie entstehen und wirken nur durch der ihr eingeschriebenen und einhergehenden verbundenen Aufführung. Performativität als wissenschaftliches Konstrukt bedeutet ursprünglich folglich, den wirklichkeitsherstellenden Zeichengebrauch zu analysieren.

Schien der unter Goffmann entwickelte Rollenbegriff anfangs bei MacCannell dienlich, „staged authenticity" und somit touristisches Geschehen zu beschreiben, wurde das Konzept der Performativität in den vergangenen Jahren in der Tourismusforschung mehr und mehr rezipiert (Bærenholdt; Butler; Edensor; Franklin und Crang; Thrift;). War bei MacCannell die bewusste Inszenierung im Frontstagebereich, das „impression management" (Edensor, 2009, S. 543 in Anlehnung an Goffman, 1959 bzw. 1983), singulärer Katalysator touristischen Bestrebens um Echtheit im Backstagebereich an bestimmten Orten zu finden (vornehmlich bei Sehenswürdigkeiten), wird in performativen Analysen mit der klaren Zuweisung von bewussten und unbewussten Bereichen gebrochen und der Fokus auf das Machen im Allgemeinen gelegt.

Performanz und die auf Normen fußende Iterabilität[133] (vgl. Edensor, 2009, S. 547) führt zur Performativität; die einzelnen Performanzen machen somit im

---

[133] Der Begriff der Iterabilität beinhaltet in seiner Bedeutung nicht nur Wiederholung, sondern auch das Anderswerden durch Wiederholung (vgl. Butler, 1997).

146

Prozess der Performativität klar, dass Darstellung und Herstellung nicht voneinander getrennt werden können:

„Die Darstellung benötigt zu ihrer weiteren Wirkung über den unmittelbaren Wahrnehmungsbereich hinaus ein Medium. Performanz beruht auf der Darstellung von etwas und auf der Herstellung dieses etwas im selben Prozess. Die Performanz lässt damit Herstellung und Darstellung zu einem Konstrukt verschmelzen. Die Kraft, die wiederum Herstellung und Darstellung verbindet, ist wiederum Performativität." (Dirksmeier, 2010, S.97)

Durch den Begriff der Performativität wird der Rollenbegriff innerhalb der Tourismussoziologie erweitert; Performanzen können hierbei analog zur Theatermetapher einem Skript folgen, müssen es aber nicht (vgl. Butler, 1997, 123). Sie stellen im Gegensatz zur Performativität die darstellende Realisierung am Horizont der herstellenden Dimension (der Performativität) dar. Performanzen sind somit nicht nur durch Aufführung, sondern auch durch Beobachtungen[134] konstituiert. Die Strukturentfaltung vollzieht sich in Echtzeit. Das, was salopp formuliert, rauskommt, ist also nicht den festen Strukturen oder Werten, sondern eben „der Zeitlichkeit" und „des Werdens" geschuldet (vgl. Nassehi, 2011, S. 19) und muss sich fortwährend (über Wiederholung) behaupten.

Der performative Clou des Konstrukts stellt sich wie folgt dar: „Die normative Kraft der Performativität – ihre Macht zu etablieren, was sich als „Sein" qualifiziert – arbeitet nicht nur mit der ständigen Wiederholung, sondern ebenso mit dem Ausschluss" (Butler, 1997, S.260).

Analog zum Konzept des Imaginären und dem imaginären Verwirklichen (bei Hennig), lässt sich so die Lücke zwischen Vorstellung oder Erwartung an eine Rolle und dem beobachtbaren Verhalten vor Ort beschreiben, allerdings zum Preis, dass das zu beobachtende Geschehen, der Tourismus, eben auch in eine Vielzahl von Praktiken zerfällt. Weiter lässt das Konstrukt von Performativität zu, dingliche Eigenschaften oder Ortseigenschaften weiter in das Soziale zu übersetzen (wie Latour sagen würde, die Dinge zum Sprechen zu bringen).

Leitet Butler das Konstrukt über Aristoteles her, der Materie untrennbar mit einem Schema verwoben sieht, folgert sie, dass die Wahrnehmbarkeit von Materie immer kulturelles Konstrukt, wie eine stoffliche Eigenschaft, und somit die kulturelle Wahrnehmbarkeit konstitutiv für Materie ist. Körper bzw. Materialität wird so nicht ontologisch vermutet, sondern ist diskursives Erzeugnis, weshalb sich in körperlicher Materie immer eine Beziehungs- bzw. Machtrelation durch Unterwerfungs- bzw. Erzeugungsprinzip wiederfindet.

---

[134] Dennoch kritisiert Edensor (2000), dass häufig touristische Performanz als Erzeugnis der Gäste beobachtet wird. Der Vorwurf ist allerdings nicht neu (vgl. Steinecke, 2006), und auch verwunderlich, einerseits dürften ja viele Studien durch wirtschaftliches Interesse bzw. der Verbesserung eines touristischen Angebots in Relation zur Nachfrageseite initiiert sein, andererseits könnte man häufig den als kolonialisierend wahrgenommenen Touristen meinen, er sei der ausschließliche, weil „einfallende" Einflussfaktor in dieser Wechselbeziehung.

Menschen erwerben die Fähigkeit, „to reproduce recognizabel performative conventions" (Edensor, 2009, S. 543), allerdings geschieht dies nicht immer auf die gleiche Art und Weise, das Individuum sieht sich in Situationen dem Problem der doppelten Kontingenz konfrontiert. Einige Auswahlmöglichkeiten können zwar wahrscheinlicher sein, müssen sich dennoch in Wechselseitigkeit behaupten. Sukzessiv wird so operativ über das Prinzip der Iterabilität Kontingenz sinnhaft reduziert und produziert. „Damit verschieben sich Handeln, Verhalten, Normen und Regeln, letztlich alle differenzierenden Bedeutungen, von einem als der Praxis vorgängig angenommenen Subjekt und seinen Intentionen auf die performative Praxis selbst" (Berndt & Boeckler, 2007, zitiert in Dirksmeier, 2010, S.98; siehe auch Urry & Larsen, 2011 S. 187 ff.)

Das Konzept der Performativität fasst somit Performanzen als skripthafte (normative), bewusst auf Konformität zielende Handlungen, oder auch als unreflektiertes, habituell ungewohntes Verhalten. Der Wechsel zwischen bewussten und unbewussten Zuständen wird von Edensor wie folgt beschrieben:

„In short, people tend to move between unreflexive and reflexive states, sometimes self-conscious of their actions, sometimes instrumental, and sometimes engaging in unreflexive habits, that seem beyond interrogation. Tourists similarly move between these states, sometimes becoming aware of their performances, at other times comfortably inured to self-questioning in their engagement with tourist procedures. [...] self-aware consciousness would minimize performative effectiveness. [...] I want to stress Performances comprise a great range of different enactions in different cultural contexts, spaces, and times. They move between the habitual and the self-aware. They may be improvisational, critical, or carnevalesque. Furthermore, they may be conformist and unreflexive, collective or individual, and indeed may be staged or performed by the tourist industry." (Edensor, 2009, S.544f.)

Die Vorstrukturierung touristischen Verhaltens findet folglich auf zwei Ebenen statt, einmal in der kulturellen Heimat, hier werden habituell distinkte Techniken vermittelt, zum anderen stehen Gebrauchsanweisungen zur Verfügung, die in Form von Broschüren, Reiseberichten, von Fremdenführern vor Ort oder im Übergang dargereicht werden (vgl. Adler, 1989, S.1371). Die Touristen folgen aber eben nicht nur Zeichen und Choreographien der Touristenführer, den Performanzen vorgelagerten kulturellen Codes, Normen und Etiquetten (Edensor, 2001), sondern müssen diese eben auch hervorbringen.

Nun legt der eben dargestellte Gedanke zwar einerseits nahe, dass Performanzen echtzeitlich über Wiederholung zur Performativität führen, und dies eben ohne den Anspruch auf *eine bestimmte* Art der Herstellung/Darstellung, andererseits bedeutet dies auch, dass die bestehende Performativität eben auch der Bezug auf bekannte und vertraute Muster durch den Blick auf die Darstellung ist.[135]

---

[135] Weiter wirkt das Konzept des *armchair travellers* bei Urry als Möglichkeit touristischer Erfahrung unter performativen Aspekten geradezu skurril. – Blieben die sensualen Möglichkeiten die den

Der Tourist, der die Fremde erfahren will, sich aber immer nur selbst bereist, wie es die Kulturkritik einst formulierte, wird somit im Sinne einer innerweltlichen Konstruktion, verstehend erklärt: „Tourists never just travel *to* places: Their mindsets, habitual practices and social relations travel unreflexively along *with* them" (Urry & Larsen, 2011 S. 192 in Verweis auf Larsen, 2008 und Haldrup & Larsen, 2010). Natürlich ist die Fremde bzw. die Erfahrung der Fremde kein Ort außerhalb der kulturellen Identität, das heißt nicht, dass Fremdheitserfahrungen nicht möglich sind, Fremdheit ist kulturelles Korrelat und im Sinne der Gegenalltagskonzeption am Urlaub gewünscht:

„Yet the potential confrontation with difference that tourism can faciliate can stimulate a desire to force oneself to challenge habitual enactions or to experiment by playing unfamiliar roles. While cultural, sensual and spatial strangeness may render visitors unable to develop any pracitcal sense of how to perform [...] it has the potential to provide a stimulating experience in its distinction from the familiar enclave." (Edensor, 2009, S.552)

Der Tourist ist eben nicht nur auf eine Rolle festgelegt: „there is a possibility to choose among a great many activities or mental states, between sightseeing, shopping, dozing on the beach, going for a walk, reading a novel, or having too many Tequila Sunrises" (Löfgren, 1999, S. 267). Er kann bei der performativen Entfaltung vor Ort Abweichung und Variation (gerade im Sinne des gegenalltäglichen imaginären Verwirklichens) erfahren. Dies bedeutet aber nicht nur erfolgreiche Entfaltung von „Rollen", sondern eben auch das Scheitern und Austarieren bzw. auf Unstimmigkeiten in den Skripten zu reagieren.

Problematisch erscheint bei der sukzessiven Weiterentwicklung des Gedankenguts über Goffmann, Austin, Derrida und Butler, dass die das Konstrukt der Performativität der Theatermetapher den Gedanken der Inszenierung weiter inkorporiert und die Reichweite des Konstrukts somit wieder auf kulturkritisches Niveau zurückführt. Die Leitung der touristischen Blicke durch dompteurartig auftredende „guides", „brochures" oder durch einen „collective gaze" (Urry & Larsen, 2011, S. 202f.) liegen der Auffassung einer Inszenierung näher, als der Vorstellung einer selbsterzeugten Performanz.

Dem Begriff der Performanz bleibt so mit der Theatralik alter Kulturkritk (Boorstin; MacCannell) zwangsweise verbunden, die zwischen Echtheit und Inszenierung im Sinne einer realen Realität[136] unterscheidet.

Weiter problematisch bleiben posttourismusbezogene Ansätze, die touristische Performanzen nun als alltägliche Weltsicht beschreiben: „A way of seeing

---

performativen Akt skripthaft begleiten im Ohrensessel stecken und – um es in einem Oxymoron zu formulieren: verliefen sich ohne Sand im Sand.

[136] Dies ist aus konstruktivistischer Perspektive zweifelsohne unnötig, der Konstruktivismus betrachtet die Inszenierung der Welt nicht als Problem, entbehrt sie seiner Ansicht nach ohnehin eines ontologischen Wesens.

and sensing the world with its own kind of technologies, techniques and aesthetic sensibilitities and predispositions" (Franklin & Crang, 2001, S. 8). Schon aus theoretischer Sicht würde sich die Frage stellen, ob durch derartige Entdifferenzierungen überhaupt noch von Tourismus gesprochen werden kann. Schließlich würde durch derartige Entdifferenzierungen das zusammenfassende Abgrenzungskriterium (Alltag/Gegenalltag) ausbleiben und die Beobachtungen derartiger Prozesse müssten von einer anderen Unterscheidung gelenkt sein.[137]

Neben dem Prinzip der Körperlichkeit (Adler, 1989) bzw. dem Körper als Vehikel touristischer Performanz ergeben sich über das Konstrukt der Performativität weitreichende Implikationen auf die Konstitution von Orten. Ritualisierte Verhaltensweisen verdeutlichen in Betrachtung ihrer performativen Erzeugung, nach Urry & Larsen, „wie Touristen Koproduzenten von Orten sind und inwiefern Orte durch verschiedene Arten, Sinne und Praxen erlebt werden können (Urry & Larsen, 2011, S. 205 übersetzt M.H.).

4.2.5 Orte des Tourismus (Andreas Pott)

Andreas Pott nimmt eine systemtheoretische Perspektive ein, die Tourismus als Phänomen in seiner Funktion der Schaffung struktureller Varianz durch Alltagsdistanz (vgl. Scheuch, 1969) und Ortswechsel als Antwort auf das Problem der Multiinklusion begreift. Sein Ansatz lässt trotz Kritik Raum für Perspektive des Blickes (Urry), der Imagination (Hennig) und verweist auf die performative (Edensor) und auf Wiederholung beruhende Konstruktion des Phänomens.

Luhmann wollte dem konkreten Ort kein Interesse zumessen: „Luhmann hatte alles Physisch-Materielle [...] in die nicht kommunikative Umwelt verbannt" (Pott, 2007, S. 12). Im Gegensatz dazu sieht Pott Raum als Medium der Kommunikation *und* Wahrnehmung und misst ihm so strukturbildende Wirkung zu. „Raum fungiert als Medium touristischer Erwartungsbildung" (ebd., S. 291).

---

[137] Es wurde bereits darauf hingewiesen, dass Selektion von Kommunikation im Sinne eines Kommunikationssystems momentan nicht möglich scheint. Und natürlich ist auch der Urlaub gelegentlich von Alltag (E-Mails checken, Anrufe aus dem Büro, Kontakt zu Familie und Freunden) durchdrungen. Dennoch stellt bspw. ein Einkauf in der Maximiliansstraße in München im Vergleich zum Einkaufen auf dem Ala Mona Boulevard in Honolulu einen erheblichen Unterschied in Erlebens- und Verhaltensstruktur dar. Der Ort, mit dem Strand im Hintergrund, den Palmen auf dem Boulevard, aber auch die Verkäufer und die anderen Personen formen das Geschehen mit. Die Einbettung der Tätigkeit in einen übergeordneten Rahmen ermöglicht ein anderes Erleben (als Gegenalltag im Kontext einer tropischen Kulisse) uns so wird bspw. schon das Einkaufen entsprechend „anders" erlebt. Schon die Kleidung ist legerer und das Wohlbefinden wird durch die immer angenehmen Temperaturen gesteigert. Verkäufer simulieren den Aloha-Spirit schon auf formaler Ebene, durch Hawai´i-Hemden oder speziellen Schmuck): Genau dies wurde in den Auswertungen meines empirischen Materials deutlich.

150

4.2.5.1   Tourismus und Gesellschaft

Auch Pott skizziert die Entwicklung des Tourismus an den bereits genannten Eckpunkten (Kapitel 4.1.5) und verweist auf das Ausbleiben einer Theoriebildung mit Ausnahmen von Burmeister 1998, Cohen 1984, Hennig 1999 und Urry 1990. Pott ist weniger an Motiven der Individuen interessiert als an der Frage: „Welche gesellschaftlichen Bedingungen und Veränderungen verbergen sich hinter den vielfältigen Reisemotiven der Touristen?" (Pott, 2007, S. 49).

Tourismus wird als Reaktion auf Folgen, „die die moderne Inklusionsstruktur für Individuen mit sich bringt – auf die selektive Multiinklusion, die eng miteinander gekoppelten Erwartungsstrukturen des Alltags, die alltäglichen Anforderungen der (auch körperlichen) Abstraktion und Selbstdisziplinierung, das moderne Identitätsproblem und die Überinanspruchnahme durch Leistungsrollen. Die gesellschaftliche Aufgabe des Tourismus besteht in der Ermöglichung der vorübergehenden Lockerung und Variation alltäglicher Inklusions- Erwartungsstrukturen. Mit der Semantik der Erholung und allgemeinen Durchsetzung des bezahlten Urlaubs im Kontext des modernen Wohlfahrtsstaates werden die dem Tourismus zugrunde liegenden Folgeprobleme gesellschaftlicher Differenzierung reflexiv gewendet" (Pott, 2007, S. 290). Und so kommt es, dass es im Tourismus primär um Alltagsdistanz bzw. um Strukturlockerung, Strukturvarianz und körperlich-sinnliche Welt und Identitätserfahrungen geht" (Pott, 2007, S. 291).

Das zweckfreie Reisen, welches sich allmählich in Folge gesteigerter Erwartungen an das Individuen entwickelte, ist eben nicht den *technischen* Errungenschaften (das Passagierflugzeug), sondern ging diesen katalysierend voraus (vgl. Pott, 2007, S. 48f.). „Der Tourismus ist gut 200 Jahre alt und damit etwa genauso alt wie die gesellschaftliche Epoche der Moderne, die, unbeschadet der sogenannten Postmoderne" (Luhmann, 1998, S. 1143 ff. zitiert nach Pott, 2007, S. 62), „bis heute andauert" (Pott, 2007, S. 62). Infrastruktur, Verstädterung, Wohlstands- und Kaufkraftsteigung, Sicherheit, Reisewerbung, etc. sind für Pott zwar Faktoren, die Gelegenheiten schaffen und Ressourcen beschaffen, nicht aber die Rahmenbedingungen des Phänomens erklären können (vgl. ebd., 49f.). „Entgegen der verbreiteten tourismustheoretischen (An-)Deutungen ist der Tourismus somit keine Folge der Industrialisierung, schon gar nicht der „entfremdeten Arbeit". Wohl aber hat erst die im 19. Jahrhundert entstehende Industriegesellschaft das Bedürfnis und die Mittel geschaffen, dass allmählich immer breitere Schichten am Tourismus teilhatten (Pott, 2007, S. 61). Pott geht folglich davon aus, dass die Semantik der Erholung durch Ortswechsel von den Adligen zuerst verwendet und dann von wirtschaftlichen Organisationen (wie Thomas Cook) breiteren Massen zur Verfügung gestellt worden ist.

Die durch Differenzierungsprozesse bedingten Inklusions- und Exklusionsprobleme evozieren „das moderne Identitätsproblem und die Überinanspruchnahme durch Leistungsrollen" (Pott, 2007, S. 70), durch die der Tourismus funktioniert:

„Genau genommen reagiert der Tourismus auf die Folgen, die die moderne Inklusionsstruktur für die Individuen mit sich bringt – auf die selektive Multiinklusion, die eng miteinander gekoppelten Erwartungsstrukturen des Alltags, die alltäglichen Abstraktions- und Selbstdisziplinierungsanforderung (zu denen auch das weitgehende Absehen von Körperlichkeit gehört), das moderne Identitätsproblem und die Überinanspruchnahme von Leistungsrollen. Der Tourismus reagiert damit, in systemtheoretischer Terminologie, auf ein Umweltproblem der Gesellschaft. Die touristische Kernsemantik der Erholung bestätigt diesen Befund." (Pott, 2007, S. 70)

Ansätze, die Tourismus anders, als Funktion der modernen Lohnarbeit begreifen, können nicht erklären, „warum das Verlangen nach zweckfreien Reisen in die Natur und Vergangenheit bereits vor der Industrialisierung im absolutistischen Nationalstaat erwacht" (ebd., S. 58)[138] sind. Das Phänomen wird nach Pott auch zu eindimensional beschrieben, wenn die Reise „idealtypisch als freiwillige, scheinbar zweckfreie Reise vom Zentrum zur Peripherie" verstanden wird (Pott nimmt hierbei Bezug auf Spode, 1988). Urbane Reisen, Industrietourismus, die starke Körperbezogenheit von Reisen etc. werden so nicht gefasst. Weiter kann Tourismus nicht ausschließlich als Phänomen der Wirtschaft gesehen werden, auch wenn Tourismus wesentlich zur ökonomischen Kommunikation beiträgt.[139]

Die Funktion von Tourismus muss also über die funktionale Differenzierung erklärt werden. Funktionale Differenzierung bedeutet nach Luhmann Zurechnung der Kommunikation über binäre Codes und Programme bzw. symbolisch generalisierte Kommunikationsmedien in autonomen, operativ auf der System/Umwelt Grenze operierende Funktionssysteme (Ökonomie, Recht, Politik, Religion, Wissenschaft, Kunst, Gesundheit, Erziehung, Sport, Massenmedien und Familie). Hierbei werden biologische, technische, psychische und eben gerade genannte soziale Systeme klassifiziert. Die Aggregation gesellschaftlicher Kommunikation findet auf drei Ebenen statt: Interaktion, Organisation und Funktionssysteme (vgl. Luhmann, 1987).

Als Konsequenz stehen in der funktional differenzierten Gesellschaft „gesellschaftliche Struktur und Individualität quer zueinander" (Nassehi, 1997, S. 123 zitiert nach Pott, 2007, S. 64). Da sich Systeme nicht an Personen adressieren und diese inkludieren, sondern nur auf „inklusionsspezifische Teilaspekte der

---

[138] Pott sieht ähnlich wie Hennig die „Entlarvung der touristischen Flucht als Illusion" (Pott, 2007, S. 55), da wie bereits erwähnt, das Verhältnis von Urlaub und Arbeit komplementär interagieren und sie somit in Einklang stehen. Der Tourist erwartet sich Alltagsdistanz (vgl. Scheuch, 1969). Es geht dabei weder im hier noch im dort um die Aufhebung der gesellschaftlichen Regeln.

[139] Pott stellt die Frage, ob Tourismus als Funktionssystem begriffen werden kann, hierauf wird im Folgenden eingegangen werden.

Person beziehen" (Pott, 2007, S. 65). Neben der Notwendigkeit der „Selbstbeobachtung und Selbstbeschreibung von Individuen" (Nassehi, 1997, S.123 zitiert nach Pott, 2007, S. 65) kommt es einerseits zu einer erhöhten Unsicherheit bzw. der Zumutung für Individuen, sich auf die Abstraktionen der Systeme einzulassen, sind andererseits Überbeanspruchungen durch Systeme möglich. Mechanismus der temporären Exklusion sind daher nicht nur auf Leistungsrollen der Arbeit in Organisationen zu beziehen, sondern auch auf die Familie, das Erziehungssystem etc. anwendbar (vgl. Pott, 2007, 65ff.).

Das Imaginieren und Ausprobieren (Hennig, 1999) oder andere Techniken des Rollenwechsels (Scheuch, 1969), die Betonung von Körperlichkeit (Urry, 1999) und Freude an Naturerfahrungen garantieren Erholung, die über die Anpassung an Arbeit hinausreicht:

„Damit ermöglicht der Tourismus die Reproduktion und Aufrechterhaltung – nicht nur der Arbeitskraft, sondern allgemeiner – der körperlichen und psychischen Voraussetzungen für die alltägliche Inanspruchnahme von Individuen durch die verschiedenen, ihren Alltag bestimmenden Systeme. In dem Sinne hat der Tourismus eine gesellschaftliche Relevanz, die nicht davon abhängt und nicht mit dem variiert, ob und was im Einzelfall als Erholung erfahren wird." (Pott, 2007, S.72)

4.2.5.2   Raum als Medium des Tourismus

Betrachtet die Systemtheorie nach Luhmann Raum als „eine sekundäre Differenzierungsform von geringerer gesellschaftlicher Reichweite" (Pott, 2007, S. 43), die erst einmal als Umwelt der Gesellschaft erscheint und einmal Raum, in deutlicher Nähe zu Kant (vgl. Pott, 2007, S. 29), als ein „kognitives Schema" (ebd.) bestimmt, verwendet Pott hingegen Raum als Medium der Wahrnehmung *und* der Kommunikation.

Als Medium der Kommunikation wird Raum über das Medium Sinn integriert. Pott lässt dabei offen, inwieweit Raum als eigene Sinndimension neben Sach-, Zeit- und Sozialdimension fungiert (Pott, 2007, S. 30), ebenso offen bleibt im Gegensatz zu Stichweh (2003), inwieweit Raum auf eine beobachtungsleitende Unterscheidung (nah/fern) reduziert werden kann:

„Für die Arbeit kann die Frage nach der oder den das Raummedium konstituierenden Basalunterscheidung(en) offen gelassen werden. Ausgehend von der Annahme einer beobachtungs- und bzw. systembedingten Differenz der Konstruktion des Raums, lauten die entscheidenden Fragen vielmehr, *ob* und wenn ja, *welche* räumlichen Unterscheidungen im interessierenden Zusammenhang relevant gemacht werden, *wie* und *warum* diese Unterscheidungen im Rahmen von räumlichen Formbildungen mit Unterscheidungen oder Objekten verknüpft werden und welche strukturbildenden *Folgen* all dies hat." (Pott, 2007, S. 42)

Räume werden somit ihrer ontologischen Bedeutung entbunden und ausschließlich als Formen verstanden, „die von Beobachtern hergestellt werden" (Pott, 2007, S. 38). Für Pott lässt sich auch Raum als Medium der Kommunikation konzipieren, „als eine spezifische beobachtungsabhängige Unterscheidung von Medium und Form" (Pott, 2007, S. 33).[140]

Grundlegend stehen Medium und Form in einer dialektischen Abhängigkeit zueinander und setzen einander voraus (wie es im Raum auch der Fall ist, Raum lässt sich nur im Raum beschreiben – vgl. Nassehi, 2003, S. 220). Dabei sind die Elemente des Mediums lose gekoppelt und massig vorhanden, während sich die Form im Medium fest koppelt. Das Bestehen der Form ist durch relative Dauer gekennzeichnet (vgl. Luhmann, 1990 bzw. Luhmann, 1997c, S. 170f.). Die operative Verwendung von Medium und Form geht mit der beobachtungsabhängigen Kennzeichnung der Differenz von beidem einher. Formen können somit selbst paradoxerweise als Medien fungieren, eben je nach System, das die Differenz konstituiert. Als Medium der Kommunikation lässt sich Raum nach Pott eben genau so konzipieren: „als eine spezifische beobachtungsabhängige Unterscheidung von Medium und Form" (Pott, 2007, S. 33). [141]

Raum fungiert bei Luhmann als Medium der Wahrnehmung, in Form der Differenz von Stelle und Objekt[142], „als ein Medium der Messung und Errechnung von Objekten" (Luhmann, 1997c S. 179).

„Nur die Formen, also die Unterscheidungen von Objekten anhand der Stellen, die sie besetzen, machen es wahrnehmbar. Die Unterscheidung von Stellen, die im Raum identifizierbar sind, die also die locker gekoppelten Elemente des Mediums bezeichnen, und Objekten, die durch Stellenbesetzung und Stellenrelationierung Formen in das Medium einprägen (bzw. seine Elemente stärker koppeln), schließt die Möglichkeit ein, dass Objekte ihre Stellen wechseln." (Pott, 2007, S. 33)

Für Pott steht damit fest, dass analog zu Simmel somit „eine Stelle im Raum zur gleichen Zeit nicht zweimal besetzt werden" kann und Objekte immer als „semantische Einheiten der Kommunikation"[143] gedacht werden müssen (vgl. ebd., S. 34). Die auf dem Medium der Erdoberfläche bedingte Formbildung durch Stellenzuschreibungen können mit weiteren räumlichen Formen gekoppelt werden und mit Objektbezeichnungen zu weiteren räumlichen Formen gekoppelt werden (edb., S. 35). Die perspektivenabhängigen Herstellungskontexte der psychischen bzw. sozialen Systeme sind es, die die Formbildung im Medium der Erdoberfläche generieren.

---

[140] Markus Schroer befasste sich 2006 ebenso in soziologischer Manier mit der Thematik des Raumes (vgl. Schroer, 2006).

[141] Medien stellen dabei weiter die Voraussetzung zur Formbildung dar, die Formen reproduzieren dabei das Medium.

[142] Objekte gelten als soziale Objekte oder semantische Einheiten und verstehen sich nicht als ontologische Entitäten (vgl. Luhmann, 1997a, S. 99).

[143] In Verweis auf Redepenning 2006, S. 72 wird nach Pott (2007, S. 135) Semantik „als kommunikativ erzeugte Markierungen begriffen, die in der Kommunikation als persistente, erinnerbare Einheiten Objektcharakter entfalten."

„So gibt es z. B. ein Territorium – als begrenzten Ausschnitt der Erdoberfläche – nicht an sich, sondern nur als spezifische Herstellungsleistung, etwa als Hoheitsgebiets eines Staats". Pott verortet in diesem Fall die „Konstitutionsbedingungen des Territoriums mithin im politischen System" (ebd., S. 35). Somit „lassen sich Orte schlicht als Formen der *Beobachtung* im Raum auffassen" (ebd.).

Formen Objekte und Stellen eine Differenz im Medium des Raums, sind sie bloße Konstruktionen von Beobachtern und fungieren als semantische Einheit im Prozess der Autopoiesis. Orte als Stellenunterscheidung im Raum entfalten nur durch die Stelle/Objekt Differenz ihren Sinn (Honolulu nicht München).

Für Pott ergeben sich somit 3 forschungsrelevante Konsequenzen:

1. Räumliche Formen, die mittels räumlicher Unterscheidungen gebildet werden sind im Analysemodus zweiter Ordnung zu beobachten, da nur so die für die Unterscheidung verantwortlichen Differenzen hervorgebracht werden, und das Wie der Konstruktion so sichtbar gemacht wird. Andernfalls würden Beschreibungen auf der Ebene der räumlichen hier/dort-Unterscheidung verharren (dem Was).

2. Zwar ist Raum als ein Medium der Wahrnehmung konzipierbar, kann aber „mit sozialwissenschaftlichen Instrumentarien nicht beobachtet werden" (Pott, 2007, S. 43). Daher lassen sich Raumkonstruktion genau genommen nur auf der Ebene sprachlich oder räumlich kommunizierter Formen beobachten. Von Forschungsinteresse ist also „wie und wozu räumliche Unterscheidungen verwendet, räumliche Formen konstruiert oder Räume beobachtet werden" (ebd.). Somit existierten zwar „gängige Ortsbilder" es sind aber in Perspektivenabhängigkeit immer „multiple Codierungen von Orten" möglich (Pott, 2007, S. 131).

3. Räumliche Unterscheidungen gewinnen durch kontextuelle Zuordnung erst Relevanz. Der Kommunikationszusammenhang ist immer entscheidend (eine räumliche Differenz wie Hamburg, entfaltet erst im kommunikativen Kontext seine Bedeutung).

4.2.5.3   Tourismus als Funktionssystem?

Die Frage ob sich Tourismus als Funktionssystem beschreiben lässt, beantwortet Pott mit einem vorläufigen Nein. Er schließt zwar nicht aus, dass es sich um ein sehr junges Funktionssystem handeln könnte: „Nach der erfolgten strukturtheoretischen Bestimmung ist der Tourismus ein hochgradig strukturierter und organisationsförmig ausdifferenzierter Kommunikationsbereich, aber kein eigenständiges – oder höchstens ein sehr junges Funktionssystem" (Pott, 2007, S. 102).

„Seine Entstehungs- und Wachstumsgeschichte lässt sich als Bestandteil der Herausbildung des modernen Wohlfahrtsstaates (bezahlter Urlaub, Freizeit) rekonstruieren, als Resultat des Reflexivwerdens der sozialen Folgen der Inklusionsverhältnisse in der modernen Gesellschaft. Als spezifischer Sinnzusammenhang kommt Tourismus sozial zustande durch die Kommunikation von Erholungs- und Alltagsdistanzierungs- und Freizeitgestaltungsbedürftigkeit und die daran anschließende Organisation von zeitlich befristeten touristischen (Urlaubs-)Reisen. In diesem Sinne lässt sich Tourismus als organisierte Erholung (bzw. Strukturlockerung/-variation) durch Ortswechsel begreifen. Ob sich aus dieser sozialen Strukturbildung ein Funktionssystem entwickelt, bleibt eine offene Frage." (Pott, 2007, S. 102)

Tourismus geht zwar über die Ebenen der Ausdifferenzierung von Situation, Interaktion, Rolle hin zu Organisation hinaus, das Ausbleiben einer alternativlosen Zuständigkeit (ebd., 97) ist jedoch Zeichen einer noch nicht vollzogenen Differenzierung. So erheben andere Freizeitbereiche neben Tourismus ebenso Anspruch auf Erholungs- bzw. Alltagsdistanzfunktion. Ohne exklusive Funktion, operative Autonomie fehlt logischerweise auch ein universeller binärer Code. Andersherum lässt sich Tourismus nicht exklusiv zu einem anderen Funktionssystem zählen[144] – so wird ja gerade der Selbstzweck des Reisens ermöglicht, indem die Reise nicht mehr dem Imperativ der Forschung oder der Religion folgt. Es scheint, als stünde der Tourismus zwischen den Systemen.

Auf der Suche nach einem geeigneten generalisierbaren Kommunikationsmedium ist für Pott die *Reise* als Medium prädestiniert, Selektion, Autopoiesis und Erfolgswahrscheinlichkeit der touristischen Kommunikation zu sichern (vgl. Pott, 2007, S. 98f.).

„Das Kommunikationsmedium *Urlaubsreise* hat sich, [...] historisch durch die Verknüpfung zweier Kommunikationsmedien herausgebildet, die beide auf das gesellschaftliche Bezugsproblem des Tourismus (Lockerung, Variation, Alltagsdistanz) Bezug nehmen: *Erholung* (bzw. Urlaub) und *Ortswechsel* (bzw. Raum). Wären Urlaubsreise bzw. Erholung und Reise die symbolisch generalisierten Kommunikationsmedien eines Funktionssystems, dann müsste seine Codierung durch Unterscheidungen wie erholsam/nicht erholsam, reisen/nicht reisen, oder bereisenswert/ nicht bereisenswert erfolgen [...]." (Pott, 2007, S. 99)

Allerding lässt sich keine eindeutige exklusive Kommunikationszurechnung finden. Wie schon Urry zeigte, oszilliert touristische Kommunikation mehr und mehr in Alltagsbereiche und die Grenzen des Tourismus sind nicht mehr klar zu ziehen (vgl. Urry & Larsen, 2011). Pott verweist dabei auf Bereiche wie Kunst, Bildung, Photographie, Architektur, Sport oder Konsum, die sich mit dem Tourismus überlagern (Pott, 2007, S. 99). Weiter lässt sich touristische Kommunikation nicht nur unter Gesichtspunkten der Erholung betrachten, es können auch

---

[144] Für eine Argumentation, Tourismus dem Wirtschaftssystem zuzurechnen siehe Wöhler, 1998 S. 105f.

156

Unterscheidungen erlebnisarm/erlebnisreich, passiv/aktiv oder nicht abenteuer-lich/abenteuerlich gezogen werden.[145]

Aspekte der Programmierung betreffend, muss die operative Autonomie des potentiellen Funktionssystems Tourismus in Frage gestellt werden. Touristische Anschlussmöglichkeiten werden oftmals durch die Medien oktroyiert. Natürlich entstehen Formen durch tourismusbezogene Organisationen (Reiseführer, The-menparks, etc.), was erholsam ist, wird aber dennoch häufig durch die Medien festgelegt (vgl. Pott, 2007, S. 100f.).[146]

4.2.5.4   Der konkrete Raum, Blicke und Kultur

Folgt man den konstruktivistischen Annahmen Potts, dass „Räume ausschließ-lich als Formen zu verstehen [sind], die von Beobachtern hergestellt werden" (Pott, 2007, S. 38), könnte man zu dem Schluss kommen, dass die semantische Erzeugung von Raum zur Konsequenz hat, dass Raum bei einer touristischen Reise durch Beliebigkeit gekennzeichnet ist.

Zwar können Orte (wie in Potts Beispiel die *historische* Altstadt Wetzlars) erfunden werden (vgl. Pott, 2007, S. 242), ihre notwendige Territorialisierung bedeutet zugleich Erdung und eben nicht Atopie[147]. Individualität von Orten wird in den Ortssemantiken durch Tourismusbehörden ja geradezu betont (Gemäß des Tenors: „So etwas finden Sie nur hier!").

„Auch die räumlich-territoriale Unterscheidung und Bezeichnung (z.B.: „dieser Ort hier", „jenes Ter-ritorium dort") ist nur eine immer auch anders mögliche Form, d.h. eine auf dem Raummedium ba-sierende soziale Konstruktion." (Pott, 2007, S. 131)

„Die touristische Bedeutung ist Orten also weder inhärent noch ist sie eindeutig. Sie wird vielmehr immer erst im touristischen Beobachtungskontext (d.h. in der touristischen Organisation, Kommuni-kation, Bereisung und Besichtigung von Orten) hergestellt, gültig gemacht und reproduziert." (Pott, 2007, S. 132)

---

[145] Allerdings sei an dieser Stelle auf den Diskurs über den binären Code der Kunst verwiesen; was schön ist, oder was erholt, liegt eben im Auge des Betrachters. Ob eine Reise nun erholt, weil sie be-sonders durch Erlebnisarmut oder Erlebnisreichtum besticht, stellt nicht die Zurechnung zur touristi-schen Kommunikation in Frage. Ebenso wie der Streit über die Schönheit eines Kunstwerks eben ge-nau der Kommunikation im System der Kunst zu zurechnen ist.

[146] Praxeologische Konsequenz ist, dass der Tourist immer nur touristische Dinge tun oder in der Sprache Urrys sehen kann. Diesen Aspekt, dass der Tourist „entmündigt" ist, greift Enzensberger in seiner Kulturkritik auf; der Tourist kann nur dem folgen, was touristisch normiert ist.

[147] Bezogen auf Wöhler 2005 (in Voayge 2005) argumentiert Pott, dass Tourismus eben nicht ir-gendwo stattfinden kann (vgl. Pott, 2007, S. 169). Wöhler, 2005, S.135: „Der Tourismus stellt zu die-sem Zweck Erlebnisräume atopisch bereit." Oder Wöhler, 2011, S.99: „Sie [die Tourismusindustrie] heftet diese Images durchaus beliebigen Räumen und Orten an und produziert so Tourismusräume."

Tourismus verzeichnet gerade weil Orte keine spezifische Eindeutigkeit aufweisen ein derartiges Wachstum (vgl. Pott, 2007, S.312). Es ist so möglich, nicht nur einen Ort zu einer Zeit unterschiedlich zu betrachten, sondern ihn auch über die Zeit hinweg neu zu erfinden (was ja gerade das Spezifische an Medien ist, dass sie nur lose Elemente zur Verfügung stellen und somit offen für ihre Instrumentalisierung sind.).[148]

„Verdinglichung und territorialisierende Verortung ermöglichen dann nicht nur Gedächtnisstützen, Orientierung und konkrete Suchbewegung der Touristen. Sie garantieren zugleich Beständigkeit und Wiederauffindbarkeit der Sehenswürdigkeiten. Außerdem fungieren sie als Hilfsmittel einer Kommunikationsvermeidungskommunikation (vgl. Luhmann, 1998, 235)." (Pott, 2007, S. 178)

Durch Wiederholung und Verortung bzw. Verdinglichungen bildet sich das „topographische Gedächtnis" (Pott, 2007, S. 285) aus. Bestehend aus verfestigten Kultur-Raum-Verknüpfungen stellt es Beobachtungsformen zur Verfügung und kann die ortsspezifischen Erwartungen vorbestimmen.

Leitunterscheidung im städtischen Tourismus stellt der Kulturbegriff dar. Die mit dem Kulturbegriff einhergehende Asymmetrisierung fungiert als Mechanismus der Invisibilisierung von Kontingenz.[149] Zwar stellt die Erfahrung von Kontingenz die zentrale Funktion bei der Schaffung von Varianz dar. Kultur als Beobachtungsschema evoziert unweigerlich Instabilität.[150] Verdinglichungen reifizieren die nicht-kommunikative Umwelt („Externalisierung" Pott, 2007, S. 164) und tragen somit zur Stabilisierung des instabilen Kulturschemas bei. So verspricht der Städtetourismus die Erfahrung von Kontingenz als Antwort auf das gesellschaftliche Bezugsproblem von Multiinklusion durch Lockerung und struktureller Varianz. Allerdings muss das Erleben touristischer Kontingenz minimiert werden (vgl. Pott, 2007, S.167), denn „für tourismusorientierte Betriebe und Städte [...] wäre es problematisch, wenn Städtetouristen nicht die in einer Stadt lokalisierten Sehenswürdigkeiten bereisten [...], wenn sie sich ganz anders als erwartet verhielten und anders oder gar andernorts beobachteten" (ebd.). Ver-

---

[148] Pott zeigt dies am Beispiel von Wetzlar. Anhand des Beobachtungsschemas Kultur wird Wetzlar unter 3 Perspektiven betrachtet: einer historisierenden, einer regionalisierenden und einer heterogensierenden. Hauptsächlich kommt es in Wetzlar zu einer historisierenden Perspektive (Berufung auf Goethe, Werther und Dom). Die Entdeckung der Altstadt (Pott 2007, ab S.240) dient zur Symbolifizierung der Entschleunigung und trägt somit zur Alltagsdistanz bei. Sie betont Herkunft und Identität (ebd., 248), außerdem zeigt das Fallbeispiel, dass nicht alle Maßnahmen der Erweckung touristischen Interesses dienlich sind. So schlug der Versuch Wetzlar auf Grund seiner Industrie touristisch zu bewerben (ab 1920) fehl. Siehe auch Wöhler, 2011, S.99: „Zu schließen, dass Reiseentscheidungen auf beliebig konstruierter Images der Tourismusindustrie getroffen werden ist falsch. Kommunizierte Images sind soziokulturell geerdet."

[149] Vgl. Nassehi, 2003, S. 254: „Paradoxie der Sichtbarkeit" bzw. 2000.

[150] Kultur verweist als Beobachtungsschema auf die Kontingenz der Beobachtungsabhängigkeit und wirkt insofern destabilisierend auf die Identität zurück.

dinglichung und Verortung dienen so der „Asymmetrisierung und damit der Stabilisierung und Ordnung des instabilen Kulturschemas" (Pott, 2007, S.167). Sie konkretisieren so, schaffen Erwartbarkeiten und tragen zur „Präformierung des städtetouristischen Blicks bei" (ebd. S. 168).

„Die Unsichtbarmachung der sozialen (tourismusindustriellen) Konstruktion des touristischen Blicks gelingt dadurch, dass Verdinglichung und Territorialisierung als Formen der Externalisierung das Beobachtungsschema Kultur asymmetrisieren und diese Asymmetrisierung über die touristische Wahrnehmung abstützen und plausibilisieren." (Pott, 2007, S. 173)

Die Arbeit von Andreas Pott macht deutlich, inwiefern Orte strukturbildend fungieren, bzw. Tourismus in seiner gesellschaftlichen Funktion zu verstehen ist und die aktive Herstellung und Darstellung von touristischem Geschehen praktisch Orte bestimmt.

Potts Analysen beziehen sich zwar auf städtischen Tourismus, sind in der grundlegenden Konzeption aber für die vorliegende Arbeit elementar. Er zeigt dabei auf, wie durch perspektivenabhängige Territorialisierungen, Orte (bzw. Städte) zum „Medium der touristischen Kommunikation werden" (ebd. 129). Weiter betrachtet Pott (2007) am Beispiel Wetzlars in sozialkonstruktivistischer Manier Prozesse der Territorialisierung und die Koevolution von Ortssemantik und Sozialstruktur.

Orte sind konstruiert und Blicke wirken dabei präformierend, nicht aber determinierend. Analog zu dem Beobachtungsschema Kultur während des Stadturlaubs kann möglicherweise Natur als Modus touristischer Differenzierung gesehen werden. Wenn Stadt anhand des Betrachtungsschemas Kultur (drei Perspektiven: historisierend, heterogenisierend und regionalisierend) strukturbildend wirkt, so könnte Natur ähnlich fungieren.

4.3 Paradies in Bild und Praxis – Eine kurze Anwendung des Bisherigen

Im Gegensatz zu vielen Privataufnahmen, hier wird oft das Familiengefühl, der eigene Strand oder Pool, das Nachtleben dokumentiert, nutzt die Werbung in ihren strategisch durchdachten Aufnahmen die symbolische Aufladung der Bilder besonders (vgl. Urry & Larsen, 2011, S.172). Es bleibt freilich festzuhalten, dass Bilder bzw. Photos Vorstellungen beflügeln können, im Prozess einer konkreten Imagevorstellung aber nicht ausschließlich dienlich sein müssen. Für das Beispiel Hawai'i, haben in meiner Umfrage konkrete Bilder vor Abreise in der Imagebildung weniger Platz eingenommen, als während der Reise.[151] Gemeinhin ist auch bekannt, dass die Bilder aus der Ferne, nicht die tatsächliche Ferne darstellen, sie dienen also vielmehr als Skript (vgl. Urry & Larsen, 2011, S.176).

---

[151] Im Kapitel 6.3.2 werde ich auf die Imagebildung von Hawai'i bei den Deutschen eingehen.

So sind es oft jene Aufnahmen, die das Paradies suggerieren, in Citylights oder auf Litfaßsäulen, im Fernsehen oder im Internet. Sie tragen zur Konstitution der Ortsmythen bei (Shields, 1990). Sie suggerieren die Möglichkeit, in eine andere Welt einzutauchen.

Ein besonders geeignetes Beispiel hierfür dürften wohl die Barcadi- und Raffaelo-Kampagnen (seit mehr als 20 Jahren) sein. Mit dem Wunsch an dem Barcadistrand zu baden oder die Raffaelo-Insel zu besuchen, stürmten in den 90er Jahren viele Reiselustige die Reisebüros. Auf der Raffaelo-Website findet man eine interaktive Karte integriert, die die Raffaelo-Traumstrände auf der Weltkarte anzeigt und so den Traumstrand greifbar macht. Ähnliches gilt für die James-Bond-Insel Khao Phing Kan, Drehorte von Herr der Ringe, das Magnum-Anwesen auf O´ahu in Hawai´i; die Liste ließe sich beliebig fortsetzen, darunter eben auch das Werther Haus in Wetzlar (vgl. u.a. Pott, 2007 für andere vgl. Beeton, 2005 oder Woznicki, 2008).

Ein Photo von einem Strand im beworbenen Urlaubsland ist nicht nur der Strand, er steht für das ganze Land, die ganze Reise, für ein Gefühl, für das Paradies[152] (vgl. Woznicki, 2008), für die Variation des Selbst, für den Gegenalltag. Das Bild verdeutlicht einen Mangel, löst das Verlangen aus, in eben diese oder andere Ferne zu fahren, fliegen oder zumindest lädt es ein, davon zu träumen.

Die Bilder der Werbung gleichen sich dabei, ein leerer Strand mit feinem Sand, türkises Meer und freilich viele Palmen. Sind Autochthone abgebildet, generieren sie dabei per se Authentizität (vgl. Urry & Larsen, 2011, S.175). Die Wirkung des Bildes ist also an die psychische Bereitschaft gekoppelt, sich auf die Abbildung in seiner Quasi-Echtheit einzulassen. Sie laden zum Träumen im Hier ein und inkorporieren ein Skript, den Traum in der Ferne fortzuführen.

Bilder können unter wirtschaftlichen Aspekten in Werbung (oder im Film) durch Produzentenseite Handlungs- oder Trauminduzierend wirken bzw. konstituierend für das Draußen als Destinationsangebot sein (vgl. Schlottmann, 2010, S. 80). Der Tourist mit einer Kamera bewaffnet, produziert auf der anderen Seite eine Flut an Bildern, die im Internet publiziert werden. [153]

Die Voraussetzung hierfür stellt nicht allein der technische Fortschritt dar, sondern die Notwendigkeit, der individuellen Selbstbeschreibung. Wie sich bis jetzt schon gezeigt hat, ist Photographie weit mehr als bloßes Mittel, Objekte von ihrer örtlichen und zeitlichen Situiertheit zum Zweck des Erinnerns zu entkoppeln. Photographie ist u.a. eine Möglichkeit *Natur* zu erfahren, Imagination zu

---

[152] Siehe Kapitel 3.6 für Ausführlicheres.

[153] Auch auf Spiegel Online findet sich bspw. eine interaktive Weltkarte mit Photos und Reiseberichten der User: http://www.spiegel.de/reise/karte/ (Zugriff: Am 12.05.12 um 16.41 Uhr).

beflügeln[154], Zeit zu verbringen und Erlebnisse (u.a. eben auch Familiengefühl durch Posieren) im Urlaub zu generieren und (u.a. ex post) das individuelle Leben bzw. die Freizeitgestaltung distinktiv zu demonstrieren bzw. es so im Erleben/Machen entstehen zu lassen.

Mittlerweile ist dazu nicht einmal mehr eine Kompakt(digital)kamera nötig. Das Urlaubsphoto kann ganz bequem mit dem hochauflösenden Handy erstellt und anschließend verbreitet werden.

Die *moderne* Kamera löste um 1840 die im 11. Jahrhundert entwickelte Camera Obscura ab; Objektive und chemische Verfahren ermöglichen detailreichere Abbildung und die „Welt wurde zur Ausstellung" (vgl. Mitchell, 1989). Die Zunahme und Mobilisierung der Repräsentationen vollzieht sich nicht nur auf Herstellungs-, sondern auch auf der Verbreitungsebene (Internet). Die Funktion der Photographie ist in ihrer semiotischen Interpretation und handlungsinduzierenden Wirkung („da will ich hin") zwar interessant, ist aber wenig erklärend, da sie in kulturkritischer Manier das stabilisierende Element derartiger Prozesse einer auf Wahrheit und Echtheit gerichteten Perspektive außer acht lässt. In der Diskussion um den „Posttouristen" oder auch bei der Betrachtung der Rolle der Imagination beim Reisen wurde bereits deutlich, dass „Echtheit" auf empirischer Seite nicht alleinige Voraussetzung für touristische Praxis ist. Im Sinne der imaginativen Erfahrung können die *Vorort-Besuche der Bilder* als Echtzeitabgleich mit multisensualer Erfahrung gesehen werden, denn „the places have become familiar, even if never visited" (Bell & Lyall, 2002, S.26), der Besuch bzw. Abgleich ermöglicht psycho-physische Irritationen („So groß habe ich mir das nicht vorgestellt!" oder: „Doch nur so klein!" bzw.: „Wie auf den Photos!") (vgl. auch Corbin, 1994, S. 74 f.).

Neben semiotischer *Reproduktion*[155] der Orte und Möglichkeiten individueller Variation ist Photografie als performative Praxis zusätzlich mit echtzeitlicher Sinnhaftigkeit im Vollzug geprägt. Durch Photos werden Ausschnitte erzeugt, die – wie die Landschaft – für das Ganze stehen. Die Abbildung einer Sehenswürdigkeit, einer Person, eines Strandes als raumzeitliche Authentifizierung bzw. Zertifizierung, sei es zum Zweck des demonstrativen Konsums in Antizipationen absenter Anderer oder eines älteren Selbst, wird im Sinne einer imaginativen Selbstverwirklichung im Jetzt komplettiert (vgl. Urry & Larsen, 2011, S.

---

[154] Hier könnte man scheinbar einen Widerspruch erwarten, stehen Bilder ja für etwas Konkretes, da sie konkrete Objekte abbilden. Dennoch liegt in der Konkretisierung immer auch Raum für Abstraktion. So befördern Bilder mehr oder weniger konkrete Vorstellungen von Orten, die dann wiederum den nötigen Platz für eigene Vorstellungen einräumen.

[155] Urry & Larsen 2011 nennen die semiotische Reproduktion durch Touristen einen hermeneutischen Zirkel: was auf Reisen gesucht wird, entspricht einer Reihe von Aufnahmen, die man zu Hause bereits im Internet, Fernsehen etc. gesehen hat (ebd., S. 179).

22 „compulsion to proximity"). Ein Urlaub ohne Urlaubsphotos – wie könnte so etwas aussehen? Das Photografieren ist nicht nur eine auf andere gerichtete Praxis, sie ist oft strukturgebender Hybrid (man denke an den Begriff der Photosafari, bzw. an das Bild des Touristen mit Kaki Hose, Hut und Kamera).[156]

Kodak einte den *Tourist* von der Jahrhundertwende an mehr und mehr mit der Kamera. Bell und Lyall vertreten die These, dass technischer Fortschritt, mehr Möglichkeiten bzw. fortwährende Notwendigkeit zur Selbstbeschreibung in Konsequenz zu Beschleunigung (bspw. von „lifetime" zu „frequent" Bell & Lyall, 2002, S. 32) und „konsumorientiertem Zweck der Selbstinszenierung" (Bell & Lyall, 2002, S. 35 übersetzt M.H.) führen und ein Wahrnehmungswechsel von der Erhabenheit der Landschaft zum kinästhetischen Erleben bewirkt. Landschaft(en) bzw. Schönheit kann langweilig sein, wo man einst an der Landschaft vorbeigereist ist, will man nun mit ihr verbunden[157] sein (vgl. ebd.) und das Natur-Nah-Erlebnis geht mit der hochauflösenden Dokumentation davon einher. Eins sein mit der Natur kann nicht nur heißen, in ihr das zu sein, sondern auch eins sein mit der bildhaft vorgestellten Natur, in Reminiszens an Erlebtes anderer.

Neben demographischen, rechtlichen und wirtschaftlichen Faktoren werden für die Bereitstellung und Potenzierung insbesondere technische Faktoren und ein Einfluss der Filmindustrie bzw. Werbung ausgemacht. Die Entwicklung der Kameratechnik und die massenhafte Verbreitung und Etablierung wurde vor allem durch Kodak vorangetrieben, in dem leicht bedienbare Kameras gebaut wurden, die mit einem beispiellosen Marketingkonzept der Mittelklasse „Kodakmomente" bescherte („Kodakisation" vgl. Urry & Larsen, 2011, S.170 ff.). Für die Kodakmomente brachte Kodak u.a. Schilder an Attraktionen an (um den bestmöglichen Ausschnitt des Motivs leicht zu finden) oder inszenierte eigene Photoshows (in Hawai'i die „Kodak Hula Show). Mit der Digitalphotografie und Entwicklung neuer spezieller Freizeitkameras (wie die Go Pro HD Hero Kamera, die auch im Profisport Verwendung findet), erhält die virtuelle Dokumentation weitere Bedeutung, folgt aber stets den vorproduzierten Schemen.

---

[156] In jüngeren Tagen muss dieses Bild durch den dynamischen, Vollgepanzerten in PTFE-Membran gewobenen „Action-Helden" ergänzt werden, der mit seiner winzigen „Go Pro HD" Helm-/Surfbrett oder Radkamera mit 120 Bildern in der Sekunde jedes Detail seines Wirkens festhalten kann. Für die symbolische Konstruktion von Raum, emotionale Verwobenheit von technischen Artefakten (insbesondere Outdoorkleidung) und Entortung siehe auch Schlotmann 2010.

[157] Die Verbindung stellt sich demnach hauptsächlich durch gegenalltägliche „adventure activities" (Fallschirmspringen, Zipping, Bungeespringen etc.) dar, die in ihrer Fuktion wie folgt gesehen werden: „Adventure activities stimulate the senses to a pitch beyond everyday experience;" Bell & Lyall, 2002, S.27

Zusätzlich bietet das Internet als Netzwerk die Möglichkeit, zur erweiterten echtzeitlichen Selbstbeschreibung. Die großen oder auch kleinen Raumdistanzen können virtuell spielerisch überwunden werden. Der Gruß aus der Ferne per Postkarte kann nun u.a. per Handyphotoupload der ganzen Welt in kürzester Zeit mitgeteilt werden. Natur erscheint mittels Programmen wie „Instagram", grüner oder wie durch Beschädigungseffekte, wie aus Omas Zeiten.

Die Wirkung des Internets und der Photographie (bzw. von Filmen) hat natürlich nicht nur entscheidende Konsequenzen während des Urlaubs, sondern auch davor. So stellt das Internet als Informationsreservoir eine unglaubliche Fülle an Informationen für die Reise bereit. Berichte, Bilder und „Geheimtipps", selbst von den entlegensten Orten, lassen sich finden.

Einerseits werden genau die Bilder auf Reisen erzeugt, die den medial vermittelten Vorstellungen entspringen, sie entsprechen der Funktion eines Zitats und sind oft um perspektivische Einheit bemüht (Edensor, 2009, S. 547 „classic views of famous places"), andererseits ist alles auch anders photografierbar geworden. Ein Klassiker dürften Photos von photografierenden Touristen sein. Oder auch nicht besonders repräsentative, der Imagination entsprechende Artefakte wie Müll, Werbetafeln etc. Ganz im Sinne der posttouristischen Auffassung lässt sich im Umgang mit Bildern, je nach Milieu, ein spielerischer Umgang und deren Erzeugung in posttouristischer Denktradition attestieren (vgl. Bærenholdt & Haldrup & Larsen & Urry 2004).

Egal aber, welche Bilder (ob erwartungskonform – kitschig – also im Sinne Bourdieus z.B.: der Sonnenuntergang in Waikiki als Sinnbild des Geschmacks niederer Klassen, oder Fotos von Müll und Toilettenhäuschen als dementsprechendes Gegenbild) beim Reisen in der Ferne oder der Naherholung produziert werden, die Produkte stehen immer in Sukzession zu den bestehenden Semantiken. Bildliche Vorstellungskraft und Reproduktion bzw. Ergänzung oder Komplettierung der bestehenden Semantiken, stellen – in welcher Intention auch immer geartet (z.B.: zum Zweck symbolischen demonstrativen Konsums) – ein zentrales Geschehen auf Reisen und auch in der Naherholung (bswp. in den Alpen) dar. Die dabei schon vorhandenen Semantiken können nun in posttouristischer Manier erweitert aufgegriffen werden, müssen dies aber freilich nicht.

4.4   Erholung in der Natur: Mit welchem Blick?

Grundlegende Forschungsfragen reichen, wie gezeigt, von der Frage nach den Motiven zu Reisen, dem konkreten Reiseverhalten und der Organisation von Reisen (wie mit wem), über Einflüsse von Raumstruktur und Gebrauch von Verkehrsmitteln, der Auswirkung von Tourismus auf Wirtschaft, Bevölkerung,

Umwelt und Kultur, hin zu Fragen, die sich mit Steuerungselementen des Tourismus (Planung, Gesetzgebung, Management) beschäftigen (vgl. Steinecke, 2006, S. 19). Allerdings bleibt nach Pott „tourismusbezogene Forschung – als interdisziplinärer und stark empirisch ausgerichteter Zusammenhang verschiedener sozialwissenschaftlicher Subdisziplinen – typischerweise ohne größere theoretische Ansprüche." (2007, S. 10).[158] Gerade eben wegen der wirtschaftlichen Bedeutung des Tourismus ist es eben nicht verwunderlich, dass viele Forschungsansätze nicht gesamtgesellschaftliche Anforderungen im Sinne einer Gesellschaftstheorie an die Forschung stellen, sondern eben wirtschaftlich oder politisch geleitete Beobachtungen darstellen, die weniger auf universellen sondern zumeist auch lokal beschränkt, auf partikularer Ebene stattfinden.

Es konnte gezeigt werden, dass Ansätze zu kurz greifen, die Reisen lediglich im Kontext von Flucht oder aber auch in spielerischer Manier im Umgang des Posttouristen im Umgang des Posttouristen mit Authentizität befassen. Wie die Empirie zeigen wird, spielt zwar die Befassung mit Authentizität in Hawai'i eine besondere wenngleich nicht alleinige Rolle. Auch der Natur wird im Allgemeinen hierbei eine Bedeutung zukommen. Der Ansatz von Urry und Larsen darf hierbei nicht auf das Spiel mit Authentizität reduziert werden, vielmehr schult er den Blick für verschiedene Perspektiven („gazes") und verweist auf ihre Situationsabhängigkeit. Das Spiel mit der Imagination (Hennig) und ihrer Entfaltung oder Abarbeitung kann im Urlaub im Kontext von Gegenalltäglichkeit als konstitutives Element bezeichnet werden.

Darüber hinaus müssen allerdings die Faktoren berücksichtigt werden, die das Reisen als Variation des Selbst in Folge der Überbeanspruchung von Leistungsrollen (vgl. Pott, 2007) als Semantik aufgegriffen und attraktiv haben scheinen lassen.[159] – Die Natur, die, etwas vorrausgehend frei von ihrem Schrecken, und mit Sehnsucht erfüllt wurde, dient fortan als praktischer Begleiter und Dirigent im touristischen Prozess.

Mit der in der Romantik aufgekommenen Semantik einer verlorenen Natur, wird sich im empirischen Teil zeigen, wie gemäß der Gesellschaft der Gegenwarten Natur praktisch variiert. Weiter bleibt zu erwarten, dass die romantische Sinnzuschreibung mittels des Prinzips Sehnsucht sich zu neuen Formen kinästhetischer Erfahrung entwickelt haben. Alte Betrachtungs- und Erlebnisformen,

---

[158] Pott bezieht sich hierbei auf die „gesellschaftstheoretische Einbettung (ebd., S. 10) des Phänomens. Als Ausnahme nennt er Armanski (1986/1978), Scheuch (1969) und Urry (1990).

[159] Das gilt für den Massentourismus, aber auch für alternative Reiseformen. Zwar lassen sich über verkürzte Reisezeiten, weil die entsprechende technische Möglichkeiten Reisen besser bewerkstelligen, so lässt sich das Phänomen in seiner strukturellen Ursache allerdings nicht erklären.

164

wie das Pittoreske, sind zu ritualisierten nicht genauer hinterfragbaren Ritualen in den Alltagshandlungsapparat eingeschliffen worden.

Durch die verschiedenen Semantiken des Naturbegriffs kommt es zu teils widersprüchlichen Verwendungen und Benennungen in der Natur.

Für die empirische Analyse wird von mir ein Modell entwickelt, dass auf die basalen Grundunterscheidungen beruht, wenn von Natur in ihrer Funktion auf Erholung die Rede ist.

5 Methodologisches Vorgehen

Vorab ist es wichtig festzuhalten, wenn wir die Empirie betrachten, solche nicht für Praxis als solche, sondern als prozessbedingte Ergebnisse also als soziologische Interpretation verstehen zu müssen (vgl. Nassehi, 2008, S. 175).

Die Datenanalyse folgte der Grounded Theory (vgl. Strauss & Corbin, 1996). Die so gewonnenen Aussagen wurden gemäß Nassehi (vgl. Nassehi, 2009, S. 226 ff.) als Daten aufbereitet. Die Daten wurden so nicht nur aus der Empirie in Wiederholung (als Kategorien) gewonnen, sondern auch gemäß einer systemtheoretischen Perspektive in Form von Differenzen dargestellt und ihre kontextspezifische Bedeutung eruiert.

5.1 Auswertungsperspektive

Die Grounded Theory verspricht auf Grund der besonderen Offenheit und des „theoretical samplings" eine besondere Perspektive der Datenerhebung; im Gegensatz zur Hermeneutik oder der Inhaltsanalyse werden aus dem Datenmaterial selbst die Besonderheiten herausgenommen um sie zu einem späteren Zeitpunkt alle in Beziehung zu setzen um eine Art Geschichte zu schreiben, die uns „erzählen" soll, was wir neues im Feld selbst entdeckt haben. Die Grounded Theory erlaubt immer wieder neue Daten einzuholen und in die Auswertung mit einfließen zu lassen. Dieser Ansatz schafft freilich jene Form von Authentizität, die das Verhältnis von dem „gelaufenen Leben" zum „erzählten Leben" setzt (Nassehi, 2009, S. 227), allerdings reicht dieser Schritt nicht aus, es wird wichtig sein die nichtmitgespiegelte Seite solcher Aussagen, die zeitlich vorausgelagerten Kontexte in die Auswertung miteinzubeziehen.

Die Theorieentwicklung und Thesengenerierung kann mittels der Grounded Theory analytisch und nicht deskriptiv vorgenommen werden. Auch wenn im Rahmen der Arbeit keine „eigentliche" Theoriebildung möglich ist, so garantiert ein Vorgehen nach der Grounded Theory doch weitestgehend, dass die gewonnenen Erkenntnisse nicht durch Vorannahmen, sondern durch die erhobenen Daten gewonnen werden. Auch wenn die Aussagen dann durch quasi schon bestehende Theorien gestützt werden sollen. Die Datenerhebung erfolgt folglich ohne mit einer bestimmten Theorie zu liebäugeln. Das Prinzip der Kategorienbildung gemäß der Grounded Theory, so hoffe ich, wird gerade bei den konkurrierenden Naturvorstellungen einen besseren Überblick verschaffen und Anwendungsmöglichkeiten bestehender Theorien oder neuer Thesen besser verdeutlichen als hermeneutische oder strukturelle Verfahren.

Auch kann das Medium Film hier in angemessener Form in die Theoriebildung mit einfließen.

5.2   Datenerhebung

Ausgehend von dem Forschungsvorhaben, die Bedeutung von Natur in der Nah- und Fernerholung zu analysieren, ist eine visuell gestützte Ethnographie das Mittel der Wahl. Einerseits lassen sich so durch Interviews und Beobachtung im Sinne einer Ethnographie lebensweltliche Praktiken „dicht" erfassen und beschreiben (Geertz, 1973), andererseits bietet eine visuelle Fixierung mittels einer HDV-Kamera den Vorteil, zusätzlich erzeugte Bilder bzw. Informationen, die es im Analyseprozess erleichtern, widersprüchliche Aussagen zu beurteilen.

Argumente der Interviewten erhalten so nicht nur durch ihre Aussagen und Handlungen an Bedeutung, sie können so tatsächlich 1 zu 1 eingefangen und weiter gegeben werden.

Auch wenn zusätzliche Technik in Interviewsituationen zu weiterer Reaktivität führen kann (Ballhaus, 1995), bot die Kamera neben den normalen Methoden einer Ethnographie eine unerlässliche Ergänzung im Forschungsrepertoire.

Je nach Situation wurde die Kamera oder auch nur ein Diktiergerät (gerade im FKK Gelände bzw. am Strand) zur Aufzeichnung verwendet.

Die Interviews wurden folglich zum Teil von mir alleine, als Interviewer und Kameramann aufgezeichnet, andere wurden (soweit es Situation und Aufwand zuließ) gemäß der visuellen Methode von Ballhaus gelenkt (Ballhaus, 1995, 2001). Hierfür wurden Vorgespräche mit den im Vorfeld definierten Akteuren geführt. Im „nach innen gerichteten Dialog" (Ballhaus, 1995) wurden die Gespräche von einem Kameramann aufgenommen. Das Gespräch zwischen dem Interviewten und mir ist somit zum einem weniger reaktiv, da sich der Interviewte zum einen auf sein Gegenüber konzentrieren kann und ich nicht permanent mit der Kamera beschäftigt ist und zum anderen die Kamera nicht dauernd auf ihn richtet. Ballhaus folgert auch ein höheres Reflektionsvermögen während des Gesprächs und eine bessere Analysemöglichkeit des Interviews.

Anhand der Konzeption des Forschungsvorhabens wurden im Vorfeld einige Personen kontaktiert. Über ein Reisebüro ließen sich einige Hawai´i-Reisende ausmachen. So war es möglich zwei Reisende vor, nach und sogar während der

Reise an Hand von narrativen Leitfäden[160] zu befragen. Einige Kontakte zur Einheimischen konnten über die Hawai´i Preparatory Academy (HPA) im Vorfeld gesichert werden.

In Hawai´i wurden hierzu 135 Interviews geführt Deutschland wurden 45 Interviews geführt. Die unterschiedlich hohe Fallzahl, lässt sich durch die mit der Erhebung verbunden Kosten erklären. In Hawai´i wurden mehr Interviews geführt, als in dem Englischen Garten. Im Englischen Garten konnten immer wieder Interviews eingeholt werden konnte. In der verwendeten Arbeit wurden nach Sichtung 42 Interviews in den Analyseprozess aufgenommen.[161] Die Interviews waren von unterschiedlicher Länge von fünf Minuten bis 1,5 Stunden. Die Zitate in der Arbeit wurden für einen besseren Lesefluss zum Teil geschönt. Die Originale finden sich auf der Beiliegenden CD.

In einigen Interviews wurden die Interviewten mit dem Vorwand befragt einen Film zu erstellen, erst später wurde das Forschungsvorhaben dann offenbart.

Gemäß der Grounded Theory wurden während der Auswertungsphase einige weitere Interviews eingeholt.

5.3   Auswertung (Grounded Theory)

Die Datenauswertung bzw. Organisation wurde – wie soeben erwähnt –, methodisch mittels der Grounded Theory vorgenommen und computergestützt mit MAXQDA organisiert und interpretiert.

In der Phase des „offenen Kodierens" (Strauss & Corbin) wurden Daten analytisch aufgebrochen. Die erste von den insgesamt drei Phasen stellt dabei den Schritt der sukzessiven Konzeptgewinnung dar. Es wurden zahlreiche Kategorien durch das Lesen („line by line" – ebd.) der transkribierten Interviews erstellt. Die ersten Interviews wurden komplett transkribiert, mit voranschreitender Auswertung und Kategorisierung wurden dann irrelevant erscheinende Stellen nicht weiter transkribiert.[162]

Die Code- und Kategoriebildung wurden am Anfang in der Phase des „offenen Kodierens" durch den Aspekt der Wahrnehmung und Erleben bestimmt. In

---

[160] Da die Grenze zwischen narrativen Interviews und leitfadengestützten Interviews ohnehin bei der Fragestellung verwischen, spreche ich hier von narrativen Leitfäden.

[161] Die unterschiedlich hohe Fallzahl ist durch die unterschiedliche Komplexität bedingt bzw. dem voranschreitenden Auswertungsprozess geschuldet.

[162] Der in den Transkripten häufig angegebene Timecode bezieht sich auf die originalen Audio- bzw. Videoquellen. Zur Annwendung der Grounded Theory bleibt anzumerken, dass eigentlich verschiedene Personen zur Kategoriebildung, Auswertung etc. unabdingbar gewesen wären (vgl. auch Strauss & Corbin, 1996).

Abgrenzung zu Diekmann und dem Forschungskonzept des kritischen Rationalismus (Popper), wo Kategorien als Nominaldefinition operationalisiert aus der Hypothese generiert werden, wurde also nicht deduktiv vorgegangen, sondern in erster Linie induktiv. Die Kategorien werden hierbei aus den Daten konstruiert.[163]

Da Natur kommunikativ als kommunikatives Erzeugnis verstanden wird, werden von mir die beobachtungsleitenden Primärdifferenzen aus den Gesprächen gefiltert. Ihre Relevanz und Verwendung wird dann erneut in Anbetracht der historischen Entwicklung der Natursemantik interpretiert.

5.4 Probleme der Empirie

Die besondere Herausforderung dieser Arbeit besteht darin, zwei augenscheinlich nicht miteinander verbundene Felder (Naherholung und Fernreise) auf ihre Gemeinsamkeiten im Umgang mit Natur zu prüfen. In erster Linie ist die Frage nach Natur problematisch, konstruiert sie eine Leitunterscheidung, die eventuell vom Befragten noch nicht getroffen worden ist. Andereseits sind die Motive „raus" zu gehen, so vielschichtig, dass Natur manchmal nicht von Bedeutung ist. Die erste Gradwanderung bedeutete also, Personen natürlich über Natur sprechen zu lassen, ohne konstitutive Leitunterscheidungen mit zu konstruieren:

Zum einen galt, es die Befragten nicht per se mit einer Leitunterscheidung bspw. von Natur und Kultur, zu konfrontieren, zum anderen sollten die Befragten ja doch etwas zu ihrem Verhältnis mit dem Gegenstand preisgeben.

Steht jemand an einem Aussichtspunkt und er wird, mit der Frage des Sinn und Zweck seines Verweilens befragt, so wurden meist zwei Antworttypen zu Rande gezogen. Entweder der schlichte Verweis mit einem Deut auf die Landschaft oder mit einem quittierenden Achselzucken und den Worten: „Weil es hier schön ist" – eine sinngleiche Paraphrase des Deuts, wenn man so will.

Ein und das gleiche Objekt kann schön, natürlich, kultiviert sein oder in der Wahrnehmung des Befragten gar nicht auftauchen, oder im Gespräch mit gegensätzlicher Bedeutung aufgeladen werden, wenn es im Bezug zu unterschiedlichen Praxen steht (bspw. Transkript 0014: Einmal ist der Fluss ein Stück Natur, dann doch wieder Trainingsobjekt).

Im Urlaub kann dem Verlangen nach Sonne, Ruhe, Natur, (einer anderen) Kultur, Kontakt und Komfort oder aber dem Verlangen nach Spaß, Freiheit und Aktivität nachgegangen werden. Der Natur kann im Urlaub eine Bedeutung zu-

---

[163] Man kann auf Grund der theoretischen Vorüberlegungen (die in der Einleitung beschrieben werden) und dem ständigen Abgleichen mit aktuellen Theorien auch von einer Abduktion sprechen.

kommen, sie ist aber immer nur von partikularer Relevanz. Andererseits können normative Imperative („Schütz die Natur", „die Natur ist gut", „wir sind ein Teil von ihr") freilich auch im Urlaub und in der Naherholung wirken. Generell besteht lebensweltlich, aber auch theoretisch, ein Chaos der Naturvorstellung, es gibt wohl kaum einen Begriff, um den sich so viele Bedeutsamkeiten und Kontexte reihen, wie den der Natur.

Das Themengebiet „Reisen" bietet ähnlich mannigfaltige Szenarien zur (Selbst-)Beschreibung und Inszenierung. Erwartungen, Imagination und Verhalten sind von verschiedenen Prozessen betroffen, dass manche Fragen schwierig bis sinnlos, bzw. eine klare Ordnung unwahrscheinlich wird:

„Allerdings stößt der Forschungsansatz, die Urlauber nach ihren Erwartungen zu befragen (in Form von Selbstauskünften), auf erhebliche methodische Probleme. Generell ist nämlich davon auszugehen, dass Motive aus einem Bündel von allgemeinen Bedürfnissen (z.B. nach sozialer Anerkennung), speziellen Urlaubswünschen (z.B. in die Sonne kommen) und konkreten Erwartungen an das Urlaubsangebot (z. B. Qualität der Freizeiteinrichtungen) bestehen." (Steinecke, 2006, S.49)

Von den Motiven der Urlauber muss also auch methodisch abgelassen werden. Es können an dieser Stelle Trendziele wie der Ferntourismus, Wellnessurlaub und Naturtourismus festgehalten werden. Sie können einerseits motivational initiiert sein, aber auch durch Kostenfaktoren oder andere Umstände bedingt sein (billiger Flug, Umzug eines Verwandten etc.). Auch die Motive in den Englischen Garten zu gehen, können klar variieren; manche mögen Surfen, andere führen den Hund, die Familie oder eine Liebe aus. Andere wollen anderen Sport oder Unterhaltung. Da die Motive letzten Endes unerheblich sind, muss der Frage nach der Bedingung der Möglichkeit von Erholung in der Natur nachgegangen werden.

Wie Natur erholt, kann also nicht über die Motive geklärt werden, auch wenn die Individuen die Motive schneller Preis geben, als die Vorstellungen von Natur und ihrer Wirkung. Die partiell aktivierbaren Vorstellungen zu hören und zusammenzusetzen, stellt die größte und schwierige Aufgabe in dem Forschungsvorhaben dar.

Weiter ist zu beachten, dass bei der zwölfwöchigen Erhebungsphase in Hawai´i sowie den Gesprächen in dem mir bestens vertrauten Englischen Garten einem „going native" schwer entgegen zu wirken ist. Es ist nicht schwierig der Natur Hawai´is zu verfallen. Nach dem Abitur verschlug es mich mit meiner Green Card für sechs Monate nach Hawai´i. Die Inselgruppe ist mir somit vertraut und ein Ort, den ich gerne zur Erholung (auch erneut) aufsuche. Gerade dies machte aber auch den Reiz einer solchen Arbeit aus, schließlich sollte der These nachgegangen werden, ob Naturerfahrung im Sinne der McDonaldisierung von Reisezielen nicht hier wie dort gleich ausfallen kann.

Weiter bildet das going native ein Problem in der Interpretation von Daten, stellt ethnomethodologisch das going native über die Teilnahme dem wissenschaftlichen Sprecher erst in die Situation authentisch sprechen zu können (vgl. Nassehi, 2009, S. 232). Der Ausweg aus dem Dilemma bedeutet der Frage nachzugehen, „wie sich konkrete operative Praxisgegenwarten zu ihren Kontexten verhalten" (ebd.).

6 Naturerholung in der Praxis – Auswertung des Datenmaterials

Es soll in den folgenden Kapiteln erarbeitet werden, welche Bedeutung die Natur in Nah- und Fernerholung an den Beispielen (Isar, Englischer Garten und Hawai´i) inne wohnt, bzw. wie strukturelle Varianz erzeugt werden kann.

Dazu wird zum einen Kommunikation betrachtet, wobei sich der Umgang mit Fremdheit und Vertrautheit hierzu als elementar herausstellt. Es wird in Kapitel 6.3 skizziert, wie sich Touristen ein Hawai´i einrichten können und welche Grundunterscheidungen zu dabei benutzen. In Kapitel 6.3.2 wird schwerpunktmäßig auf Prozesse der Imagination in psychischen Systemen eingegangen, die am Horizont von ferner (Hawai´i) und naher (Englischer Garten) Gegenalltäglichkeit festhängen. In Hawai´i geschieht dies vornehmlich unter Referenz auf eine einzigartige Natur, was im Englischen Garten simultan in der Referenz auf „das Soziale" (die Personen) bzw. den reizvollen Kontrast von Natur und Kultur erhält.[164]

Wie beschrieben haben sich drei Natursemantiken entwickelt (Kapitel 0). Es ist nicht möglich, die Natur *dingfest* bestimmen zu können. Obendrein ist Natur schon auf Grund der koexistierenden Semantiken schwer zu beschreiben. Zumal variiert der semantische Gebrauch von Praxis zu Praxis: mal tritt Natur als Natur in Erscheinung, mal nicht; mal ist ein Park Natur, mal ist er es nicht bzw. tritt nur das „Soziale" in ihm in Erscheinung. Es soll daher in der Empirie vor allem die Relevanz der verschiedenen Natursemantiken als Mittel der Kommunikation betrachtet werden. Es gilt logischerweise nicht zu bestimmen, was ist Natur, sondern wann tritt Natur und wie in der Kommunikation[165] auf bzw. in welchen Kontext lassen sich die Differenzen einbetten.

Die Natursemantiken hängen also nicht an den Gegenständen fest, verschiedene Semantiken haben sich ausdifferenziert (siehe Kapitel 0), sie sind in den Individuen verfügbar ihr Gebrauch und Bezug ist allerdings ambivalent.

---

[164] In Hawai´i wird dieser Gegensatz ja gerade gemieden. Man meidet die andere Seite der Unterscheidung förmlich. Die Unterscheidung ist nur dann von Relevanz, wenn es um zivilisatorische Bequemlichkeiten geht (etwa nicht auf die Uhrzeit beim Einkaufen achten zu müssen). Sie kann also folglich als Verweis dienen.

[165] Im Folgenden werde ich daher auch von Naturkommunikation sprechen.

In Kapitel 6.4 werden die spezifischen Beschreibungsdifferenzen, die in der Kommunikation über Natur eine Rolle spielen analysiert, hierbei werden die drei Differenzen von *berührt | unberührt, fremd | vertraut* und *einzigartig | austauschbar* genau untersucht.

6.1   Exkurs: Entdeckung und touristische Erschließung von Hawai'i

Bevor ich meine Daten präsentieren kann, möchte ich kurz einen historischen Abriss zur Erschließung von Hawai'i darbieten.

Obwohl Hawai'i vermutlich schon im Jahr 1527 durch den Spanier Juan Gaetano entdeckt worden ist, beginnt in den meisten Büchern die Geschichte der Entdeckung Hawai'is mit Captain Cook. Er erreichte am 20. Januar 1778 die Hawai'ianischen Inseln und ankerte zuerst in Kaua'i im Westen des Archipels (vgl. Barman & McIntyre Watson, 2006).

Eines zugleich vorab: Die für friedlich geglaubte „Aloha Kultur" dem „Aloha Spirit" der acht Inseln ist voran zu stellen, dass die 800 nach Christus angesiedelten Polynesier erst mit King Kamehameha 1810 gewaltsam zu einem Königreich geeint worden waren (vgl. Barman & McIntyre Watson, 2006). Die Bevölkerung lebte von Landwirtschaft und Fischfang, bis 1820 der Sandelholzhandel und Walfang durch Fremde vorangetrieben wurde. Die Hawai'ianer wurden mit dieser Zeit zunehmend missioniert. Nach einigen vergeblichen Anexionsversuchen der Briten (1843) und Franzosen (1849) mehrte sich der Einfluss der US-Amerikaner ab 1850. Neben zollfreien Zuckerimporten wurde Hawai'i durch die Rodung größerer Areale bekannt als Ananasplantage der USA. Die Hawai'ianische Bevölkerung, schon damals durch importierte Seuchen der Seefahrer stark dezimiert, wurde durch den Import von Arbeitskräften aus China und den Philippinen relativ zurückgedrängt.[166] Ab 1887 verbuchten die Vereinigten Staaten von Amerika den Militärstützpunkt Pearl Habour auf O'ahu. 1898 wurde Hawai'i von Amerika politisch annektiert, die „Hula-Kultur" sowie die eigenständige Sprache wurden so zurückgedrängt. 1959 wurde Hawai'i zum 50. Bundesstaat. Der Plantagenanbau spielt heute nur noch eine untergeordnete Rolle[167], weiterhin liegt Hawai'i militärisch für die USA günstig. Der Tourismus stellt das Hauptumsatzvolumen wirtschaftlich dar (vgl. Skwiot, 2010).

---

[166] Für den demografischen Wandel im Pazifik verweise ich auf Kirch & Rallu (2007) sowie den Prozess der Kolonialisierung von Hawai'i auf Stauffer (2004) und den Stukturen des Königreichs auf Kirch (2010).

[167] Monsanto wird in einigen Interviews nachgesagt, Hawai'i als isoliertes Versuchslabor zu missbrauchen.

174

Nach der Hawai´i Tourism Authority (HTA) und Mak (2008) wird Hawai´i touristisch mit dem Ende des 2. Weltkriegs 1959 massentauglich (vgl. auch Kapitel 4.1.5 oder auch Massentourismus und Freyer, 2009). Die gleich aufgeführte Tabelle[168] zeigt schematisch die Entwicklung des Massentourismus auf Hawai´i auf.

Bis 1990 zählte der Export (Ananas & Zucker) und die Bundesausgaben zur Verteidigung zu den Haupteinnahmequellen der Hawai´ianischen Wirtschaft. 1959 konnte der Hawai´ianische Haushalt 310 Mio. Dollar aus dem Verteidigungsministerium, 128 Mio. Dollar durch Anbau und Verarbeitung von Ananasfrüchten und 123 Mio. Dollar durch Zuckererzeugung verbuchen. Tourismus spielte in diesem Jahr schon 109 Mio. Dollar ein.

Mit der Entwicklung der Boing 747 begann in den 70er Jahren nicht nur in Hawai´i der stetig wachsende Massentourismus, so dass die tourismusbedingten Einnahmen 1990 die anderen 3 Einnahmearten um das 2,5 fache überstieg (9,7 Milliarden Dollar) (Mak, 2008, S. 30f). Das stetige Wachstum führten in Hawai´i zu einem für amerikanische Verhältnisse eher untypischen Phänomen die Touristenströme *zu planen*. Der erste Tourismusplan wurde aus der weitverbreiteten Befürchtung initiiert, dass der Tourismus zu stark wachsen würde und man ihn zügeln müsste. Dies trat nicht ein, zumindest nicht als direkte Konsequenz des Plans (Mak, 2008, S. 69).

Im Gegensatz dazu beinhalten die neueren Touristenpläne mehr Bedenken, dass der Tourismus nicht schnell genug wachsen würde, und demzufolge das Bundesland die Touristen regulieren bzw. diversifizieren müsste (getreu der Devise: nicht mehr, sondern weniger, die mehr zahlen). Weiter wurden Behörden gegründet, die den Schutz der Landschaft und sanften Tourismus fördern sollten.

Die Natur bzw. Landschaft von Hawai´i wird immer wieder als maßgeblich für den touristischen Erfolg beschrieben. Eine nachhaltige Planung des Tourismus ist allerdings nicht nur aus Interessenskonflikten heraus nicht einfach, oft stehen sich Behörden und Gesetzgebung selbst im Weg, um effektiv handeln zu können.

Der HTA Tourismusplan bis 2015 sieht bspw. vor, sich an mehr Touristen auf dem Luxussegment zu wenden, um so Einnahmen zu sichern, das sind aber genau jene Touristen, die in der Energiebilanz (Wasserverbrauch, Verschmutzung etc.) am schlechtesten abschneiden.

---

[168] Angaben nach Mak, 2008 und HTA (diverse Berichte siehe www. Hawai´itourismauthority.org).

Tabelle 2: Tourismus in Hawai'i

Um 1830	Einige Luxusunterkünfte für Segler
Ab 1867	Dampfschiffverbindung mit dem Festland, Schiffe dienten gleichermaßen als Fracht- wie „Passagier"-Schiff
1872	Erstes Hotel: dDs „Hawai'ian Hotel", in Honolulu Downtown eröffnet
1894	Erstes Strandhotel „Seaside Annex" in Waikiki eröffnet
1927	Erstes Luxuspassagier-Schiff: „Malolo" steuert aus San Francisco und Los Angeles Honolulu an
1929	Erste Flüge werden zwischen den Inseln angeboten
1936	Pan Am nimmt Flugservice vom Festland auf[169]
7.12.1941	Zu Beginn des Krieges mit dem Angriff auf Pearl Habour ca. 32.000 Besucher auf der Insel O'ahu. Davon 5 % nicht aus den Vereinigten Staaten. 70 % der Besucher aus Kalifornien
Ab 1947	United Airlines beginnen Inseln anzufliegen
1959	Mit der Eingliederung von Hawai'i als Bundesstaat steigt der Tourismus weiter an. Zusätzlich werden von Fluggesellschaften Jets eingeführt und Propellermaschinen ausrangiert. Die Flugzeiten verkürzen sich und die Kapazitäten steigen an.
1972	Der DPED „Tourism in Hawai'i Tourism Impact Plan" fordert die Dämpfung des Tourismus: Keine weiteren Ressorts, Lizenzen für Strandzugänge und Strandgrundstücke, „Design Reviews" für Hotels. Auch das Hawai'i Visitors Bureau (HBV) will Tourismus eindämen, damit der Aloha Spirit am Leben bleibt (Mak, 2008, S.51).
Ende 1970	Staatliche Regulierung des Flugmarkts entfiel. Deregulierung ermöglichte Mittelklasseflüge.
Krise in den 90er Jahren	Nach Irakkrieg (1991) und Hurricane Iniki (1992) versucht der Staat mit dem Convention Center die Wirtschaft anzukurbeln. Ausgaben für „Destination-Marketing" werden verdoppelt. Tourismus soll durch die neu gegründete Hawai'i Tourism Authority (HTA) geplant werden.
2001	In den ersten 8 Monaten des Jahres noch Rekordzahlen, danach starke Einbrüche durch Invasion in Afghanistan und die SARS Epidemie
2006	„All time high": 7,53 Millionen Besucher jährlich in Hawai'i. Die Branche hat sich von der Krise erholt.
2009	Durch die Wirtschaftskrise anhaltender Rückgang der Besucherzahlen auf 6,42 Millionen Besucher jährlich.

Es ist an dieser Stelle freilich nicht Sinn und Zweck, zu urteilen, welche angestrebten Ziele für den Tourismusfaktor in Hawai'i sinnvoll sind. Es soll aber klar herausgestellt werden, dass die Annahme, der Tourismus hätte sich „natürlich"

---

[169] Die erste Maschine am 21.10.1936 brachte 7 Passagiere in Schlafkabinen samt Hotelessen für $ 356 zu Zeiten der Rezession nach Hawai'i (entspricht bei umgerechneter Inflation gemäß der Quelle: $ 5000).

entwickelt und es hätten sich „einfach" Formen entwickelt, die den Tourismus in Hawai'i abbilden und stabilisieren, schlichtweg nicht zu halten ist.

Bestes Beispiel für die systematische touristische Entwicklungsförderung bzw. auch Beispiel für die Unmöglichkeit Touristenströme immer kontrolliert zu lenken, ist Waikiki (neben den diversen Erlassen zur Förderung/Eingrenzung des Tourismus, die insbesondere Kultur und Naturerhalt aber auch Wohnraum-, Abwasserkonflikte und Integration der einheimischen Bevölkerungen vorsehen – vgl. Mak, 2008).

Waikiki beherbergt ca. 72.000 Besucher am Tag (Mak, 2008, S. 172). Der weltbekannte Ortsteil von Honolulu wurde vor allem durch die siebenjährige Trockenlegung des ehemaligen Moor- und Sumpfgebiets, die 1922 begann, zu dem, was er nun ist. Der dazu benötigte Ala Wai Kanal formt die Grenze des Stadtteils und formt die Landschaft bis heute nachhaltig:

„ [...] the ancient irrigation systems, the farms, the ponds, an the mosquitoes disappeared. The construction of the canal also created new lands that became the site of the current Ala Wai Golf Course." (Mak, 2008, S. 173)

Das Royal Hawai'ian Hotel erhielt zu seiner Eröffnung 1927 in Waikiki beste Referenzen in der Presse mit der Prognose, Hawai'i würde so zum Spielplatz im Pazifik werden (Mak, 2008, S. 174). Der rasche Anstieg des Tourismus in Waikiki in den 60er Jahren führte zu Besorgnis in der Bevölkerung und in der Politik bzw. zu diversen Studien, die allerdings in ihrer Umsetzung scheiterten. Studien in den 80er Jahren zeigten, dass Waikiki im Wesentlichen zwei Probleme aufwies: „inappropriate zoning (Waikiki was „over zoned") and political inaction or mistakes; and [...] rapid growth and the inability of public facilities to keep pace with the growth." (Mak, 2008, S. 176).

Neben der Überlegung Waikiki als eigenen Stadtteil zu erklären, wurde der 1974 verhängte Baustopp 1976 aufgehoben. Waikiki wurde zu einem „Special Design District" (1975), allerdings fanden sich für Investoren auch hier Schlupflöcher entgegen der neuen Richtlinien weiter zu bauen.

Die Angst Waikiki könne sich zu einem New York entwickeln, führte schließlich in den 90er Jahren zur behördlichen Regulierung, dass die Gestaltung Waikikis einem „Hawai'ian sense of place" folgen müsse. Gemäß der „City and County of Honolulu Department of Land Utilization" beinhaltete dies umfassende Erneuerungen, wie Mak es zusammenfasst:

„Thus, »an Hawai'ian sense of place« is more than just about building designs and densities, although both are elements in creating such experience." (Mak, 2008, S. 181)

Dieser Selbstbeschreibung entspricht das Convention Center. Weiter wurde diesem Credo entsprechend die Entwicklung des Stadtbilds durch private Investoren vorangetrieben; bspw. wurden der Beachwalk mit den „Dark Canyon" (Felsskulpturen) von der Hotelgruppe Outrigger mit einer Summe von 585 Millionen

Dollar (Mak, 2008, S. 190) saniert. Insgesamt herrscht in Waikiki nun Konsens, dass Waikiki und das dadurch repräsentierte Hawai´i aktuell bleiben muss. Es ist darüber hinaus erstaunlich, wie sich seit der Krise in den 90er-Jahren aus Privatquellen 90 Milliarden Dollar aufbringen ließen (Mak, 2008, S. 189), ohne genau zu wissen, wie die eigentlich zu erzeugende Aktualität besteht. – Man will nur nicht für „Don Ho" und „Hula" stehen, die Behörden von County und Community, sowie die privaten Investoren konnten sich nicht mehr auf den einstigen Lorbeeren ausruhen und waren fortan zur permanenten Gestaltung und Aktualisierung gezwungen.

Auch in die scheinbar „unberührte Natur" in Hawai´i, wurde also permanent eingegriffen und „kultiviert".

6.2   Exkurs: Entstehung und Nutzung des Englischen Gartens

Der Englische Garten misst ca. 375 Hektar und zählt zu den größten Parkanlagen der Welt. Die Parkanlage stellt bei verschiedenen Gruppen, gleichermaßen für Einheimische und Touristen, eine Attraktion dar und beherbergt jährlich ca. 3,5 Millionen Besucher (Herzog, 2006, S. 187) aus den verschiedensten gesellschaftlichen Positionen. Der Englische Garten ermöglicht eine Vielzahl von erwünschten, geduldeten und teils verbotenen Aktivitäten: Neben dem Flanieren und Picknicken finden seit den 1980er Jahren bspw. auch die „Nackerten" einen Platz im Garten. Das Drogenproblem der 1990er-Jahre bzw. der Müll der Punkerszene dieser Zeit am Monopteros ist längst vergessen. Vielen können hier kostenlos ihren Hobbies nachgehen, indem sie Fußball, Frisbee oder Baseball spielen, Capoeira betreiben, Joggen, Radeln oder auf eigens ausgewiesenen Wegen Reiten. Im Winter kann man auf dem zugefrorenen Seen Eisstockschießen und Schlittschuhfahren, Kinder rodeln am Monopteros. Bei gutem Schnee spurt die Stadt eine Langlaufloipe (Imwolde, 2000, S. 85). Sommer wie Winter wird der Eisbach von Großstadtsurfern genutzt.

Der Englische Garten ist nun über 200 Jahre alt. Karl Theodor (1724-1799) trat als Nachfolger des kinderlos gebliebenen 1777 verstorbenen Kurfürst Max III. Joseph das Erbe an, Bayern zu führen. Er erlässt am 13. August 1789 ein Dekret mit dem sich das Geburtsdatum des Englischen Gartens bestimmen lässt (Frhr. von Freyberg, 2000, S. 73). Der Englische Garten war damals zum einen als Militärgarten (zur Ausbildung des Heeres) und als Volksgarten geplant („Theodor Park").

Trotzdem der vormals in Mannheim residierende Kurfürst zahlreiche Regelungen zugunsten der Bürger erwirkte, erfreute er sich in der Bevölkerung nicht sonderlicher Beliebtheit (vgl. Imwolde, 2000, S. 45). 1780 hatte Karl Theodor schon den Hofgarten der Öffentlichkeit zugänglich gemacht. Insbesondere die Konsequenzen der Französischen Revolution dürfen als Anlass gesehen werden, wieso der Kurfürst Benjamin Thompson (1753-1814) beauftragte, nicht nur einen öffentlich zugänglichen Park zu schaffen, sondern auch in unmittelbarer Stadtnähe das Militär zu stationieren.

Rumford beauftragte Freiherr von Werneck (1757-1842) und Friedrich Ludwig von Sckell (1750-1823) mit der Gestaltung des Englischen Gartens. Die Natur wurde in dem Volks- und Landschaftsgarten im Gegensatz zu den vormals gängigen Renaissance- und Barock-Gärten idealisiert und sollte reinigend wirken:

„Die in England auf dem Siegeszug befindlichen Landschaftsgärten waren nicht nur ein Bruch mit der Anlage von alten Barockgärten, sondern auch die gartenkünstlerische Umsetzung der politischen Entwicklung jener Zeit, der Aufklärung. [...] Im Paris und London des 18. Jahrhunderts waren Parks angelegt worden, die als Lungen der Städte gedacht waren, es herrschte eine Analogie von Stadtplanung und menschlichem Körper vor. [...] Die Parks, diese empfindlichen »Grün-Organe«, wurden zum Schutz umzäunt, so dass die Produktion »gesunder« Luft immer gewährleistet war. Dies war eine Maßnahme, die in den zunehmend nach hygienischen Gesichtspunkten umgestalten Städten [...] auf der Tagesordnung war.“[170] (Imwolde, 2000, S. 47)

Dem Park wurde so eine Funktion zur Erholung teil, er lädt zu Spaziergängen und Träumereien ein. Der Englische Garten stellt im Allgemeinen eine Geisteshaltung dar, die die Versöhnung mit der Natur symbolisiert. Zwar war der Englische Garten als Volksgarten gedacht, aber dennoch gerade zu Zeiten seiner Gründung wurde er als Bühne der Wohlhabenden genutzt, ihren sozialen Status darzustellen (vgl. Imwolde, 2000, S. 51f.) – so setzte darüberhinaus das imaginative Erleben im Englischen Garten die Kenntnis der Landschaftsmalerei des 17. Jahrhunderts voraus (ebd., S. 58). Der Garten ermöglichte es, Formen der Malerei wiederzuerkennen.

Bis zur Öffnung des Hofgartens 1780 verzeichnete München keinen Ort, der zum Spazierengehen eingeladen hätte. Nur die Wirtschaftsgärten vor der Stadt blieben den Münchnern bis dahin als Zuflucht, um dem Schmutz, dem Pferdemist und dem Schmutzwasser aus den Rinnsalen der Straßen zu entkommen. Die Anlage des Englischen Gartens sollte das Stadtbild darüberhinaus nachhaltig prägen. Sckell erwirkte Erlasse, wie die nähere Umgebung des Parks bzw. die angrenzenden Gebäude beschaffen sein zu haben. Dennoch gelang es weder ihm noch der von ihm gegründeten Hofgärteninstanz (heute: Gärtenabteilung der Bayerischen Verwaltung der staatlichen Schlösser, Gärten und Seen), jegliche Veränderungen vom Englischen Garten abzuhalten, wenngleich der Garten „weitgehend in seiner historischen Form bis heute bewahrt werden konnte“ (Rhotert, 2000, S. 59).

---

[170] Imwolde bezieht sich auf R. Senett, 1996, S. 319 ff.

Über die Aufklärung und Romantik wurde unverfälschte Natur zum Symbol der Freiheit. Und so kam es, dass Karl Theodor, den Militärgarten auf der Schönfeldwiese und die freie Natur vor den Toren der Stadt (ab dem heutigen Siegestor bis zu den nördlichen Isarauen) - um einen weiteren Volksgarten, den Hirschangerwald (der heutigen Hirschau) erweiterte. Der Hofgarten wurde so mit dem „Theodor Park" von Sckell durch Umpflanzungen verbunden (Dombart, 1972).

„Aus dem Hofgarten sollte in sanften Bogen ein breiter Weg zum Hirschangerwald führen. Diesen Weg sollte teils sehr hohes, aber teils auch ganz niederes Gesträuch säumen, damit die Stadt München im Vordergrund und der Hirschangerwald im Hintergrund zusammen mit der übrigen schönen Natur als malerische Bilder recht oft zu sehen wären." (Schmid, 1989, S. 53)

Als größte Veränderungen der Parklandschaft sind der zweite Weltkrieg (Splittergräben und Schuttanhäufungen, sowie Zerstörung des Chinesischen Turms), die Schaffung einer Omnibuslinie 1934 von der Tivolistraße zur Mauritiusstraße sowie die „Trennung" des Englischen Gartens 1937 (heutiger Isarring) zu nennen. Ein weiterer entscheidender Eingriff in den Garten war mit dem Bau des Hauses der Deutschen Kunst (1933-34) verbunden (Rhotert, 2000, S. 65 bzw. Dombart, 1972, S. 192). Die Bestände des Gartens wurden durch den Ausbau der Königinstraße im selben Jahr um 289 Bäume vermindert (vgl. Imwolde, 2000, S. 54). Am Rande des Englischen Gartens entstand 1841 (Lokomotivenfabrik) ein Industriebetrieb bzw. wurde das Areal 1851 von der Firma Frey (später Lodenfrey) genutzt (vgl. Rhotert, 2000, S. 64). 1950 wurde der Hofblumengarten in der Oettingenstraße zugunsten einer Niederlassung des „Radio Free Europe" aufgelöst, heute ist das Gebäude der Ludwig-Maximilians-Universität unterstellt. 1952 musste der Schwabinger Bach durch die Erweiterung der Tierärztlichen Fakultät verlegt werden. Es entstanden über die Zeit eine Reihe von Denkmälern und Gebäuden, sowie zahlreiche gastronomische Betriebe (Münchens größter Biergarten befindet sich am Chinesischen Turm) hierauf will ich an dieser Stelle nicht weiter eingehen und verweise lediglich auf Dombart (1972).

Zwar ist gemeinhin die „Künstlichkeit" bzw. „Gemachtheit" des Parks bekannt (vgl. Empirie), das die Nutzung des Areals aber keineswegs „natürlich" ist und sie auf den 1790 von Adrian von Riedl erbauten Hochwasserdamm zurück geht und der ständigen Regulierung der Isar zu verdanken ist (Rhotert, 2000, S. 64.), ist vielen der Besuchern des Gartens offensichtlich nicht bekannt. An dieser Stelle will ich auf Waikiki verweisen, es stellt analog zum Englischen Garten eine ähnlich kultivierte Landschaft dar.

Der Englische Garten trägt in München zu einer Koexistenz von Lebensstilen und Praktiken bei. Der Ort hat keine Zulassungsbeschränkung und ist somit weiterhin durch und durch ein „Volksgarten". Der Park steht für ein multiperspektivisches Nebeneinander. Dabei ist der Charakter des Parks eher im Zeichen individueller Freiheit (ganz im Sinne des romantischen Naturgedankens), als auch als Maßnahme der Integration zu sehen.

6.3 Reisen: Strukturerhalt durch Gegenalltag, Erholung und Einheitserfahrung

Es soll an dieser Stelle auf die Herstellung von struktureller Varianz eingegangen werden. In Kapitel 4.2.5 habe ich ja bereits die Funktion von Tourismus in der Erzeugung von struktureller Varianz durch Ortswechsel (vgl. Pott, 2007) dargestellt. Im Städtetourismus bildete Kultur den Rahmen Kontingenz zu erfahren bzw. diese einzuschränken und stabilisierend zu wirken.

Bevor ich im folgenden Kapitel darauf eingehe, ob oder wie der Natur beim Reisen und in der Naherholung erholt, sollen vorab Positionen skizziert werden, die systematisch die Herstellung von Varianz in beiden Feldern (Hawai´i und Naherholungsgebiet in der Stadt) illustrieren.[171]

Auszugehen ist hierbei von der These, dass der Erzeugung von struktureller Varianz in Unterscheidung von Nah- und Fernerholung (und somit Erholung – wobei der Begriff der Erholung das Phänomen zu einseitig beschreibt)[172] sich anhand von ähnlichen, wenngleich abgeschwächten Prozessen gestaltet; darüber hinaus, so legen es die Begriffe fest, der Ortswechsel in gemindertem Ausmaß in der Naherholung stattfindet.

Varianzerfahrungen sind durch die Wahrnehmung von Kontingenz möglich. Wahrnehmung von Kontingenz erfolgt auf Reisen unter der Verortung des Handelns als potentiell anders möglich[173], unter der stabilisierenden Annahme, dass die Andersartigkeit auf Zeit bzw. durch den Ortswechsel hervorgerufen wird. Zwangsläufig führte eine permanente Andersartigkeit wiederum nur zu einer routinemäßig geformten Institutionalisierung der Kontingenzauflösung, was wiederum in dem Wunsch enden müsste, selbige als anders möglich erfahren zu wollen (bspw.: 0071, Z.298.: „vielleicht für ein zwei Jahre, aber ein Leben lang, wäre mir das zu langweilig").

---

[171] An dieser Stelle will ich explizit noch mal darauf verweisen, dass Erholung durch Gegenalltag, nicht zwingend zur Erholung führen muss und natürlich die Semantik der Gegenalltäglichkeit auch von der Tourismusindustrie katalytisch in Szene gesetzt wird.

[172] Man kann die Einheit der Differenz von Erholen/Nichterholen einem ähnlichen perspektivischen Paradox unterworfen sehen, wie es sich auch bei dem Code der Kunst verhält. Wie auch bei Kunst, kann man über Erholung streiten, nicht aber disputieren.

[173] In diesem Prozess kommt es zur kognitiven Verschiebung der Differenz von Aktuellem und Möglichem, dieser Gedanke wird von mir später aufgegriffen.

Die Produktion von Gegenalltäglichkeit ist dabei den Touristen durchaus bewusst, bzw. auf deren aktive *imaginative*[174] Erzeugung angewiesen, in dem hier zu Rande gezogenen Zitat, wird der Gegenalltag als komplett außerhalb des Alltags begriffen, was wiederum den Gedanken der somit produzierten Einheitserfahrung auf funktionaler Ebene stützt:

B2: the whole experience is something COMPLETELY outside of your everyday life is like! (0030, Z. 21 – 22)

Erholung wird also durch das Wechselspiel von Alltag und Gegenalltag (Turner) bzw. Routine und Neuem oder auch *Vertrautem* und *Fremden*, und der Erfahrung von Kontingenz erzeugt. Was erholt, ist dabei ganz unterschiedlich. Neben der Differenz zum Alltag stellt sich beim Reisen eine weitere Varianzerfahrung ein, nämlich die von erwarteter Imagination und erlebter Imagination.

Für die Erfahrung von Erholung ist die Beobachtung eines Unterschieds im Sinne des sonst Üblichen (Vertrauten) notwendig (dazu später). Wird die Performanz dabei fraglich, kann der Verweis auf die Echtheit des Unterschiedes (Authentizität) beruhigend wirken. Die Schaffung von Varianz kann der Herstellung von Einheit dienen (vgl. Pott, 2007).

Erholung konstituiert sich in erster Linie aus der produzierten Differenz zum Alltag und damit einhergehend das Erleben von Erholung. Prinzipiell lassen sich diese Prozesse folglich als Einheitsbestreben benennen, die als Folgeerscheinung der funktionalen Differenzierung zu begreifen sind.

Dass im Urlaub die unterschiedlichsten Praxen für Erholung sorgen können ist mit der psychologischen Erforschung der unterschiedlichen Reisemotive wissenschaftlich evident geworden (siehe Kapitel 0).

Varianzerfahrung lässt sich zusammenfassend über das Prinzip der Gegenalltäglichkeit (Turner) und Kontingenzerfahrung (Pott) über die zu Hilfenahme der Imagination (Hennig) und durch bestimmte Praxen (Edensor) an bestimmten semiotisch aufgeladenen (MacCannell), aber nicht beliebig konstruierbaren, sprich einzigartigen Orten (Pott) beschreiben. Eine Möglichkeit Gegenalltäglichkeit herzustellen ist dabei das „Spiel der Touristen" als Alltag in posttouristischer, distanzierter Manier (Feifer) zu betrachten und Echtheit bzw. Authentizität als Antwort auf die Kontingenzerfahrung zu relativieren, um somit touristischen Alltag außeralltäglich (ironisch) als gegenalltägliches Spiel zum gemeinen Touristenalltag *darzustellen*.

Es soll im Folgenden kurz dargestellt werden, wie Natur typischerweise für *Erholung* in Hawai'i sorgt (sowohl bei den Touristen, als auch den Einheimi-

---

[174] Der empirische Umgang mit der Imagination (4.2.3) wird im nächsten Kapitel (6.3.2) erläutert werden. Imagination bedeutet der echtzeitliche Abgleich zwischen Erleben und Vorstellungen.

schen) und wie Natur in den heimischen Gefilden hier (in München) am Beispiel des Englischen Gartens und der Isar für *Erholung* sorgt.

Es ist davon auszugehen, dass in bestimmten Lebenslagen Mischformen zwischen den verschiedenen vorgesehenen Formen (Kultur/Stadt/Strand/Abenteuerurlaub) wahrscheinlicher, bzw. in anderen unwahrscheinlicher sind. Spannend stellt sich die Frage dar, wie Gegenalltäglichkeit produziert werden kann, wenn diese nicht als gewöhnlicher Alltag erscheinen darf, der Urlaub sich aber über einen längeren Zeitraum erstreckt oder wiederholt.

Neben der Veränderung der subjektiv wahrgenommenen Möglichkeiten[175] stellen sich in meiner Arbeit drei Formen im Umgang mit Fremde als konstitutives Element von Gegenalltäglichkeit heraus. Diese produzieren verschiedene Formen der Gegenalltäglichkeit, gemäß der jeweilig vorliegenden zeitlichen Ausrichtung. Sie sind insofern relevant, als dass der Umgang mit Fremde unter der Beobachtung von Aktuellem und Möglichen auch illustrative Effekte auf die Aktivierung von Natursemantiken hat, wie sich zeigen wird. Im Englischen Garten soviel vorab, haben diese drei Formen nicht annähernde Bedeutung.

6.3.1 Drei Formen des Gegenalltags

Es sei an dieser Stelle darauf hingewiesen, dass mit meinem vorgeschlagenen Modell, zwar eine personenbezogene Typenbildung möglich ist, aber das Schema auf intrapersonaler Ebene empirisch vollzogen wird. Die Ableitung der Klassifizierung wurde vornehmlich aus den in Hawai´i geführten Interviews vorgenommen und im Anschluss auf die Transposition auf den Englischen Garten geprüft. Letztlich stellt sich der Gegenalltag im Englischen Garten auf ein anderes Niveau, als in Hawai´i.

Eine Analogie, von den klimatischen und botanischen Unterschieden etc. mal abgesehen, zwischen Stadtpark und Hawai´i, ist schon auf struktureller Ebene nicht zu ziehen, wie ein Befragter, der schon in Hawai´i war, mir mitteilte:

B: Ne, das wär jetzt für mich wirklich tatsächlich ein absoluter Gegensatz. Ne, also, was man sich jetzt hier ähm ich geh am Wochenende in Englischen Garten und hol mir da ein Stück Hawai´i oder so, ne, also das, das funktioniert nicht.

Das ist wirklich, das ist mal so ein Highlight, was man mal so macht, äh, kost ja auch wirklich ne Stange Geld da hinzufliegen und da muss man schon ne Weile für sparen um sowas mal zu machen,

---

[175] Die gängigen Möglichkeitsformen, an denen sich das Individuum abreiben und variieren kann, sind ja durchweg bekannt: andere Leute, andere Kultur, mit anderen Umgangsformen, einer lockeren Art, evtl. archtetektonischer Varianz, einer anderen Natur in Form eines anderen Klimas, anderen Landschaften, andere Vegetation, oder eben andere geologische und/oder geographische Beschaffenheiten.

das ist jetzt nix, was ich mir jetzt jedes Jahr leisten könnte. Das hat man mal gemacht und das war auch ein tolles Erlebnis. (0150, Z. 119 – 124)

Die teure Hawai´i-Reise ist ein „Highlight". Sie ist im doppelten Sinne einzigartig, zum einen in der strukturellen Anlage als Langstrecken-Reise, zum anderen in Form der nur in Hawai´i möglichen Erlebnisse vor Ort. Der Gegenalltag auf Reisen gestaltet sich über die Implementierung von längeren Routinen auch darüber hinaus anders, als der in den Alltag eingebaute Aufenthalt im Park. Die von mir vorgenommene Kategorisierung anhand des konzeptionellen Umgangs mit Fremde entfällt daher im Englischen Garten, wenn gleich auch hier eine Kategorisierung von verschiedenen „Gartengängern" möglich wäre. Diese wäre jedoch für die Naturwahrnehmung im Englischen Garten eher zu vernachlässigen, da Aussagen nicht derart streuen, wie es in Hawai´i der Fall ist.

Alle Gegenalltagsentwürfe wirken als eine Art Routine, die den Urlaub, die die strukturellen Varianzerfahrung (Erholung) in besonderer Weise konstituierten können, sie stellen sich als Medium und Form der Kommunikation und Wahrnehmung dar. Der „Gegenalltag" wird durch die performativ über die Wahrnehmung (Imagination) sowie der individuellen Prädispositionen zum Umgang mit *Fremde | Vertrautheit* erzeugt. In einer der anschließend vorgestellten Formen wird so über verschiedene (Körper-)Praktiken (nicht benutzte, bzw. vernachlässigte Sinneskomponenten: Riechen, Füße im Sand) Gegenalltag entfaltet.

In Hawai´i wurden hierbei drei Formen[176] von mir klassifiziert, die Gegenalltäglichkeit auf Basis eines unterschiedlichen Umgangs mit Fremde performativ herstellen (über Wahrnehmung und Kommunikation). Die drei Formen organisieren sich auf Basis der Einheit der Differenz *fremd | vertraut* sowie *aktuell | möglich*[177]. Die echtzeitliche Selektion zu einer der beiden Seiten als institutionalisierter Referenzwert führt in Kumulation zu den hier idealtypisch vorgestellten Formen, die auch als Kategorien bezeichnet werden.

Prozesse wie Authentifizierung (siehe Kapitel 6.3.2) nehmen dabei in der ersten Kategorie wenig, in der zweiten mehr und in der dritten Kategorie keine (oder zumindest nur selbstbezügliche) Relevanz ein. Der spielerische Umgang mit Authentizität nimmt am meisten Platz in der zweiten Kategorie Platz ein.

---

[176] Der Begriff Form wird von mir zur Unterscheidung eines Typus benutzt, da das Typusmodell eine personalen Attribuierung suggeriert. Sie kommen, wie spätestens seit Max Weber üblich, idealtypisch daher, werden aber oftmals als „Person" gedacht. Formen tauchen situativ auf, zerfallen aber wieder und betonen Personenunabhängigkeit.

[177] Die Differenz von aktual und gegeben wird von Luhmann (1987, S. 111) als: „Grunddifferenz, die in allem Sinnerleben zwangsläufig reproduziert wird" und „allem Erleben Informationswert" gibt, bezeichnet. In dem hier vorgeschlagenen Modell ergibt sich der Unterschied in der Präferenz und Institutionalisierung von Möglichkeiten im Aktuellen.

Weiter gilt es in der Gegenalltagsherstellung in der Wahrnehmung um eine Steigerung der Imagination, die auf der Differenz von *Aktuellem | Möglichem* beruht. Im Gegenalltag potenziert sich durch den Wegfall der Routinestruktur im aktuellen das Maß und die Form an Möglichkeiten.[178] Vielfalt, als Ausdruck von Möglichem, kann im Gegenalltag folglich seinen Reiz im Ausleben und im gezielten Unterdrücken oder Nichtbeachten haben.

Die beiden Differenzen (*echt | unecht*; *möglich | aktuell*) kommen in den nun vorgestellten Formen in Umgang mit Fremde unterschiedlich vor, es wird aufgrund der Fokussierung der Arbeit hier nicht näher auf die genaueren Prozesse eingegangen.

6.3.1.1 Vertrautes in der Fremde – Home away from Home

Eine Form des Umgangs mit Fremde besteht in der Implementierung und Institutionalisierung von Vertrautheit. Der Typus „Home away from Home" hat dabei zwei Formen zu unterscheiden: Einmal die „Winterbirds", zu denen hauptsächlich Amerikaner (50+) zählen, sie kommen seit Jahren nach Hawai´i und überwintern teilweise mehrere Monate. Zum anderen findet man eine weitere Form bei den „Drifters" (Konzept entliehen von Cohen vgl. 1979). Sie sind meistens Backpacker im Alter zwischen 20 und 35 Jahren.[179] Der Umgang mit Sicherheit und Vertrautheit kann sich dabei bewusst, als Entscheidung im Vorhinein oder durch das mehr oder weniger zielstrebige Treibenlassen während des Urlaubs entfalten.[180] In beiden Gruppen (Winterbirds und Drifter) werden Freunde vor Ort (locals) immer wieder betont. Beide Gruppen sprechen von einem Gefühl, in der Ferne zu Hause zu sein (eben ein „home away from home" eingerichtet zu haben).

Das Gegenalltagskonzept „Home away from Home" setzt also auf Vertrautheit und Sicherheit in der Fremde:

---

[178] Richtig ist freilich, dass jeder Tag mit 24 Stunden ein ähnliches Kontingent an Möglichkeiten bereit hält, allerdings unterscheiden sich die Möglichkeiten in ihrer Form fremd und sind somit nichtalltäglich anders und durch ihre freie Wahl attraktiver.

[179] Es bleibt festzuhalten, dass hier kein Milieukonzept skizziert wird, sondern lediglich ein Schema dargestellt ist; natürlich finden sich diese Schemen auch jenseits der hier beschriebenen Gruppen, bzw. des beschriebenen Alters.

[180] Bei den Backpackern, ist das „sich treiben lassen" vermutlich auch im Vornherein konzipiert, das Bedürfnis nach Sicherheit und Vertrautheit dürfte hingegen zu der anderen Gruppe variieren. Die Drifter können in ihrem Aggregatszustand als pendelnd zwischen der Home away from Home und der kartographierenden Form betrachtet werden.

B2: I'll give you the real answer. Because it's safe here. You don't have to worry about a bunch of nonesense going on. We find it like a home away from home. It seems to be safe here. It's clean. The food is great. (0039, B2, Z. 13 - 15[181])

Hawai'i bietet hier gerade durch den Einfluss Amerikas verschiedene Vorteile, die auf der anderen Seite auch einige Probleme mit sich führen.[182] Unter anderem sind es die „24hrs" Öffnungszeiten, die von vielen Reisenden als „attraktiv" empfunden werden. Genauso verfügen die Inseln alle über eine hervorragende Infrastruktur (das Bussystem auf O'ahu wurde mehrfach ausgezeichnet). Die Locals sind auf diese Errungenschaften sehr stolz, sie gehören somit nicht zu den Inseln im Pazifik, die als Entwicklungsland gelten (wie z. B. ein 50jähriger Familienvater am Strand sagte: „Hawai'i is MODERN where as down THERE it's not". – 0123 B2 S.9 Z. 290 oder auch Z. 253: B2: „We are MODERN! Hawai'i is SUPER modern. Like Japan is SUPER modern, like you know, Europe, most of Europe is super modern, in – but south pacific is like how Hawai'i was a 150years ago"), wenngleich die importierten Probleme kritischer in der Bevölkerung rezipiert werden (vgl. Mak, 2008).

Auch die Europäer genießen nach der Ankunft und der Konfrontation mit dem „Vorstellungsschock" die Vorzüge der amerikanischen Lebenskultur und folgern, dass für ihren Gegenalltag, so eben „alles" möglich wird:

B1: Ich brauch das, ich liebe Shoppen. Ich liebe auch ähm ja doch halt so die Natur so mit Schildkröten schwimmen, oder Surfen oder einfach nur gar nichts tun. So und das kann man hier alles finden. Das ist halt so, das ist was für mich das äh hier so toll macht. Also ich war schon auf vielen Inseln |

B2: Du kannst alles haben. (0059, B1 & B2, Z. 468 – 472)

Das hier angeführte Zitat, zeigt wie sehr Prinzipien von Vertrautheit und Fremde operativ oszillieren. Der westliche Komfort im Rücken und eine Natur, die obendrein auch so viel bietet, lassen „alles" möglich erscheinen. Die Differenz von *berührt | unberührt* komplettiert die *Vielfalt* der Natur und schafft eine neue Form der *Einzigartigkeit*. Die erlebte Ambivalenz Hawai'is wird so zum multioptionalen Pluspunkt umformuliert. Waikikis Ambivalenz von Betonwüste und den in die Betonschluchten reinwurzelnden grünen Dschungel und den daran hängenden Möglichkeiten (Ausflüge ins Umland bzw. Dschungelwanderungen zu den Manoa Falls direkt hinter der Universität nur 20 Autominuten in der Stadt) wirkt wie ein Fenster, durch das viele Besucher Hawai'i sehen:

---

[181] Dieser Typ zählte zur Kategorie „Winterbird".

[182] Insbesondere verzeichnet der 50. Bundesstaat seit den letzten 10 Jahren einen massiven Anstieg der „Crystal Meth"-Abhängigen. Weiter verzeichnet Hawai'i einen großen Zuwachs an Obdachlosen, einige Stadtteile ähneln Flüchtlingslagern. Nach langen Jahren des Campingsverbots in der Nacht in Waikiki, war Camping über Nacht in bestimmten Bereichen von den Behörden wieder toleriert worden.

„Waikiki is a paradox. Visitors generally give Waikiki the lowest satisfaction ratings among Hawai´i´s resort destinations, yet it remains the state´s most important visitor destination. For millions of visitors to Hawai´i, Waikiki has been the window through which Hawai´i is viewed." (Mak, 2008, S.172)

Das Sehen kommt hier einem Verharren gleich, allerdings steht es in der Antizipation von Vielfalt und Möglichkeit den Vorstellungen und Mythen von Hawai´i nicht nach. Waikiki fungiert folglich als Basis vieler für die Einrichtung einer neuen Heimat in der Fremde. Home away from Home, das heißt nicht, beim Reisen zu Hause bleiben, schließlich sollen einige Faktoren durchaus anders sein, basale Vertrautheiten, wie ein bestimmtes Maß an Sicherheit und Komfort schaffen einen vertrauten Gegenalltag in der Ferne.

In einigen Fällen ging die bequeme Einrichtung des Gegenalltags so weit, dass ganz vergessen schien, sich eigentlich im Urlaub zu befinden:

B2: Du kannst in der Früh aufstehen, du kannst surfen gehen. Du hast immer das Gefühl, du hast Urlaub. (0059, B2, Z. 91-92)

Sonne, westlicher Komfort und die durch die wahrgenommene Differenz von Möglichkeit und Aktualität befeuerte Imagination, jederzeit aktiv werden zu können, (also theoretisch ein „Explorer" sein zu können), also potentiell eine vertraute Fremde zur Verfügung zu haben, sind für diesen Typus konstitutiv (getreu der Devise: „Ich könnte, wenn ich wollte" oder „Hab ich schon gesehen").

I: […] but the people from California, they have nice beaches, too, you know. What brings them to Hawai´i?

B.: I don't know. It's

I.: No?

B.: Well, the water is a little bit warmer, the surf's a little bit better. It's an easy place. Yeah you get to take your family on vacation, it's right there, you know, it's something different, a little more. California's a pretty dry state for the most part tropical aspect (?of it?) (0110, Z. 43 – 49)

Der Klima-/Kulissenwechsel, und die damit einhergehende Veränderung des Tagesablaufs oder anderer Gewohnheiten sind also wichtiger als das Abhaken irgendwelcher *sights*.[183] Es geht darum, einen anderen Alltag, etwa den erwarteten Alltag der Einheimischen, zu leben, das heißt aber auch auf das *Fremde* zu verzichten:

B1: Ja, für die ist das normal! Hier gibt es auch viele, die nicht mehr an DEN Strand gehen möchten, weil das einfach (~)

B2: Seit 2 Wochen gehe ich nicht ins Wasser |

B1: Ja genau, weil ich nicht will. Weil die halt alle nicht ins Wasser gehen, gehen nicht Surfen, wo man denkt, wenn man hier wohnt, dann macht man das jeden Tag und so. Das macht man gar nicht. (0059, B1 & B2, Z. 181 – 189)

---

[183] Es sei an dieser Stelle darauf verwiesen, dass das Einrichten eines Nests nicht dem Pauschaltouristen obliegt, gerade Backpacker und andere Individualtouristen grenzen sich in ihrem Reisestil von dem Austrampeln massentouristischer Pfade durch ein „Leben" im Urlaub ab.

Man simuliert ein Leben in der Ferne. Verzicht und Entschleunigung gewähren einen einfachen im wahrsten Sinne des Wortes einen „überschaubaren" Alltag, der in seiner Funktion der einer Familie gleichkommt und sich nur aus seiner Kontingenz behaupten kann:

B2: Du kennst alles, jeder kennt jeden. Alles ist da und was die zu Hause aber eigentlich WAHNSINNIG macht, weil nichts geboten ist, siehst du hier eigentlich so als Familie an. (0059, B2, Z. 150 – 152)

Ist die Familie und die Herkunft (auch bei jobbedingten Ortswechseln) eben nicht kontingent, ist die Wahl für eine Art zu Hause in der Ferne auf Zeit. Das was zu Hause nicht möglich, oder nicht gewünscht ist, wird hier gesucht und man produziert durch Überschaubarkeit, den Ausgleich zu der sonst vehement wahrgenommenen Unüberschaubarkeit.

6.3.1.2   Vertraute Fremde – Entdecken und Kartographieren: Der Explorer

Der zweite Typus schätzt sicherlich auch den westlichen Komfort, die Wahrnehmung und Kommunikation richten sich aber deutlich mehr an der anderen Seite der Unterscheidung aus (also Fremdheit als Aktualität nicht als Möglichkeit). Zwar ist diese Fremdheit, wie schon mehrfach beteuert, nur in Referenz auf ein Vertrautes (also in dem Fall in Form einer Fremde) möglich, werden ja immer die Attraktionen (Häuser, Orte oder spezielle Pflanzen) als fremd betrachtet, welche der Imagination einer Fremde entsprechen.

Anfangs haben viele Hawai'i-Touristen keine Vorstellung von den Inseln, sie erkunden sie dann zwar mit Karten, fahren aber auf gut Glück an diesen oder jenen Strand. Die gesammelten Erfahrungen können aber auch im übertragenen Sinn ein kartenähnliches Bild ergeben. Manche Routen werden dann empfohlen, andere nicht – dies wird dann im Prozess der Mystifizierung in Form von bestimmten Erzählstrategien wiedergegeben.

Unbekannte Pflanzen, wie endemische Pflanzen in Hawai'i, versprühen dabei oftmals weniger exotischen Charme, als der importierte Bambus.

B: I think, because you expect to see bamboo forests and hum you expect to see the palm trees and you are suprised that this is actually not from here. And the forest, I mean they are different to Europe but they are different. I I think it is disapointing because we do have this picture, because you do have this picture of this large leaves and large massiv trees and when you see what it is actually like - here then it's this is kind of [...] It's surprising. (0134, Z. 94 – 99)

Auf die Funktion einer fremden Natur werde ich im Anschluss eingehen, das Fremde lässt sich analog zum Wissensbegriff als selbstreferentieller Katalysator der strukturellen Varianzproduktion sehen. Die erfahrbaren Fremdheitsimaginationen stehen dafür bereit und werden im Prozess des Kartographierens in die

Mystifizierung des Urlaubs im Sinne einer Geschichte, die zu einem späteren Zeitpunkt erzählt werden kann, eingeflochten (Kapitel 6.3.2).

Während in der „Home-away-from-Home"-Form Sicherheit und Vertrautheit den Gegenalltag in einer unbeschwerten Atmosphäre einläuten, kommt es bei den „Explorern" zu einer Vermischung und Beschleunigung der Erlebnisse. Nur am Strand[184] rumliegen reicht nicht aus:

B: Alles! Ich will (~) ich bin nicht so einer, der nur am Strand rumliegt. (0021, Z. 73)

Ein entsprechendes (besser wohl ein ansprechendes) Klima wird von diesem Typus antizipiert, die Umgebung wird in ihrer konkreten[185] Form wahrgenommen und beschrieben, dient natürlich ebenso als Kulisse. Der Explorer bewegt sich immer noch an den bekannten *sights*, ist aber in einem höheren Ausmaß an einer Erlebnissuche beteiligt, als es in der Form der häuslichen Einrichtung der Fall ist, in der Mögliches nur mehr möglich bleibt.

B: Ich bin aber ein recht aktiver Mensch, also ich mag zwar Strandtage, ich habe auch kein Problem damit auch wirklich den ganzen Tag am Strand zu liegen, zu schlafen zu dösen, ab und zu ins Wasser zu gehen, aber das bleiben äh bleibt eher die Ausnahme, ich bin jemand, der sehr gerne Wandern geht, sehr gerne auch so Städte ansieht, sehr gerne rumläuft, und äh, viel draußen in der Natur macht und ausprobiert. (0032, Z. 145 – 150)

Der Kontakt zur einheimischen Bevölkerung und gemeinsame Erlebnisse mit ihnen zusammen (Wanderungen, Essen oder ein Treffen am Strand) können von Bedeutung sein, werden aber eher *en passant* als „Quasi-Sehenswürdigkeit" mitgenommen, während in der Home-away-from-Home-Form, „locals" eine stabilisierende Funktion in Form von freundschaftlicher Institutionalisierung einnehmen. Das scheinbare[186] Betreten von Neuland (Abenteuertouren durch den Dschungel, Fahrten durch Zuckerrohrfelder zu abgelegenen Stränden), das tatsächliche Erleben von Neuem stellt ein deutlich wichtigeres Element im Urlaubsalltag beim Kartographieren dar.

B2: Du entdeckst immer wieder etwas Neues. (0059, B2, Z. 475)

Das Fremde beim Kartographieren und Entdecken ist ein Katalysator, der sich selbst verbraucht. Das Fremde wird so auch immer in der Ferne interessanter

---

[184] Es soll nicht heißen, dass Winterbirds nicht auch Anderes erleben, der Strand ist ja auch anders, als der zu Hause, nur ist die Form vom Alltag eben mehr an einen Alltag im üblichen Sinn gebunden und nicht so sehr auf „neue" Erlebnisse fixiert.

[185] Natürlich kommt Erleben nie ohne konkrete Situation aus. Ein Wasserfall ist auch nicht konkreter als ein Strand, die Bemühungen etwas Konkretes zu erleben sind in der Explorer Form gesteigert und Erzählungen und Beschreibungen detailreicher.

[186] Die abgelegenen Strände, verborgenen Wasserfälle sind natürlich in den besagten Kreisen längst bekannt. Da die Hawai´ianischen Inseln relativ überschaubar sind, sind unerforschte Plätze – wie auch andernorts auf dieser Welt – kaum existent. Dennoch vermitteln viele Orte, gerade aufgrund der Tatsache, dass sie immer noch nicht überlaufen sind, ein unberührtes Flair.

sein, um als Antrieb zu fungieren. Das Paradies, ist zwangsläufig immer woanders, es definiert sich über das „unberührte Fremde" und fungiert als imaginativer Köder und zerfällt mit dem Kontakt während des Kartographieres. Das Kartographieren wirkt durch die Schaffung neuer Vertrautheit stabilisierend auf die eigene Situiertheit, auf die Wurzeln, das „zu Hause" zurück.

Im Gegensatz zu dem Mitgenommenen zu Hause (in der Home-away-from-Home-Form), bleibt bei den Explorern das zu Hause zu Hause, es dient als Referenz und wird durch die Fremde stabilisiert, obendrein werden erwartete Widrigkeiten bereitwilliger in Kauf genommen.

6.3.1.3 Unvertraute Fremde in der Fremde– Spirituelle Einheit erfahren

Kommunikation und Wahrnehmung, die auf Einheitserfahrungen (also Koppelungen zwischen Organismus und Psyche) durch unvertraute Fremde in Bezug auf eine permanente Übernahme, also nicht auf Zeit, wie in den Formen davor gerichtet ist, oder zumindest in Prüfung einer dauerhaften Implementierung unterliegt, soll als *spirituell* definiert sein. Sie kann auf Basis der institutionellen Einrichtung von Vertrautheit in der Fremde, oder dem Kartographieren vollzogen werden, muss es aber nicht. Sie selektiert Kommunikation in Beobachtung 2. Ordnung in Referenz auf ein auf längere Zeit gerichtetes Identitätskonzept, in Form von „religiöser Erfahrung" oder einem „tieferen Sinn"[187]. Sie resultiert auch aus der Überinanspruchnahme durch Leistungsrollen (vgl. Pott, 2007), ist aber weniger auf Irritation als auf Implementation gerichtet, wie es im Gegensatz bei den beiden zuerst genannten Formen der Fall ist.

Hawai´i bietet hier neben der sonst im Urlaub ebenfalls erfahrbaren kulturellen Kontingenz durch seine spezielle Tradition (u.a. in Form des Huna-Kults[188]) ein äquivalentes kulturelles Konstrukt, welches analog zu gängigen psychologischen Theorien ein breites Spektrum an lebensweltlichen Weisheiten zur Verfügung stellt. Diese alten „Traditionen" werden in der spirituellen Form gerne als Lebensweisheit übernommen und „gelebt".

Die traditionelle Hawai´ianische Kultur ist per se, als eine Antwort auf der Suche nach Einheit und Authentizität, demselben Paradigma geschuldet, das die

---

[187] Es kann an dieser Stelle angemerkt werden, der Forumulierung „tiefer" hängt eine kulturkritischere Note an. Der tiefere Sinn, ist wenn man es ökonomisch ausdrücken möchte, die individuelle Bereitschaft auf Elemente im tatsächlichen Alltag zu verzichten.

[188] Huna basiert auf der Naturreligion der Ur-Hawai´ianer. Im Prinzip handelt es sich um Lehren, die traditionell von einem Schamanen, dem Kahuna, vermittelt worden sind. Huna umfasst heutzutage psychologische und philosophische Komponenten, die vor allem in bestimmten postmateriellen Milieus einen Hype erfahren. Zentrale Aussage lautet: „Ike" – „Die Welt ist, wofür du sie hälst" (übersetzt von M.H. vgl. Morell, 2005).

Suche vorantreibt: Die Kahuna Kultur ist auch vom Aussterben bedroht und ein geeignetes Mittel, dem Verlust von Echtheit in Form eines authentischen Desiderats entgegenzuwirken – der Verlust von Authentizität wird so folglich mit den authentischen Mitteln einer verlorenen Kultur bekämpft:

B2: Also ich glaub, dass das Volk der Hawai´ianer sehr viel SPIRIT in sich hatte. Und das halt sehr, eine HOCHKULTUR war. Also auf jeden Fall, ich würde sehr gerne – eine Hochkultur nennen. Das ist halt schon sehr lange her, aber das war wirklich, das ist heiliger Boden, den wir hier – und das fühle ich schon stark. (0120, B2, Z. 14 – 17)

In diesem Beispiel wird der Aloha-Spirit oder der Huna-Geist sogar noch weiter auf die Natur bezogen, ich komme darauf zurück. Spirituelle Kommunikation und Wahrnehmung folgt, wenn man so will, einem anderen Imperativ der Erholung, sie steht für eine Erholung des Selbst in der Zeit. Dies muss nicht immer religiöse oder selbsttherapeutische Züge haben; die erfahrbare touristische Welt, mit ihren Sehenswürdigkeiten tritt aus dem Blick des Spirituellen und die Aneignung anderer Fähigkeiten treten in den Vordergrund, diese können freilich auch ganz mundan sein:

B: I have an intrest in Hawai´ian culture and the effect of tourism on on the people. You know I have a certain kind of a sympathy to towards that. So I am really not here because of the tourism I mean I my interest is in surfing and maybe that makes me a tourist but I have and I am staying in Waikiki because there is low cost place to stay not – I am not here for the-the tourist attractions maybe because I´ve done some of them. I´ve been up to Diamond Head and stuff like that. But I don´t I don´t really I don´t look to do I haven´t been to Pearl Habour humI don´t seek to do those kind of things. (0082, Z.63 – 70)

Zwar geht es, wie in diesem Beispiel, beim Surfen nicht im klassischen Sinne um eine zu erfahrende Lebensphilosophie, das Surfen steht in dem Fall für eine tiefer wurzelnde Erfüllung, die auf Einheitserfahrung, also die Identität komplettierend und aus einem Fehlen wurzelt.

Darüber hinaus ist das Surfen im Kontext der Hawai´ianschen Kultur, etwas Tiefergreifenderes als nur Sport (vgl. 0082, Z. 363ff. das „Waterman-Konzept"). In der spirituellen Form werden Lernprozesse als Erstrebenswertes angesehen (vgl. 0082, Z. 174 – 175). Sie gehen über die normalen tourismusinduzierten Lern- und Erfahrungsprozesse hinaus.

B: Well first off, the first thing that attracts was- I talked to a – it was a – I had a conversation with a- a Hawai´ian girl who was working in a surfshop and I was saying. Well I´ve got to the stage that I have my surfing and the stage that I´ve got to now has confused me about the way-waves – how to read a wave? I was sitting there on a board and you need to be this way front and back or sideways to be in the right place to catch a wave. And how do you- how do you read? And then you understand a wave. And then she said, that there was a great course that I took, that was at the Hawai´ian Pacific University and hum it was about – so this guy was teaching about sur-fing and a bit-she didn´t say so much about the Hawai´ian culture, but I-I got his name and investigated that afterwards after I went back to Canada. And- so a lot of it was surf-ing and then some-thing of the culture but it turns out, that the guy who´s teaching it is a life guard in the north shore but he´s also he is working on his masters in anthropology so he will teach and introduct me in a anthropology course. AND he´s somebody who grew up here. What is called a (?halowdie?) a local with occasion. But I talked to locals who say

that he knows the culture a lot more than many Hawai'ian do. And he is doing what I was saying (~)
he has made very consideradativ effords to make personally cross the barrier hum – he took us out to-
to hum to a sight-he-re traditonally there is a place you would stop and you would do this chant to
ask the gods' permission to go further and you know with the public with the public around he did
the chant while we stood there watched so and he's letting us see you know what would happen and
what would the Hawai'ians do in a traditional scence. Hum and he's hum he has learned the culture
or he has made the personal sacrifice to understand that and to try to be part-part of it. Hum he has
made a certain kind of a surf board that was used 400 years ago and so all of that (~) you know he
tells-he talks about the MYTHOLOGY of certain kinds of GODS went from Kaua'i to here and they
had a story thing and that's why that mountain is the god is used as god. There is this place where it's
called the what is the Hawai'ian Garden of Eden happens to be under the marine base, where there is
bombing it's their bombing range. So fortunately hum I was interested in surfing I was interested in
Hawai'ian culture and somehow that led me to this person who actually just coincidentaly but benefi-
cially is giving my both and he is helping me to relocate for better surfing places, too. So it's that
blend. Long story. Long answer. (0082, Z. 258 – 290)

Der Faktor Spiritualität kann folglich als Identitätskonzept und –suche begriffen
werden, das es vorsieht, noch nicht Vertrautes vertraut zu machen (und nicht nur
mit einem in Referenz auf einen selbst). Das kann soweit reichen, das zu Hause
auf der Suche nach dem Neuen aufzugeben:

B1: Wir haben jetzt in Wien kein zu Hause mehr, wir sind weggefahren und wissen nicht, wann wir
wieder zurückkommen. (0120 B1, Z. 18-19)

Die Inseln selbst scheinen Spiritualität (auch in ihrer Verschiedenartigkeit) an
jeder Stelle auszustrahlen und fungieren somit als Magnet für spirituell Su-
chende:

B2: Das Witzige ist, wenn man auf Hawai'i einmal war, und woanders hingeht, man |

B1: | kommt immer wieder!

B2: Man kommt immer wieder, man VERMISST es. Und das hat sehr spirituell, das ist halt sehr spi-
rituell hier. Und du merkst es hat ganz unterschiedliche Energielevel auf der Insel | (0059, B1 & B2,
Z. 80 – 84)

Spiritualität kann als Form von fremder Vielfalt quasi auch als Sehenswürdigkeit
(*sight*) in die Form des Kartographierens eingehen. Diese wird dann allerdings
weniger ursächlich als oberflächlich wahrgenommen und nicht als ein Mangel in
sich zur Komplettierung gesucht.

Für manche ist Hawai'i so Sinnbild des Spirituellen durch ihre Erfahrungen
vor Ort geworden, für andere ist es nur eine Zwischenstation um Spiritualität und
neue *fremde* Fremdheitserfahrung zu bestreiten. Aus der Form des Kartographierens heraus bleibt Spiritualität möglicherweise ein nicht nachvollziehbares
Randphänomen. Für die Spirituellen besteht die Möglichkeit, hier ein einfaches
Leben auf der Insel zu leben, die ein Überschuss an Möglichkeiten abhält.

Für andere kann sich die Reduktion der Anschlussmöglichkeiten und deren
vor Ort gelebten Strukturen in Form eines permanent erstrebenswerten Zustands
abzeichnen, und so kann es sein, dass auf der Suche nach sich selbst das Motiv
der überschaubaren Fremde, *spirituell* aufgeladen von der einst auf Erholung ba-

sierenden Reise zu einer Umstellung des Alltags mit einem dauerhaften Ortswechsel zu Gunsten der vorgefundenen Strukturen führt (wenngleich diese dann nicht spirituell aufgeladen sein müssen):

B1: You're limited in options of what you have as far as jobs and opportunity and even as in the stores so to speak and I think you have different goals it's more of a sense of community in being kind to one another. (0087, B1, Z. 34 – 37)

Die „Wahrhaftigkeit" der wahrgenommenen Unterscheidung, also die Unterstellung der Instrumentalisierung eines Identitätskonzepts, zum Zwecke der Distinktion, ist für diese Arbeit unerheblich, schließlich schafft die Beschreibung der Wahrnehmung eines Ortes als spirituell und das damit verbundene Erleben einen Typus von Einheitserfahrung, der aus den anderen Konzepten nicht erklärt werden kann.

Es scheint das Verlangen nach Authentizität, nach Echtheit, nach Einfachheit oftmals als Katalysator, die „Huna"-Lehren können hierfür ebenso wie die Natur herhalten:

B2: Im Gegensatz zu Ayurveda oder TCM, das sind auch gute alte Techniken aber das ist einfach so einfach. (0120, B2, Z. 8 – 9)

In der spirituellen Form wird eine Stimmung betont. Etwas Sinnliches, was an sich Unmöglich scheint. Die Differenz von Aktuellem und Möglichem wird hier durch etwas gemeinhin Unmögliches gestärkt. Ob Außerirdische, die Lemuren oder andere Energien, für die spirituelle Form wird die Energie „körperlich" wahrgenommen als Erdung, oder neue Vertrautheit und Komplettierung:

I: Was glaubst du hat die meisten Leute hier her gebracht, was ist-was ruft die Leute hier? Es sind ja doch einige die hier.

B: Vielleicht folgen sie dem Ruf ihrer Seele? Also für mich ist das klar, dass ich schon mh also - wenn ich nach Maui komme, komme ich Heim! Ich fühle mich hier sehr WOHL. Und wer jetzt an Reinkarnation glaubt oder nicht, der wird hier dann wahrscheinlich abschalten

I: Ja |

B: aber ich weiß, dass ich schon mehrere Leben gelebt hab und das fühlt sich so an als ob-ich hier auch schon gelebt habe. (0101, Z. 20 – 28)

Interessanterweise wird der Begriff der Heimat, als eine Art metaphysische Heimat in der spirituellen Form ebenso verwendet.

Im Vergleich zwischen den 3 Formen kann festgehalten werden, dass die konstitutiven Leitunterscheidungen *fremd | vertraut* und *aktuell | möglich* in ihrer Auswahlwahrscheinlichkeit variieren.

In der ersten Form wird Vertrautes in der Fremde im Aktuellen institutionalisiert. Fremdes bleibt im Aktuellen potentiell möglich. Die Herstellung des Gegenalltags ist mit dem Ziel der Entspannung durch Komfort und Routine organisiert. Fremd-Mögliches bleibt meist inaktuell.

In der zweiten Form wird Fremdes aktuell ausgelebt oder angestrebt. Potentielles wird aktuell. Die Erholung vollzieht sich durch die Referenz auf Unvertrautes bzw. die Vertrautheit zu Hause und schöpft Kraft im Heimkommen.

Die dritte Form wählt Fremdheit als Vertrautheit aus und begründet Vertrautheit in dem, was aktuell (oder potentiell) unmöglich ist. Aktuell ist also das potentiell Unmögliche.

Obwohl das Konstrukt der kommunikativen Erzeugung des Umgangs mit Fremdheit geschuldet ist, lassen sich die Kommunikationsformen zu Typen zusammenfassen (Home away From Home, Explorer und Spiritual).

Da die Wahrnehmungs- und Kommunikationsformen analytisch im Feld touristischer Forschung angesiedelt sind (und entsprechend anders formulierbar bzw. erweiterbar erscheinen können – vgl. die Typisierung von Cohen, 1979) ist an dieser Stelle die Frage zu stellen, inwieweit sich die verschiedenen Formen des Gegenalltags in ihrem Umgang mit den verschiedenen Semantiken von Natur unterscheiden.

Es hat sich bereits gezeigt, dass Natur aus der jeweiligen Praxis heraus verschieden semantisch begriffen und losgelöst von einer physischen Verfassung oder gerade durch sie konstituiert werden kann. Anders formuliert, ein Baum kann beim Spazieren mehr oder weniger Baum sein kann, als er es beim Joggen, Fußballspielen oder während eines Gesprächs mit der Freundin beim Spazierengehen ist. Vorerst soll aber die Analogie zur Quasi-Kontrollgruppe im Englischen Garten, vor allem in Hinblick auf die eingangs formulierten Thesen (Varianz ist ähnlich, wie im Urlaub) vollzogen werden.

Die drei Formen generieren auf unterschiedliche Art eine authentische Sprecherposition. Es variiert zwischen den Formen der Grad der Erfahrungs-Orientierung. In der HaH-Form kommt es zu einer mittelfristigen bzw. rückblickenden Orientierung, das Erlebte ist bekannt, Authentizität wird durch Erfahrung generiert. Der Explorer ist eher kurzfristig orientiert – Authentizität entsteht durch das Aufdecken von Unbekanntheit, der Spirituelle ist eher langfristig orientiert. Authentizität wird durch tiefwurzelnde Erfahrungen bzw. Darstellung dieser Kontexte vermittelt.

Dass die Varianzerfahrungen nicht nur zwischen und in den Individuen variieren ist das eine, auf der anderen Seite ist zu betrachten, dass die performative Erzeugung dieser Wahrnehmung auch durch Plätze, Orte, andere Personen und natürlich durch Tourismusbehörden, Hotelketten und Veranstalter bedingt ist, darf nicht vergessen werden (Latour würde eben sie neben weiteren Aktanten nennen).

6.3.2   *Das Wahre zwischen Austauschbarkeit und Einzigartigkeit –*
         Imagination, Authentifizierung und Mystifizierung bei den
         Europäern in Hawai´i

Erholung kann sich aus verschiedenen Praxen einstellen. Da sich diese Arbeit weniger mit den generellen touristischen Prozessen auseinandersetzen will, werden die sonst für die Schaffung von struktureller Varianz zur Verfügung stehenden Mittel im Urlaub (Ausflüge, Shoppen, Baden) und deren milieuabhängige Verquickung außen vorgelassen, soweit sie nicht für die Analyse der Natursemantiken im Folgenden von Bedeutung sind.

Der Begriff der Imagination, soll nicht nur als Vorstellung verstanden werden, er verweist auf die systematisch notwendige, operative und performative Erzeugung des Urlaubsgefühls in Abgrenzung zum Alltag. Imagination beinhaltet im Urlaub ein Erleben unter der Annahme im Urlaub zu sein. Eine brachliegende Hütte wird so zur romantischen Kulisse und beherbergt etwas Anmutendes, Authentisches. Imagination ist folglich die systematische Erzeugung eines Urlaubsgefühls, an Hand der Erwartungen (wobei Affirmation eine übergeordnete Rolle zukommt – vgl. Frey, 2003).

Die Europäer haben mit einer Hawai´i Reise eine besondere Reise zu bestreiten. Die Imagination von dem, was sie dort erwartet[189], liegt hinter zwei Ozeanen, weit von dem entfernt, was später, nach der Reise, in der Imagination verweilen wird. Der europäische Tourist sieht sich bei Ankunft vor Ort mit einem ganz anderen Hawai´i konfrontiert, als er es sich vorgestellt hätte.

Freilich spielt sich das Dilemma der Divergenz von Erwartung und vorgefundener „Realität" auf vielen empirischen Feldern und Urlaubsorten ab, dennoch lässt sich an diesem speziellen Problem recht illustrativ der generelle Spannungskonflikt zwischen *Austauschbarkeit* und *Einzigartigkeit* von Reisen skizzieren. Die vor Ort erlebte Dissonanz führt einem die Willkür des Reisens vor Augen: Man plant eine Reise aufgrund von bestimmten Motiven (Sonne, Erholung und Abenteuer) den Möglichkeiten und Kosten sowie aufgrund der Vorstellungen, die dem Ziel anhaften bis zu einem gewissen Grad quasi willkürlich (der Tenor in meinen Interviews lautete: „da laufen alle in Baströckchen rum, das wollt ich schon immer mal sehen" – mehr dazu auch in Kapitel: 6.4.4). Das

---

[189] Der Begriff der Erwartung wird im Sinne Luhmanns gebraucht: „Die Form, in der ein individuelles psychisches System sie der Kontingenz seiner Umwelt aussetzt, kann in allgemeiner Weise als *Erwartung* bezeichnet werden. Es handelt sich mithin um dieselbe Form, die auch zur Bildung sozialer Strukturen benutzt wird. Im einen Falle wird sie als Bewußtsein, im anderen Falle als Kommunikation aufgestellt. Der Erwartungsbegriff muß entsprechend weit gefaßt werden, um psychische und soziale Verwendung und die Abhängigkeit der einen von der anderen umfassen zu können" (Luhmann, 1987, S. 362). Sie werden zu Ansprüchen, wenn die Differenz *Erfüllung | Enttäuschung* hinzugegeben wird (ebd., S. 363).

erwartete wahre Hawai'i stellt sich erst als Illusion heraus. Es ist dort gar nicht so. Im Laufe der Reise wird hier eine Urlaubsgeschichte geschrieben, die im Besonderen auf das Erleben von Authentizität gerichtet ist. Es war zum Schluss doch möglich, „das echte Hawai'i" zu sehen.

Die vor Ort erlebten Erfahrungen, werden im Nachhinein als authentisch und einzigartig in Erzählungen zusammengefasst. Diesen Prozess will ich *Mystifizierung* heißen. Er befreit das Individuum von der Last, sein Verhalten als grundsätzlich fremdbestimmt und kontingent erleben zu müssen. Die nicht erfüllten dissonanten Vorstellungen werden in den Authentifizierungsbemühungen, durch Selbstwirksamkeitsempfindungen positiv umgewandelt (Gemäß: Ich habe das Wirkliche doch erlebt – Hawai'i bietet hier für die Europäer großes Potential).

Die amerikanischen Touristen und natürlich auch die dort lebende Bevölkerung sehen die Konfrontation mit den „alten Vorstellungen" entspannter entgegen, sie antworteten auf die Frage, warum sie in Hawai'i Urlaub machten nur „could be anywhere" oder „the climate". Die europäischen Vorstellungen von Hawai'i wurden von den „locals" mit den Worten „oh, the old Hawai'i" o. Ä. quittiert.

Es soll nun eine spezielle Form der strukturellen Varianzerfahrung skizziert werden, die vor allem der europäischen Imagination von Hawai'i entspricht.[190]

Hawai'i wird aufgrund seiner Lage und der Artenvielfalt für viele zum Inbegriff des Paradieses. Die Natur zeigt auf den Inseln, „was sie kann" (so der Tenor in verschiedenen Interviews – bspw. 0071, 0034). Es wird daher besonders deutlich, wenn von Hawai'i gesprochen wird, welche Erwartungen an die Natur gerichtet sind, bzw. welche Semantiken mit ihr einhergehen, wenn ihre gesteigerte Form in Hawai'i wiedergegeben wird.

Noch bis in die 60er Jahre hielt sich das „Hula-Bild" (Strohhütten, Frauen in Baströckchen und Blumenketten zur Begrüßung) als vehementes Element touristischer Inszenierung, die Natur blieb dabei eher im Hintergrund als tropische Bühne. Die Kodak Hula Show oder auch das Polynesian Cultural Center sind heute noch Rudimente dieser Darbietungsbemühung. Die zur Schaustellung der Natur durch Bootstouren entlang der Flüsse etc. wurde erst in den 70er Jahren vorangetrieben (vgl. Mak, 2008).

Insbesondere Bilder, wie sie u.a. auch in dem Film „Mondo Cane" (1962) dargestellt wurden, also der Willkommensheißung der Fremden durch die „primitiven" Insulaner, tanzend in Baströckchen den Ankömmlingen Blu-

---

[190] Andere Nationalitäten hätten vermutlich wieder ganz andere Vorstellungen von Hawai'i, es handelt sich hier also um eine ethnozentristische Perspektive, die dem Forschungsdesign geschuldet ist. Bspw. würde man bei den zahlreich in Hawai'i verkehrenden Japanern vermutlich ganz andere Vorstellungen zu hören bekommen; u.a. buchen sie Flüge nach Hawai'i auf Grund eines attraktiven Preis-Leistungs-Verhältnisses.

196

menketten reichend, halten sich bis heute noch ausdauernd, wenngleich verwässert, in den Köpfen vieler Europäer. Die wissenschaftlich-religiöse Verquickung einer einzigartigen tropischen Natur, die durch spirituelle Riten schon früher angehimmelt worden ist, ist heute konstitutiv für den Mythos der Inselkette. Diese wissenschaftlich-religiösen Mystifizierungen werden vor allem durch die Führungen in den Nationalpark am Manua Kea oder das Naturschutzreservat am Hanauma Bay durch teils obligatorische Filmvorstellungen bei den Besuchern geschürt.[191] In Hollywood-Inszenierungen, wie bei den Filmen, „Blue Hawai´i"[192] (1961), „The Perfect Getaway" (2009) oder auch in dem Drama mit George Clooney „The Decendants"[193] (2011) verzaubert die Natur den Zuschauer als Kulisse scheinbar beiläufig (die Kulisse ist natürlich bedeutender Teil der Inszenierung, auch wenn sie nur im Hintergrund steht).

---

[191] Der Hanauma Beach Park ist nur durch eine Eintrittsgebühr und den Durchlauf eines Education Centers zu betreten, die Filmvorstellung ist verpflichtend und klärt über ökologische Besonderheiten und Artenvielfalt des vorgelagerten Riffs auf. Das Riff war vor 35.000 Jahren entstanden und im Besitz des Königshauses bis 1883. Seit 1967 wurde die Bucht zum Marinen Konservatorium erklärt. 1982 kaufte die Gemeinde das Land um es vor Übernutzung zu bewahren. Seit 1993 ist eine Gebühr fällig um das Reservat zu betreten, hierüber entbrach ein Streit mit den Einheimischen, die die kostenlose Nutzung der Strände als ein Grundrecht betrachteten (vgl. Mak, 2008, S. 145ff.).

[192] Der Film Blue Hawai´i zeigt inhaltlich mehr den Strukturbruch in Hawai´is Entwicklung von der Industrie-/Agrar- zur Dienstleistungsgesellschaft. Der Vater von „Chad" (Elvis Presley) ist als Besitzer einer großen Ananasplantage sektoriell in der Agrarwirtschaft tätig. Sein Sohn sieht die Zukunft allerdings nicht so sehr in der Agrarwirtschaft, sondern mehr auf dem Gebiet der Dienstleistung im Tourismusgewerbe. Die Erschließung der Naturkulisse und das öffentliche Zugänglichmachen des Paradieses entsprachen in etwa dem damaligen (1961) Zeitgeist.

[193] In Descendants wird Paradiesmythos und Gegenalltäglichkeit durch die Tragödie der im komaliegenden und sterbenden Alexandra King (Shailene Woodley) und weitere dramatische Inszenierungen gerade durch den Versuch, das Paradies Hawai´i in seiner potentiell realen alltäglichen Schicksalhaftigkeit zu dekonstruieren wiederum auch aufrechterhalten. Schließlich heißt die Botschaft: Auch im Paradies gibt es Alltag und die ganzen alltäglichen Probleme (Tod, Entfremdungsprozesse Kernfamilie, Affären, Drogen und Konflikte der Kinder mit Mitschüler...) gleichzeitig auch: Es gibt das Paradies, das es zu bewahren galt.

Und so zeichnet sich bei aller Tragik, neben den moralischen Werten wie Familie, Heimat und die somit doppelt behaftete Koppelung von Glück durch Familie und Heimat in Form der Hawai´ianischen Natur bzw. Landbesitz, die Vorstellung zeitgenössischer Paradiesvorstellungen ab: Reiche und Einflussreiche können hier (neben den sonst herrschenden gesellschaftlichen Kleidervorschriften) wie „Penner oder Stuntman" aussehen, man geht an Strände und trotz der gezeigten Ausschlachtung der Insel durch Immobilienhaie, sprießt in den Szenenübergängen (Zeit) satte tropische Natur.

Ein wenig dekonstruierend bleibt der Film bei all seiner inszenierten Dramatik aber doch: Er stellt Glück als Form von Entscheidungen dar. Die Entscheidung, ein Stück Land nicht für den finanziell lukrativen Bau freizugeben, und gegen einen Teil der Familie zu stimmen, um die Tradition (in Bezug auf die Erfahrung der Kernfamilie und das Glück dieses Land seit Generationen zu besitzen) verweist auf den Wert der Familie und einer materiellen Erdung dieser in einer Heimat, für die man sich in der heutigen Zeit *entscheiden muss*.

Natürlich wird das tropische *Inselfeeling* durch Hotelanlagen oder auch durch künstliche Grünanlage am Waikiki Beach zusätzlich befeuert. Zwischen tropischen Blumen und Sträuchern stehen Felsen, über die chlorhaltiges Wasser läuft. In den kurzgeschorenen Grünflächen stecken ca. alle 25 Meter Metallfackeln, die am Abend und in der Nacht durch Gasleitungen leuchten und den Ort so mit Atmosphäre füllen.

Es ist interessant, dass wohl die wenigsten der Befragten die Filme, die als Vorbild für ihre Vorstellung gelten könnten, gesehen haben. Es liegt die Vermutung Nahe, dass Filme vielleicht sogar eher im Nachhinein, also nach dem Hawai´i-Urlaub von Interesse sind und angeschaut werden. Der Hawai´i Mythos wirkt folglich aus seiner diffusen Vorstellung:

I: Wie glaubst du, durch was kam die Vorstellung zustande?

B: Also ich denk mal hauptsächlich Medien, Medien und Erzählungen. Man kennt ja nicht viele Leute, die schon mal in Hawai´i waren, und das sind auch mehr so Honeymoon Geschichten also so Flitterwochen Geschichten und dementsprechend ähm, ja oft stellt bleiben die Leute eben in Beach Ressorts oder ähnlichem, deswegen hatte ich das eigentlich auch für mich als Hauptsache hier also festgelegt und dann zusätzlich ähm, auf jeden Fall Medien, man sieht halt viele Surferbilder, Postkarten etc. prägen dann doch schon sehr die Vorstellung, und dann zusätzlich natürlich auch so was speziell Filme zum Beispiel, die man gesehen hat, die dann hauptsächlich mehr an Küstenstreifen spielen, als tatsächlich auf den Inseln selber und so was formt dann schon ein Bild.

I: Was für Filme?

B: Ich wusste, dass die Frage kommt, ich bin ganz schlecht mit Filmen >süffisant< ich könnte dir keinen Titel nennen.

I: Ok.

B: Man man, ich, man sieht es halt, man weiß es, man hat ein Bild im Kopf, aber jetzt speziell welcher Film das ist könnte ich dir nicht sagen. (0032, Z.118-134)

Schon im Begriff „Hawai´i" schwingt bei den Europäern süßes Pathos mit, der Mythos ist Ergebnis einer langen Geschichte. Man braucht nicht viel zu sagen und schon wissen alle, „ahh, Hawai´i!". Natürlich ist der Amerikaner gegen die alten Semantiken eines tropischen Inselparadieses nicht gefeit, bleibt sein Reiz, wenn auch in verwässerter Form, sukzessiv den eigenen Lettern treu – wie ein Obdachloser in einem Interview am Strand von Waikiki lapidar folgerte:

B: The attraction of Hawai´i is Hawai´i, brother! (0135, Z.17-18)

Der Hawai´i-Erfahrene gibt zusätzlich Wissen bspw. um die Lage der Insel[194] und den kulturellen „Lifestyle" der Menschen und dem „Aloha Spirit", in distinguierter Art und Weise wider.

---

[194] In den Erzählungen der Ranger während den Führungen in dem Vulcano National Park auf Hawai´i heißt es immer Hawai´i sei die am weitesten vom Festland abgelegene Inselgruppe der Welt. Vom Nordamerikanischen Festland misst die Distanz ca. 3600 km aus Japan ca. 6000 km.

Die „üblichen" Wünsche und Vorstellung von Sonne, Strand und Meer werden von Hawai´i selbstredend erwartet, das Label Hawai´i als Traumdestination steht für sich:

I: Wieso wolltest du her?

B1: (~) Ahm, weil ich dachte, es lohnt sich! <lacht> So, nein, weil ich äh Hawai´i schön ist, weil halt Palmen, Sonne, Strand, Meer, Northshore, Wellen, Surfen. (0059, B1, Z.6-7)

Hawai´i wird von den von mir befragten Deutschen hauptsächlich durch Hulamädchen, Wellen und einem Superlativ an Stränden stereotyp klassifiziert – auch wenn vor Ort alles anders ist, man traut dem Bild, oder zumindest, kann Hawai´i nicht schlecht sein.[195]

Abbildung 1: HTA 1[196] Gesamtunzufriedenheit

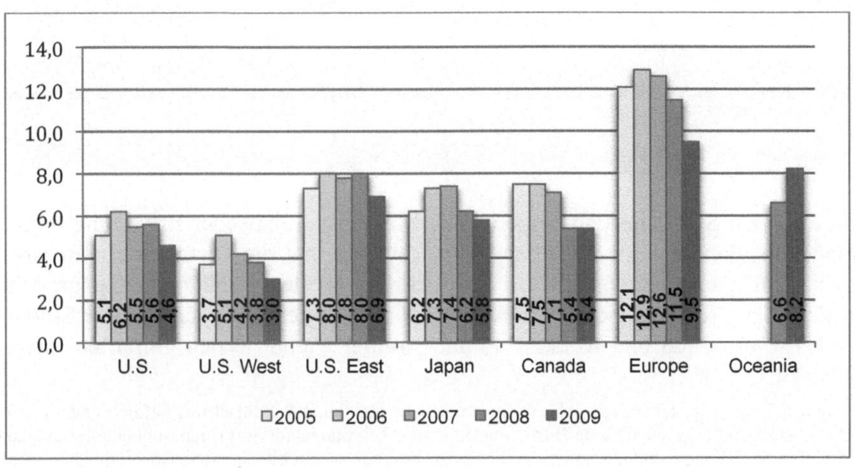

---

[195] Umgekehrt verhält es sich mit dem Bild der Deutschen im Ausland auch nicht weniger pointiert: Deutschland ist mehr oder weniger Bayern, mit seiner Lederhosen- und Bierkultur (vgl. Agreiter, 2003).

[196] Quelle: HTA: Survey: Visitor satisfaction and activity survy (conducted in 2009), S. 10.

http://www.Hawai´itourismauthority.org/documents_upload_path/tr_documents/2009%20VSAT%20 Report.pdf Zugriff: 17.2.2011 10:52

Tabelle 3: HTA-2[197] Gründe Hawai'i in den kommenden fünf Jahren nicht wieder zu besuchen (prozentual).

	Total	U.S. Total	U.S. West	U.S. East	Japan	Canada	Europe	Oceania
Ab Flight is too long	39,4	39,7	19,0	47,8	19,1	32,4	52,8	19,9
Too commercial/ overdeveloped	12,4	12,2	16,3	10,5	7,2	12,1	15,5	19,1
Too crowded/ congested/ traffic	9,3	10,0	13,8	8,4	5,8	6,2	4,1	7,1
Not enough value for the price / tickets too expensive	21,5	22,4	27,0	20,5	8,2	24,8	12,8	13,5
Want to go someplace new	49,3	47,6	52,7	45,5	53,1	63,4	62,3	54,5
Other financial obligations	33,4	34,8	35,3	34,6	26,7	26,1	21,9	28,1
Poor service	1,9	2,0	3,9	1,3	3,9	1,0	0,6	0,8
Unfriendly people / felt unwelcome	3,3	3,5	6,8	2,2	3,0	3,3	1,7	1,7
Poor health / age restriction / getting too old	3,4	3,4	3,4	3,4	13,2	3,2	0,6	3,9
Other	14,6	15,3	18,1	14,1	28,4	8,9	5,4	10,1

Das einst zur Stabilisierung beigetragene Element touristischer Erwartung (Hulamädchen, Bambushütte etc.) bzw. sein Revision, hat die Distanz nach Europa noch nicht ganz überwunden. So zeigt es sich an der verhältnismäßig großen Enttäuschung der Europäer[198] im Vergleich zu anderen Gruppen aus der Studie des HTA von 2008 und so klang es auch immer wieder in den geführten Interviews an:

B: Ähm, ich muss gestehen, ich hab mir Hawai'i mehr als kleine Sandinsel mit Palmen und - ja so mehr so dieses typisch touristische Bild vorgestellt mit >schmunzelnd< mit roten Sonnenuntergängen und viel ja äh, Blumenkettchen und eigentlich sehr, ja schon so ein bisschen touristisch, ja aber eben auch sehr relaxed >leiser< irgendwie nicht so großstadtmäßig wie jetzt Honolulu ist. (0032, Z.18 – 23)

B: Äh, hättest du mich vor drei oder vier Tagen, bevor ich bevor ich herkam gefragt, hätte ich dir gesagt, schon so ein bisschen diese Hula Kultur, schon wirklich Sandstrände, ähm kleine Ressorts, sehr äh mit Bambus gebaut, so mit Palmen am Strand und ahm ja ähm, völlig entspannt alles das hätte ich

---

[197] Gleiche Quelle und Zugriff wie HTA-1 : HTA Survey. S. 42

[198] Freilich ist hier hinzuzufügen, dass Unzufriedenheit ein weiter Begriff ist, er kann bei einer Reise auf alles Mögliche bezogen oder evoziert sein. U.a. sind die Reisekosten für Europäer im Vergleich durch den langen Flug auch sehr hoch. Und hohe Kosten sind ja quasi ein Garant für Unzufriedenheit per se. Dennoch variieren die Vorstellung der Europäer und Amerikaner in meinen Interviews auffällig. Wie die Tabelle der HTA zeigt, wird als Grund nicht wiederzukommen bei den Europäern angegeben, dass generell mehr als 60 % der Befragten „etwas Neues sehen wollen" bzw. der Flug von gut der Hälfte der Befragten als zu lang empfunden wird.

200

mir eher vorgestellt, wie gesagt, ich - das kann sein, dass das alleine schon auf dieser Insel im Norden ich schätze ich weiß es nicht, ich war noch nie da, aber ich hätte hab nicht gedacht, dass das so groß städtisch hier alles ist. (0032, Z. 86 – 92)

Die Großstadt treibt die Europäer raus aus Honolulu und Waikiki. Aufgrund der großen Distanz und der hohen Kosten der Reise, wiesen die Europäer[199] im Gegensatz zu den Amerikanern oft ein recht straffen Zeitplan auf, um möglichst viel von den Inseln zu sehen:

B: Ein typischer Tag war eigentlich: SEHR FRÜH AUFSTEHEN, weil dadurch, dass es nicht ganz BILLIG ist wollen wir natürlich nicht so viel schlafen.

I: Ja

B: Und so viel wie möglich mitnehmen, weil man auch nicht die Zeit hat. Und meistens um sechssieben aufgestanden oft auch schon bevor Sonnenaufgang, um dann äh zu frühstücken und dann mit dem Auto loszufahren. Zu irgendwelchen LOCATIONS ähm, wo man was gehört hat von Reiseführern. (0071, Z.55-61)

Die „realitätsfernen" Vorstellungen der Europäer von Hawaiʻi werden zwar in der fünfteiligen Reportage „Hawaiʻi – Inside Paradise" (ZDF, 2011) gleich zu Anfang jeden Teils versucht zu dekonstruieren, gleichzeitig aber mit den vertrauten Bildern der Ferne erneut manifestiert:

„Hawaiʻi, das ist für viele Europäer noch immer ein Ort der Sehnsucht, der Traum vom palmengesäumten Pazifikparadies." (00:00:04)

Es werden während dieses Vorspanns nicht die dissonanten Bilder einer amerikanischen Großstadt gezeigt, man sieht, wie sollte es anders sein, eine Hulatänzerin.

Die Darstellung Hawaiʻis in der Reportage „Hawaii – Inseln unterm Regenbogen" (2007), dekonstruiert historisch anhand von Politik und Wirtschaft die geläufigen Vorstellung (Romantik sucht man in Waikiki vergebens – oder ist zumindest nur noch in alten „Hollywood-Filmen zu finden", Hawaiʻianische Kultur ist zunehmend durch amerikanische geprägt, die Bevölkerung ist von verschiedenen Migrationswellen, bedingt durch den Arbeitskräfteimport für die Plantagen, zusammengewürfelt – mit anderen Worten, die ganze erhoffte Ursprünglichkeit, ist nie da gewesen und verändert sich permanent), so werden doch wieder die raren kulturellen Rudimente einer authentischen Kultur inszeniert (u.a. verkörpert durch traditionelle Tätowiertechniken und traditionelle Hula-Schulen).

Neuere amerikanische Serien (wie Hawaiʻi 5:0) bedienen sich dieser Elemente spärlicher, ähnlich wie in den 80er Jahren Magnum; einzelne Folgen greifen aber durchaus alte religiöse Motive auf xw– diese These wäre durch ein geeignetes Design allerdings genauer zu prüfen.

---

[199] Von mit wurden hauptsächlich Deutsche in Hawaiʻi befragt, die Bezeichnung als Europäer erfolgte als Selbstbezeichnung.

Hawai´i wird den Hula-Touch wohl noch einige ganze Zeit erhalten, momentan dient die Enttäuschung zu einer Erzählung, doch noch etwas Wahres in Hawai´i gesehen zu haben.

Die „locals"[200] sind durchaus stolz auf die Repräsentation in den Medien. Um die Wiederaufnahme der Dreharbeiten zu Hawai´i 5:0 hat sich ein wahrer Kult mit einem Sonderteil in der Lokalpresse gebildet. Die alten Vorstellungen der großen Hollywood-Filme scheint somit vor allem für die „locals" überwunden „That´s the old Hawai´i" (0132, Z. 276 o.Ä.: 0129, Z. 222 f.).

Die Vorstellung eines Hula-Hawai´is bleibt in den Köpfen der Europäer dennoch manifest. Der im Realitätsabgleich hervorgerufenen Dissonanz begegnen die Europäer oft mit Authentifizierungsstrategien, das Echte doch erreicht zu haben.

An diesem Prozess lässt sich deutlich aufzeigen, inwiefern Varianzerfahrungen nicht nur durch kulturelle Verschiedenheit, sondern auch durch Differenzerfahrungen von vorgestellter Imagination und performativ revidierter Imagination entstehen können. Authentizität wirkt als einheitsschaffendes Moment, als Mystifizierung, die der doppelt[201] erfahrenen Willkür entgegensteht. Entscheidend ist, dass sich diese Varianzmomente nicht willkürlich an irgendetwas haften, sondern durch die Beschaffenheiten vor Ort mitkonstruiert werden. Es geraten die konkreten Formen in den Blick, eben die spezielle Form der Bäume oder Blätter, der Lifestyle, die vielfältige Vegetation.

Varianzerfahrungen laufen immer echtzeitlich. Auch wenn sie auf die vergangene Imagination unter der Abstraktion und Vereinheitlichung des Erlebten imaginiert werden. Der Prozess kann in Beobachtung 2. Ordnung, die performativ vor Ort erzeugten sensuellen oder kontemplativen Erfahrungen zusammenfassen oder „unbewusster" in der Unmittelbarkeit dieses (sensuellen und kontemplativen) Erlebens liegen.

Auf der analytischen Ebene sind diese Umformungsprozesse interessant, weil sie deutlich machen, wie viel kognitive „Arbeit" Urlaub und Erholung eigentlich bedeutet. Und im Gegensatz zu den frühen Thesen von Urry wird augenscheinlich, wie wichtig das Bestreben doch ist, das Echte bzw. Authentische gefunden zu haben.

---

[200] Als Locals bezeichnen sich Ortsansässige bzw. länger auf den Inseln lebende Personen. Durch Migration und Vermischung redet man selten von den Hawai´ianern. Oft fallen unter die Bezeichnung Personen mit polynesisch-asiatischen (Philippinen) Wurzeln.

[201] Schließlich fallen Entscheidungen für eine Reise oft durch die Gelegenheiten, dorthin zu reisen (Vgl. u.a.: 0150 S. 3 Z. 78 - 79: „Weil ich die Gelegenheit hatte mit nem Freund da und ich dann noch bisschen rum gekommen bin und ist auf jeden Fall ein sehr tolles Land.")

Auf theoretischer Seite ist die Unterscheidung zu treffen, ob Vorstellungen allgemein an einen Urlaub gerichtet sind, oder konkret an den (Hawai´i-)Urlaub. Wie so oft vermischen sich in der Praxis die Bezugsebenen.

Die Entscheidung nach Hawai´i gekommen zu sein, kann einer Weltreise, der Idee eines Freundes oder eines anderen Zufalls geschuldet sein; getreu der Devise: man wollte schon immer mal her, nun hat sich die Möglichkeit aufgetan. Dieser Willkür entgegen wird das Konkrete in Form von Differenz entgegengebracht:

B: Mh, well I didn´t think much about any other islands than O´ahu I didn´t know the names, or I didn´t know a lot about Hawai´i hum actually, I knew there was some more islands, and I thought a lot about the nice landscape, nature, hum okay, Honolulu is a big city that was all I was expecting okay, beaches, beautiful beaches and maybe rainforest like nature. And then hum, after I´ve been to four islands O`ahu, Maui, Kaua´i, Big Island I actually see how different it is. (0134, Z. 12 – 17)

Die Erfahrung von Unterschieden (*fremd* | *vertraut* und *aktuell* | *möglich*) wurde bereits als zentrales Moment beim Reisen beschrieben.

Hawai´i unterhält für die Europäer eine durch deren Vorstellung interessante Art der Differenzerfahrung. Die Vorstellung bzw. erwarteten Imaginationen müssen meist revidiert werden, darüber hinaus gibt sich Hawai´i auf kultureller und natürlicher Ebene äußerst unterschiedlich. Das Bestreben ein „authentisches Hawai´i" zu finden und so zu erleben, ist eine Möglichkeit, dem dissonanten Prozess entgegenzuwirken. Einmal wird so die Willkürwahl der Reise mystifiziert, indem sie mit Einzigartigkeit aufgeladen wird, zum anderen ist die zu beschreibende Einzigartigkeit gerade durch Vielfalt, (eben nicht nur durch „authentische" Natur sondern auch durch den amerikanischen Einfluss, die alte Kultur etc. (siehe hierfür Kapitel 6.4.2) beschrieben.

Das „normale" touristische Verhalten, sich möglichst fern von den Massen aufhalten zu wollen, wirkt natürlich weiterhin als bekräftigendes Mittel der Authentifizierung (vgl. Kahnemann, Opaschowski). Schließlich mindern die anderen Touristen nicht nur das eigene Erleben quantitativ, sondern auch durch die potentielle Antizipation der fordistischen Produktionsweise jener Erlebnisse, sie treten qualitativ körperlich an den Orten auf und nehmen die Unberührtheit der Orte weg:

B2: Yes, we took a driving tour and went all the way up to the north shore and through 83 back and-I would say that it is probably said that it was one of the best experiences we en-encountered because you got to get away from the tourist part. You got to see real Hawai´i and just the natural landscape and everything. (0030, B2, Z. 52 – 55)

In der Vorstellung vorab wird Hawai´i assoziiert mit dem, was überall möglich und nötig ist, aber auch mit dem was spezifisch erwartbar ist: Sonnenuntergänge, Strände und Palmen und natürlich Hulatänze sowie jede Menge „Aloha".

Die Natur wird zur Kulisse und man pickt sich eben die Aspekte heraus, die gerade am besten in das Bild passen oder formuliert die Enttäuschungen in Form von Gegenteilen in gelungene Einblicke in das Authentische, Wahre um.

Strategien der Mystifizierung verleihen dem Reisenden eine authentische Sprecherposition. Sie rücken das willkürliche Erlebte am Schema wahr/unwahr[202] durch den geschlossenen Diskurs der Authentizität[203], der nicht objektivierbar ist und lediglich eine Reparaturstrategie zur Wiederherstellung verloren geglaubter Kontrolle darstellt, als aktive Ereigniskette, in seine Handlungsgewalt.[204]

Die Mystifizierungsstrategien beziehen sich dabei meist auf Attraktionen (wobei diese auch kulturell-symbolischer Natur sein können – wie das Wissen um das aus zwölf Buchstaben bestehende Hawai'ianische Alphabet). Diese Attraktionen könnten im Fremdenführer stehen, müssen es aber nicht. Die Mystifizierungsstrategien bestehen aus den kleinen Teilen und setzen sich zu *der* Reise(-erzählung) zusammen. Aus dem austauschbaren Urlaubsziel ist eine konkrete einzigartige Welt geworden. Die Mystifizierungsstrategien münden in Sprecherpositionen und richten sich größtenteils darauf, das Wahre erlebt haben zu können. Diese Bemühungen sind zweifelsohne nicht auf Richtigkeit angewiesen, der Prozess der Vorstellung ist gedanklich mit einer auf Überprüfung laufenden Unterscheidung versehen, nicht aber auf die Überprüfung der Überprüfung angewiesen. Die unterschiedlichen Formen der Authentizitätsgenerierung liegen in den drei vorgestellten Formen (Kapitel 6.3.1) bzw. der durch-/ erlebten Praxis selbst.

Ein interessantes Phänomen bildet des Weiteren der Hawai'ianische „Lifestyle", der wohl zum Teil aus sich heraus Vorlage für die Imaginationen der Besucher liefert, dann aber wiederrum selbstreflexiv gewendet worden ist und symbolisch das Alte verstärkt. Dies kann natürlich positive aber auch negative Konsequenzen haben:

Dem generellen Paradigma Insulaner seien, „laid back", „chilled", oder „hang loose", indem sie die Zeit nicht so ganz wichtig nehmen, legere Kleidung bevorzugen – was natürlich auf der anderen Seite auch als nachlässig und unverbindlich, faul oder gar dumm interpretiert werden kann –[205], wirkt die ha-

---

[202] Um Missverständnissen vorzubeugen könnte man auch einen binären Code von echt/unecht oder unberührt/verändert ausmachen.

[203] Wie im Exkurs in Kapitel 4.2.1 beschrieben, steht Authentizität für Echtheit. Sie ist dabei immer nur Surrogat eines Diskurses des eigenen Bewusstseins und auf performative Erzeugung angewiesen.

[204] Wenngleich diese nicht aktive Kontrolle bedeutet, Kontrolle kann auch durch Generalisierungen hergestellt werden.

[205] Bspw.: 0059, Z.44-45; 0132, Z. 93 – 100 und 0115, Z. 91 in der Literatur vgl. Mückler, 2004, S. 47.

wai´ianische Lebenskultur durch den Blick der Fremden aufgewertet. Im „Aloha Estate"[206] zieren nicht nur Blumen fleißig in den wohlhabenden Gegenden die Bürgersteige, alles erstrahlt im paradiesischen Glanz vom Paradise Burger, zum Paradise Car Repair und der Paradise Radio Station. Regenbögen und Hibiskusblüten säumen vielerorts Tafeln und Schilder oder sind an Briefkästen oder als Hausverzierung angebracht. Die Differenz wird selbst zur Differenz und scheint erhaben an allen Ecken. Die Selbstwahrnehmung der Hawai´ianer wird dabei über die selbstwahrgenommene Fremdwahrnehmung oder durch eigene Erfahrung bekräftigt.

Das Schöne an den Vorstellungen rund um Hawai´i ist also auch, dass die Insulaner die eigenen Vorstellungen der Besucher übernommen zu scheinen haben; darüber hinaus werden Begriffe wie der „Aloha-spirit" oder „Hang loose" als im Urlaub zu erwerbende Begriffe semantisch gerecht der auf Erholung gerichteten Erwartung zur Verfügung gestellt. Natürlich haftet der Insel per se ein Inselmythos an:

B: I think the islands give a certain laid back mellow feeling that people are drawn to who want to maybe get away from the huzzle buzzle or their busy city life where they're from in the States or elsewhere in the world because it's the island life, the island ways really are attractive to some people I think.

I: Well how do you think does that come |

B: People aren't in a hurry out here, you notice that. They take their time and there is not the huzzle buzzle, you know, the kind of the laid back surfer mentality of hang loose just taking it easy going with the flow of things and its just a more peaceful mellow life for some people. (0099, Z. 166 – 174)

Neben der psychischen Abreibung der ersten Vorstellung im Austauschprozess von Imagination und Performanz, wird in Hawai´i zusätzlich Erholung durch den „Lifestyle" der Hawai´ianer erzeugt. Hieran knüpft ein weiterer Mechanismus der gegenalltäglichen Varianzerfahrungen das „paradise feeling" oder das „Inselfeeling".

B2: Du vergisst es du kriegst dieses Inselfeeling wo du einfach nur – du kuckst, du sitzt da, du schaust auf´s Meer und du sitzt. Oder du schläfst die ganze Zeit, weil die LEUTE hier, so HANG LOOSE sind, also die sind relativ langsam vom Denkprozess, der ist dann wirklich so ich-ich will jetzt was Produktives tun du nimmst dir das vor, aber dass passiert in 3 Tagen. (0059, B2, Z. 113-117)

Hawai´i wohnt auf den ersten Blick Leichtigkeit und Sorglosigkeit im Sein inne. Dies gilt für die Menschen von dort wie für Touristen. Was andernorts als beschämend oder touristisch wahrgenommen wird, avanciert dort zum Lebensgefühl:

I: Und meinst du generell, dass es hier zu krass ist, dass es zu MASSIV ist, also auch mit diesem ganzen ALOHA SHIRTS und so weiter, also du kriegst ja hier äh es ist eigentlich kaum möglich hier

---

[206] Mit dessen Lettern sich jeder Kennzeichenhintergrund samt einem Regenbogen schmückt.

zehn Meter zu gehen, ohne hier auf irgendsoein – nimmt das hier überhand, oder meinst du sei es drum?

B: Ja, das können die gerne machen, die Leute klar! Ich finde es immer witzig, wenn die Leute rumrennen und äh sich die Shirts anziehen. Wie ich-genieß einfach in ner Badehose in äh Laden zu gehen. So genießen es die, kein kariertes äh Shirt anzuziehen und sind es vielleicht nicht gewohnt, dann ein Tshirt anzuziehen und ziehen sich halt lieber ein Shirt mit Blumen an, statt das hellblaue. (0071, Z. 411 – 419)

Ist die Imagination von Hawai´i bei den Europäern also mit einer Enttäuschung und der Suche nach Authentizität und folgenden Mystifizierung verbunden, stellt sich die Frage, inwiefern die Imagination im Englischen Garten von Bedeutung ist, dies wird im kommenden Kapitel genauer von mir betrachtet.

Wie in dem Kapitel 6.3.3 von mir beschrieben, fungiert Imagination unter der Differenz von *Aktuellem* und *Möglichem* in Referenz auf *Vertrautheit* und *Fremde*, darüber hinaus als allgemeine Form der Erholungsschaffung.

Inwiefern Naturwahrnehmung und -beschreibung durch diese Formen produziert und verzerrt ist, wird in Kapitel 6.5 genau betrachtet.

6.4   Natur als Kontrastmittel im Kontext von Erholung

Wenn wir im Alltag von Natur sprechen, dann ist nur scheinbar klar, von was wir reden, denn oft ist bei näherem Nachfragen nicht klar, von welcher Natur wir sprechen, klar ist nur, dass wir der Natur eine Nicht-Natur in diesem Moment entgegenstellen. Dies kann in Form der *einenden | trennenden* Unterscheidung von *berührt | unberührt* bzw. der Attribuierung *Kultur | Natur* oder noch allgemeiner *Natur | Nichtnatur* geschehen. Generell kann Natur als Differenz von *freundlich | bedrohlich* erscheinen – die Erwägung ob ein Kontakt zur Umwelt für den Menschen gefährlich ist, kann im Urlaub oder beim Extremsport sowie wie früher in tribalen Gesellschaften essentiell sein.[207]

Es sollen in diesem Kapitel nicht die möglichen Unterscheidungen der Natursemantik genannt werden, sondern nur jene dargestellt und erklärt werden, die möglichst umfassend andere Semantiken in sich vereinen können und die im Sinne einer touristischen und gegenalltäglichen Erholung relevant sind.

Das Soziale ist immer auf den „Realitätsunterbau" (vgl. Luhmann in Kaldewey, 2008) angewiesen nur durch die sinnhafte Koppelung können weitere Entitäten entstehen, die Koppelung mittels Sinn schließt aber die Natur an sich nicht ein:

---

[207] In meinen Interviews spielte die letztgenannte Differenz keine große Rolle, auch wenn die Semantik einer bedrohlichen Natur zweifelsohne kursiert (vgl. auch Beck).

„Die Benennung der Leerstelle, des Außen des Sinns, ist kontingent, ›Natur‹ und ›Realitätsunterbau‹ sind gleichermaßen mögliche Semantiken. Zu beachten ist jedoch, dass jegliche Benennung sinnhaft ist, also das Nicht-Sinnhafte im Medium Sinn rekonstruiert. Indem so das Ausgeschlossene benannt wird, wird es eingeschlossen und damit semiotisch real. Begriffe wie ›Natur‹ oder ›Realitätsunterbau‹ können demnach niemals das bezeichnen, was sie meinen. Indem das Ausgeschlossene willkommen geheißen wird, wird es eingeschlossen. Die in die soziologische Theorie integrierte Natur ist demnach immer eine Natursemantik, niemals die Natur an sich." (Kaldewey, 2008, S. 2834f.)

Es ist nur die Frage, wann sich Individuen über Sinn welcher Semantik bedienen, die ihn von ihr (der Natur) *trennen* und *einen* kann.

Natur kann semantisch basale Unterscheidungen umfassen, z. B. *Fremdheit und Vertrautheit, Berührtheit und Unberührtheit* oder *Einzigartigkeit und Austauschbarkeit*. Die hier aufgezeigten Unterscheidungen sind basal und konstitutiv für den reflexiven Umgang mit ihr, d. h. der Beschreibung der Natur.

Fremdheit | Vertrautheit kann weiter unterschieden werden in *exotisch | heimatlich*. *Unberührtheit | Berührtheit* kann durch *Verbundenheit | Trennung* auf der abstrakteren Ebene (in der Verortung des Menschen in ihr oder ihr gegenüber) durch *Heterogenität | Homogenität* auf der konkreteren Ebene der jeweiligen Form (Artenvielfalt oder auch Ästhetik einer homogenen, kargen gleichbleibenden Landschaft) beschrieben werden. *Einzigartigkeit | Austauschbarkeit* eben auch durch *berührt | unberührt, fremd | vertraut* und somit *heterogen | homogen* bzw. *schön | hässlich* und auch über ihre *spezifische Form* und *Funktion* beschrieben werden.[208]

6.4.1 Die Selbst-/Fremdreferenz der Natursemantiken

Das lebensweltliche Chaos[209] der Natursemantiken lässt sich kaum gliedern und – wie bereits beschrieben – verlieren sich milieuhafte Darstellungen oft in der Reproduktion des empirischen Chaos; es wurde in Konsequenz die Annahme entwickelt, dass die Natur semantisch je nach Praxis und der damit verbundene Sinn unterschiedlich beschrieben wird.

In dem hier dargestellten Ansatz wurde die Kommunikation über Natur in Referenz auf die eigene Perspektive (oder eine antizipierte Alter-Ego-Perspektive) in Form binärer (Grund-)Differenzen analysiert:

---

[208] Freilich kommen noch weitere Folgeunterscheidung wie *schön | hässlich*; *exotisch | heimatlich* oder *aneigenbar | unaneigenbar* in Frage. Es bleibt auch eine gewisse Wilkür vorhanden, welche Unterscheidung in eine andere eintritt. Dies wird später diskutiert werden.

[209] Als Chaos versteht sich der wechselhafte Umgang mit den im Theorieteil herausgearbeiteten drei Grundunterscheidungen.

1. berührt | unberührt   2. fremd | vertraut[210]   3. einzigartig | austauschbar

Im Gegensatz zu anderen Darstellungen, wird in dieser Form deutlich, welche Semantiken generell Verwendung finden können, unabhängig davon wer sie wie (ob widersprüchlich oder nicht) verwendet.

Es ist nicht weiter verwunderlich, dass die Differenz von *Fremdheit | Vertrautheit* zur Beschreibung von Natur erneut auftaucht, eignete sich die Differenz zur Herstellung von Gegenalltäglichkeit, tritt Natur ja hauptsächlich auch in Kontexten der Erholung in Erscheinung – dazu aber später mehr.

Die drei beschriebenen Differenzen illustrieren das Verhältnis des Selbst (bzw. der Menschen) in der jeweiligen Praxis, dem beschriebenen Gegenüber – es wird zu zeigen sein, auf welche weiteren Felder die Unterscheidungen verweisen bzw. ob sich die Differenzen zusammenfassen lassen.

Es wird von mir später auf die Implikationen der nun dargestellten semantischen Differenzierungen auf Ebene der funktionalen Differenzierung vollzogen werden. – Denkbar ist eine systematische Zuordnung der Differenzen wie folgt: *Heterogenität | Homogenität* kann eine Färbung durch religiöse und/oder wissenschaftliche Kontextualität erhalten. Es soll im Anschluss an dieses Kapitel herausgearbeitet werden welche Alltagssemantiken sich aus diesen Differenzen ergeben, um anschließend zu prüfen, ob oder wenn, welchen Systemen sie zuzuordnen sind.

Bspw. könnte die programmatische Folgeunterscheidung einer unberührten Natur von *schön | hässlich* über das ästhetische Paradigma systematisch der Kommunikation von Kunst zu zurechnen sein. Freilich ließe sich eine unberührte schöne Natur auch als Behauptung von Unabhängigkeit in einem politischen Kontext denken.

Die drei Grundunterscheidungen sind stark auf Selbstreflektion gerichtet: *berührt | unberührt* erscheint im Kontext der *Kultur-Natur*-Unterscheidung und dient folglich der gesellschaftlichen Selbstbeschreibung im Kontext der beobachteten zivilisatorischen Artefakte. Der Verweis auf *Fremdheit und Vertrautheit* betont die eigene Herkunft als die Schnittmenge an Erfahrung, die das Individuum im Kontext seiner gesellschaftlichen Integration erbringen / unter-scheiden kann. Die Differenz von *Einzigartigkeit und Austauschbarkeit* liegt auf einer Beobachtung weiterer Ordnung, die Wahlmöglichkeiten für ein Erleben der Formen werden so als kontingent und steuerbar erlebt.

Die meisten dieser Unterscheidungen stehen in einem verwobenen Verhältnis zueinander und können dementsprechend als Unterkategorien in weiteren Be-

---

[210] Empirisch fand die Unterscheidung von *berührt | unberührt* mehr Augenmerk, weshalb sie im Kommenden von mir vorgezogen wurde, als die vielleicht für Psychologen interessantere Unterscheidung von *fremd | vertraut*.

obachtungen als „re-entry“ in sich selbst vorkommen (eben auch die Grundunterscheidungen).

Oftmals wird eine Natur zur schönen Natur, weil sie unberührt und somit ursprünglich, also für etwas Verlorenes stehend, gleichzeitig einzigartig (durch ihre Beschaffenheit) und auch vertraut (weil sie einem bekannten Schema folgt) erscheint – unvertraute Natur wird meist als öde oder abstoßend empfunden (vgl. zum Thema Naturschönheit und Vertrautheit auch Levy Strauss „Traurige Tropen“).[211]

Es sollen nun die Grundunterscheidungen im Einzelnen analysiert werden, bevor geprüft wird, ob eine Kombination für bestimmte Praxen wahrscheinlicher wird.

6.4.2 *Berührt | Unberührt: Die Produktion von Ursprünglichkeit*

Die Frage, ob es eine „primäre Leitunterscheidung“ gibt, ist nicht zu beantworten. Als häufig genannte lässt sich die Unterscheidung von Natur als *berührte | unberührte* nennen, sie dient der Positionierung des Menschen, als Gegenüber und/oder Teil der Natur.[212] Die unberührte Natur steht für *Ursprünglichkeit*, unter der Annahme das Einfluss oder Absenz des Menschen zu wünschen ist. Das fehlende Einwirken des Menschen in sie wird in der unberührten Seite als *offensichtliche* Antizipation vollzogen.

Unberührte Natur stellt ein Paradox dar, schließt die Unberührtheit das Berühren per se als Einheit der Differenz ein. Es ist nicht möglich unberührte Natur zu berühren.[213] Die Attestierung von Unberührtheit ist mit der Notwendigkeit der Beobachtung 2. Ordnung verknüpft. Das was gemeinhin als Natur verstanden wird (Flora und Fauna) unterliegt stets Veränderung und kann nicht als Urzustand auch nicht ihrer selbst gelten (vgl. Kapitel 0). Denn sie ist kein Zustand sondern Prozess.

---

[211] Unvertraut soll in diesem Kontext wirklich unbekannt heißen, schließlich werden die öden und kargen Landschaften, wie sie in der Malerei (vgl. Kapitel 0) dargestellt wurden, oft als sonderlich reizvoll empfunden.

[212] Es muss an dieser Stelle angemerkt werden, dass Auswählen gemäß des Beobachtungsprinzips immer anhand von binären Differenzen geschieht. Der Ansatz hier „verfällt“ gewissermaßen in eine dualistische Konzeption von Natur und Kulturunterscheidungen, muss dies aber, da genau jene trennenden Differenzen empirisch prävalent sind. Nur weil sie empirisch in der Kommunikation oder Wahrnehmung auftreten, heißt das aber nicht - dass sie ontologisch zu denken sind, bzw. diese auch emprisch ontologisch gedacht werden. Wie gezeigt werden soll, ist es gängige Praxis, die großen Unterscheidungen zu unterlaufen. Weiter will ich anmerken, dass in diesem Kapitel vornehmlich Beispiele aus Hawai´i zitiert werden. Der Beobachtung der Differenz im Englischen Garten wird später noch genauer nachgekommen.

[213] Vgl. auch Seel, 1991, S. 27.

Im Gegensatz zur Unterscheidung wird die Erfahrung von Kontingenz in der Einheit der Differenz hier im Kontext von gemachten Einschränkungen empfunden. – Die Fremde ist anscheinend von *sich* aus fremd, *Unberührtheit* unterliegt dem Abstrahieren der menschlichen Intrusion. In ihr ist der Einfluss des berührenden Menschen „nicht so offensichtlich" (0101, Z. 64). *Unberührtheit* bedeutet *Ursprünglichkeit*, wohingegen *Berührtheit* die Verfremdung der *Ursprünglichkeit* bedeutet. Natürlich inkorporieren beide Unterscheidungen die nicht mitgespiegelte Seite ihrer Unterscheidung, allerdings bringt die Betonung von *Berührtheit* eine negative Konnotation mit sich, wohingegen, die Betonung von *Fremde* im Sinne einer unvertrauten Natur positiv wirkt, wenn sie der ästhetischen Vorstellung von Fremde folgt. – Dazu später mehr.

Auf der empirischen Seite gewinnt die Vorstellung von unberührter Natur ihren Charme aus der Unmittelbarkeit der vorgefundenen *Ursprünglichkeit*. *Unberührtheit* findet „man" scheinbar stets ohne die abstrakte Beobachtung der nicht mitgespiegelten Seite vor, sie wirkt *offensichtlich*.

Die Betonung von *Unberührtheit* denkt die Antizipation der nicht mitgespiegelten Seite (in Form des Eindringens des Menschen in die Natur) als offensichtlich (so wie es hier ist) mit.

B: es war schon komisch, dass man dann wirklich aus dem Auto steigt und vom HIGHWAY des ist zwanzig Meter entfernt und dann hast du halt den BEACH mit PALMEN aber – ich hab das oft dann gar nicht mehr mitgenommen, weil wirklich dieser Puffer dazwischen war mit Parkplätzen und Palmen oder Bäumen und dann konzentriert man sich auf MEER!

I: Ja

B: Das schaust du nicht hinter dich und äh, wenn du's nicht bloß hörst. (0071, Z. 117 – 123)

Das Auswählen der Unberührtheit, das *künstliche*[214] Entrücken eines Stücks in einem bestimmten Kontext, wird dabei von dem Fehlen oder Ausbleiben der Berührung von anderen Sachen verdeckt. Eben hier wird ersichtlich, wie sehr gerade das Betrachten von Unberührtheit von der Perspektivenabhängigkeit bzw. der Malerei geprägt ist, als Analogie möchte ich auf Urry und Larsen verweisen (vgl. Urry & Larsen, 2011).

So kommt es vor, dass der Hubschrauberlärm über dem „unberührten" Kalalau Valley, durch die ausbleibende infrastrukturelle Erschließung und Bebauung nicht wahrgenommen wird. *Unberührtheit* verleiht Natur ihr Kleid des *Ursprünglichen*, ist Ausdruck einer verlorenen Bestimmung:

---

[214] Künstlich ist das Auswählen und Unterscheiden per se nicht, künstlich ist nur die semantische Unterscheidung, die in diesem Prozess beobachtet wird.

210

B: dass man sehr schwer hier herkommt oder nicht so einfach ist, äh ist hier noch die Natur ziemlich ursprünglich, würde ich jetzt mal sagen. Also das ist ursprünglich, was mich hier anzieht. (0101, Z. 41 - 43[215])

Unberührte Natur als Gegenüberstellung zur (bspw. städtischen) Kultur kann im Stadtpark oder an der Isar oder auch im Kalalau Valley vollzogen werden; die Betrachtungsweise ist immer nur relativ zur Praxis zu verstehen, sie geht aus Beobachtungen 2. Ordnung hervor und antizipiert das nicht Vorhandene:

Also ich sehe hier keine äh keine Leuchtreklame, ich sehe hier [im Kalalau Tal – Anmerkung M. H.] keine Kabel, die hier so quer über die ähm den Himmel ziehen. Also das ist für ich einfach un-einfach ja unberührt kann man eigentlich gar nicht sagen, das stimmt >nachdenklich< aber es ist zumindest so, dass man diese Auf-fälligkeit-n, dass Menschen schon da waren, das sieht nicht so offensichtlich, das sticht nicht so ins AUGE. (0101, Z. 60 – 64)

Die unberührte Natur wird dabei über ein positives Fehlen/Ausbleiben gesehen und nicht so sehr als das, was da ist.

Beschreibungen der Natur anhand der Differenz *berührt | unberührt* implizieren eine Fremdartigkeit zweiter Ordnung. Im Gegensatz zur *fremden Natur* wird die Natur als *berührte | unberührte* Natur im Prozess von Entscheidungen zu einer bedrohten Natur. Sie gilt somit als Garant für das Authentische (0150, Z. 210).

Unberührtheit ist in erster Linie Medium für *Schönheit*. Sie kann für die verlorene *Ursprünglichkeit* stehen und kann sich in Artenreichtum, aber eben auch in *Bedrohung* bzw. *Gefahr* manifestieren.[216]

6.4.3 Unberührtheit und Ursprünglichkeit, Schönheit und Gefahr

Der hauptsächlich durch die Kunst geprägten Semantik der „(Natur-)Schönheit" steht oft nur ein geringer Wortschatz der Beschreibung zur Verfügung. Schönheit schöpft sich aus der dahingestreckten Landschaft, ihrer *Unberührtheit* ihrem offensichtlichen Antlitz aber auch ihrer Ordnung. Ihr visueller Konsum zum Zwecke der Entspannung kann in Reminiszenz an eine vergangene nie vorhandene Zeit erfolgen:

B1: I muss sagen, Bad Tölz laaft ja´d Isar a durch, und is da a wirklich naturbelassen und a wunderbare Landschaft einfach! (0166, B1, Z. 67 – 68)

Der an der Isar befragte Flößer unterscheidet hier den Fluss in seinem natürlichen Bett, im Gegensatz zum Kanal. Das *Unberührte* birgt das Schöne und sug-

---

[215] Das Interview (0101) wurde während des Sonnenuntergangs im Kalalau Valley geführt, an schönen Tagen herrscht eine 15 minütige Hubschrauberfrequenz über dem Ozean vor dem Tal. Erst mit den letzten Sonnenstrahlen und der Dunkelheit sind keine Hubschrauber mehr zu hören.

[216] Bereits hatte ich darauf hingewiesen, dass die Kategorien in sich vorkommen können, auch Einzigartigkeit birgt das Schöne.

geriert zudem die in der Natur noch vorhandene *Ursprünglichkeit*. Das fundamentale Problem des Paradoxes von *Berührtheit | Unberührtheit* (Berührung ist notwendig für Wahrnehmung) stellt praktisch keinen Widerspruch dar.

Praktische Probleme gehen eher mit der Konfrontation der unberührten Schönheit einher. Fragen nach dem „Warum" der Schönheit haben sich, wie bereits bekundet, als schwierig erwiesen. Schönheit wird dann oft mit der vermittelten Körperlichkeit über andere Sinne illustriert, als über das Sehen (siehe oben „breeze" 0030, B1, Z. 31).

Die Schönheit von Natur aufgrund ihrer *Unberührtheit* zu beschreiben, gewährleistet einen romantischen kontemplativen Nutzen, der nur zäh wiedergegeben werden kann, wenn er nicht ideologisiert ist (vgl. „Spirituals").

Naturschönheit kann in Form von den zerklüfteten Felsformationen der Berge, der schönen Landschaft, dem satten Grün und dem klaren Meer zum Ausdruck kommen.

Sucht man den Nutzen vom Natur im Visuellen, denn ihm haftet „offensichtlich" die größte Nutzenfunktion an, wird klar, dass der Nutzen / die Funktion von Natur sich schwer beschreiben lässt, und nicht nur bspw. in der Kontemplation von Schönheit liegen kann, sondern praktische Verbindungen, ich möchte nicht schreiben „Allianzen" (vgl. Latour, 2001) eingegangen werden, die auch von den vorreflexiven Haltungen der Individuen und den somit bereitstehenden Alltagssemantiken von Natur geprägt sind.

Die ideologische Aufladung von *Unberührtheit* in Form von Freiheit, Autarkie und Einsamkeit bzw. das friedliche Miteinander, wird an entsprechender Stelle erörtert.

Es bleibt an dieser Stelle zu fixieren, dass Schönheit gerade „nicht" visuell begründet oder beschrieben werden kann, sondern eben meist der Schwenk auf andere Sinneskanäle in den Interviews vollzogen wurde.

Interessant ist, dass im Vergleich die Wahrnehmungen in Hawai'i (also auf den einzelnen Inseln) und im Englischen Garten bzw. an der Isar dahingehend variieren, dass in Hawai'i die unberührte Natur teilweise als „surreal" wahrgenommen wird (vgl. 0059, Z. 303, bzw. auch 0120 – in dem das Kalalau etwas wie Disneyland beschrieben wird), wenngleich sie für das Authentische steht („die Natur an sich ist absolut authentisch" 0150, Z. 210). Wohingegen im Stadtpark oder an der Isar, mit der die Rahmenbedingungen der Schaffung von Natur größtenteils im Laufe des Gesprächs mitreflektiert werden, ganz eindeutig von „Natur" gesprochen wird, die obendrein teilweise sogar viel schöner erscheint, als die Natur am Lande (weil sie eben aufgeräumt ist vgl. 0293).

Die Triade von Schönheit, Vielfalt und Gefahr sind mit der Semantik der Unberührtheit verknüpft. So wortarm die Beschreibungen von der Schönheit der Natur ausfallen können, so mächtig präsentiert sich die gewaltige, bedrohliche

Seite. Dabei erscheint die gefährliche Seite der Natur fast als zweite Seite der Unterscheidung von Schönheit. Sie ist kommunikationsbezogen die schönere, weil sie stabiler ist. Überschwemmungen und Tsunamis oder die meterhohen Wellen (vgl. 0010), in die sich die „verrückten" Surfer stürzen (0030, Z. 120) geben einfach mehr Stoff für Erzählungen her, als das schöne, wenngleich üppige Antlitz der unberührten, ruhigen Natur.

Die Semantik von *berührter* | *unberührter* Natur wird in den drei Formen unterschiedlich aufgegriffen, wenngleich ein gemeinsames Verständnis (von Ursprünglichkeit) allen gemein ist.

Natur erfährt eine Aufwertung in nichtalltäglichen Kontexten, freilich liegen die nichtalltäglichen Ort außerhalb des meist urbanen Alltags und strahlen eine natürliche Ästhetik und Schönheit aus. Auch wenn das Urlaubsfeeling ausbleiben könnte:

B: Also ab den Alpen fängt für mich ja der Urlaubsfaktor an oder das Exotische oder was ich jetzt als neue, unterschiedliche Natur wahrnehme. Also der Starnberger See zum Beispiel, das gehört eigentlich zur Umgebung bei uns also, das ist der Normalfall, nicht das Urlaubsfeeling. (0150, Z. 70 – 73)

Es wäre allerdings eine Huhn-Ei-Debatte zu führen, wollte man fragen, ob die Schönheit nichtalltäglicher Natur im Urlaub verloren ginge, wäre man dort aufgewachsen oder hätte man die Umgebung als Alltag auserkoren – die locals in Hawai ʼi verwenden ja meist die Semantik der „Heimat", wenn es um die Schönheit der Inseln geht und paraphrasieren sie so, wenngleich die Schönheit spätestens mit den Besuchern und den eigenen Reisen auch importiert wird. Die Bewohner des Kalalau Tals, wären weiter argumentativ gegen diesen antizipierten Verlust der Schönheit durch Routine anzuführen, sie nehmen die „magic" (0115, Z. 227) des Tals jeden Tag war. – Dass ihr Leben bei allen dort nötigen Routinen und Ritualen dennoch nicht alltäglich ist, ist ihnen sicher auch bewusst. Das Leben vor Ort gestaltet sich praktisch ganz anders, als der Alltag andernorts.

6.4.4 Unberührte Natur entsprechend der drei Gegenalltagsformen

In der Home-away-from-Home-Form erscheint Natur in berührter und berührender Form. Meist liegt man am Strand und schätzt die Sonne bzw. das tolle Klima. Zur unberührten Natur bestehen nur potentielle Berührungspunkte. Sie bleibt am Rande als Kulisse außen vor. Es sind eher die Beobachtungen 1. Ordnung, der unmittelbare Kontakt mit der Natur, die ungeachtet der Beobachtung 2. Ordnung von *Berührtheit* | *Unberührtheit* direkt erlebt werden.[217]

---

[217] Beobachtungen 2. Ordnung sind natürlich nicht ohne die 1. Ordnung möglich, umgekehrt ist die Beobachtung, dass Sonne, Wärme die Luftfeuchtigkeit einen stimulieren auch Beobachtung 2. Ordnung, sie sind aber eben nicht der Hervorhebung in diesem Maße angewiesen.

B1: As soon as you get of the plane you could just feel the warm |

B2: | the moisture in the air |

B1: And the moisture in the air |

B2: | the smells |

B1: | the flowers and the smells |

B2: The songs of the birds (0039, B1 & B2, Z. 103 – 108)

Natur wird hier im Verhältnis zum Körper als regenerativ erlebt. Die konkrete Form der Natur bleibt dabei abstrahierbar („it could be anywhere" 0028, Z. 44) und auch die Veränderungen, wie das Mehr an Beton (0039, Z. 119f.) stören nur geringfügig.

Wird die Natur vom „Explorer" in Anspruch genommen, wird die Unberührtheit durch Ruhe, frische Luft, Weitläufigkeit oder den tiefen Dschungel charakterisiert, dann ist man wieder im „richtigen Hawai'i" und man kann seiner Imagination beim Erleben freien Lauf lassen:

B2: Alles hinter Diamond Head, da fängt für mich Hawai'i an. Waikiki, Tantalus, Hawai'i, O'ahu Hawai'i ähm Kailua, Lanikai Beach, Chinaman's Hat, North Shore - this is | Hawai'i |

B1: |Hawai'i| yeah, this is Hawai'i

B2: This is hum Coco Head-Mountainbiken, Diamond Head Area but Waikiki is halt der Stadtbereich von O'ahu. Wenn du nur das siehst, dann sagst du nur – Oh Gott, da will ich nie wieder hin! Touris, Touris, Japaner, Chinesen – furchtbar! Leute die nicht Tantalus machen, die nicht nach Waimanalo fahren, die nicht Hiken Maunawili Falls gehen >lacht< ähm das ist Natur pur! Du meinst du bist im größten Regenwald du hast – es ist ruhig [euphorisch] DU HAST FRISCHE LUFT, also das ist

B1: Manu Wili Falls muss man gemacht haben, also es ist nichts vergleichbar das ist HA! – Ja also wir dachten auch so, weil sie so gesagt hatte, das ist einfach man muss vielleicht so eine Stunde laufen, weil sie sagte halt so es ist mit Stufen und man kann es gut einfach begehen wir alle Flip Flops an, alle weiße Shorts und viel Gepäck, weil wir wollten dann halt schon oben essen und so. Es ging gar nicht. Also man kann ja keine Pflanzen anfassen, weil die giftig sind, dann hat man dort halt Flüsse wo man durchlaufen muss.

B2: Durch nen Fluss, du kannst barfuss durchlaufen!

B1: Du musst barfuss gehen, weil du gar nicht anders laufen kannst, weil du halt

B2: Da ist soviel Matsch da haut's dich halt sonst – du rutschst |

B1: Du rutscht aus wie ein Schwein. – Wir sind zurückgekommen, wir waren alle durchgefroren, weil der Matsch den kann man nicht eben mal abwaschen der trocknet einfach und bleibt dann dort und es war eine >klatscht< activity tour es war ein ERLEBNIS – es-es war witzig! (0059, B1 & B2, Z. 295 – 319)

Besonders in der Kategorie des Explorers kommt ein Begriff der unberührten Natur als „Natur pur" vor.

„Natur pur", das ist das Weglassen der gesellschaftlichen Berührung in Form zivilisatorischer Bedrohung zu Gunsten der individuellen Berührung. Es geht um die *Berührung der Unberührtheit*. Der sonst vorhandene Lärm bleibt aus, andere Menschen verschwinden, man streift die Kluft der Zivilisation ab, läuft barfuß durch den Matsch. Spürt den Schlamm und seinen Körper, verliert dosiert Kontrolle. Gleichzeitig kann die Natur „durchkommen", durch das Ausgesetztsein in ihrer Unberührtheit, auch wieder zur Bedrohung und zur Einschränkung werden. Sie ist giftig, man muss sich vor ihr in Acht nehmen, was den Spaß mindert. Unberührte Natur („Natur pur") bedeutet nicht nur eine schöne oder vielseitige Natur, sondern eben durch die ausbleibende Bändigung und Domestizierung, Bedrohung und Unvorhersehbarkeit.

Die Natur fungiert über Prozesse der Imagination als Kulisse, sie kann durch ihre Selbstberührung ein Event werden (vgl. Zitat oben 0071 S. 6 Z. 186 - 193). Sehen wir von der generellen erkenntnistheoretischen Annahme ab, dass Natur immer *berührte | unberührte* Natur ist, muss beim Operieren von Vertrautem in der Fremde doch gerade das Berühren in sich vorkommen. Sensuale Techniken sind auch bei der „Home-away-from-Home-Form" relevant, Berührung geschieht aber eher beiläufig, wohingegen Berührungen für den Explorer in gesteigertem Maße wichtig sind.[218]

In der Spiritual-Form gilt Unberührtheit als stärkeres Zeichen des Authentischen. Es wird aber analog zu den anderen Formen verwendet. Unberührte Natur garantiert zwar auch ein romantisch konzeptionalisiertes, einfaches und autarkes Leben (in der Natur; Bspw. 0120 „wir wollen hier nur ein bisschen Garteln") kann darüber hinaus aber spirituell aufgeladene frühere Berührungen in sich tragen, Natur regt das Sinnliche an und steht für den Gegenalltag:

I: Was sind noch Erwartungen, diese Abgeschiedenheit, Wasser, tropische Pflanzen. Gab es irgendwas, das ihr hier gefunden habt, das ihr euch überhaupt nicht gedacht habt?

B1: >lacht< Mir fällt sofort was ein, das ist eine gute Frage – mir fällt echt sofort was ein: EINERSEITS, so diese zwei Extreme, würd ich jetzt so sagen. Also es ist sehr extrem. Einerseits habe ich mir von Hawai´i erwartet, was ich von Hawai´i weiß, und warum ich mich hier zu Hause fühle, und warum ich schon ein Teil von hier stark in meinem Herzen spüre, weil wir-ich einfach stark davon überzeugt sind, dass hier ein sehr KRAFTVOLLER – kann man sagen zwei Kontinente – und ich habe da einfach ein sehr starken BEZUG zu dem einen. Schon als kleines Kind wollte ich hierher. – Warum? Wegen irgendeiner spirituellen Weise, die halt auch von manchen Kahunas, das sind Priester, teilweise Ärzte und Heilkundige, die heißen Kahunas, weiter transportiert wurde. Und halt, jetzt sind wir ja in Kalalau, da ist eben ein Tempel, ein Herd, der benutzt wurde und ja ähm um Rituale zu machen, Hula. Hula ist ja auch ein sehr spiritueller Tanz eigentlich. Also ich glaub, dass das Volk der Hawai´ianer sehr viel SPIRIT in sich hatte. Und das halt sehr, eine HOCHKULTUR war. [...] Das ist halt schon sehr lange her, aber das war wirklich, das ist heiliger Boden, den wir hier – und das fühle ich schon stark. Aber das ist SEHR >streckt sich< Und das hat mich halt auf der anderen Seite, so verwundert, dass hätte ich nie erwartet dieses vollkommen, schon ganz amerikanisierte. Wegen den Jahrzehnten, Jahrhunderten, wo dieser amerikanische Einfluss einfach immer mehr reinfahrt. [...] Und davor anderer Einfluss >bestätigend<. Also es ist einfach nicht mehr rein. Und

---

[218] Berührung von Natur als Erlebnis und unberührte Natur als imaginatives Konzept oder eines gedachten ontologischen Zustandes können sich als zwei analog verschränkte Seiten in einem Prozess vorgestellt werden. – Das Maß der tatsächlichen körperlichen Berührung ist bei den Explorern aber auch bei den Spirituals gesteigert.

man findet auch wirklich ganz wenige von diesen AUTHENTISCHEN Leuten, die diesen Aloha Spirit oder HUNA – also Huna is eben ähm Lebensphilosophie, [...] nach der gelebt wurde. Ähm und und es gibt einfach – wahrscheinlich GANZ GANZ wenige, von denen, die das noch wirklich praktizieren hier. Deswegen spürt man es halt wenig, aber die Natur trägt es trotzdem noch inne. Und wenn man auf den Platz dort geht, spürt man trotzdem noch DA IST WAS DA. Also die Natur trägt das trotzdem noch ziemlich. >Leiser< aber die Menschen sind halt bisserl. >lacht laut< Wie soll man sagen? UNGELENKT >lacht< schlafen noch ein bisserl. Aber es gibt so viele Liebe. Natürlich, wir versuchen es alle lieb zu sein. (0120, B1, Z. 1 – 34)

In der *unberührten* Natur ist man geborgen, man entkommt der „Ignoranz in den Städten", die Natur „ist liebvoller" und trägt gedächtnisartig den „Geist alter Traditionen und Tempelanlagen" in sich. Das Wahre, was es nicht mehr gibt, ist so in der Natur enthalten (vgl. 0120). Natur steht hier für mehr als bloß sinnlich Wahrnehmbares. Natur verkörpert eine übersinnliche Spiritualität.

Der Wert der Natur liegt hier auch in einem anderen Sinnkanal als dem Visuellen. In der spirituellen Form wird die Unberührtheit gespürt, und zwar nicht auf einer sensusalen haptischen Ebene bspw. durch Wind und Stille, sondern durch den *Geist eines Ortes*.

Der Wert von Unberührtheit liegt im temporäreren Genuss. Ein Leben in dem Kalalau Valley ist nur für eine Handvoll Personen erstrebenswert. Auch der Freizeitwert der Alpen liegt eben in der kurzweiligen Erholung und nicht in der langfristigen Ansiedelung dort. Zum einen können die Lebensbedingungen in der *unberührten* Natur widrig sein, zum anderen offeriert die Stadt mehr Komfort (Kinos, Geschäfte) und Arbeitsplätze, wie es das Phänomen der Landflucht verdeutlicht.

So lassen sich zwischen den Formen Unterschiede in der Relevanz von *Berührtheit | Unberührtheit* ausmachen, die sich aus der ideologischen Wertigkeit und dem Grad der Aktivität erklären. Generell scheint, ob spirituell oder wörtlich gemeint, die Natur leichter zugänglich als andernorts, auch wenn die Anziehung von Hawai´i für jeden anders imaginiert wird:

I: Is there anything obvious or maybe also not so obvious what you think might attract people? I mean, you mentioned the weather in Hawai´i. But would you say, people come here or talk to you and say, well, when I saw this it was just like, I knew I am in Hawai´i now?

B.: Everybody is different, you know. Some people, it's like the first time you look out and you see a whale or watching the sunset with a rainbow in the background, or

I.: OK

B.: Everybody. It's, you get to a beach that you just connect with you know. (~) People say it's, Hawai´i is a pretty spiritual place. I don't know if that's part of it, or if it's just because (~) nature's so much more accessible. You know, a lot of people don't get that where they're from. (0110, Z. 81 – 93)

Die Frage der Zugriffsmöglichkeiten auf unberührte Natur, als Möglichkeit der in Hawai´i offensichtlich umherstreunenden „Spiritualität" sei dahingestellt. Es besteht neben den Möglichkeiten der Naturerfahrung in Hawai´i die alte Kultur

216

sowie der „Mythos Hawai'i", die sich als anschlussfähige Semantiken für das spirituelle Aufgreifen und die Verwendung als Semantik anbieten würden.

Die verschiedenen Gruppen werden in der Natur zumindest lokal an manchen Orten geeint. Das Grundbild der unberührten Natur als etwas Ursprüngliches, Vitales, Rückführendes oder Einheitsschaffendes ist zwischen den einzelnen Formen ebenfalls gleich. Die Tendenz im Grad der Aussetzung an die Natur kann dabei variabel sein. Für die Grundunterscheidung resultieren hierbei allerdings keine Implikationen. Unberührte Natur kann überall sein, begegnet man ihr dann *tatsächlich*, kann man ihr evtl. gar nicht so recht trauen (vgl. Zitat oben 0059, B2, Z. 303f.: „du meinst du bist im größten Regenwald"). Es soll im Folgenden dargestellt werden, wie die Semantik von *unberührter | berührter* Natur im Englischen Garten aufgegriffen wird.[219]

Die funktionalen Implikationen der Differenz einer *unberührten | berührten* Natur werde ich später darstellen und dabei ihre Funktion zur Schaffung von Einheitserfahrung und den einhergehenden Alltagssemantiken von Natur analysieren.

6.4.5 Die berührte | unberührte Natur und der Englische Garten

Der Gedanke einer unberührten Natur im Stadtpark vermag auf den ersten Blick widersprüchlich erscheinen. Da das Berührte aber immer nur die Absenz von etwas Unberührtem darstellt, ist die unberührte Natur praktisch da möglich, wo das *Berührte* nicht wahrgenommen wird. Sie entsteht aus einer Fokussierung (vgl. 0196 und 0150). Die unberührte Natur im Garten erscheint eher im Kontext der Stadt, die die unberührte Natur sonst verdrängt hat.

Es ist freilich offensichtlich, dass Natur, wie sie in Hawai'i in einem abgelegenen Tal unter tropischen Bedingungen gedeiht und vorzufinden ist, im Englischen Garten nicht zu finden ist. Die Semantik einer unberührten Natur wird in der Form der Differenz von *berührt | unberührt* durch die Möglichkeit der Entspannung in Relativierung vollzogen.

Auch hier ist sie, die „unberührte" Natur, wieder weniger auf das Visuelle angewiesen als man augenscheinlich meinen müsste. In Form von Ruhe trifft man sie vormittags an. Es sind die weitläufigen Wege, das Grün der Bäume, die

---

[219] In einigen Interviews wurde von den Befragten nicht auf die Grundunterscheidung *berührt | unberührt* eingegangen. Eine Positionierung erfolgt dann in der Natur, wenn eine bestimmte Absicht (den Hund Gassi zu führen, sich zu erholen) oder eine bestimmte Referenz nötig wird. Man kann also folgern, dass der Umgang mit Natur immer erst durch Unterscheidungen bestimmter Referenzialität entsteht und somit seine Wurzeln in den Unterscheidungen der Aufklärung trägt.

Erholung und Ablenkung die ihr Versprechen von Unberührtheit durch Absenz von anderem und anderen offenbaren.

Der Stadtpark findet seinen Zweck natürlich in Erholung, aber nicht mit dem Anspruch diese durch Unberührtheit zu gewährleisten. Gerade die Karl-Theodor-Wiese oder die Werneck-Wiese sind, „soziale Orte", also Orte an denen sich viele Menschen aus den unterschiedlichsten Beweggründen aufhalten und dies zum selbstkatalytischen Moment avanciert, als dass der Ort deshalb besuchenswert wird:

I: Was macht für dich den Reiz am Englischen Garten aus?

B: Es gibt immer was zu sehen, es ist immer Programm geboten und zwar bunte kleine Augenblicke die in dem Moment kostbar und schön sind. Des mögen spielende Hunde, Kinder, Spaziergänger des sind absurde banale Momente, aber des ist so ne Fülle und bunt, des ist des is äh Unterhaltung auf hohem Niveau muss ich sagen. Also es macht Spaß. Es ist belanglos, ich vergesse es sehr schnell wieder, aber jeden Tag die Fülle aufs Neue, es ist bunt es ist schön. (0201, Z. 10 – 16)

Auch wenn keine Unterscheidung zwischen der Natur im Park und der Natur auf dem Land in erster Linie gezogen wird (d.h. nur auf mein Fragen), dann ist die Semantik einer ursprünglichen Natur und der Differenz von *unberührt | berührt* im Englischen Garten meist durch die direkte Beschreibung der Differenz als Einheit gekennzeichnet.

Im Englischen Garten und an der Isar findet die Natur folglich in invertierter Form ihren Reiz, sie berührt die Stadt und die Stadt berührt sie. Die Unterscheidung von „richtiger" oder „falscher" (bzw. echter und inszenierter) Natur – wie sie oft mit der Wahrnehmung eines Parks als etwas Künstliches vermutet wird – wird zwar ab und an getroffen, aber auch wieder relativiert (bspw. 0196, Z. 7 – 35 – oder auch 0150).

Das soziale Geschehen, die Berührung der Unberührtheit bzw. die Beobachtung dieses Prozesses steht, wie beschrieben im Vordergrund, die *Natur des Parks* (weite Flächen, wild nicht wie der Hofgarten) wird dabei geschätzt. Schönheit emmergiert dabei im Park immer durch Ordnung, dies gilt für den Englischen Garten (vgl. 0293), wie in Hawai´i in den Beach Parks[220].

Ähnlich zu den Beschreibungen aus dem Englischen Garten verhält es sich mit dem Beschreibung von *berührter | unberührter* Natur in Waikiki (vgl. 0059). Das Stadt – Natur Verhältnis und die somit gegeben Potenzierung an Möglichkeiten unter Annahme eines Grundwiderspruchs (Natur muss unberührt sein) wird als äußerst reizvoll empfunden.

---

[220] B: [...] – Was mich unheimlich erstaunt: Es ist immer SAUBER was, was ich nicht erwartet habe was ich von den meisten Stränden nicht kenn war halt wirklich, VERDAMMT sauber. Da passt man auch SEHR auf sich selber auf, dass man da nix liegen lässt, das ist schon äh sehr schön – aber die Parks man muss halt wissen, wann du hingehst um welche Zeit (0071, Z. 101 – 109)

Der Englische Garten steht analog in seiner Differenzerfahrung wie Waikiki und O´ahu: Die unberührte Natur eben in der Berührung zur Stadt. Manchmal wird dabei die Kultivierung des Gartens selbst in seiner Form als englischer Garten beschrieben, der die Möglichkeiten und Aktivitäten so in besonderer Weise rahmt:

B: Das ist hier mehr so, das ist hier auch angelegt, aber das ist wesentlich - ja, diese englische Parkanlage an sich. Der Central Park, da laufen Straßen im rechten Winkel, das ist alles relativ geordnet, ja, ähm, der Park ist an sich viereckig, ja, hier schlängelt sich so entlang der Isar, ja, das ist hier alles irgendwie natürlicher. (0150, Z. 61 – 64)

Die hier zugrundeliegende Vorstellung ist wieder eine unberührte, ursprüngliche Natur, die ihre Kraft aus sich selbst schöpft und im Widerspruch zu den zivilisatorischen Artefakten steht. Sie soll getrennt gedacht sein. Ein Reiz liegt in der Konfiguration des Parks, dann in der Natur, ihren verdeckten Gegenpol im Angesicht zu haben (vgl. 0198).

Der Umgang mit Natur bzw. der Unterscheidung von *unberührter | berührter* Natur lässt sich wie folgt zusammenfassen: Mit Naturbeschreibungen anhand der Unterscheidung *berührt | unberührt* geht auch die Semantik einer verlorenen Natur einher. Die unberührte Natur kann schön, hässlich, einzigartig, exotisch, karg, vielfältig oder auch lieblich sein. Die diskursive Varianz der Bedeutung in den unterschiedlichen Formen ist dabei eher gering zu beurteilen.

Das was als unberührte Natur kommuniziert wird, ist immer nur situativ von Bedeutung. Die Referenzwerte (*unberührt | berührt*) sind auch nur von partiellem Interesse. Über ihre situative, echtzeitliche Produktion und Funktion werde ich später eingehen.

Es ist wichtig festzuhalten, dass die Beobachtung zwischen *Berührtheit | Unberührtheit* entscheiden zu können als besonders reizvoll empfunden wird und dies gilt in Hawai´i wie auch im Englischen Garten:

B: They can give you a nightlife and beautiful beaches, they can give people who wanna hike you have hiking tours like anything. You can do watersports here, you can even go into the mountains and ski. Th-you can go - you know different kind of things like these lava hum hum place-s, vulcano you know eccentric things to see. And then you and then you´ve got these secluded places hum like Kaua´i, like the Kalalau where the deal with like beeing on their own, getting away from civilization - you know - having this spiritual experience so in that scence Hawai´i is amazing because they can any island you´re on any island gives you something else. Ya! It is amazing in that scence. (0134, Z. 149 – 158)

B: Das Reizende ist, mitten in der Isar, ich kann hier in der Früh angeln, dann ziehe ich die Stiefel aus und geh ins Café Roma auf die Maximilianstraße. [grinst] Also das ist ja das irrwitzige daran. Mitten in der Stadt zu fischen. Wo gibt´s des schon? Das ist schon einmalig irgendwie. (0198, Z. 19 – 21)

Der mögliche Wechsel generiert eine scheinbare übernatürliche Vielfalt, die in ihrer Abwechslung stimulativ wirkt, die Vorstellung einer vielfältigen Natur rekurriert dabei auf die Semantik einer umfassenden Natur.[221] Vielfalt wird aber stärker noch über die nun beschriebene Differenz von *Fremdheit* und *Vertrautheit* generiert.

6.4.6   Fremd | Vertraut: Die Produktion von Andersartigkeit und Vielfalt

Luhmann (Luhmann, 1997b, S. 645) sieht den Umgang mit der Differenz von *vertraut* und *unvertraut*[222] als konstitutive Grenze der kleinen Welt von tribalen Gesellschaften. Die Differenz von *fremd* und *vertraut*, wie ich sie benutze, erzeugt eine abgeschwächte weniger bedrohliche, existentielle[223] Grenze, die hauptsächlich im Urlaub im Sinne der Kontingenzerfahrung für Erholung sorgt und anhand der Natur wahrgenommen und beschrieben wird. Dennoch wird der Code *fremd | vertraut* auch zur Prüfung von Bedrohung angewandt.

Anders als die Unterscheidung *berührt | unberührt* erzeugt die Differenz *fremd | vertraut* Andersartigkeit, die eine Überraschung und somit Kontingenzerfahrung beinhaltet.[224]

I: So what about the Hawai'ian nature, tell me about your first impressions

B: Well, as soon as I came here I saw the palm trees and that was sort of okay, I am here now definitely and because they're also quite tall in hum, I don't know about the european places, at the beach you get quite small palm trees, here they're quite tall a-nd because of the holiday resorts and you got all the hotels of course not the typical landscape I imagine. In the distance you can see the mountains, which is quite good, but in between the hotel you see all these trees you know trees I havn't seen before and the plants and bananatrees which grow here in wildly so I think that you can already see that you're a different place-exotic country. (0028, Z. 57 – 65)

Der Strand und die Palme symbolisieren Urlaub und Erholung in einem Großteil der Deutschen schlechthin, stehen sie für etwas im Hier Fehlendes – sie sind

---

[221] Vgl. auch 0150 S. 1. Z. 29 – Das Bild einer vielfältigen Natur wird später aufgegriffen. Der Kontrast und die Nähe zur Kultur schaffen so eine Vielfalt in Form einer Natürlichkeit zweiter Ordnung.

[222] Da meine Analysen sich auf den Umgang mit Reisen, Erholung, in einer Umgebung, die umgangssprachlich als „fremd" bezeichnet wird und demgegenüber die „vertraute" Natur im Englischen Garten bzw. den heimischen Gefilden steht, wird die Unterscheidung *fremd | vertraut* von mir benutzt. Des Weiteren steht im Forschungsinteresse ja nicht der Umgang mit Wissen, sondern der Erholungswert von Natur und die damit verbundenen Natursemantiken des Alltags. Die Differenz *vertraut | unvertraut* hätte ich analog verwenden können; die verwendete Unterscheidung wurde empirisch einfach häufiger genannt.

[223] Da das Vertraute sich aus der Schnittmenge von Wissen und Imagination (Glauben) ergibt, können natürlich auch existentielle oder nicht erwartete Erfahrungen von Unvertrautheit artefaktisch (aufgrund von nicht gewussten Nichtwissen) produziert werden.

[224] Zwar beinhaltet die Einheit der Differenz von *berührter | unberührter* Natur auch eine Überraschung, in der Art und Weise wie die konkrete Form vor Ort aussieht, aber die Differenz von *unberührter | berührter* Natur wird als offensichtlich und nicht zur Disposition stehend wahrgenommen, ist die Referenz das fiktive Ausbleiben von Berührung.

Ausdruck von Andersartigkeit und bei den Amerikanern stehen Sie für ein warmes Klima. In dem Zitat sind symbolisieren die Palmen das allgemeine Eintreten in die Urlaubswelt. Die spezifischen Bedingungen in Hawai´i weichen dabei von der Imagination ab – sie lassen sich als variante Fremde bezeichnen. Die Palmen sind größer als die Bekannten oder Imaginierten.

Fremdheit kann neben den augenscheinlich anders aussehenden Pflanzen, auch durch die kulissenhaft rahmenden Berge (siehe auch Zitat weiter oben 0028, Z. 57 - 65), oder den Wind eingehaucht werden:

B1: the only thing I find interesting are the trees hum, I worked from the east coast of North America, Philadelphia and when you come here, hum some of the trees I-I´ve never seen before. And hum, a a pine-tree to us, looks entirely different, here and hum, the mountains, hum, what you call mountains I guess, don´t look like typical mountains that you would find hum a say in Pensylvenia-New York hum it´s a it´s quite-quite fascinating to see-and also the hum water-is the most - it´s pristine clear shore - not so |

[...]

B2: >laughing< And there is always this wonderful breeze that comes, that you just can´t get enough of it is almost like someone knows when you need air conditioning, just press the button. (0030, Z. 21-32)

Die Erzeugung von Fremde verläuft ebenso wie die Erzeugung von Kultur. Sie stabilisiert und relativiert und lässt sich überall festmachen, wo die entsprechende Unterscheidung Sinn macht. Die Produktion auf Andersartigkeit gemäß der Unterscheidung von *fremd* | *vertraut* muss generell nicht in Interaktion ablaufen, sie kann neben Prozessen natürlich beim Reisen und der Naherholung operativ erzeugt werden, lässt sich aber auch durch andere imaginativ-stimulative Prozesse beim Fernsehen, oder durch Erzählungen und im Internet erzeugen, wenngleich ein Großteil der sinnlichen Komponenten dann fehlen.

Die Unterscheidung von *Fremdheit* und *Vertrautheit* legt fest, was bekannt oder unbekannt ist. Über die programmatische Unterscheidung wird so Andersartigkeit generiert, die sich in der Semantik der Exotik offenbaren kann:

I: Did you find an exotic nature here?

B: I think exotic is definitely for me. Because I got the palm trees and I got the rain forest and the beautiful massive beaches and waves things like that are definitely exotic and I think exotic might mean just hum DIFFERENT. (0134, Z. 159 – 162)

Die Semantik der Exotik lässt sich aber nicht nur aus Andersartigkeit ernähren, Wärme kann der Produktion von Exotik weiter Schubkraft verleihen.

I: So, you wouldn´t say Hawai´i is exotic because you live here?

B1: Yes, for me it´s, I love it here, cause it is kind of exotic, but I havn´t known anything DIFFERENT from here.

I: Ok.

B1: So it is not exotic for me, because I don´t know anything that different. |

B2: Yeah I think it´s the definition of EXOTIC, like you know maybe you know because, it´s it´s hum waves and beach and suuuun and you know some people who live in the cold CLIMATE thinks that, WARM is EXOTIC. You know?

I: Mhm.

B2: I guess exotic I wouldn´t think of cold places exotic, so it must have something to do with the warm. (0123 B 1 & B 2 S. 1 Z. 10 – 20)

Wie bereits dargestellt, kursiert in Hawai´i die Vorstellung von Hawai´i als Paradies, es dürfte folglich kaum von der Hand zu weisen sein, dass Hawai´i auch von den meisten „locals" als exotisch wahrgenommen werden würde. Andersartigkeit ist der ausschlaggebendste Faktor für Exotik, sowie Wärme – Antizipation von Andersartigkeit, in der Imagination, scheint allerdings nicht vollständig für die Produktion von Andersartigkeit auszureichen. Der Ortswechsel bzw. Distanz sind hier unumgänglich, um Andersartigkeit formal einzuleiten und vor der Invasion von Vertrautheit zu schützen.

Exotik kann dabei mehr umfassen als in der Semantik der Natur zu binden ist. Eine exotische Natur ist dabei für die meisten Hawai´i-Touristen wohl auch eine tropische – dies wurde von mir ja bereits betont. Die Formen und Größe der Pflanzen sowie das satte Grün werden dabei gerade in der Differenz zum Vertrauten begehrenswert.

Gerade unter der Prämisse der Erholung ist es nicht verwunderlich, dass eine „fremde Natur" im Sinne einer Kontingenzproduktion fungiert und zur Schaffung von struktureller Varianz genutzt wird, bildet sie Andersartigkeit scheinbar ontologisch ab:

B1: then where I hum we are from. And again the trees. |

B2: It is the whole the whole appeal |

B1: PINE-TREES the pine-trees do NOT look like pine-trees

B2: Well I don´t think they´re [...]

B1: Well, they´re! (0030, B1 & B2, Z. 105 – 109)

Bei aller wahrgenommenen Andersartigkeit, stellt sich oft die Frage, ob die verglichenen Bäume *wirklich* die gleichen Arten sind. Es stellt sich also zum einen die Relativierung der Natur und auf subtiler Ebene zum anderen die Relativierung der Perspektive ein.

Fremdheit erzeugt Vielfalt bspw. durch Differenzen, die den Zugewinn von Informationen von etwas Neuem bedeuten: die Welt lässt sich nicht durch Vertrautes erklären. Es entfalten sich über die Differenz neue Kontraste, die Vielfalt mit sich bringen. Das kurzzeitige Verkennen des Vertrauten, schließlich ist das Fremde nur in Referenz zum Vertrauten möglich, oder auch die Selbst-Imitation der Natur, kann aus der Überraschung der vorgefundenen Form oder dem Verkennen des gedachten Kontexts resultieren, das Neue, das dadurch entsteht, wird als reizvoll, wenn auch nicht zwingend als ästhetisch reizvoll, als Informationsgewinn beschrieben und stellt „damit Antrieb für Kommunikation dar (vgl. Luhmann, 1997b, S. 1003); in einigen Fällen offenbart sich, was die Erwartung in Form einer vertrauten Fremde war, diese wirkt dann auch befremdlich bzw. generiert neue Information:

B: Yeah, I think it´s so wired because hum when you come here you do expect palm trees and you do expect big trees big leaves and lot of flowers and you expect of rainforest and this typical hum I don´t know you got this typical picture and then when you find out that actually this is not original Hawai´ian nature and it´s all brought here and the palm trees are planted then hum it just shows what people expect. (00134, Z. 44 – 49)

Fremdheit | Vertrautheit und *Unberührtheit | Berührtheit* können eine Liaison eingehen. Bevor ich die Gedanken zur fremden unberührten Natur weiter ausführe möchte ich auf das Verhältnis der beiden Differenzen (*berührt | unberührt* und *fremd | vertraut*) hinweisen: Es ist zu beachten, dass Unberührtheit nicht eine prozessual vorgelagerte Wahrnehmungskategorie ist, fremde Natur kann auch in den Blumenkästen oder in gehegten Grünanlagen um die Hotels oder den Strand herum wahrgenommen werden. *Fremdheit* und *Unberührtheit* in Kombination lassen sich in der Semantik des Paradieses finden. Das Paradies ist genau der Ort, den es nicht gibt, an dem alles anders sein muss. Eine fremde Natur, ist zum einen wie betont in der Referenz auf das Vertraute bekannt, bleibt aber mit einer Unsicherheit behaftet, die die Fremdheit manifestiert.

Andersartigkeit bedeutet die Erfahrung einer *möglichen* Wahl, im Sinne der modernen und notwendigen Selbstbestimmtheit (vgl. Nassehi, 2008, S. 171), sie wird in Referenz aus *Fremdheit | Vertrautheit* sichtbar. Überwiegt das Vertraute bzw. bleibt die Reflektion aus, resultiert kein Reiz im Außen (bswp. der Natur – oder Hawai´i als Paradies).

Die Differenz von *Fremdheit | Vertrautheit* erzeugt eine Relativierung, dies wird insbesondere an den Beschreibungen der „locals" evident, die gerade der weniger schönen Fremde Hawai´is einen Wert abgewinnen können.

B: If you don't go elsewhere or you don't know what else is out there. And I think it wasn't really until I went to college that I really understood what Hawai´i meant to me. (0128, Z. 33 – 34)

B: as a kid growing up you don't appreciate the surroundings and the weather and the tropics and then we I went to school in Idaho as well, and then when I'm AWAY and its so DIFFERENT there of course you miss THIS and then you always think this is where home should for me and-and so far now my parents are older I feel like kind of responsible and to stay and even with my children there you know we always said well, may be we will sell our house and property and retire you know and they say this is HOME for us and so you know if you we wouldn't want you to, because we want this to be home. (0130, Z. 240 – 247)

B2: If you just stayed here, you wouldn´t think it was a paradise. If you never saw anywhere else you wouldn´t REALIZE what a paradise it is! If there wasn´t TV here in-hum-internet, where you could see other places and you just lived here you probably wouldn´t really see lot of the beauty, maybe. I mean you COULD be lost whereever you are not seeing the beauty in your place. |

I: Mhm.

B2: Right? But - if we didn´t know any different it definitely wouldn´t be PARADISE?! You know what I mean?

B1: But since I do know it´s different, it is PARADISE. (0123, B1 & B2, Z. 60 – 68)

Die Differenzerfahrung von Fremdheit und Vertrautheit leitet ähnlich eine altruistische Perspektive ein, wie es durch die Differenz von *berührt | unberührt* der Fall ist. Es wird das Verlorene durch die Invertierung der eigenen Perspektive erzeugt. In der Natur wird dass eigentlich Fremde zum scheinbar Vertrauten und das Vertraute wirkt befremdlich. Ähnlich wie das Authentische auf Reisen den Verlust des Wahren zementiert und in seinem Gehalt nicht reichlich vorhanden sein darf.

Die Natur im Englischen Garten erscheint auch in Form von Relativierung, entweder in der Form der Inszenierung, also wie der Garten angelegt worden ist, eben nicht klassizistisch, sondern als englischer Garten, oder als aufgeräumte Form („der Garten ist sauber") in Referenz auf andere mögliche Erscheinungsformen. Das Erkennen der Natur des Gartens, lässt sich nur in Referenz auf eine potentiell andere Natur beschreiben und ist selbstreflexiv.

Der vertraute Umgang im Englischen Garten ist bei den Befragten hauptsächlich im Kontext einer vertrauten Routine angesiedelt, erst durch die Distanzierung zu ihr (in Form Beobachtung 2. Ordnung), wird die Natur frei, man kann folgern, es muss eine *Art* künstliche Distanzierung vorgenommen werden, um von ihr zu sprechen („für meinen Lebensstil würde mir was entscheidendes Fehlen" 0150, Z. 34 - 35; ähnlich: 0198, S. 1)

Je nach Praxis kann oder in Referenz auf das Fremde, stellt sich die Natur oder sogar das Paradies in den Fokus der Betrachtung, so sprechen viele der locals weniger von der Bedeutung der Natur, auf die Frage was sie mit Hawai´i verbinden, sondern eher Familie und Heimat (0128, Z. 18 f. „familiarity"). Das Paradies bleibt so unentdeckt:

B: [...] a lot of guys called this place paradise which I never realized (0129, Z. 47 – 48)

Die Anerkennung kontingenter Formen oder Praxen, schafft die Möglichkeit der Erfahrung von Natur. In Relation zur Vertrautheit können so die Alpen fremd und exotisch werden. Der Begriff ist in seiner Konstruktion weniger als Korrelat der Distanz zu sehen, als auf Referenz der eigenen Routinen (Praxen) bezogen (vgl. Alpen und Starnberger See in 0150, Z. 70 - 73). Distanz kann dabei natürlich ein limitierender Faktor sein um so Gebiete vor der Invasion der Routine fernzuhalten.

Fremdheit und Vertrautheit bedingen so Andersartigkeit. Andersartigkeit kann so je nach Praxis, die die Festschreibung von Vertrautheit und Fremde bedingt, zugänglich oder unzugänglich werden. So bleibt der Bezug zur Natur, je nach Praxis oder eigenem Standpunkt, offen bzw. verschlossen:

I: Es geht um die Isar!

B3: Ja.

I: Wie nützt ihr die Isar, oder welchen Bezug habt´s ihr zur Isar.

B3: Ah, (2) eigentlich gar keinen <lächelt>, weil wir nicht von hier sind.

I: Aber jetzt seid´s ihr ja gerade an der Isar.

B3: Jetzt benutzten wir sie als Wanderweg. Als Markierung eines Wanderwegs. (0200, B3, Z. 10 – 15)

Zwar resultiert die Aussage auf einem Missverständnis, aber gerade das Missverständnis verweist durch die Implikation darauf, dass sich Bezüge nur auf der Referenz von Vertrautheit und Fremdheit generieren lassen. Ein anderer Umgang mit dem Fluss, hat sich so praktisch nicht ergeben.

Über die Differenz von Fremdheit und Vertrautheit lässt sich eindrucksvoll darstellen, wie sehr die Vorstellungen von Natur über Wahlmöglichkeiten konfigurierbar werden. Die Relativierung von Wahlmöglichkeiten gemäß eines Kontrollprinzips (vgl. Kontrolltheorie in Frey & Greif, 2004) wird in dem nächsten binären Differenz von *Austauschbarkeit | Einzigartigkeit* offenkundig.

Wie bereits weiter oben beschrieben, ist die Imagination von Fremde bzw. das Korrelat zum Vertrauten verantwortlich für den ausgehenden Reiz, So stehen Bambus und Orchidee eben in symbolisch generalisierter Form für das Fremde, bilden aber eigentlich nur das vertraute Fremde ab. Eine fremde Natur folgt also den vertrauten imperativen der Ästhetik oder medialen Vorstellung von Exotik bzw. den biblischen Vorgaben einer vielfältigen, üppigen (gesunden) Natur, die zunehmend durch die Domestizierung mit der kargen (bedrohlichen) Natur, und deren mittlerweile freizeitlichen Bezwingung dieser einhergehen.

Der Umgang mit Fremdheit und Vertrautheit ist von mir bereits als konstitutiv für den Prozess der Erholung beschrieben worden, es wird daher an dieser Stelle nicht weiter explizit darauf eingegangen.

6.4.7 *Einzigartigkeit | Austauschbarkeit: Reflexion und Relativierung*

Natur kann der Funktion zur Schaffung von Erholung bzw. struktureller Varianzerfahrung dienlich sein, u.a. wird die Differenz von *Einzigartigkeit* und *Austauschbarkeit* genutzt, um die Reflexion des Erlebten zu beschreiben. Die Differenz oszilliert zwischen *Abstraktem* und *Konkretem* bzw. *Möglichem* und *Aktuellem* und die Wahrnehmung der Natur, als etwas in ihrer Funktion *Austauschbares*, bedeutet so die Reflexion ihrer Funktionalität mit dem Verweis auf ihre konkrete Form. Sie impliziert die zur Dispositionsstellung der Wahlmöglichkeiten und relativiert Fremdheitserfahrungen bzw. unterscheidet so zwischen den Formen der vorliegenden *Fremdheit* und *Unberührtheit*. Einzigartigkeit kann auf die Nützlichkeit der beschriebenen Natur im Sinne verweisen, muss es aber nicht.

Die Beurteilung der Natur als etwas Einzigartiges kann dabei zusätzlich durch eine wissenschaftliche, religiöse, ästhetische oder anders geartete Konnotation vollzogen werden und dessen bewusste Aufrufung als biografische Selbstbeschreibung in Subsumption der möglichen Andersartigkeit vor dem Hintergrund notwendiger Selbstbeschreibung.

Die Attribuierung von *Einzigartigkeit* vollzieht sich anscheinend auf zwei Ebenen, einmal der Ebene des Erlebens (wie es auf Reisen in der Regel der Fall ist) oder in Bezug auf Entitäten, welche getrennt von dem Erleben als ontologisch existent gedacht werden. Dabei ist die Beobachtung von Einzigartigkeit keineswegs auf das Attestieren eines gottgeschaffenen Ursprungs oder Schöpfers angewiesen und speist sie sich nicht nur aus der – formal wie auch immer zu bestimmenden – Beschaffenheit der Dinge noch lässt sie sich alleine aus den prädiskursiven habituellen Annahmen der Subjekte erklären (vgl. Nassehi & Nollmann, 2004), *Einzigartigkeit* emmergiert in der situativen Kombination der verschiedenen Elemente.

Einzigartigkeit wirkt empirisch scheinbar dem Prozess der *Austauschbarkeit* entgegen, manifestiert ihn aber gleichzeitig. Die Herausstellung von Sprecherpositionen, die die Wahl und Verkettung von Ereignissen an ihre konkrete Form vor Ort binden und das Erlebte als Form von Entscheidungen erscheinen lassen, wie sie von mir im Prozess der Mystifizierung dargestellt worden sind, lassen sich sowohl im Englischen Garten als auch in Hawai´i beobachten (vgl. 0196, Z. 21f.: „ja du kannst mich natürlich auch fragen, warum nicht Englischer Garten - was weiß ich - aber [schaut auf den Hund] hier ist es für mich ideal, weil ich hier einen Überblick habe"). *Einzigartigkeit* wirkt somit katalysierend für die praktische Verknüpfung der Beziehung von Individuum und Ort. Der Sinn von Einzigartigkeit ist über die Praxis gekoppelt (in dem gerade zitierten Beispiel ist der Ort an der Isar austauschbar, durch seine Beschaffenheit und der somit gegeben Weitsicht bzw. dem Überblick besser geeignet, um den Hund und die Leute zu beobachten und gleichzeitig ganzjährig Schwimmen gehen zu können).

Einzigartigkeit lässt sich natürlich nicht nur in der Natur finden, gerade auf Reisen, sind Land und Leute einzigartig. *Einzigartig* kann sich auf die Sonnenuntergänge, die Beschaffenheit und Lage eines Hotels oder auch die Tüten von einem Surfshop beziehen (vgl. 0040 Z. 86f.):

B: It´s restaurant but it´s not fency at all. It´s just NICE. You can watch the sun. And you´ve been out here, to watch the sunset, havn´t you?

I: Yes, yesterday night!

B: Yes! And it was BEAUTIFUL, wasn´t it? And you saw the green flash? And I´ve only seen that three other times. So that was really lovely.

I: Yes, there also was a rainbow.

B: Yes, it´s Hawai´i, you gonna see a lot of rainbows. But – have you been to the Kahala?

I: Kahala?

B: It´s the old Manderine Hotel. I am gonna tell you, they have – you can swim with the dolphins you can actually play with the dolphins the best MAI TAI YOU WILL EVER HAVE

I: Is Mai Tai a Hawai´ian thing actually?

B: YES!

I: Was it invented here?

B: I don´t know where it was invented. Mai Tai sounds like a – probably somewhere in Thailand?

I: But it seems to be typically Hawai´ian?

B: On the other site of this Diamond Head, you see Diamond Head, there?

I: Ya!

B: Alright, there is a nude beach there. Did you know that?

I: No! >laughing<

B: There´s a NUDE beach. There is nothing sexy about nude beach, I can tell you that!

I: >laughing<

B: Anyway, on the other site of that it´s called the KAHALA Hotel it´s like a Dollar taxi cab ride.

I: Yeah.

B: Put to yourself a favor.

I: And go there?

B: It´s famous! Oh my gosh. They have filmed MOVIES there they you know, from, have you ever heard from Lost?

I: Yeah, yeah, of course.

B: Lost was there! And it has it´s own privat LAGOON it has its own JETTY it [...] it´s MY favorite place.

I: Alright.

B: In all of – in all of the world! I´ve been, like I said, you know. I´ve been all over and that´s my favorite hotel. (0040 Z. 104 – 141)

Es sind so genau die austauschbaren Erlebnisse, die touristischen Dinge, die man „tut", die in ihrer echtzeitlichen Entfaltung *Einzigartigkeit* manifestieren (0040 Z. 70 „a tourist thing to do"), die gleichzeitig überall anders stattfinden können, die es aber gerade in der vorgefundenen konkreten Form nur *vor Ort* gibt.

Die Feststellung von *Einzigartigkeit* ist dabei überhaupt nicht auf das Originäre oder Authentische angewiesen, es ist vielmehr die gemeinschaftliche Konvention oder individuelle Überzeugung, dass etwas hier in dem Sinne einzigartig ist, eben wie die Mai Tais oder bestimmte Hotels oder bestimmte vorgefundene Formen der Blätter etc.

Über die „Schönheit" der Sonnenuntergänge lässt sich allerdings in Kantscher Manier nicht streiten, wohl aber disputieren. Die Evokation von einzigartigen Erlebnissen und das Sprechen von *Einzigartigkeit* emergiert situativ. Zwar werden Entitäten als einzigartig beschrieben, aber nie sind die Entitäten losgelöst ohne einen wechselseitigen performativen Akt.

Einzigartigkeit ist natürlich struktureller Begleiter auf Reisen, schließlich steht Einzigartigkeit als Gegenbegriff der Routine des Alltags entgegen, dennoch lässt sich Einzigartigkeit nicht beliebig konstruieren.

Wird von einer einzigartigen Natur gesprochen, wird meist, neben den spezifischen Formen der Pflanzen, *Vielfalt* und *Schönheit* genannt.

Das Einzigartige am Urlaub ist quasi die Fixierung auf Einzigartigkeit, die sonst als gegeben antizipiert wird.

6.5   Konkrete Natur: Einzigartigkeit, Vielfalt und Schönheit

Es soll nun noch einmal zusammengefasst werden, wie Natur konkret in Hawai´i und anschließend im Englischen Garten (bzw. der Isar) empirisch beschrieben wurde.

Die Natur Hawai´is stellt sich als äußerst Vielfältige dar. Vielfalt rührt, auf abstrakter Ebene, in gesteigerter Form nicht nur aus der Differenz von Fremdheit und Vertrautheit; Vielfalt bedeutet und besteht konkret aus der Mischung von Ursprünglichkeit, Andersartigkeit und Einzigartigkeit.

Einzigartigkeit in der Natur von Hawai´i wird dabei nicht nur in ihrer *Andersartigkeit*, sondern auch durch *Vielfalt* (vielfältige Andersartigkeit) benannt. Die Form der Vielfalt lässt sich soweit steigern, dass selbst zwischen den Inseln *Andersartigkeit* und somit *Vielfalt* herrscht:

B: I mean the nature is amazing, you just have to see it the mountains are , they´ve got this form there is no I´ve never seen before. And I don´t think it anywhere exists and-hum yeah, that is so different, they´re so absolutely different I´ve never expected I thought okay it´ll be all the same you know you´ve got the beautiful beaches and have hum hum nice landscapes and something like that, but the differences in Kaua´i is that is a lot of hum [?fields?] and then it has those beautiful cliffs and the beautiful beaches and it is so mellow, and so nice, and that´s really nature, and that was my most favorite |

I: Mhm |

B: it´s sort of generous this hum [?calming-feeling?]. And then you´ve got Maui where it´s really different. I think the east side hum, no that´s Big Islands especially, you could see the east side is very rainy, that´s very green and the west side is really dry and you can ses the VULCANO and the eruptions of the Vulcano and the lava is whole different. And then Maui they also say that there is a lot of rain on the east side and-o-n the west side I think it´s also dry and then you got the tourists place - it´s such a middle in between I would say?

I: Mhm

B: And then O´ahu is I think totally different because you got the big city of Honolulu which or hum Waikiki and I never thought it was that BIG or I mean I expected a big city but I think it is really big and so many tourists here and hum – but okay when you go to the north shore there is more hum nature there you can you realize it is more hectic this island – ya! (0134, Z. 20 – 41)

228

B: Ich hab's ja auf Maui gesehen, da waren halt diese, diese Hippiekolonie und äh Oahu war mehr Treffpunkt muss man halt hin, wenn man hier weiter will. Und äh Big Island war-fand ich so ein bisschen äh kam mir so ein bisschen verlassen vor. Da versuchen sie die Touristen auszusiedeln, weil sie vielleicht zu viel Platz haben und äh was zu zeigen, aber war nicht die Städte waren nicht-nicht schön, die ich gesehen habe. Die Natur war natürlich wieder schön sowas sieht man nicht aber von jeder Insel total verschiedener-äh Eindrücke gehabt. Alle ihre positive Seiten aber natürlich auch die negativen. (0071, Z. 474 – 481)

I: Ja, wie würdest du jemanden Hawai'i beschreiben, der keine Ahnung von Hawai'i hat, der davon noch nie - oder sagen wir mal einem Außerirdischen?

B: >lacht< Ha! Außerirdische waren schon genug da! Die wissen genau wie Hawai'i aussieht. Die haben es vielleicht sogar mit kreiert

I:>lacht<

B: Wie Hawai'i ausschaut?! Hawai'i ist eigentlich äh-eigentlich alles. Man kann hier-Wai-Waimea ist a Grand Canyon wer Wai-Waimea gegangen. Also i bin ähm-Waimea gegangen. WAIMEA habe ich zwei äh trails gemacht und also das ist total andere Landschaft, also man hat ja eigentlich alle Klimas. Man hat auf einer Seite-ich kann-wenn ich will, wenn ich mit dem Auto unterwegs bin kann ich auf einem-an einem Tag Sonnenaufgang und Sonnenuntergang sehen. Ich muss nur schnell genug um die Insel rumkommen. >lacht verschmitzt< (0101, Z. 65 – 76)

Das Spezifische, Einzigartige in Hawai'i wird gemeinhin mit den Begriffen der *Andersartigkeit* und *Vielfalt* beschrieben.

Die Inseln variieren in ihrer Größe und Population, den Bergformationen und der Landschaft, die Westseiten (Leeward) sind oft trocken und heiß, der Norden feucht und der Osten (Windward) bewölkt und windig. Durch die Verschiebung der Kontinentalplatten sind die älteren (westlichen) Inseln in ihren Felsformationen zerklüftet und nicht so hoch, wohingegen die jüngeren Inseln (Maui und Hawai'i) hohe, flache[225] und weitläufig ansteigende Vulkanlandschaften aufweisen.

Weiter lässt sich auch die Lage des Archipels als *einzigartig* beschreiben:

B2: There is a lot of places SIMILAR, but Hawai'i is unique in that, it has so much ocean around it, so far away from everybody else, you know. (0123, B2, Z. 229 – 230)

Die Natur in Hawai'i wird in dem erstzitierten Interview als „different" beschrieben, die Unterschiede zwischen den Inseln (Klippen, grüne Felder, Größe bzw. Vulkan) variieren dabei, was eine Konstellation von *Vielfalt* schafft, die als einzigartig beschrieben wird. Vielfalt muss dabei nichts Typisches sein.

Die Filmindustrie nutzt genau diesen Aspekt um weitere Vorstellungen zu schaffen (vgl. Beeton, 2005). Die „typischen"[226] Hawai'i-Kulissen wurden natürlich in Serien wie Magnum, oder Hawai'i 5:0 in Szene gesetzt, unlängst nutzt die Filmindustrie aber auch Hawai'is Mannigfaltigkeit. So wird bspw. in der Serie „Lost", welche in Hawai'i produziert wurde, die ganze Welt *in* Hawai'i insze-

---

[225] „Flach" heißt mäßig ansteigend auf ca. 4.200 Meter über dem Meeresspiegel.

[226] Hiermit sind Strandszenen, das Relief vom Diamond Head Crater etc. gemeint.

niert. Das Einzigartige an Hawai´i ist quasi eine völlig austauschbare, weil vielfältige und somit vorstellungskompatible Natur.

I mean Lost is filmed here, but also when they film they make Hawai´i look like other parts in the world and they accomplish that. (0030, Z. 64 – 66)

Es besteht zum einen Austauschbarkeit auf Seiten der Reiseziele und zum anderen eine interne Austauschbarkeit der Natur vor Ort. Diese ergibt sich aus der diffusen Vorstellung von Hawai´i und der Natur im Allgemeinen.[227] So überrascht die nicht eingetretene Vorstellung von einer tropischen Natur durch die Fremde der einzigartigen Natur vor Ort. Da Einzigartigkeit aber gar nicht erkennbar ist, sondern nur die vermutete Abweichung, kann die Beteuerung von Einzigartigkeit durch quasi wissenschaftliche oder religiöse Semantiken gestärkt werden.

B: I think that, especially when you go to touristy places you got a lot of palm trees, yeah? - And I think that´s especially made for the tourists ´cause they think „oh yeah I expect beach and palm trees" ´cause that goes together and when you find out that they´re not original from originally from here and then they´re sort of like „oh that´s interesting" and hum we went to place, where the volcanos were and you could see and it said, this is original hum vege-vegetation from hum Hawai´i and hum it is so different it is brown a-nd sort of trees a-nd also the other day we went for a hike in O´ahu and there were there were these narrow trees you know, it could have been anywhere it didn´t I mean it was different than what you have in Europe but it could have been anywhere. (0134, Z. 52 – 61)

Die vor Ort „neu" gewonnenen Erkenntnisse, dass bspw. auf Hawai´i elf Klimazonen existieren, werden wie in Kapitel 6.3.2 beschrieben, in Form von Erzählstrategien zur Mystifizierung und des demonstrativen Konsums eingebunden. Wissenschaftliche Fakten, wie sie auf Führungen durch die Parks erworben werden, oder quasi religiöse Beschreibungen aus der eigenen Erfahrung (im Tenor „da zeigt die Natur was sie kann", oder „wenn es ein Paradies gibt, dann ist es hier") verstärken die Einzigartigkeit.

Es wurde ja bereits von mir darauf verwiesen, dass die verschiedenen Grundunterscheidungen von Natur auch in sich vorkommen können. Eine bestimmte Form an Fremde kann folglich ebenso einzigartig sein.

Die auffälligste Einzigartigkeit in der Natur Hawai´is ist, wie bereits erwähnt, die Vielfalt.

Die konkrete Natur als einzelnes Element, als Pflanze wird bspw. in Führungen durch den National Park am Mauna Loa relevant, die Farne, die den Agar für weitere Pflanzen durch ihren Verfall ergeben, sind einzigartig, da sie nur hier vorkommen. Ihre Einzigartigkeit wird durch die Betonung ihrer historischen Verwendung in einem religiösen mystischen Kontext durch anthropologische Erzählungen gestärkt.

---

[227] Dies ist auch nicht sonderlich verwunderlich, da die meisten Menschen eben keine Botaniker sind.

Neben der unberührten Natur wird die Vielfalt der Natur als reizvoll empfunden. Eine unberührte Natur kann durch Vielfalt gezeichnet sein, aber auch durch eintönige Öde oder Kargheit bestimmt sein.

Als Vielfalt werden eben nicht nur unterschiedliche Arten, sondern auch geologische und klimatische Beschaffenheiten, die Abwechslung von Gegensätzen beschrieben (ähnlich wie Natur und Kultur bzw. die Differenz von *berührt | unberührt* verhält es sich mit Hawai´is klimatischen mit Gegensätzen der Elemente, wie Feuer und Eis, Wasser und Erde bzw. dem Meer und den Bergen):

B: Ich kenn jetzt von äh kann jetzt nur von mir sagen, dass ich dieses also ich find das toll die Mau- auf der anderen Seite dieses-diesen Ozean, das Wasser, den Strand, die Sonne und ne halbe Stunde und man kann sich äh beim Bergsteigen >lacht< nen Muskelkater holen. Also ich find das einfach toll, die Landschaft! Berge und Seen und O- also Ozean und alles beinander. Ich find das toll. (0101, Z. 15 – 19)

Vielfalt kann also Artenreichtum, aber auch Kontrast heißen. Kontrast zwischen wüstenartigen Mondlandschaften und Regenwald, Meer und Bergen. Auf allgemeiner Ebene werden so sich ausschließende Entitäten in Hawai´i auffindbar (wie Sandstrände in greifbarer Nähe von schneebedeckten Gipfelkoppen), die sich als einzigartig auf Grund ihrer konfigurierten Unwahrscheinlichkeit erweisen. Und auf konkreter Ebene werden Formen gefunden, wie z.B. die zerklüfteten Felsformationen der Na Pali Küste, die einzigartig und schön wirken:

B2: But I didn't have any conceptions as far as the mountains and the beauty of the ruggedness of the mountains. (0104, B2, Z. 23 – 27)

Einzigartigkeit kann nicht nur Vielfalt, sondern auch Schönheit bedeuten, bestimmte Farbspiele während eines Naturspektakels (wie ein Sonnenuntergang), erzeugen auf Grund der Echtzeitlichkeit das Gefühl an etwas Einzigartigem Teil gehabt zu haben (0040, Z. 107)

Beschreibungen einer einzigartigen Natur und der Verzeichnung von einzigartigen Erlebnissen können sich eben nicht nur der Semantik von *Mannigfaltigkeit*, sondern eben auch *Schönheit* bedienen oder können auf *wissenschaftliche Erklärungen* zurück greifen, die Einzigartigkeit bspw. durch endemisches Vorkommen bekräftigen.

Die Vermutung bei der hier aufgeführten Unterscheidung zwischen einer *vielfältigen, ästhetischen* und *wissenschaftlichen* Rückgriffsmöglichkeit Einzigartigkeit zu legitimieren legt die Vermutung nahe, dass Natursemantiken durch die funktionale Differenzierung und systemspezifische Zuordnung beinflussbar sind – in diesem Fall wird die Semantik von Natur evtl. durch Vielfalt (im Sinne einer religiösen Inspiration durch das Bild des Paradieses), Ästhetik (im Sinne der künstlichen Darstellung romantischer oder naturalistischer Maler) oder durch Erkenntnis (im Sinne einer wissenschaftlichen Beschreibung der Welt) aufgewertet.

In der Home-away-from-Home-Form nimmt, wie bereits beschrieben, die konkrete Form von Natur nur in der Peripherie von Möglichkeiten Platz ein, dies kann zum einen daran liegen, dass die Einrichtung eines zu Hauses in der Fremde der Phase der Exploration nachgestellt ist. Die Natur wird auf den körperlichen Effekt bzw. das einmalige Klima reduziert. Natürlich bleibt konkretes Naturerleben bspw. am Strand nicht aus, erscheint aber nie ein wegen einer konkreten Bestimmung; Freunde als Ausdruck des „Homes away from Home" scheinen wichtiger:

I: It's always: Hawai'i I wanna go there! But what actually makes you want to go to Hawai'i? The beaches?

B2: The weather

I: I mean, you got beautiful beaches all over the world. – The weather?

B2: You got beautiful beaches all over the world.

B4: And every time we come

B2: and much nicer than this probably |

B4: and every time- year we come here, we got we built up [...] We built up a community of friends. (0039, B2 & B4, Z. 150 – 158)

Es sind weniger die konkreten Formen als die konkreten Routinen, die von Interesse sind. Die erfahrbare Vielfalt, die gemeinhin das Einzigartige in Hawai'i darstellt, bleibt hinter dem Tagesgeschehen am Strand und den Treffen mit Freunden außen vor. So wird der Effekt des Klimas zwar geschätzt, aber es wird nicht ausschließlich als Reisegrund genannt:

B: Well just sitting here right now or a I mean it is a little bit COOL but there is there is no strain - you know in Canada you've got cold weather that you are always adjusting to and then in the summertime in where I LIVE that's a very dry place and so there is intense heat in the summertime so the spring times, the times when you relax most, where for me I can relax. Here there is a moisture in the air and there is a warmth that is nice and comfortable. Somehow all of that plus the way it allows me to keep on doing phyiscal activity that's conducive to your well beeing and all of those things together just are here but they're NOT but they're not back home. (0082, Z. 74 – 81)

Anders als in der Home-away-from-Home-Form kommt es bei den Exploren zu einer strukturellen Generierung bzw. einer Häufung von einzigartigen Erlebnissen. Diese finden entweder an den Natursehenswürdigkeiten, also den Stränden, den Aussichtsplattformen, den Berggipfeln oder den Parks statt.

Hawai'i stellt analog wie der Englische Garten eine Oberfläche dar, die zeitgleich zur Produktion von Einzigartigkeit verschiedenster Weise einlädt. Eine Befragte fasste es trefflich am Strand von Waikiki zusammen:

B: And then, you got the other people who really I mean especially those coming from Europe I think, ok there are many here who also want to make holidays, yeah but they travel a LONG distance and it is the world travellers who come here and then they also expect beaches and all that stuff but then, then there are the-these hum but then there are these other people who REALLY want to find out hum about themselves I´d say and you can really like in the Kalalau it´s really very spiritual and I think I think everybody can have a unique experience. So I also think that this is what Hawai´i can give to people. (0134, Z. 142 – 159)

Dies geschieht freilich im Englischen Garten genauso wie auch am Tegernsee (vgl. Dirksmeier, 2010). Auffällig, wenn nicht einzigartig ist die Tendenz in Hawai´i neben den Touristen viele „Spirituelle" anzuziehen.

Zwar kommen *Einzigartigkeit | Austauschbarkeit* vehement in Naturbeschreibungen vor, aber sie werden eben auch zur Mystifizierung von Reiseerlebnissen gebraucht und auf weitere Entitäten abgestellt (eben nicht nur Land oder Natur sondern auch Leute). Der *Gegenalltag* lässt sich durch Natur und ihre vorgefundene *Einzigartigkeit* ontologisieren. *Einzigartigkeit* manifestiert sich in Hawai´i paradoxerweise durch *Vielfalt*. Es liegt die Vermutung nahe, dass die Unterscheidung von *Einzigartigkeit* in ihrer Konnotation von *Vielfalt* durch religiöse, ästhetische, wissenschaftliche oder andere Semantiken beeinflusst oder bekräftigt werden.

Die Beschreibung einer Natur als einzigartig folgt der Logik von Nützlichkeit, die eine funktionale Austauschbarkeit induziert.

6.5.2 Die Natur im Englischen Garten: Soziale Fremde und eine einzigartige Konfiguration

Der Stadtpark ermöglicht in operativer Weise Erholung, indem er die Produktion von Gegenalltäglichkeit in einem natürlichen Rahmen in der Nähe bereitstellt. Der Park ist ein Ort, der durch seine Anlage zum Verweilen, Lesen, Spazieren, Sport treiben, Musizieren, Picknicken, Biertrinken, Beobachten etc. einlädt. Strukturell ist der Wert der Erholung, bedingt durch Nähe und der dadurch bedingten Möglichkeit der Institutionalisierung bzw. der Rahmen (kein Hotel nötig und andere „Lebensumstände" – wie im Urlaub) grundlegend anders konfiguriert.

Im Englischen Garten, das liegt freilich auf der Hand, gehen zwei konstitutive Elemente der Urlaubserholung verloren, oder sind zumindest nur in verwässerter Form zu finden: Zum einen werden Kontingenzerfahrungen in reduziertem Maße erlebt, da das Fremde im Englischen Garten (als Münchner aber auch als Tourist, wenn das Fremde in der gesteigerten Form der Exotik gedacht ist) weniger prävalent ist und darüber hinaus der Umgang mit dem Garten im Alltag institutionalisiert ist, zum Beispiel durch Lebensgewohnheiten wie Sport etc. Die Einheit der Differenz von *Vertrautem* und *Fremden* hält im Aktuellen somit andere Überraschungen bereit. Es bleiben „größere" Überraschungen aus – genau das ist wohl auch der Unterschied zur Fernreise, die ja eben das Versprechen gibt, mit besonderem Gegenalltag, mit neuen Eindrücken zu verzaubern. – Das

Überraschende im Park ist meist das Soziale oder das was fremd im Vergleich zum Arbeitsalltag ist bzw. vertraut für die Umgebung ist.

Zum anderen stellt *Unberührtheit* in einem Park einen Widerspruch dar, ist die Anlage künstlich „gemacht" und von Menschen an bestimmten Tagen geradezu belagert (wenngleich das ja für zentrale Strände in Hawai´i auch gilt). Der Park übt im Erleben dennoch einen einzigartigen Charakter aus, darauf werde ich gleich zurückkommen.

In den Gesprächen im Englischen Garten kommen grundsätzlich ähnliche Unterscheidung zum Tragen, wie bei den Naturbeschreibungen in Hawai´i. Auch hier ist das Erleben durch *Einzigartigkeit* bestimmt, wenngleich natürlich *Vielfalt* und *Fremdheit* eine untergeordnete Rolle spielen:

B: Der Englische Garten ist glaub ich schon einmalig.

I: Ja?

B: Des ist so in Europa sicherlich einer der tollsten Gärten, den es überhaupt gibt.

I: Wieso? Also wieso glaubst du das?

B: Des is weil's so bisschen eine Mischung zwischen angelegt und doch irgendwie wild belassen.

(151, Z. 21 – 25)

B [...] ja das ist hier so richtig ein Zentrum würd ich sagen.

I: Wie kommt das glaubst du?

B: Das ist einfach die Lage, ja, mittendrin, und ähm ja auch die Anlage an sich ist superschön.

I: Was wie zeichnet die sich aus? Also...

B: Ja, es ist eben nicht so ein strenger Park sag ich mal, ja, nicht so ein französischer Garten wo also alles zurechtgestutzt ist und äh naja also alles so ein bisschen gekämmt und gebügelt aussieht, das hat jetzt hier noch mehr so Naturfeeling, obwohl es natürlich auch eine Gartenanlage ist, aber es wirkt alles so ein bisschen ungezwungener hier, als zum Beispiel im Hofgarten oder so, ist auch schön, okay, aber ähm ja aber wohler fühl ich mich eigentlich hier. (150, Z. 37 – 45)

Die Einzigartigkeit der Konfiguration der Anlage besteht auch hier wieder in dem Kontrast von *berührt | unberührt*. Jeder der Befragten ist sich der Anlage des Parks als etwas Gemachtes im Klaren, die Natur wirkt hier natürlich, weil sie unbelassen, wenn man so will, in reduziertem Maße chaotisch und nicht rechtwinklig ist (vgl. 151, Z. 62).

Im Gegensatz zur den rechten Winkeln anderer Parkanlagen, wird die chaotische, unberührte Natur im Kalalau geschätzt (vgl. 115, Z. 41f.). Das Ausbleiben einer offensichtlichen Ordnung bedeutet, die Anlage ist quasi „natürlich gemacht". Es stellt sich analog zum Urlaubsgefühl ein „Naturfeeling" ein.

Im Gegensatz zur Natur „draußen", ist man in einem Park nicht allein. Die Wiesen laden zum Aufenthalt und Aktivität ein. Unberührtheit im Sinne der Absenz des Menschen ist logischerweise, da der Park *für* den Menschen gemacht ist, weniger bzw. nicht zu erwarten:

B: Was der große Unterschied ist, dass man da [in der Natur draußen – Anmerkung M.H.] meistens allein unterwegs ist. Man trifft gelegentlich mal jemanden, auch andere Hunde, aber des ist halt Natur aber ja wenig Kontakt sag ich mal, was für ihn [den Hund] manchmal bisschen langweilig ist und ja auch für den Menschen ist es interessanter, wenn ein bisschen was los ist, sag ich mal. Wir sind natürlich standardmäßig meistens sind wir bei uns in der Gegend unterwegs, aber so ein zwei Mal im Monat kommen wir dann eigentlich auch an die Isar oder hier im Englischen Garten.

I: Was ist der Unterschied, Isar, Englischer Garten, was fällt da auf? Oder was macht da...

B: Im Englischen Garten kann man besser auf der Wiese liegen, an der Isar ist alles so bisschen mit Kiesel und da liegt man nicht so gut. Im Sommer natürlich ist die Isar attraktiv, weil man da immer zur Abkühlung reinspringen kann in die Isar, das geht hier auch an einigen Stellen am Eisbach, aber, ja, ist beides ist auch Abwechslung. Schön hier in München, dass man beides hat. (150, Z. 19 – 29)

Zwischen der städtischen und ländlichen Natur wird in erster Instanz nicht unterschieden; Natur ist im Auge des Betrachters immer Natur. Wird Natur von einer anderen Natur unterschieden, lassen sich Unterschiede finden. Sauberkeit und Ordnung werden hier primär zur Unterscheidung verwendet. Oder eben wie in dem gerade zitierten Beispiel, bestimmt die einer spezifischen Praxis untergeordneten Nützlichkeit, die Vorzüge und Nachteile der einen oder anderen Natur. Abwechslung als Form der Vielfalt übt auch hier ihren Reiz aus, so können in München Isar und Englischer Garten, je nach Stimmung ergänzend zueinander gesehen werden.

Der Park ist sauber oder ordentlicher als die Natur draußen (vgl. 0293). Die Natur „draußen" kann samt ihren Verunreinigungen an Landstraßen oder die Maschinen der Landwirtschaft anscheinend weniger überzeugen, als der perfekt in Schuss gehaltene und gehegte Stadtpark.[228] Der Park entschleunigt, man kann sich auf den Wegen treiben lassen (ebd.).

Die Schönheit des Parks liegt in seiner geordneten Unordnung der Anlage und ihrer Pflege, die in der Natur oder auf den Nutzflächen in ihr, nicht erwartbar ist, die geschaffen werden muss und keineswegs natürlich überall anzutreffen ist.

Der Wert der Erholung im Stadtpark liegt wie im Urlaub in dem Kontrast zum Alltag. Für viele ist der Park wie ein Ritual in eine Übergangsphase eingebunden (Turner). So kann man nach der Schichtarbeit sich mit einem Bier auf eine Bank setzen. Man „entspannt" bevor man ins Bett geht (vgl. 0293), beobachtet das „bunte", „schillernde" Treiben (vgl. 0201), auf den weiten Wiesen in der einzigartigen Anlage:

B: Und auch diese große Fläche hier, man hat nen schönen Blick, ist sicherlich was Besonderes. (0151, Z. 35)

Auch der Englische Garten kann einen imaginativen Mehrwert verzeichnen, wird er unter der Annahme von potentieller Andersartigkeit in der Fremde gesehen. Der Ort im Hier wie er ist, muss nicht so sein, man kann sich froh schätzen, dass

---

[228] Natürlich sind Landwirtschaftliche Flächen oder Wiesen entlang von Straßen (die meist auch landwirtschaftlich genutzt werden) ohnehin nicht zur Erholung „gedacht".

er so und nicht anders ist. Bei den Fremden ist diese Perspektive der Einzigartigkeit oft offensichtlich (vgl. 0149, B2, Z. 131- 132: „In Spain, there are no places
like this, too – for pets.") aber auch den überzeugten Münchnern ist dieses Stück
Lebensqualität bewusst (vgl. 0198).

Manche nutzen den Park täglich und um ihn herum gibt es nichts. Der Park
hat im Leben, zumindest im Sommer, einen zentralen Platz. Man trifft Freunde
ohne sich zeitlich exakt zu verabreden, dort, oder lernt neue Leute kennen. Man
hat hier seinen festen Platz und kennt die anderen Gruppen gut. Manche kommen
ganz regelmäßig, andere nur zu bestimmten Zeiten, am Wochenende oder spora-
disch unter der Woche, manche führen den Besuch hier heraus, da der Englische
Garten mit seinen Nackten, den Biergärten, Musikern und Surfern eine weltweite
(einzigartige) Attraktion darstellt (vgl. 0201).

Ist der Englische Garten für manche eine Art zweites Wohnzimmer im Sommer, so dient er anderen nur zur Überbrückung und sorgt für leichte Unterhaltung. Einige Rudimente der 70er-Bewegungen, wie „die Nackerten" oder einige
„Althippies" bzw. der „Jesus-Clan" der in den 90er Jahren in dem Englischen
Garten für Anhängerschaft und Unterhaltung[229] sorgte, fungieren heute noch als
plakative Zeitzeugen vergangener politischer Bewegungen und fördern, wenngleich nicht für jedermann in positiver Art und Weise, den Tourismus und bzw.
prägen das Bild der Deutschen somit im Ausland.

Für die meisten fungiert der Park als Ort an dem man Sport ausüben und ein
wenig Zerstreuung vom Alltag erfahren kann: Man schlendert barfuß durch das
Gras, beobachtet auf einer Bank, springt in einer der Bäche oder genießt die
Stimmung (bspw. das Farbenspiel des Laubs im Herbst) beim Spazierengehen.
Gerade an Sonntagen nach langem Regen quillt der Park aus allen Nähten, wenn
sich Tausende an den warmen Sonnenstrahlen im Park laben.

Der Englische Garten ist zwar nicht aufgrund seines endemischen Arten-
reichtums einzigartig, wohl aber von seiner Beschaffenheit (Größe, Lage und
Anlage). Er evoziert ein für die Stadt München „einzigartiges Lebensgefühl" –
für die Fremden bietet er wohl auch vor allem mit seinen Nackten und den vielen
Biergärten eine einzigartige Sehenswürdigkeit.

Die vor allem in der Spiritual Form gesuchte unvertraute Fremde bzw. Einzigartigkeit in der Fremde sucht man hier vergebens. Einzigartigkeit kann in
Form von Vertrautheit oder auch von Neuem („es ist bunt, man sieht immer was
Neues") im Sinne einer Korrespondenz (vgl. Seel) bzw. einer Wohltat natürlich
gefunden werden (eben auch im Eisbach – vgl. 0202). Der Garten ist aber grund-

---

[229] Vergleiche: LaVita im Englischen Garten: „Jesus vom Monopterus „Come down you angels!"
Artikel unter: http://www.br.de/fernsehen/bayerisches-fernsehen/sendungen/lavita/lavita-englischer-
garten-muenchen104.html (Zugriff am 3.1.13 um 14.15 Uhr).

legend weniger spirituell aufgeladen, wie es viele Orte in Hawai´i sind. Dies mag aus einer fehlenden Zurechnungsmöglichkeit zu einer alten Kultur, der Nähe oder seiner „Gemachtheit" resultieren.

Das wohlwollende Element von *Ursprünglichkeit* mit seiner revitalisierenden Kraft steht der Natur von Hawai´i in München in dosierter, ambivalenter, aber daher reizvoller Form entgegen. Ist Hawai´i in seiner paradiesischen Vielfalt einzigartig, ist die Natur des Parks hingegen in ihrer Verquickung durch urbane Nähe als regeneratives Element städtischer (münchnerischer) Lebenskultur von vielen als „weltweit" einzigartig bezeichnet (Vgl. 0198, Z. 19 – 21). Die mangelnde natürliche Vielfalt erscheint nicht als Mangel, Einheitserfahrungen lassen sich auch so generieren, obendrein findet sich genug gegenalltägliche Einheit in der Zerstreuung durch die „soziale Natur" des Parks.

Gerade im Gegensatz zur Reise bietet die Natur des Parks eine andere Perspektive der Vertrautheit: Sind europäische Touristen in Hawai´i von der *Vielfalt* und *Einzigartigkeit* hingerissen und schier mit jeder Ecke lassen sich neue Eindrücke generieren, erhält der Park bei den Ortsansässigen seine *Vielfalt* durch das Soziale, und seine Konfiguration (ruhige Ecken, und eine „natürliche" Anlage). Das Beobachten der Natur erhält weiter über die Zeit einen Reiz, der Park ändert sein Gesicht je nach Jahreszeit. – Man kennt ihn und dennoch überrascht er.

6.6   Wieso Natur? Oder: Die Vertreibung ins Paradies

In diesem Kapitel soll die Bedeutung von Natur gerade im Hinblick auf ihre Funktion in der Schaffung von Tourismus- und naherholungsbezogener Erholung betrachtet werden. Es sollen so die Forschungsfragen beantwortet werden: „Was macht den Reiz einer exotischen Natur aus?" und „Wie erholt Natur?".

Natursemantiken, die sich der Unterscheidung von *Einheit | Trennung* bedienen, werden in den Interviews am häufigsten genannt. *Natur | Nichtnatur* als Grunddifferenz wird bspw. durch die Unterscheidung von *berührt | unberührt* getragen. Viele der Befragten beschreiben Natur also in einem als umfassend und dennoch als Teil (als Wahres bzw. Verlorenes).

Die der Natursemantik beschriebene Trennung[230] (*Natur | Nichtnatur*) wird permanent unterlaufen (vgl. Latour, 2001), so produziert sie laufend *Einheit | Trennung*. Liegt die größte Funktion der Natursemantik darin hauptsächlich Soziales zu ontologisieren (vgl. Nassehi, 2011, S. 283), eignet sie sich aufgrund dieser Differenz besonders, um Erholung zu produzieren, das Unnatürliche

---

[230] Die zwischen *trennend | umfassend* unterscheidende wird als die zentrale seit der Aufklärung begriffen.

(bspw. der Arbeitsalltag und Stress) wird durch die Natur wieder in Einklang gebracht.

Natur steht hier für das Verlorene bzw. das Wahre. Die wilde Natur ist durch *Vielfalt* und *Größe* bestimmt. Vielfalt rekurriert dabei die umfassende Natursemantik, sie kann ihren Reiz durch Fremdes und Neues entfalten.

Natur bedeutet immer ein bestimmtes Gefühl. Sie weckt, wie bereits beschrieben, das Gefühl bzw. den Drang, sie zu berühren und sie und somit auch sich zu spüren. Dabei kann Natur dem Menschen soweit entgegenstehen, dass er ist nicht einmal in der Lage ist, sie zu durchdringen.

B: Ja, dass da die Natur, da hat man ein Gefühl von Natur, die es hier [Anmerkung: der Englische Garten] nicht gibt. Da sind die Bäume im Wald dicht, da kann man nimmer durchgehen. Das ist halt irgendwie schon, ja alle Tiere sind größer wie hier, alles groß, ja. Es ist die - das Land ist einfach gigantisch groß, das Wasser ist so klar, >lacht<, trotz der gigantischen Kälte will man nur rein springen, ja, das ist schon bisschen was anderes wie jetzt, ja hier, das ist halt zivilisierte Natur. Das ist dort wirklich wilde Natur. (0150, Z. 67 – 72)

Naturerfahrung kann als Selbstwirksamkeitserlebnis gesehen werden. Die im Job evtl. fehlende Unmittelbarkeit der Selbstwirksamkeit kann so kompensiert werden.

Unberührte Natur gewährleistet ein Stück Gegenalltag per se, ist der Alltag der meisten schlicht durch Absenz von Natur gekennzeichnet (vgl. auch 0115, Z. 41f.). Die Natur steht für unberührte Natur und wird als „Schatz" wahrgenommen:

B: Von den Stadtleuten natürlich, logisch, die haben a Fenster zum Hinterhof, die wollen raus. Mit aller Gewalt und bevölkern unserer Plätze >lächelt< von unseren Einheimischen, wenn Sie so wollen. Aber es ist ja ihr gutes Recht. Das würde ich genauso machen. Früher war da, das wurde gar nicht angenommen. Ich denke, dass die Leute, jetzt erst erkannt haben, welchen Schatz sie [deutet auf den Fluss] praktisch vor der Haustüre haben. (0198, Z. 27 – 31)

Die Natur in der Semantik als etwas Ursprüngliches, Altes und immer weniger Vorhandenes macht sie zum Fragilen und heizt den Defätismus um ihren Untergang an.

Durch das Wahrnehmen von Natur wird Einheit durch Differenz hergestellt. Sie komplettiert aus ihrem Wesen heraus. Darüber hinaus werden sensuale Techniken, das Sehen, das Fühlen oder das Riechen nötig (Urry & Larsen, 2011), sie fungieren als Schnittstellen, die unberührte Seite des Systems und sein Außen zu inkorporieren und fassbar zu machen. Die Betonung von Gefühlen kann in der Cartesianischen Trennung gedacht also der Herstellung von Einheit dienen, stehen die Gefühle ja dem Verstand entgegen (vgl. auch Walz, 2007, „innere" und „äußere" Natur, S.20). Der Reiz einer exotischen Natur liegt in der Erfahrung und Bereitstellung fremder Vielfalt, die dem Individuum eine Spielfläche für Imagination und Selbstvariation bietet.

In Form sensueller, kontemplativer und kognitiver Techniken wird Natur in besonderem Maße zur Beschreibung als einheitsgenerierende Varianzerfahrung freigegeben.

B: Ja, der Eisbach,..ist der Eisbach weil er eiskalt ist und deshalb muss ich da unbedingt rein und er ist unheimlich schnell, schneller als ich und deshalb, ist er eiskalt und sehr schnell uuund gefällt mir besonders gut. Außerdem: in der Woche sitzt man meistens an einem Tisch, kuckt auf einen Bildschirm und spricht mit komischen Leuten [Gestikuliert mit den Händen] und – wie soll man das beschreiben, dann geht die Seele so langsam flöten und dann springst du hier rein am Samstag >klatscht die Hände wieder zusammen< und dann kommt alles wieder zusammen. – Kommt wieder zurück in den Körper [Finger gehen zurück auf ihn und in den Boden]. Das ist ganz schön [zuckt mit den Achseln]. Und das kann glaube ich nur der Eisbach. (0202, Z. 10 -18)

Natur kann in Kombination von Körper und Geist ein Einheitsgefühl erzeugen, das ausgleichend wirkt und zur Erholung beiträgt, in dem sich die Erlebnisse vom Alltag abheben. Die sonst in der Arbeit absente Form der Körperlichkeit wird durch das Springen in das kühle Nass kompensiert. Einerseits scheint das Verlangen in der Natur des Eisbachs zu liegen, andererseits wird die kühle Abreibung durch den Alltag und die „langsam flöten" gegangene Seele notwendig. Es entsteht eine Einheit im doppelten Sinne. – Das hier zitierte Beispiel beruft sich dabei vor allem auf die „Natur des Eisbachs", die in ihrer Einzigartigkeit den Effekt in Kombination mit dem Selbst evoziert. Natur eignet sich besonders, die Praxis mit ihr zu Verschleiern. Der Eisbach, kann was sonst nichts anderes kann. Er ist in diesem Sinne einzigartig.

Naturwahrnehmung (wie Objektwahrnehmung) beinhaltet die strukturelle Koppelung der Wahrnehmung in Form der Stelle Differenz Unterscheidung (vgl. Luhmann, 1997c) des Außen, die Wahrnehmung wird gleichzeitig aber von den örtlich außerhalb des Individuums auftretenden Mustern auch auf das Innenleben gerichtet und verspürt somit eine Erdung vor Ort im Selbst. Es kommt wie im Zitat wiedergegeben: „alles wieder zusammen".

Natursemantiken die der modernen Semantik von *Einheit* und *Trennung* gehorchen, sind folglich ein kontrastierendes Kommunikationsmittel, das auf strukturelle Koppelung bezogen wird.

In dem Beispiel (0202) liegt Einheitsgenerierung auf einer Ebene von Fluss und Körper und der Entität Fluss durch organismische und psychische Koppelung von Körper und Geist vor. In zweiter Instanz liegt der Wert dieser Koppelung in der vermuteten Unterstellung der Apresenz der Seele im Arbeitsalltag und deren Reaktivierung durch den Sprung in das „schnelle", „eiskalte" Nass.

Die Rückkoppelung erfolgt über die psychische Attribuierung eines echtzeitlich stattfindenden und einzigartigen Prozesses, dessen Einzigartigkeit nicht nur in der zeitlichen, sondern der *natürlichen* Beschaffenheit des Eisbaches liegt. Der Eisbach durch seine spezifischen Beschaffenheiten generiert in der Kombination des „Wässerns" des Körpers eine Einheit, welche als Notwendigkeit in

Abhängigkeit zur Entfremdung in der Arbeit ihre Ursache hat. Die Verlockung der Einheit schöpft sich aus einer ganzheitlichen Betrachtung, im Konkreten speist sie ihren Reiz aus dem einzigartigen ontologischen Wesen des Baches.

Beschreibungen an Hand dieser altruistischen Semantik (von Natur) erfassen folglich die Prozesse der strukturellen Koppelungen auf den basalen Systemebenen (organismisch, psychisch und sozial), sowie zwischen den sozialen Systemen. Die systemische Zuordnung von Naturkommunikation soll als Ausblick im nächsten Kapitel vorgenommen werden.

Der schnittstellenartige Charakter der Natursemantik ist durch Beschreibungen gezeichnet, die permanent auf diffuse, ebenso dem Verstand sonst gegenüber liegende „Gefühle" verweisen.

Als Gefühle werden von mir die im körperlichen bzw. im organismischen System produzierten Reize und die Koppelung der Nervenimpulse bzw. deren gedankliche Verarbeitung im psychischen System bezeichnet.

So scheint es nicht möglich, über Natur zu sprechen ohne auf das Emotionale zu rekurrieren. So wird die Uneinheit von Körper und Geist als gedanklich-emotionale Einheit repräsentiert. Dabei ist natürlich nicht klar, wo durch das Gefühl bedingt ist, manchmal schöpft es sich scheinbar rein aus Körperlichem, ein anderes Mal aus der Landschaft oder der gesamten Natur oder eines Baumes und wird nur emotional, aber nicht rational (durch eine sinnhafte-funktionale Attribuierung) wahrgenommen. – Der transzendentale Konstruktivismus legt nahe, das die Wahrnehmung von Landschaft weder subjektiv noch objektiv erklärt wird, weil „ [...] die ästhetische Natur, ein weder nur subjektives noch ein nur objektives, sondern ein Phänomen eigener Art ist." (Walz, 2007, S. 25)

Das Gefühl manifestiert sich in der Atmosphäre, dem „Spirit" oder Ähnlichem und schleicht so durch den Körper ins Bewusstsein (vgl. u.a. auch 0151 S. 2 Z. 67; oder 0115 u. 0134) In Hawai´i wird die figurativ wirkende Verkettung von Natur und Subjekt an und von vielen Personen beobachtet:

B2: I think that's one of the things that interacts with people here is the spirit of land-connection. (0104, B2, Z. 79)

Das Gefühl variiert dabei immer in Abhängigkeit zur Perspektive. Sie lockt dabei an jeder Ecke mit körperlichen Verheißungen und impliziert dann und wann die große Freiheit. Oder das Land flüstert eine spirituelle Verbundenheit, die sich auf der empirischen Ebene nicht klären lässt.

Der Reiz einer exotischen Natur liegt in der Fremde und der potentiellen andersartigen performativen Entfaltung der Erfahrung bzw. Bewertung dieser. Kann man im Englischen Garten nur barfuß durch das Gras spazieren, laden in Hawai´i hunderte von Stränden zu sensualen und imaginativen Spielereien ein. Die Vorstellung der Europäer in Hawai´i auf eine urtümliche Natur-Kultur

(Bambus-Hütten etc.) zu treffen, sind durch die Vorstellung des Verlusts des Wahren angefeuert und lassen sich als Authentizitätsbestreben deuten.

Der Anschaulichkeit halber möchte ich noch mal auf die verschiedenen Erholungsformen und deren spezifische Fokussierung auf Natur skizzieren.

Von einem Strandurlaub geht freilich eine andere Erholung aus, noch ist am Strand Natur so präsent wie im Abenteuerurlaub, wenngleich zumindest nach umfassender Natursemantik, die Natur am Strand genauso angesiedelt ist wie im Dschungel. Gleichermaßen trägt eine Landschaft durch Ruhe zur Erholung bei, ein Park erholt auch, allerdings wiederum in anderer Form, als der Ausblick von einem Berg.

Erholt die Natur am Strand durch Wärme und ein *vertrautes* Umfeld, generiert die Vorstellung von einem unberührten Dschungel (etwas was wir in Europa nicht kennen), eine Naturerholung der anderen Art. Der Ausblick von einem Berg oder der Blick auf einen Vulkankrater erzeugt ebenso eine andere Art der Empfindung (eine Erhabene). Gerade der Drang nach Unvertrautem diktiert die Form der Naturerholung (Kapitel 6.3.1) bzw. eine bestimmte Form von Koppelungen (wie bereits erwähnt, ist ja keine Wahrnehmung ohne Körper möglich und immer der Körper bei Naturwahrnehmung „im Spiel", dennoch besteht ein Unterschied darin, seinen Körper an den Strand zu legen, oder ihn 14 Tage durch den Regenwald zu schleifen).

Im Folgenden will ich die Koppelung von Körper[231] und physikalische Entitäten beschreiben. Physikalische Entitäten sind in einem Gemeinsinn durch Wissenschaft größtenteils begreifbar gedachte Objekte, deren Objekteigenschaften in Konfiguration mit dem Körper zu einer unmittelbar organismisch-psychischen sensualen Erfahrung führen. Die Sonne, das Wasser, der Wind, die schwüle Luft oder das barfüßige Gehen können Koppelungen dieser Art hervorbringen. Einwirkungen dieser Art können positiv oder negativ bewertet werden (angenehme Wärme vs. extreme Hitze oder Kälte).

In Kumulation können bspw. Sonne, Wind und andere körperliche Einwirkungen des Außens, die in Hawai'i zusammentreffen, strukturelle Koppelungen erzeugen, die zu einem besseren, *einzigartigen* Lebensgefühl beitragen. Das Leben wird so einfacher, da der Körper „weniger Energie" verbraucht:

B: Yeah, because I've been around the world twice and I've always there is two places in Canada that are in western Canada that are viewed as very nice places to be?

I: Yeah.

B: And I went to university I lived in one and went to university in the other and I've always said that if I could live in one of those and visit the other there were very view places in the world that beat both of those places together. Hawai'i in some ways in some ways trumps that. I don't know if I'd

---

[231] Körper wird als psychische Konstruktionsleistung der psychisch und sozial vermittelten sowie organismisch gefühlten Verbindung der einzelnen Teile gedacht.

actually gonna move here but-but I´d come here for a extended period of time and raise my my sort of my fitness and gain the relaxation and do it while I am beeing relaxed. You know I like going home and do the cross country skiing, too, but it´s a mh I don´t know there is a something like this where there is Hawai´i is – the feeling to me is that and all of that means it takes less less energy just to be. (0082, Z. 84 – 96)

Die Energie von außen, gibt dem Körper Energie nach innen und wirkt entropisch.

Die individuelle ideologische Bewertung dieser Koppelungsform kann sich variabel gestalten. Beurteilung und Aufwertung dieser Koppelungen können ideologischen Charakter im Sinne einer Geisteshaltung oder der einfachen als Ritual der Erholung aus sich wirken.

Einerseits ist das Barfußgehen am Strand ein Muss für jeden Urlauber, andererseits kann das Barfußgehen in der Stadt im Winter zur politischen Aussage oder Bestandteil eines spirituellen Körperbewusstseins sein (vgl. 0196).

Die Natur wird bei einer Koppelung dieser Art freilich als etwas *Unmittelbares* beschrieben. Der Effekt der unmittelbaren sensuellen Berührung ist daher elementares Geschehen im Prozess des Naturerlebens, der Abgleich mit den Entitäten vor Ort findet so auf einer anderen Ebene als vor dem Bildschirm zu Hause statt (vgl. Urry & Larsen, 2011).

Eine weitere Beziehung zur Natur kann sich durch die wahrgenommene und beschriebene Koppelung von Köper und Landschaft (Beschreibung der Perspektive in der Natur) vollziehen.

Durch die Wahrnehmung und Beschreibung der Koppelung von Körper in einem Arrangement von als natürlich wahrgenommenen Entitäten entsteht die Betrachtung von Körper und Landschaft. Eine landschaftliche Wahrnehmung ohne sensuale Koppelung, wie sie soeben beschrieben ist, ist freilich nicht möglich. – Selbst die Unterbindung von Einflüssen der Natur bspw. durch eine Glasscheibe in einem Flugzeug, löst Empfindung aus – nämlich entweder das der Isolation und Trennung, oder aber auch das Gefühl von Weite und Freiheit.

Es ergeben sich, je nach Perspektive und Antlitz der Landschaft, ästhetische oder religiöse zu verordnende Gefühle einhergehend mit Freiheit und Weite, man fühlt sich klein in der „wilden Natur", es stellt sich analytisch betrachtet durch das Panorama oder den Ausblick eine Naturwahrnehmung da, die an das Sublime (vgl. Martin Seel, Kapitel 3.3) anknüpft. Die betrachtete unberührte Natur (der Landschaft) kann im Sinne einer korresponsiven Reflexion (gemäß ihrer Einzigartigkeit), in einen komplexeren Kontext eingebunden werden. So emergiert aus einem Blick auf die Landschaft in der Reflexion darauf das gute Leben und die politisch-rechtliche Ansicht, das Natur ein zu schützendes Gut darstellt.

So kann das Kalalau-Tal im Ganzen für das gute Leben, die gebende Natur stehen, wie auch eine gerade geerntete Frucht; Natürlich lässt sich das Tal auch andersherum (vgl. 0120) zur spirituellen Läuterung beobachten, eben, dass hier nicht spirituelle Erleuchtung gefunden wird, sondern lediglich ein Ort liegt, an dem man die Seele psychodelisch baumeln lassen kann und sich ein Paradies imaginiert, wie man es aus Abenteuerromanen und Filmen oder dem Internet kennt, oder man einfach nur am Strand liegt.

Es wird deutlich, dass die ideologische Überformung der Natur mit der Beobachtungsperspektive, der Form der Erwartung korrespondiert und Natur für mannigfaltige Projektionsleistungen zur Verfügung steht.[232]

---

[232] Erklärungen, die „Biophilie" oder das „Savanna Principle" (bspw. Maulan & Shariff & Miller, 2006) also über die Evolution erklären wollen, wurden auf Grund ihres spekulativen Charakters nicht weiter berücksichtigt. Die Übersichtlichkeit des Parks, lässt sich als der Savanne ähnlich beschreiben. Es beibt letzten Endes anzumerken, dass der Mensch der Natur lange „abgeneigt" war und sich sein Verhalten daher nicht allein aus diesen Ansätzen erklären lässt.

7 Zusammenfassung und Ausblick: Natursemantiken als Kontrastmittel

Bietet Natur zum einen die Möglichkeit Soziales zu ontologisieren (vgl. Nassehi, 2011, S. 283), steht Natur für den Gegenalltag und somit potentiell für Erholung.

Der Reiz einer exotischen Natur liegt in ihrer vermuteten Urtümlichkeit und Andersartigkeit. In ihrer Imagination ist die Hoffnung eingeschrieben, in der Fremde neue Erfahrungen machen zu können und das „Verlorene" und „Wahre" wiederfinden zu können. Dem Verlangen nach Natur haftet in erster Instanz das Verlangen nach Authentizität an und speist sich aus der romantischen *altruistischen* Semantik. Natur bedeutet darüberhinaus *Vielfalt* und steht für *Gesundheit*. Ihr wohnt die Kraft inne, den Menschen zu versorgen, aber auch ihn zu zerstören.

Besonders der Einfluss von Wissenschaft und Kunst hat zu einem veränderten *modernen* Umgang mit Natur geführt.

Wenn Natur erholt, dann meist über den Körper, er fungiert als „Medium". Arbeiten in Projekten fehlt oft Mittelbarkeit. Eine körperliche Unmittelbarkeit, wie in der Verbindung von Körper und Natur, kommt in der Erwerbsarbeit selten vor. In der Natur kommt es daher zu einer Fokussierung auf körperliche oder sinnliche Prozesse, die in der erwerbstätigen Arbeitswelt zu kurz kommen. Das Individuum erlebt eine unmittelbare Wirkung des Selbst. Ein Sprung in den kalten Eisbach führt zu einer gesteigerten Selbstwirksamkeit.

Aus der Empirie konnten drei semantische konstitutive Differenzen in der Kommunikation über Natur abgeleitet werden: *unberührt | berührt; fremd | vertraut; einzigartig | austauschbar.* Sie dienen der Produktion von: Ursprünglichkeit, Andersartigkeit (Vielfalt) und Einzigartigkeit. Diese konstitutiven Differenzen lassen sich nicht den drei Natursemantiken (Identität, Utilität und Alterität – vgl. Gill, 2003) eindeutig zuordnen. Ursprünglichkeit kann im Sinne der altruistischen Semantik gesehen werden, Einzigartigkeit kann als funktionales Ventil aus einer Nützlichkeit betrachtet werden und Fremde kann in Referenz auf das eigene in einer Perspektive von Ganzheit begriffen werden und für göttliche Vielfalt stehen. Zwingend sind solche Zuordnungen allerdings nicht.

Gerade das Bild einer „unberührten Natur" wurde von der Bildenden Kunst geprägt, die Praktiken des ausschnitthaften Auswählens sind in ihrem Erleben konstitutiv. Sinnlich bleibt das Visuelle hier allerdings unterpräsentiert, bzw. unbeschreiblich. Oft spielen während der Naturerfahrungen andere Sinne (das Spüren des Windes auf der Haut bzw. der Sand und das Gras um die Füße oder Gerüche etc.) eine größere Rolle.

In Hawai´i ließen sich drei Formen bilden, die einen unterschiedlichen Modus im Umgang aufweisen. In der Home-away-from-Home-Form bleibt Natur als Kulisse am Rande von Möglichkeiten liegen. Der Explorer sucht in der Natur den dosierten Kontrollverlust, wohingegen die Spirituellen in der Natur etwas Übersinnlich-Aufgeladenes sehen, was bei der Suche nach Erfüllung dienlich sein soll.

Gerade auf Reisen bzw. im Umgang mit der Natur auf Hawai´i zeigte sich, dass eine Zweitcodierung der Natur bzw. Zuordnungen zu wissenschaftlichen oder religiösen Kontexten die Reiseerfahrung im Sinne einer Erzählstrategie aufwerten.

Steht beim Erreichen der Inseln für viele die Palme als Sinnbild von Exotik und Erholung, kommt es durch Führungen in Parks oder Erzählungen von Einheimischen zur Aufwertung zuerst unbekannter (und zunächst auch uninteressanter) Pflanzen. Diese werden dann als einzigartig beschrieben und werten die Reise auf. Die Natur erhält so einen wissenschaftlichen oder religiösen „Touch". Natur verweist dann nicht nur auf etwas Äußeres (Nichtkulturelles), sondern wird durch einen anderen systemischen Blick quasi „zweitcodiert" – diesen Gedanken führe ich gleich weiter aus.

Eine permanente Einrichtung in der unberührten Natur ist für die meisten Befragten nicht attraktiv.

Einzigartigkeit und Unberührtheit spielen bei Beschreibungen des Umgangs mit der Natur im Englischen Garten im Vergleich zu Hawai´i auch eine Rolle. Allerdings in anderer Art und Weise. Einzigartig ist die Anlage der Natur und einzelne Elemente (Sicht über Wiesen, der kalte reißende Eisbach), wohingegen in Hawai´i gerade die Vielfalt und Andersartigkeit der Natur in den Fokus ragen.

Naturschönheit steht oft in Landschaft bzw. in Kontemplation bereit, oft erweist es sich als schwierig, ihre Schönheit zu beschreiben. Praktisch der Konstruktion eines Gemäldes nachgeahmt, wird ein unberührter Ausschnitt (Küstenabschnitt oder Bergkette) schlichtweg mit einer kurzen Geste als schön daliegend ausgewiesen.

Dürfte den „locals" in Hawai´i vieles vertraut erscheinen, was den Touristen fremd erscheint, bilden doch Flora und Fauna für viele Beschreibungen den Ausgangspunkt. Im Englischen Garten gerät in dieser Differenz das Soziale oft in den Blickpunkt.

Natur soll in erster Linie unberührt und vielfältig sowie schön sein. Naturschönheit ist allerdings schwer zu verbalisieren, neben der vielfältigen und versorgenden bzw. umfassenden Natur eignet sich eine zerstörerische Natur besonders zur Verbalisierung.

Es soll abschließend überlegt werden, inwiefern sich die Natursemantiken des Alltags durch die funktionale Differenzierung verändert haben.

Kommunikation über Natur betont die *Einheit* von *Differenz*. Einheit und Trennung können sich bspw. in der Reflexion von *berührter | unberührter* Natur widerspiegeln. Einheit und Trennung liegt aber auch in der Differenz von *Fremdheit* und *Vertrautheit* zu Grunde, ist die Fremde das unerreichbare Außen vom Innen.

Das Problem bzw. der Gewinn der reflexiven Verwendung von Natursemantiken besteht in der Relativierung, d.h. Variation der Einheits- und Differenzerfahrung. Je nach Beobachtung produziert sich neue Einheit und Differenz mit dem Verweis auf ihre eigentliche (natürliche) Negierung. Die semantische Verwendung impliziert in Beobachtung 2. Ordnung so eine Naturalisierung ihrer selbst: sie produziert Vielfalt mit dem Verweis auf eine nicht zu-treffende Unterscheidung (die natürlich eine Unterscheidung bedeutet).

Die Natursemantiken produzieren somit in der Reflexion ihrer Verwendung ständig neue Variationen ihrer selbst. Dieser Prozess (der sinnhaften Sukzession und Reduktion sowie Produktion von Komplexität anhand von Differenzen) wohnt zwar jeglicher Produktion von Information (vgl. Luhmann 1987, S. 112) und Kommunikation inne, allerdings kann das kommunikative Aufgreifen von Natursemantik diese Produktion und Reduktion von *Einung* und *Trennung* als natürliche Selbstbeschreibung permanent reflexiv ausweisen. Die modernen Vorstellungen von Natur sind in der Schaffung von Gegenalltäglichkeit praktisch zu instrumentalisieren: Natur erscheint im Alltag meist dann, wenn (körperliche) „Einheit" wichtig ist und dies geschieht in der Freizeit. Dabei kann zur Natur werden, was als Natur denkbar ist (vgl. auch Gill, 2003, S. 246), wenngleich sich dieser Rahmen praktisch einschränkt.

Die Reflektion des Naturbegriffs bedeutet die Einheit von Differenz zu fassen. So verweist Natur auf Nichtnatur, suggeriert Naturerfahrung die Überwindung der gedachten Differenz: Körper und Geist werden während der Nah- und Fernerholung so eins. Letzten Endes bleiben auf systemischer Ebene die Entitäten weiter getrennt, bzw. beherbergt das eine System das andere. Es kommt lediglich im psychischen System zu einer Wahrnehmungsverschiebung zugunsten körperlicher Selbstreflektion (und illustriert so die Umwelt des Systems).

Naturkommunikation, die auf die Unterscheidung von *Einheit | Trennung* rekurriert, soll insofern als Kontrastmittel bezeichnet werden, da sie in Besonderem Maße strukturelle Koppelungen kontrastiert bzw. auf Antezedenzbedingungen und Fremdleistungen gerichtet ist.

Für diesen Moment können wir von dem erholenden Effekt der Natur abstrahieren, der vor allem auf Körperlichkeit gerichtet ist, und auf systemischer Ebene einen begrifflichen Differenzierungsprozess folgern. So kann die Frage nach Natur bzw. Umwelt aus systemischer Sicht evtl. über die Zeit vielleicht ein klareres Bild liefern, als momentan in der Tradition der drei Semantiken möglich ist. Allerdings steht zur Frage, ob ein derartiger Prozess in Gang ist, bzw. wie lang er brauchen wird, bis er abgeschlossen ist.

Beispielhaft kann auf Begriffe wie „Umwelt" oder „Ökologie" verwiesen werden. So stehen sie für einen beispielhaften Ausschnitt der Natur in Tradition von bestimmten Systemen (bspw. Recht, Politik, Wirtschaft). Es steht zur Frage, ob bestimmte neue Begriffe systemspezifischer Allianzen weitere Begriffe aus weiteren Koppelungen ergeben können.

Weiter bleiben Natursemantiken nicht nur praktischen und somit auch subjektiven Irritationen ausgesetzt, es muss also davon ausgegangen werden, dass eine semantische Einfärbung (Kontrastierung) durch die funktionale Differenzierung abläuft. Es ist freilich klar, dass in der systemtheoretischen Anwendung Natur nur in codespezifischer Manier quasi querliegend vorkommen kann. Natur bleibt dann in dieser Perspektive nicht mehr als Medium um Soziales zu ontologisieren, sondern als Frage nach den jeweiligen Antezedenzbedingung nur partiell fassbar. Es ergäbe sich eine Vielzahl von Naturen, die allerdings begrifflich genauer verortbar wären.

Literaturverzeichnis

Adler, J. (May 1989). Travel as a Performed Art. *American Journal of Sociology, 94* (6), S. 1366-1391.

Adorno, T. W. (2012). *Ästhetische Theorie* (19. Ausg.). Frankfurt a. Main: Suhrkamp.

Allport, G. W. (1991). *The Nature of Prejudice. 25th anniversary edition.* Reading, Mass: Addison-Wesley.

Agreiter, M. (2003). "Mad King Ludwig", « Père Rhin » und "Foresta Nera". Das Deutschlandbild in englisch-, französisch- und italienischsprachigen Reiseführern. http://opus.ub.uni-bayreuth.de/opus4-ubbayreuth/frontdoor/index/index/docId/51. (Zugriff am 1.5.12 um 8.34 Uhr).

Armanski, G. (1986). *Die kostbarsten Tage des Jahres. Tourismus - Ursachen, Formen, Folgen.* (3. Ausg.). Bielefeld: Rump (Traveller's background).

Austin, J. L. (1986). *Zu der Theorie der Sprechakte.* Reclam.

Baecker, D. (2008). Naturbegriff und Gesellschaftstheorie. In K.-S. Rehberg, Die Natur der Gesellschaft. Verhandlungen des 33. Kongresses der Deutschen Gesellschaft für Soziologie in Kassel. 2006. (S. 193-205). Frankfurt: Campus.

Bærenholdt, J. O., Haldrup, M., Larsen, J., & Urry, J. (2004). *Performing Tourist Places.* Adlershot: Ashgate.

Ballhaus, E., & Engelbrecht, B. (1995). *Der ethnografische Film. Einführung in Methoden und Praxis.* Berlin: Dietrich Reimer Verlag.

Ballhaus, E. (2001). Kulturwissenschaft, Film und Öffentlichkeit. München: Waxmann.

Barman, J., & McIntyre Watson, B. (2006). *Leaving Paradise. Indigenous Hawai´ians in the Pacific Northwest, 1787 – 1898.* Honolulu: University of Hawai´i Press.

Baudrillard, J. (1983). *Simulations.* New York: Semiotext(e).

Beck, U. (1988). Gegengifte. Die organisierte Unverantwortlichkeit. Frankfurt a. Main: Suhrkamp.

Beck, U. (1991). Die Soziologie und die ökologische Frage. *Berliner Journal für Soziologie* (Heft 3), S. 331-31.

Beck, U. (1986). Risikogesellschaft. Auf den Weg in eine andere Moderne. Frankfurt a. Main: Suhrkamp.

Beck, U. (1996). *Reflexive Modernisierung. Eine Kontroverse.* Frankfurt a. Main: Suhrkamp.

Beck, U. (2004). Der kosmopolitische Blick oder: Krieg ist Frieden. Frankfurt a. Main: Suhrkamp.

Beck, U., & Grande, E. (2004). Kosmopolitisches Europa. Gesellschaft und Politik in der Zweiten Moderne. Frankfurt a. Main: Suhrkamp.

Becker, C. (2003). Ökonomie und Natur in der Romantik. Das Denken von Novalis, Worsworth und Thoreau als Grundlegung der Ökologischen Ökonomik. Marburg: Metropolis Verlag.

Beeton, S. (2005). *Film-induced Tourism.* Clevedon, Buffalo: Channel View Publications.

Bell, C., & Lyall, J. (2002). The Accelerated Sublime. Thrill-Seeking Adventure Heros in Commodified Landscape. In S. Coleman, & M. Crang, *Tourism Between Place and Performance.* (S. 21-37). New York: Berghan Books.

Belliger, A., & Krieger, D. J. (2006). Einführung in die Akteur-Netzwerk-Theorie. In A. Belliger, & D. J. Krieger, *ANThology. Ein einführendes Handbuch* (S. 13-51). Bielefeld: Transcript Verlag.

Bener, P. C., Schmid, D., Kaufmann, F., Suter, M., & Keller, D. (1983). *Die Erfindung vom Paradies. Ein Spektakel in fünf Akten.* Glattbrugg, Zürich: Verlagsgesellschaft Beobachter; O. Füssli Auslfg.

Benjamin, W. (1963). Das Kunstwerk im Zeitalter seiner technischen Reproduzierbarkeit. Frankfurt a. Main: Suhrkamp.

Benthien, C., & Gerlof, M. (2010). Topografien der Sehnsucht - Zur Einführung. In C. Benthien, & M. Gerlof, *Pardies: Topografien der Sehnsucht* (S. 7-27). Köln: Böhlau.

Berger, J. (1972). *Ways of Seeing.* Harmondsworth: Penguin.

Berger, P & Luckmann, T. (1980). *Die gesellschaftliche Konstruktion von Wirklichkeit: Eine Theorie der Wissenssoziologie.* Frankfurt a. Main: Fischer.

Bieger, T. (2010). *Tourismuslehre - ein Grundriss.* (3. Ausg.). Bern: Haupt.

Böhm, A. (2007). Theoretisches Codieren: Textanalyse in der Grounded Theory. In E. v. Uwe Flick, *Qualitative Forschung. Ein Handbuch.* (S. 475–485). Reinbek bei Hamburg: Rowohlt.

Böhme, G. (1989). Einleitung. Einer neuen Naturphilosophie den Boden bereiten. In G. Böhme, *Klassiker der Naturphilosphie* (S. 7-12). München: C. H. Beck.

Böhme, G. (1992). Natürlich Natur. Über Natur im Zeitalter ihrer technischen Reproduzierbarkeit. Frankfurt a. Main: Suhrkamp.

Böhme, G. (1995). *Atmosphäre. Essays zur neuen Ästhetik.* Frankfurt a. Main: Suhrkamp.

Boorstin, D. J. (1992). *The Image: A Guide to Pseudo-Events in America.* New York: Vintage Books.

Boorstin, D. J. (1962). The Image: or, What happend to the American Dream. New York: Atheneum.

Burmeister, H.-P. (1998). *Auf dem Weg zu einer Theorie des Tourismus.* (1. Ausg.). Rehburg-Loccum: Evang. Akad. Loccum Protokollstelle .

Butler, J. (1993). Bodies that Matter: The Discursive Limits of Sex. London: Routledge.

Butler, J. (1997). Körper von Gewicht. Die diskursiven Grenzen des Geschlechts. Frankfurt a. Main: Suhrkamp.

Butler, J. (2006). *Haß spricht. Zur Politik des Pervormativen.* Frankfurt a. Main: Suhrkamp.

Catton, W. R., & Dunlap, R. E. (1980). A New Ecological Paradigm. *The American Sociologist, 24* (1), S. 15-47.

Cohen, E. (1979). A Phenomenology of Tourism Experiences. *Sociology, 13,* S. 179-201.

Cohen, E. (1988). Authenticity and Commoditization in Tourism. *Annals of Tourism Research , 15*, S. 371-386.

Cohen, E. (1993). Bungalow-Tourismus auf den Inseln Südthailands. In H. J. Kagelmann, *Tourismuswissenschaft: Soziologische, sozialpsychologische und sozialanthropologische Untersuchungen.* (S. 41-76). Quintessenz Verlags-GmbH.

Cohen, E., & Cohen, S. A. (2012). Authentication: Hot and Cool . *Annals of Tourism Research , 39*, S. 1295–1314.

Coleman, S., & Crang, M. (2002). *Tourism between Place and Performance.* New York: Berghan Books.

Corbin, A. (1994). Meereslust. Das Abendland und die Entdeckung der Küste. Frankfurt a. Main: Fischer.

Crang, M. (1997). Picturing Practices: research through the tourist gaze. *Progress in Human Geography* (21), 359-373.

Culler, J. (1981). Semiotics of Tourism. *American Journal of Semiotics* , S. 127-140.

Dewey, J. (2001). *Die Öffentlichkeit und ihrer Probleme.* Berlin: Philo Verlagsgesellschaft.

Dickel, H. (2006). *Kunst als zweite Natur.* Berlin: Dietrich Reimer Verlag.

Dirksmeier, P. (2010). Die Performativität und die Konstruktion touristischer Räume - das Beispiel Südbayern. In K. Wöhler, A. Pott, & V. Denzer, *Tourismusräume. Zur soziokulutrellen Konstruktion eines globalen Phänomens* (S. 89-105). Bielefeld: Transcript.

Dombart, T. (1972). *Der Englische Garten zu München.* Düsseldorf: Hornung-Verlag.

Douglas, M. (1983). Risk and Culture. An Essay on the Selection of Technological and Environmental Dangers. Berkeley: University of California Press.

Douglas, M. (1992). Risk and Blame. Essays in Cultural Theory. London: Routledge.

Durkheim, E. (1984). *Die Regeln der soziologischen Methode.* Frankfurt a. Main: Suhrkamp.

Durkheim, E. (2007). *Die elementaren Formen des religiösen Lebens.* Frankfurt a. Main: Verlag der Weltreligionen.

Edensor, T. (2000). Staging Tourism. Tourists as Performers. *Annals of Tourism Research , 27*, S. 322-344.

Edensor, T. (2001). Performing Tourism, Staging Tourism: (re)producing tourist space and practice. *Tourist Studies , 1*, S. 59-81.

Edensor, T. (2009). Tourism and Performance. In T. Jamal, & M. Robinson, *The SAGE Handbook of Tourism Studies* (S. 543-557). New York: Sage.

Elster, H.-J. (1989). Humanökologie als Aufgabe für Natur- und Geisteswissenschaften . Stuttgart: Schweizerbart.

Enzensberger, H. M. (1958). Eine Theorie des Tourismus. In H. M. Enzensberger, *Einzelheiten I: Bewußtseinsindustrie. (1962)* (S. 147–168). Frankfurt a. Main: Suhrkamp.

Enzensberger, H. M. (1962). *Einzelheiten I: Bewußtseinsindustrie.* Frankfurt a. Main: Suhrkamp.

Farrell, B. H. (1982). *Hawai´i the Legends that Sells.* Honolulu: University Press of Hawai´i.

Feifer, M. (1985). Going Places: the Ways of the Tourist from Imperial Rome to the Present Day. London: Macmillan.

Ferrara, A. (1993). *Modernity and Authenticity*. Albany: Suny Press.

Fischer-Lichte, E., Horn, C., Pflug, I., & Warstat, M. (2007). *Inszenierung von Authentizität*. Tübingen: A. Franke.

Fontane, T. (1999). Vor und nach der Reise. Plauderein und kleine Geschichten. Berlin: Aufbau.

Foucault, M. (1988). Die Geburt der Klinik. Eine Archäologie des ärztlichen Blicks. Berlin: Fischer.

Franklin, A., & Crang, M. (2001). The Trouble with Tourism and Travel Theory. *Tourist Studies , 1* (1), S. 5-22.

Franklin, A. (2009). The Sociology of Tourism. In T. Jamal, & M. Robinson, *The SAGE Handbook of Tourism Studies*. (S. 65-81). London: Sage.

Freud, S. (1967). Massenpsychologie und Ich-Analyse. In:. In A. Freud, *Gesammelte Werke*. (5. Ausg., Bd. 13). Frankfurt a. Main: Fischer.

Frey, D. (2003). Theorien der Sozialpsychologie, Bd.3, Motivation und Informations-verarbeitung: Motivations-, Selbst- und Informationsverarbeitungstheorien: (Bd. 3). (M. Irle, Hrsg.) Bern: Hans Huber.

Frey, D., & Greif, S. (2004). Sozialpsychologie. Ein Handbuch in Schlüsselbegriffen. München: PVU.

Freyer, W. (2009). Tourismus. Einführung in die Fremdenverkehrsökonomie. (Lehr- und Handbücher zu Tourismus, Verkehr und Freizeit). (9. Ausg.). München: Oldenbourg.

Frhr. von Freyberg, P. (2000). Die "Geburtsurkunde" des Englischen Gartens - Eine Neuentdeckung. In P. Frhr. von Freyberg, *Der Englische Garten in München*. (S. 73-79). München: Alois Knürr.

Geertz, C. (1973). *Interpretation of Culture*. New York: Basic.

Giddens, A. (1996). Leben in einer posttraditionalen Gesellschaft. In U. Beck, *Reflexive Modernisierung. Eine Kontroverse*. (S. 113-194). Frankfurt a. Main: Suhrkamp.

Gill, B. (2003). *Streifall Natur*. Wiesbaden: Westdeutscher Verlag.

Glaeser, B. (2002). Der humanökologische Baustein zur interdisziplinären Theorie-bildung. In V. Winiwater, & H. Wilfing, *Historische Humanökologie* (S. 59-86). Wien: Facultas.

Goffman, E. (1983). Wir alle spielen Theater. Die Selbstdarstellung im Alltag. München: Piper.

Gohlis, T., Hennig, C., Kagelmann, H. J., Kramer, D., & Spode, H. (1997). *Schwerpunktthema: Warum reisen?* Köln: DuMont (Voyage, 1997).

Gombrich, E. H. (1953). *Die Geschichte der Kunst*. Berlin: Kiepenheuer, Witsch & Co., GmbH.

Görg, C. (1999). *Gesellschaftliche Naturverhältnisse. Einstiege*. Münster: Westfälisches Dampfboot.

Graeser, A. (1989). Die Vorsokratiker. In G. Böhme, *Klassiker der Naturphilosophie* (S. 13-28). München: C. H. Beck.

Gravari-Barbas, M. & Graburn, N. (2011): Tourist Imaginaries. PDF zum Download: http://www.viatourismreview.net (Zugriff am 11.05.12 11.34 Uhr).

Großklaus, G. (1993). Natur – Raum: von der Utopie zur Simulation. München: Iudicium.

Gross, M. (1991). Ferne/Nähe. In O. Schäffter, *Das Fremde Erfahrungsmöglichkeiten zwischen Faszination und Bedrohung* (S. 56-71). Opladen: Westdeutscher Verlag.

Hackl, W. (2004). Eingeborene im Paradies. Die literarische Wahrnehmung des alpinen Tourismus im 19. und 20. Jahrhundert. Tübingen: Niemeyer.

Hahn, A. (1976). *Soziologie der Paradiesvorstellungen.* (A. Morkel, Hrsg.) Trier: NCO-Verlag.

Hammond, J. D. (2001). *Photography, Tourism and the Kodak Hula Show.* Amsterdam: Harwood Academic.

Hampe, M. (2007). *Eine kleine Geschichte des Naturgesetzbegriffs.* Frankfurt a. Main: Suhrkamp.

Haraway, D. (1995). Die Neuerfindung der Natur. Primaten Cyborgs und Frauen. Frankfurt a. Main: Campus.

Häußler, O. (1997). Reisen in der Hyperrealität. In T. Gohlis, C. Hennig, J. H. Kagelmann, D. Kramer, & H. Spode, *Voyage. Jahrbuch für Reise und Tourismusforschung 1997. Schwerpunktthema: Warum reisen?* (S. 99-109). Köln: DuMont.

Hebestreit, D. (1992). Touristik-Marketing. Grundlagen, Ziele, Basis-Informationen, Instrumentarien, Strategien, Organisation und Planung des Marketing von Reiseveranstaltern; ein Handbuch für den Praktiker. (3. Ausg.). Berlin: Spitz.

Heer, F. (1983). Unsere Paradiese. In H. Seuter, *Der Traum vom Paradies. Zwischen Trauer und Entzücken.* (S. 19-39). Herder: Wien.

Hennebo, D. (1987). *Gärten des Mittelalters.* München: Artemis.

Hennig, C. (1997). Jenseits des Alltags. In T. Gohlis, C. Hennig, J. H. Kagelmann, D. Kramer, & H. Spode, *Voyage. Jahrbuch für Reise und Tourismusforschung 1997. Schwerpunktthema: Warum Reisen?* (S. 35-53). Köln: Dumont.

Hennig, C. (1998). Entwurf einer Theorie des Tourismus. In H.-P. Burmeister, *Auf dem Weg zu einer Theorie des Tourismus.* (Bd. 5, S. 54-70). Rehberg-Loccum: Loccumer Protokolle.

Hennig, C. (1999). *Reiselust.* Frankfurt a. Main: Suhrkamp.

Herzog, R. (2006). Der Englische Garten in München. Gestaltung - Nutzung - Pflege. *Die Gartenkunst , 18* (1).

Hömberg, E. (1974). *Tourismus.* München: Herbert Utz Verlag.

Hori, I. (2007). Sehnsucht nach Lebendigkeit. Das Problem der „Natur" im europäischen und japanischen Denken. Eine interkulturell philosophische Vergleichsanalyse. Würzburg: Ergon Verlag.

Horkheimer, M., & Adorno, T. W. (1997). *Die Dialektik der Aufklärung. Philosophische Fragmente.* Frankfurt: Fischer.

Hunziker, W., & Krapf, K. (1942). *Grundriss der Allgemeinen Fremdenverkehrslehre.* Zürich: Polygrafischer Verlag.

Hutt , M. (1998). Auf der Suche nach Shangri-La. In T. Gohlis, C. Hennig, & H. Kagelmann, *Voyage - Jahrbuch für Reise- & Tourismusforschung. Das Bild der Fremde - Reisen und Imagination.* (Bd. 2, S. 72-84). Köln: Du Mont.

Imwolde, L. (2000). *Metropolitane Parklandschafte.* Detmold: Rohn.

Jacoby, M. (1983). Sehnsucht nach dem Paradies. Ein Beitrag aus der Sicht der Analytischen Psychologie C. G. Jungs. In H. Seuter, *Der Traum vom Paradies. Zwischen Trauer und Entzücken.* Wien: Herder.

Jamal, T., & Robinson, M. (2009). *The SAGE Handbook of Tourism Studies.* London: Sage.

Jung, C. G. (1974). Zivilisation im Übergang. In L. Jung-Merker, & E. Rüf, *Gesammelte Werke* (Bd. 10). Olten: Walter-Verlag.

Kaldewey, D. (2008). Eine systemtheoretische Konzeptionalisierung der Unterscheidung von Natur und Gesellschaft. In K.-S. Rehberg, *Die Natur der Gesellschaft. Verhandlungen des 33. Kongresses der Deutschen Gesellschaft für Soziologie in Kassel 2006* (S. 2826 – 2836). Frankfurt a. Main: Campus.

Kalisch, E. (2007). Aspekte einer Begriffs- und Probelemgeschichte von Authentizität. In E. Fischer-Lichte, C. Horn, I. Pflug, & M. Warstat, *Inszenierung von Authentizität* (S. 31-44). Tübingen: A. Franke.

Kant, I. (1965). Mutmaßlicher Anfang der Menschheitsgeschichte. In I. Kant, *Ausgwählte kleine Schriften* (S. 1-27). Hamburg: Meinerl.

Kant, I. (1974). *Kritik der Urteilskraft.* Frankfurt a. Main: Suhrkamp.

Kant, I. (1982). *Kritik der praktischen Vernunft, Werkeausgabe.* (Bd. VII). Frankfurt a. Main: Fischer.

Kardiner, A., Linton, R., Du Bois, C., & West, J. (1947). *The Psychological Frontiers of Society.* New York: Columbia University Press.

Kaufmann, S. (2005). Soziologie der Landschaft. Stadt, Raum und Gesellschaft. Wiesbaden: VS Verlag.

Kirch, P., & Rallu, J.-L. (2007). The Growth and Collapse of Pacific Island Societies. Archaeological and Demographic Perspectives. Honolulu: University of Hawai´i Press.

Kirch, P. V. (2010). How Chiefs became Kings. Devine Kingship and the Raise of Archaic States in Ancient Hawai´i. Berkeley: University of California Press.

Kittner, A.-E. (2010). Zwischen Südseetraum und Tivoli. Sehnsuchtsorte in der modernen und zeitgenössischen Kunst. In:. In C. Benthien, & M. Gerlof, *Paradies: Topografien einer Sehnsucht.* (S. 191-216). Köln: Böhlau.

Kluge, F., & Seebold, E. (1999). *Etymologisches Wörterbuch der deutschen Sprache.* (23 Ausg.). Berlin: de Gruyter.

Kluge , F. (2011). Etymologisches Wörterbuch der deutschen Sprache. Berlin: De Gruyter.

Knaller, S. (2006). Geneologie des ästhetischen Authentizitätsbegriffs. In S. Knaller, & H. Müller, *Authentizität. Diskussion eines ästhetischen Begriffs.* (S. 17-35). München: Fink.

Knaller, S. (2007). Ein Wort aus der Fremde. Geschichte und Theorie des Begriffs Authentiztiät. Heidelberg: Universitätsverlag Winter.

Knebel, H.-J. (1960). Soziologische Strukturwandlungen im modernen Tourismus. Stuttgart: Enke.

254

Koch, A., Arndt, H., & Karbowski, J. (1982). *Strukturanalyse des touristischen Arbeitsmarktes*. Bonn: Deutsches Wirtschaftswissenschaftliches Institut für Fremdenverkehr an der Universität München.

König, R. (1965). Soziologische Orientierung: Vorträge und Aufsätze. Köln: Kiepenheuer & Witsch.

Korbacher, D. (2007). Paradiso und Poesia. Zur Entstehung arkadischer Naturbildlichkeit bis Giorgione. Augsburg: Staden.

Krempien, P. (2000). Geschichte des Reisens und des Tourismus. Ein Überblick von den Anfängen bis zur Gegenwart. Limburgerhof: FBV Medien.

Krohn, W. (1977). Die »Neue Wissenschaft« der Renaisance. In G. Böhme, W. von den Dale, & W. Krohn, *Experimentelle Philosophie* (S. 13-128). Frankfurt a. Main: Suhrkamp.

Kropp, C. (2002). "Natur": Soziologische Konzepte. Politische Konsequenzen. Opladen: Leske & Budrick.

Kubina, E. (1990). *Irrwege - Fluchtburgen*. Frankfurt a. Main: Peter Lang.

Löfgren, O. (1999). *On Holiday: A History of Vacationing*. Berkley: University Press of California.

Lash, S. (1990). *Sociology of Postmodernism*. London: Routledge.

Latour, B. (1987). *How to follow Scientists and Engeniers through Society*. Cambridge: Havard University Press.

Latour, B. (1995). Wir sind nie modern gewesen. Versuch einer symmetrischen Anthropologie. Berlin: Akademie Verlag.

Latour, B. (1998). *The Pasteurization of France*. Cambridge: Havard University Press.

Latour, B. (2000). *Die Hoffnung der Pandorra*. Frankfurt a. Main: Suhrkamp.

Latour, B. (2001). *Das Parlament der Dinge*. Frankfurt a. Main: Suhrkamp.

Le Bon, G. (1932). *Psychologie der Massen*. (6. Ausg.). Leipzig: Alfred Kröner.

Leite, N., & Graburn, N. (2009). Anthropological Interventions in Tourism Studies. In T. Jamal, & M. Robinson, *The SAGE Handbook of Tourism Studies*. (S. 35-64). New York: Sage.

Lewin, K. (1917). Kriegslandschaft. *Zeitschrift für angewandte Psychologie 12* , S. 440-447.

Luhmann, N. (1987). Soziale Systeme. Grundriß einer allgemeinen Theorie. Frankfurt a. Main: Suhrkamp.

Luhmann, N. (1990). *Die Wissenschaft der Gesellschaft*. Frankfurt a. Main: Suhrkamp.

Luhmann, N. (1997a). *Die Gesellschaft der Gesellschaft* (Bd. 1). Frankfurt a. Main: Suhrkamp.

Luhmann, N. (1997b). *Die Gesellschaft der Gesellschaft* (Bd. 2). Frankfurt a. Main: Suhrkamp.

Luhmann, N. (1997c). *Die Kunst der Gesellschaft*. Frankfurt a. Main: Suhrkamp.

Luhmann, N. (2003). *Soziologie des Risikos*. Berlin: de Gruyter.

Luhmann, N. (2008). Ökologische Kommunikation. Kann die moderne Gesellschaft sich auf ökologische Gefährdungen einstellen? (5 Ausg.). Wiesbaden: VS Verlag für Sozialwissenschaften.

MacCannell, D. (1976). *The Tourist. A New Theory of the Leisure Class.* New York: Schocken Books.

MacCannell, D. (2011). *The Ethics of Sightseeing.* Berkeley: University of California Press.

Magill, D. (1989). Literarische Reisen in die exotische Fremde: Topoi der Darstellung von Eigen- und Fremdkultur. Frankfurt a. Main: Lang .

Mohn, E. (2002). Filming Culture. Spielarten des Dokumentierens nach der Repräsentationskrise. Stuttgart: Lucius & Lucius.

Maisak, P. (1981). Arkadien. Genese und Typologie einer idyllischen Wunschwelt. Frankfurt a. Main: Peter Lang.

Mak, J. (2008). *Developing a Dream Destination.* Honolulu: University of Hawai'i.

Man de, H. (1951). Vermassung und Kulturverfall: Eine Diagnose unserer Zeit. Bern: Francke AG.Verlag.

Maulan, S. & Shariff, M., K. & Miller, P. A. (2006). Landscape Preference and Human Well-Beeing. In: *ALAM CIPTA, Intl. J. on Sustainable Tropical Design Research & Practice* (Bd. 1, S. 25-32) http://psasir.upm.edu.my/2435/1/4-Suhardi.pdf (Zugriff am: 13.8.12 Um: 10:36 Uhr).

Mitchell, T. (1989): *The world as exhibition, Comperative studies.* In Society and History, 31: 217-236. http://links.jstor.org/sici?sici=0010-4175%28198904%2931%3A2%3C2 17%3ATWAE%3E2.0.CO%3B2-9 (Zugriff am 5.5.2012: 12.46 Uhr).

Morell, R. A. (2005). The Sacred Power *of Huna. Spirituality and Shamanism in Hawai'i.* Rochester: Inner Traditions.

Morin, E. (2010). *Die Methode die Natur der Natur.* (W. Hofkirchner, Hrsg.) Wien: Turia + Kant.

Mückler, H. (2004). Traum vom Paradies und Realität. Die Südsee: Auslöser und Spiegel ideengeschichtlicher Veränderungen im europäischen Denken.. In P. Rusterholz, & R. Moser, *Verlorene Paradiese* (S. 35-52). Bern: Haupt Verlag.

Müller, H. (2005). Freizeit und Tourismus. Eine Einführung in Theorie und Politik. Forschungsinsitut für Freizeit und Tourismus (FIF) der Universität Bern. *Berner Studien zu Freizeit und Touirsmus Heft 41.*

Müller, H. (2008). *Freizeit und Tourismus. Eine Einführung in Theorie und Politik.* (11. Ausg., Bde. Berner Studien zu Freizeit und Tourismus, 41). Bern: FIF.

Nash, R. (1968). *Wilderness in the American Mind.* New Haven: Yale University Press.

Nassehi, A. (1997). Inklusion, Exklusion, Integration, Desintegration. Die Theorie funktionaler Differenzierung und die Desintegrationsthese. In W. Heitmeyer, *Was hält die Gesellschaft zusammen? Bundesrepublik Deutschland: Auf dem Weg von der Konsens- zur Konfliktgesellschaft* (Bd. 2, S. 113-148). Frankfurt a. Main.

Nassehi, A. (2000). Die Paradoxie der Sichtbarkeit. Für eine epistemologische Verunsicherung der Kultursoziologie. In U. Beck, & A. Kieserling, *Ortsbestimmungen der Soziologie: Wie die kommende Generation Geselschafts-wissenschaften betreiben will (Sonderband der Sozialen Welt)* (S. 17-30). Baden-Baden: Nomos.

Nassehi, A. (2003). Geschlossenheit und Offenheit. Studien zur Theorie der modernen Gesellschaft. Frankfurt a. Main: Suhrkamp.

Nassehi, A., & Nollmann, G. (2004). *Bourdieu und Luhmann. Ein Theorienvergleich*. Frankfurt a. Main: Suhrkamp.

Nassehi, A. (2006). Differenzierungseliten in der "Gesellschaft der Gegenwarten". In H. Münkler, G. Straßenberger, & M. Bohlender, *Deutschlands Eliten im Wandel* (S. 255-273). Frankfurt a. Main: Campus.

Nassehi, A. (2008). Soziologen: Eingeborene unter Eingeborenen. In U. Schimank, & N. M. Schöneck, *Gesellschaft begreifen. Einladung zur Soziologie.* (S. 169-177). Frankfurt: Campus.

Nassehi, A. (2009). *Der soziologische Diskurs der Moderne*. Frankfurt a. Main: Suhrkamp.

Nassehi, A. (2011). Gesellschaft der Gegenwarten. Studien zur Theorie der modernen Gesellschaft II. Frankfurt a. Main: Suhrkamp.

Nietzsche, F. (1985). Götzendämmerung oder Wie man mit dem Hammer philosophiert. Frankfurt: Insel.

Opaschowski, H. W. (1996). Tourismus. Systematische Einführung. Analysen und Prognosen. Freizeit- und Tourismusstudien, 3 (2. Ausg.). Opladen: Leske + Budrich.

Opaschowski, H. W. (2001). Deutschland 2010. Wie wir morgen arbeiten und leben. Voraussagen der Wissenschaft zur Zukunft unserer Gesellschaft. (2. Ausg.). Hamburg: Germa Press.

Ortega y Gasset, J. (1955). *Der Aufstand der Massen*. Stuttgart: Deutsche Verlags Anstalt.

Osterwold, T. (1977). *Naturbetrachtung – Naturverfremdung*. Stuttgart: Württembergischer Kunstverein.

Picht, G. (1990). Der Begriff der Natur und seine Geschichte. Stuttgart: Klett-Cotta.

Platz, R. (1995). Tourismus als Faktor des Kulturwandels bei den Lisu in Nordthailand. Bonn: Holos.

Plumpe, G. (1993a). Ästhetische Kommunikation der Moderne. Band 1: Von Kant bis Hegel. Opladen: Westdeutscher Verlag.

Plumpe, G. (1993b). Ästhetische Kommunikation der Moderne. Band 2: Von Nietzsche bis zur Gegenwart. Opladen: Westdeutscher Verlag.

Pongratz, C. A. (2000). *Massentourismus.* . Frankfurt a. Main: Univ. Frankfurt am Main, Graz.

Popper, K. (1964). Die Zielsetzung der Erfahrungswissenschaften. Naturgesetze und theoretische Systeme. In H. Albert, *Theorie und Realität. Ausgewählte Aufsätze zur Wissenschaftslehre der Sozialwissenschaften.* (S. 73-102). Tübingen: J.C.B. Mohr.

Pott, A. (2007). Orte des Tourismus. Eine raum- und gesellschaftstheoretische Untersuchung. Bielefeld: Transcript.

Räwel, J. (2005). *Humor als Kommunikationsmedium*. Konstanz: UVK.

Rhotert, S. (2000). Die Geschichte des Englischen Gartens von seiner Fertigstellung bis heute. In P. Frhr. von Freyberg, *Der Englische Garten in München* (S. 59-67). München: Alois Knürr.

Ritsert, J. (1996). *Die Logik der Sozialwissenschaften*. Münster: Westfälisches Dampfboot.

Ritter, J. (1962). Landschaft. In J. Ritter, *Subjektivität* (S. 141-163). Frankfurt: Suhrkamp.

Ritter, J. (1974). *Subjektivität. 6 Aufsätze*. Frankfurt a. Main: Suhrkamp.

Rojekt, C., & Urry, J. (1997). Touring Cultures: Transformations of Travel and Theorey. London: Routledge.

Rosa, H. (2013). Beschleunigung und Entfremdung - Entwurf einer kritischen Theorie spätmoderner Zeitlichkeit. Frankfurt a. Main: Suhrkamp.

Schelling, F. W. (1983). *Über das Verhältnis der bildende Künste zur Natur.* (L. Sziborsky, Hrsg.) Hamburg: Felix Meiner.

Scheuch, E. K. (1972). Ferien und Tourismus als neue Formen der Freizeit. (E. K. Scheuch, & R. Meyersohn, Hrsg.) *Soziologie der Freizeit* , S. 304-317.

Schlottmann, A. (2010). Erlebnissräume/Raumerlebnisse: Zur Konstruktion des "Draußen" in Bildern und Werbung. In K. Wöhler, A. Pott, & V. Denzer, *Tourismusräume* (S. 67-88). Bielefeld: Transcript.

Schmid, E. D. (1989). Die Entstehung des Englischen Gartens in München. In P. Frhr. von Freyberg, *Offizielle Festschrit. 200 Jahre Englischer Garten 1789-1989.* (S. 46-58). München: Alois Knürr.

Schneider, N. (2005). Geschichte der Äethetik von der Aufklärung bis zur Postmoderne (4. Ausg.). Stuttgart: Reclam.

Schroer, M. (2006). Räume, Orte, Grenzen. Auf dem Weg zu einer Soziologie des Raumes. Frankfurt a. Main: Suhrkamp.

Schütz, A. (1971). Über die mannigfaltigen Wirklichkeiten. In A. Schütz, *Gesammelte Aufsätze* (Bd. 1). Den Haag: Martinus Nijhoff.

Schütz, A. (1979). Über die mannigfaltigen Wirklichkeiten. In A. Schütz, & T. Luckmann, *Strukturen der Lebenswelt* (Bd. 1). Stuttgart: UTB.

Schwarz, M., & Thompson, M. (1990). *Divided We Stand – Redefining Politics, Technology an Social Choice.* Philadelphia: University of Pennsylvannia Press.

Seel, M. (1991). *Eine Ästhetik der Natur.* Frankfurt a. Main: Suhrkamp.

Seuter, H. (1983). Der Traum vom Paradies. Zwischen Trauer und Entzücken. Wien: Herder.

Shields, R. (1991). *Places on the Margin.* London: Routledge.

Siegmund, A. (2011). Der Landschaftsgarten als Gegenwelt. Ein Beitrag zur Theorie der Landschaft im Spannungsfeld von Aufklärung, Empfindsamkeit, Romantik und Gegenaufklärung. Würzburg: Königshausen & Neumann.

Simmel, G. (1913). *Philosophie der Landschaft.* http://www.tu-cottbus.de/theorieder architektur/Archiv/Autoren/Simmel/Simmel1913.htm (Zugriff: am 08. 03.2013)

Simmel, G. (1968). Soziologie: Untersuchungen über die Formen der Vergesellschaftung. (5. Ausg.). Berlin: Duncker & Humblot.

Simmel, G. (1992). *Gesamtausgabe. Aufsätze und Abhandlungen 1894-1900.* (Bd. 5). Frankfurt a. Main: Suhrkamp.

Skwiot, C. (2010). *Purposes of Paradise. U.S. Tourism and Empire in Cuba and Hawai'i.* Philadelphia: PEN. University of Pennsylvania Press.

Spode, H. (2005). Der Blick des Post-Touristen. In H. Spode, I. Ziehe, & C. Cantauw, *Gebuchte Gefühle* (S. 135-161). München: Profil.

Spode, H. (2009). Zur Geschichte der Tourismusgeschichte. In W. Kolbe , C. Noack, & S. Hasso, *Voyage. Jahrbuch für Reise- & Tourismusforschung. Tourismusgeschichte(n).* (S. 9-22). München: Profil Verlag.

Spreitzhofer, G. (1995). Tourismus Dritte Welt: Brennpunkt Südostasien; Alternativtourismus als Motor für Massentourismus und soziokulturellen Wandel. Frankfurt a. Main: Lang.

Stauffer, R. H. (2004). *Kahana. How the Land was Lost.* Honolulu: University of Hawai´i Press.

Steinecke, A. (2006). *Tourismus. Eine geographische Einführung.* (1. Ausg.). Braunschweig: Westermann.

Stephan, C. (1997). Lob des Massentourismus. In T. Gohlis, C. Hennig, H. J. Kagelmann, D. Kramer, & S. Hasso, *Schwerpunktthema: Warum reisen?* (S. 33–34). Köln: DuMont.

Stichweh, R. (2003). Raum und moderne Gesellschaft. Aspekte der sozialen Kontrolle des Raums. In T. Krämer-Badoni, & K. Kuhm, *Die Gesellschaft und ihr Raum. Raum als Gegenstand der Soziologie.* (Bd. 21, S. 93-102). Opladen: Leske und Budrich.

Stichweh, R. (2010). Der Fremde. Studien zu Soziologie und Sozialgeschichte. Frankfurt a. Main: Suhrkamp.

Straus, A. & Corbin, J. (1996): Grounded Theory. Grundlagen Qualitativer Sozialforschung.Weinheim: Beltz.

Taylor, C. (1994). Quellen des Selbst. Die Entstehung der neuzeitlichen Identität. Frankfurt a. Main: Suhrkamp.

Taylor, C. (1995). *Das Unbehagen an der Moderne.* Frankfurt a. Main: Suhrkamp.

Tekada, A. (2008). Die Erfindung des Anderen: Zur Genese des fiktionalen Herausgebers im Briefroman des 18. Jahrhunderts. Würzburg: Königshausen und Neumann.

Turner, V. (1989). Vom Ritual zum Theater: Der Ernst menschlichen Spiels. Frankfurt: Campus Verlag.

Urry, J., & Larsen, J. (2011). *The Tourist Gaze 3.0.* London: Sage.

Vester, H.-G. (1999). *Tourismustheorie. Soziologische Wegweiser zum Verständnis touristischer Phänomene.* (Bde. Reihe Tourismuswissenschaftliche Manuskripte, 6). München: Profil.

Vierkandt, A. (1923). Gesellschaftslehre: Hauptprobleme der philosophischen Soziologie. Stuttgart: Enke.

Walz, N. (2007). Kritische Ethik der Natur. Ein pathozentrisch-existenzphilosophischer Beitrag zu den normativen Grundlagen der kritischen Theorie. Würzburg: Königshausen & Neumann.

Wang, N. (1999). Rethinking Authenticity in Tourism Experience. *Annals of Tourism Research* (20 (2)), S. 349-370.

Wefelmeyer, F. (1995). Die Naturschrift der Reise zu Peter Handke. In A. Fuchs, & T. Harden, *Reisen im Diskurs. Modelle der literarischen Fremderfahrung von den Pilgerberichten bis zur Postmoderne.* (S. 660-679). Heidelberg: Universtitätsverlag C. Winder.

Welsch, W. (1996). Vernunft. Die zeitgenössische Vernunftskritik und das Konzept der transversalen Vernunft. Frankfurt a. Main: Suhrkamp.

Wilson, A. (1992). *The Culture of Nature.* Cambridge: Blackwells.

Winiwarter, V., & Wilfing, H. (2002). Historische Humanökologie: interdisziplinäre Zugänge zu Menschen und ihrer Umwelt. Wien: Facultas Verlag.

Wöhler, K. (1998). Eine ökonomische Analyse des Tourismus. In H.-P. Burmeister, *Auf dem Weg zu einer Theorie des Tourismus.* (S. 101-135). Loccum: Loccumer Protokolle.

Wöhler, K., Pott, A., & Denzer, V. (2010). Tourismusräume. Zur soziokulturellen Konstruktion eines globalen Phänomens. Bielefeld: Transcript.

Wöhler, K. (2011). Touristifizierung von Räumen. Kulturwissenschaftliche und soziologische Studien zur Konstruktion von Räumen. Wiesbaden: VS Verlag.

Wossidlo, J., & Roters, U. (2003). Interview und Film. Volkskundlich und Ethnologische Ansätze zu Methodik und Analyse. Münster: Waxmann.

Woznicki, K. (2008). Abschalten. Paradiesproduktion, Massentourismus und Globalisierung. Berlin: Kadmos.

Filmverzeichnis

Blaues Hawai´i (1961): Regie: Norman Taurog. Darsteller: Elvis Presley, Joan Blackman, Angela Lansbury.

Mondo Cane (1962): Regie: Franco Prosperi, Paolo Cavara, Gualtiero Jacopetti. Rossano Brazzi, Stefano Sibaldi.

Titanic (1997): Regie: James Cameron. Leonardo DiCaprio, Kate Winslet, Frances Fisher.

The Game (1997): Regie: David Fincher. Michael Douglas, Sean Penn, Deborah Kara Unger, James Rebhorn.

The Beach (2000): Regie: Danny Boyle. Darsteller: Leonardo DiCaprio, Virginie Ledoyen.

Die neuen Paradiese (2000): Von: Laurent Chalet (ZDF/ARTE).

Hawai´i – Inseln unterm Regenbogen (2007): Regie: Eberhardt Piltz (ZDF).

A Perfect Getaway (2009): Regie: David Twohy. Darsteller: Milla Jovovich, Timothy Olyphant, Marley Shalton, Steve Zahn, Kilie Sanchez, Chris Hemsworth.

The Descendants (2011): Regie: Alexander Payne. Darsteller: George Clooney, Shailene Woodley, Amara Miller, Nick Krause.

Hawai´i – Inside Paradise (2011): Von: Klaus Kastenholz und Christopher Zahlten (ZDF).

Internetquellenverzeichnis

http://www. Hawai´itourismauthority.org (Zugriff am 09.03.2009 um 20:08 Uhr)

http://www.Hawai´itourismauthority.org/documents_upload_path/tr_documents/2009%20
VSAT%20Report.pdf (Zugriff am 17.2.2011 um 10:52 Uhr)

http://www.spiegel.de/reise/karte/ (Zugriff am 12.05.2012 um 16:41 Uhr)

http://www.raffaello.de/ (Zugriff am 12.05.2012 um 16:05 Uhr)

http://www.br.de/fernsehen/bayerisches-fernsehen/sendungen/lavita/lavita-englischer-
garten-muenchen104.html (Zugriff am 03.01.2013 um 14:15 Uhr)

http://m-einenglischergarten.de (Zugriff am 11.02.2013 um 11:43 Uhr)

Transkriptionsregeln

Alle Transkripte befinden sich auf der CD, eine List als Excel Datei ist dort ebenfalls hinterlegt. Die Namen der Befragten wurden anonymisiert. Kommen mehrere Befragte in einem Interview vor, werden sie mit „B1", „B2", ... „Bx" nummeriert. Die Nummerierung der Interviews resultiert aus den Originaldateinamen.

Ein Zitat wird folglich mit der Entsprechenden Nummer 0010 bei verschiedenen Sprechern mit „B1" bzw. „Bx" und der fortlaufenden Zeilenangabe eingeleitet. „I" steht für den Interviewer.

Zur Transkription wurden folgende Regeln benutzt:

(.)	Steht für kürzere Pausen bis 3 Sekunden
(~)	Längere Pausen ab 3 Sekunden
//	Wird ein Satz durch eine Andere Person unterbrochen
|	Steht für eine Unterbrechung des Redeflusses
| xxxx |	Gleichzeitig Gesagtes
BETONT	Steht für laute Aussprachen, oder Betonungen
>lacht<	Akustische Äußerungen
Na-tur	Lange Betonung
[schaut verlegen]	Gestik und Mimik
(Unverständlich)	Akustisch nicht verständliche Aussagen
(?Uneindeutig?)	Akustisch nicht klar verständliche Aussagen

Verzeichnis der Transkripte

Hawai´i:	
„Home away from Home":	
0037	Paar: B1: weiblich ca. 45 Jahre, B2, männlich ca. 50 Jahre (Waikiki)
0038 (Waikiki)	Männlich, ca. 40 Jahre, wiederkehrender Tourist
0039	Zwei Paare (Beim Sonnen, Waikiki Beach): B1: männlich ca. 70 Jahre; B2, weiblich ca. 65 Jahre B3: Weiblich, ca. 60 Jahre; B3: Männlich, ca. 70 Jahre (alle vier wiederkehrende Touristen)
0040	Weiblich, 35 Jahre, US-Amerikanerin, Touristin (Waikiki Beach)
0059	Deutsche Touristen (Hostel in Waikiki) B1: Weiblich, ca. 35 Jahre mit Kind, seit mehr als 4 Wochen in Hawai´i) B2: Weiblich, Anfang 30, seit mehr als 3 Monaten in Hawai´i
0070: (Waikiki)	Männlich, ca. 50 Jahre, Tourist (wiederkehrend)
0135:	Männlich, ca.: 50 Jahre, Obdachlos (Waikiki Beach)
„Locals":	
0123	Vater und Sohn mit Freunden: B1: Männlich, ca. 14 Jahre (Maui, Red SanBeach) B2: Männlich, ca. 45 Jahre B3: Weiblich, ca. 14 Jahre B4: Männlich, ca. 14 Jahre
0128	Weiblich, ca. 38 Jahre, (Sekretärin) (HPA, Big Island)
0129	Männlich, ca. 65 Jahre, Sicherheitsmann (HPA, Big Island)
0130	Weiblich, ca. 40 Jahre, Arbeitet in Verwaltung auf Big Island (HPA, Big Island)
0131	B1, B2 & B3 weiblich ca. 40 Jahre (Sekretärinnen) (HPA, BIG Island)

0131	B1, B2 & B3 weiblich ca. 40 Jahre (Sekretärinnen) (HPA, BIG Island)
„Spirituals":	
0043	Männlich, ca. 40 Jahre, US-Amerikaner
0082	Männlich, ca. 60 Jahre, Pensionär aus Kanada (in einem Park in Waikiki)
0087	Paar und Mutter, US-Amerikaner (an alter Tempelanlage, North Shore, O´ahu) B1: Männlich, ca. 35 Jahr B2: Weiblich, ca. 35 Jahre B3: Weiblich, ca. 55 Jahre
0091	Männlich, ca. 40 Jahre
(Waikiki)	
0101	Weiblich, ca. 45 Jahre, aus Deutschland in die Vereinigten Staaten ausgewandert (Kalalau)
0109	Männlich, 19 Jahre, US-Amerikaner (Kalalau)
0115	Paar im Kalalau lebend (Kalalau) B1: Männlich, ca. 45 Jahre B2: Weiblich, ca. 35 Jahre
0120	Paar aus Österreich auf Weltreise (Kalalau): B1: Weiblich, ca. 25 Jahre B2: Männlich, ca. 25 Jahre
„Explorer":	
0021	Männlich, ca. 28 Jahre, Architekt (in einm Café)
0028	Weiblich, ca. 30 Jahre, Heilpraktikerin
0030	Paar beruflich in Hawai´i unterwegs (vor dem Royal Hawai´ian) B1: Männlich, ca. 38 Jahre B2: Weiblich, ca. 35 Jahre
0032	Männlich, ca. 30 Jahre, Berater (Pearl Habour)
0071	Männlich, ca 25 Jahre, Student (Waikiki Beach)
0095	Gruppe Touristen (an einem Wasserfall) B1: Männlich, ca. 38 Jahre, US-Amerikaner B2: Männlich, ca. 35 Jahre, Deutsch
0099	Männlich, ca. 35 Jahre, US-Amerikaner; Camper (Kalalau)
0104	Paar, US-Amerikaner B1: Männlich, ca. 50 Jahre B2: Weiblich, ca. 45 Jahre
0110	Männlich, ca. 30 Jahre, Kajaklehrer, im Kalalautal
0134	Weiblich, ca. 30 Jahre, Studentin, Strand Waikiki

München: An der Isar:	
0010	Weiblich, ca. 65 Jahre, Spaziergängerin (Stauwehr, Unterföhring)
0014	Männlich, ca. 55 Jahre, Surfer (in Thalkirchen)
0166	Flößer (auf Floß) B1: Männlich ca. 45 Jahre B2: Männlich ca. 30 Jahre
0196	Männlich, ca. 58 Jahre (Reichenbachbrücke)
0198	Männlich, ca. 55 Jahre, Fischer (Nähe Maximiliansbrücke)
0200	Gruppe (am Kiosk Großhesseloherbrücke) B1: Männlich, ca. 45 Jahre B2: Männlich, ca. 45 Jahre B3: Weiblich, ca. 45 Jahre, Pilgerin
Im Englischen Garten:	
0149	Paar aus Spanien (nach München gezogen) B1: Männlich, ca. 35 Jahre B2: Weiblich, ca. 30 Jahre
0150	Männlich, ca. 40 Jahre mit Hund (Schwabinger Bach))
0151	Männlich, ca 40 Jahre, Schaltungsdesigner (Schönfeldwiese)
0201	Männlich, ca. 45 Jahre (mit seinem Freund, Schabinger Bach)
0202	Männlich, ca. 45 Jahre (geht im Eisbach schwimmen, am Eisbach)
0293	Gruppe von Touristen, aus der Nähe von Traunstein (am Monopterus): B1: Männlich, ca. 25 Jahre B2: Weiblich, ca. 25 Jahre B3: Weiblich, ca. 20 Jahre B4: Männlich, ca. 30 Jahre B5: Männlich, ca. 20 Jahre
0294	Männlich, ca. 60 Jahre (mit Kinderwagen unterwegs, Nähe Schönfeldwiese)

Tabellen- und Abbildungsverzeichnis